Java 學習手冊 第五版

Java 程式設計實務

Learning Java

An Introduction to Real-World Programming with Java

Marc Loy, Patrick Niemeyer,

& Daniel Leuck 著

莊弘祥 譯

O'REILLY®

目錄

前言

本書的主題是 Java 程式語言與環境，不論是軟體開發人員或是一般的使用者一定都聽過 Java，Java 的出現帶來了 web 史上最令人興奮的成長，Java 應用程式促成了許多網際網路業務的成長。Java 可說是世界上最受歡迎的程式語言，數百萬個程式設計師在各種電腦資訊領域使用 Java，在開發人員的需求量上，Java 超越了 C++ 與 Visual Basic 等程式語言，更在以 web 為基礎的服務等特定開發領域成為實質上的標準。目前，大多數的大學介紹課程都使用 Java 再搭配其他程式語言，也許本書就是讀者的課本！

本書提供 Java 基礎與 API 完整的介紹，會名符其實的詳細介紹 Java 程式語言與類別函式庫、程式寫作技巧與常用慣例，也會深入介紹某些有趣的主題，並提供其他為人熟知主題的基本說明。歐萊禮的其他作品將以本書的介紹為基礎，更完整的提供 Java 在特定領域的資訊與應用。

本書儘可能的提供完整、實際又有趣的範例，而不是只是逐一介紹個別功能。雖然只是簡單的範例，卻能夠示範 Java 能夠做到的事情，本書的篇幅並不足以開發出下個「殺手級應用」，但作者們希望這些內容能夠作為讀者接下來數個小時實驗的起點，或是激發出讀者自行開發的想法。

目標讀者

本書的目標讀者是資訊專業人員、學生、技術人士以及年輕的駭客們，是寫給那些想要有 Java 實作經驗，以開發實際應用為目標的人看的。本書也能夠作為物件導向程式設計、網路與使用者介面的入門，在學習 Java 的過程中，從深入了解 Java 基礎及其 API 開始，從而學會強大且實際的軟體開發方法。

Java 乍看之下與 C 或 C++ 很像，如果讀者有這些語言的經驗的話，讀起本書會有些起步的優勢，沒有 C/C++ 經驗的讀者也不用擔心，不要太在意 Java 與 C 及 C++ 的語法相似性，Java 在許多方面的行為更接近於 Smalltalk 與 Lisp 這類的動態程式語言；有其他物件導向程式語言的經驗應該也會有些幫助，只是要改變一些觀念以及忘掉一些習慣。一般認為 Java 比 C++ 與 Smalltalk 更為簡單，如果讀者喜歡從簡要的範例與個人經驗學習，就應該會喜歡本書。

本書的最後一部分跳出 Java 本身，介紹了網頁應用程式、網頁服務與請求處理等主題，讀者應該要對瀏覽器、伺服器與文件等有基本的概念。

新發展

這版《*Java 學習手冊*》實際上是歐萊禮廣受歡迎的《*Exploring Java*》的第七版（更新並改名），每次改版作者都花了許多精力，除了加入介紹新功能的內容之外，也會完整的修訂與更新原有的內容，確保內容一致性，也會再加入這些年來在真實世界的觀點與經驗。

Java 新近版本的主要改變是 applets 的重要性降低了，最近幾個版本最明顯的改變在於不再強調 applet，這反應出近年來 applet 在建立互動網頁上逐漸失去了它的地位。相反的，對於 Java web 應用程式與 web service 的內容則大幅增加，這些也都是目前最為成熟的技術。

本書涵蓋了 Java「長期支援版本」的所有重要功能，官方名稱是 Java Standard Edition（SE）11，OpenJDK 11，但同時也包含了 Java 12、Java 13 與 Java 14 版本中的一些功能，Sun Microsystems（Oracle 之前的 Java 維護者）在多年前改變了命名規則，Sun 用 *Java 2* 代表 Java 1.2 版所引進的新功能，同時放棄了 *JDK* 改用 *SDK*。在第六次的發佈，Sun 從 Java 1.4 版跳到 Java 5.0，但保留了 JDK 這個名稱，並延續使用版號的慣例。但延續了版號慣例，之後接著的是 Java 6、Java 7 等，直到現在的 Java 14。

這些 Java 版本反應出一個偶有語言變動的程式語言，以及持續更新的 API 與函式庫。本書涵蓋這些新功能並儘可能的更新書中的範例，除了反應出當前的 Java 實作之外，也展現出現代的風格。

本版新增內容（Java 11、12、13、14）

本書第五版延續了儘可能完整更新到最新狀況的傳統，包含從 Java 11 開始（也就是長期支援版本）以及 Java 12、13 與 14 版的功能（第十三章會進一步說明新近版本 Java 包含與除外的功能）。本書第五版的新主題包含：

- 新語言特性，包含泛型下的型別推論（type inference），以及例外處理與自動資源管理語法的改進。
- 新的互動式介面（jshell），能夠即時測試簡短的程式碼。
- 提議的 switch 表示式。
- 基本 lambda 表示式。
- 更新了全書所有的範例與分析。

使用本書

本書結構大略介紹如下：

- 第一章與第二章提供 Java 概念的基本介紹，包含了讓讀者能直接開始寫 Java 程式的說明。
- 第三章討論 Java 開發的基本工具（編譯器、直譯器、jshell 以及 JAR 打包檔案）。
- 第四章與第五章先介紹程式設計基礎，接著說明 Java 程式語言本身，從基本語法開始，涵蓋類別與物件、例外、陣列、列舉、註釋（annotations）等。
- 第六章涵蓋例外、錯誤以及 Java 原生的 log 機制。
- 第七章包含了 collections 函式庫以及泛型與 Java 中的參數化型別。
- 第八章介紹了文字處理、格式化、掃描、字串工具等的核心 API 工具。
- 第九章說明語言內建的執行緒機制。
- 第十章介紹用 Swing 開發基本圖形使用者介面（graphical user interface，GUI）。
- 第十一章涵蓋 Java I/O、streams、檔案、socket、網路以及 NIO 套件。
- 第十二章包含 web 應用程式，使用了 servlet、servlet 過濾器以及 WAR 檔案，另外也介紹了 web service。

- 第十三章介紹 Java Community Process，並說明追蹤後續 JAva 版本更新的方法，能夠幫助讀者用新功能翻新現有程式碼，例如 Java 8 引進的 lambda 表示式就是很好的例子。

如果讀者跟作者們一樣，不會從頭到尾一頁一頁的讀完一本書，如果你真的像我們一樣，通常也會跳過前言，只是，萬一這次剛好看到這裡，以下是一些建議：

- 如果你已經是程式設計師，需要很快的學會 Java，可能想要找一些例子，那麼可以先翻閱一下第二章的入門介紹，要是這樣還不夠，那就至少要看一下第三章的內容，第三章會介紹編譯器與直譯器的使用方式，接著應該就可以開始動手了。
- 如果想要寫網路或 web 式應用與服務，就應該看第十一與十二章，網路仍然是 Java 最有趣也最重要的主題之一。
- 第十章介紹了 Java 的圖形特性與元件架構，對開發桌面用圖形化 Java 應用程式有興趣的讀者應該要讀這章。
- 第十三章討論了跟上 Java 語言改變的方法，這部分的討論是專屬 Java 程式語言本身，不針對特定領域。

線上資源

網路上有許多提供 Java 資訊的線上資源。

Oracle 的 Java 官網是 *https://oreil.ly/Lo8QZ*，可以在這裡找到軟體、更新與 Java 發佈版，你可以在這裡找到 JDK 的參考實作，包括編譯器、直譯器以及其他工具。

Oracle 同時也維護的 OpenJDK 網站（*https://oreil.ly/DrTm4*），這是最主要的開放源碼版 Java 及相關工具，本書範例都會使用 OpenJDK。

你也應該拜訪歐萊禮的網站 *http://oreilly.com/*，你可以在這裡找到其他歐萊禮書籍的資訊，除了 Java 外還有其他持續成長的主題，同時也應該看看線上學習與研討會等資源，歐萊禮在教育方面非常的傑出。

當然，你還應該看看 Java 學習手冊的官網（*http://oreily.ly/Java_5E*）。

本書編排慣例

本書使用的字型慣例十分單純。

斜體字用於：

- 路徑名稱、檔案名稱以及程式名
- 網路位址，如域名與 URL 等
- 初次定義的新名詞
- 程式名稱、編譯器、解譯器、工具與命令
- 執行緒

等寬字用於：

- 任何 Java 程式中可能出現的文字，包含方法名稱、變數名稱與類別名稱
- 可能出現在 HTML 或 XML 文件中的標籤
- 關鍵字、物件以及環境變數

粗體的等寬字用於：

- 使用者在命令列或對話框中輸文的文字

斜體的等寬字用於：

- 程式碼中可替換的項目

在本文中，方法名稱後一定會加上一組空的括號以便於與變數或其他元素有所區別。

Java 原始碼依循 Java 社群最常用的程式碼慣例，類別名稱以大寫開頭，變數與方法名稱以小寫開頭，常數名稱的所有字母都大寫，長名稱的各個單字間不會用底線隔開，依循一般的慣例（除了第一個單字外），每個個別單字的第一個字母會大寫，例如：`thisIsAVariable`、`thisIsAMethod()`、`ThisIsAClass` 以及 `THIS_IS_A_CONSTANT`。另外，提到 static 與非 static 方法時會採用不同的方法，與其他書籍不同，本書只有在 `Foo` 類別的 `bar()` 方法是 static 方法時，才會用 `Foo.bar()` 表示 `Foo` 類別的 `bar()` 方法（與 Java 語法一致）。

使用範例程式碼

如果有技術問題或對在使用程式碼範例時有任何疑問，請 email 至 *bookquestions@oreilly.com*

本書旨在協助你完成工作。一般來說，你可以在自己的程式或文件中使用本書的程式碼而不需要聯繫出版社取得許可，除非你更動了程式的重要部分。例如，使用這本書的程式段落來編寫程式不需要取得許可，但是將歐萊禮書籍的範例製成光碟來銷售或發布，就必須取得我們的授權。引用這本書的內容與範例程式碼來回答問題不需要取得許可，但是在產品的文件中大量使用本書的範例程式，則需要取得我們的授權。

我們會非常感激你在引用它們時標明出處（但不強制要求）。出處一般包含書名、作者、出版社和 ISBN。例如：「*Learning Java*, Fifth Edition, by Marc Loy, Patrick Niemeyer, and Daniel Leuck (O'Reilly). Copyright 2020 Marc Loy, Patrick Niemeyer, and Daniel Leuck, 978-1-492-05627-0.」。

致謝

不論是前身《*Exploring Java*》或是如今的《*Java* 學習手冊》的樣貌，本書的完成得力於許多人的貢獻，首先，我們要感謝 Tim O'Reilly 給我們寫這本書的機會。另外要感謝本系列的編輯 Mike Loukides，感謝他持續用耐心與經驗引領我們。另外要感謝歐萊禮的同仁，Amelia Blevins、Zan McQuade、Corbin Collins 以及 Jessica Haberman 等，感謝你們持續提供的意見與鼓勵，你們是我們合作過最能幹，最令人感動的團隊。

詞彙表原始版本是引用自 David Flanagan 撰寫的《*Java in a Nutshell*》（*http://oreil.ly/Java_Nutshell_5*）（歐萊禮出版），另外還借用了 David 書中的不少類別架構圖，這些圖表全都是以 Charles L. Perkins 的類似圖表為基礎所繪製。

另外要給予 Ron Becker 熱烈的感謝，你以程式設計欠缺的外行人觀點提出了許多明智的建議與有趣的概念。另外也要感謝 James Elliott 與 Dan Leuck 針對本次改版，在技術面所提出的傑出與快速的回饋意見。程式設計領域最為珍貴的就是額外的檢視，我們十分幸運，在身邊就有許多願意幫忙的伙伴。

第一章

現代程式語言

現今軟體開發人員最大的挑戰與最令人興奮的機會，都來自於駕馭網路力量的能力，不論應用領域與目標使用者，現今的應用程式幾乎全都執行在與全球網路相連的計算資源上。愈來愈重要的網路，不僅為原有工具帶來新需求，也帶來各式各樣全新的應用。

人們希望應用程式有用並且與其他應用程式合作，不受時間、地點與平台的限制。想要有動態的應用程式，在彼此相連的世界取得各地各式各樣的資訊，能夠真正的散佈軟體，讓軟體無縫地擴充與升級，想要聰明的軟體，代替我們在網路上漫游，找出需要的資訊並擔任網路上的代理人。人們很早就知道自己想要這樣的軟體，但直到最近幾年才真正開始得到類似的軟體。

從歷史上來看，問題在於建置應用系統的工具有所不足，速度與可攜性兩者大體上是互斥的，安全性則是被完全忽略或是誤解；以往真正具有可攜性的程式語言大都是直譯式、笨重、緩慢的語言，速度快的程式語言通常是透過與平台連結（binding）的方式提供較快的執行速度，自然會有可攜性的問題。另外，存在少數具備安全性的程式語言，但這些程式語言大都是可攜性語言的分支，也會遇到相同的問題。Java 是同時處理可攜性、執行速度與安全性的現代程式語言，這也是 Java 自問世以來至今的二十年間，能夠持續主宰程式設計世界的原因。

Java 登場

Java 程式語言是由 Sun Microsystems 開發，在 James Gosling 與 Bill Joy 這兩個傑出的人士帶領下，設計為不受特定硬體影響，能夠安全地在網路上運作，又具有足以取代原生執行程式威力的程式語言。Java 解決了前面提到的問題，在網際網路成長過程中有傑出的表現，進而促成了今天人們看到的一切。

一開始，開發人員對 Java 的興趣集中在能夠建立網頁內嵌應用程式的能力，也就是 *applets*，當時 applets 與其他用 Java GUI 應用程式的功能十分受限。如今，Java 有了 Swing 這個針對圖形使用介面設計的成熟工具庫，使得 Java 躍升為開發傳統用戶端應用程式的平台，進入這個擁有眾多競爭者的領域。

更重要的是，Java 成為 web 應用程式以及 web services 的主要平台，這些應用程式使用了 Java Servlet API、Java web services，以及許多廣受歡迎的開放源碼與商用 Java 應用伺服器及框架。Java 的可攜性與執行速度，使它成為現代商業應用的首選平台，執行在開放源碼 Linux 平台上的 Java 伺服器是今天商業與金融世界的核心。

本書會介紹如何使用 Java 完成現實世界中實際的工作，在接下來的章節會從文字處理介紹到網路通訊，用 Swing 建構桌面應用程式，以及輕量級的網頁應用程式與 web service。

Java 的源起

Java 的種子是在 1990 年由 Sun Microsystems 的創辦人與研究人員 Bill Joy 所種下，當時 Sun 在規模較小的工作站市場競爭，Microsoft 則是開始主宰更主流、以 Intel 為基礎的 PC 世界。在 Sun 錯失 PC 革命時機的同時，Joy 回到了 Colorado 的 Aspen 進行更先進的研究，致力於用簡單的軟體完成複雜的工作，並成立了名稱十分合適的 Sun Aspen Smallworks。

在 Aspen 聚集的這個由程式人員組成的小團隊的原始成員裡，James Gosling 以 Java 之父廣為人知。Gosling 在 80 年代以 Gosling Emacs 的作者成名，Gosling Emacs 是第一個以 C 語言寫成，能夠在 Unix 上執行的 Emacs 版本、能夠在 Unix 執行的版本，Gosling Emacs 十分受到歡迎，但很快的被 Emacs 原設計師所開發的免費版本 GNU Emacs 所取代，當時 Gosling 已經轉往設計 Sun 的 NeWS，這個平台在 1987 年曾經短暫的與 X Window System 競爭 Unix GUI 桌面的主導權。儘管有人認為 NeWS 比 X 更為優秀，由於 Sun 採取私有不公開程式碼的做法，而 X 主要開發人員所組成的 X Consortium 採取相反的策略，NeWS 輸掉了這場競爭。

設計 NeWS 讓 Gosling 體會到結合表達能力豐富的語言與支援網路的 GUI 所帶來的強大威力，這也讓 Sun 了解到不論技術多麼優秀，網際網路開發社群永遠不會接受私有標準。Java 的授權機制以及開放（還不算是完全的「開放源碼」）程式碼都源自於 NeWS 的失敗，Gosling 將自身的經驗帶到了 Bill Joy 剛開始的 Aspen 計畫。在 1992 年，計畫成果產生了 Sun 的子公司 FirstPerson Inc.，主要任務就是帶領 Sun 進入消費電器用品的市場。

FirstPerson 團隊致力於開發資訊設備使用的軟體，如行動電話與個人數位助理（PDA），目標是能夠在便宜的紅外線以及傳統封包式網路上傳輸資訊與執行即時應用。記憶體與頻寬上的限制需要有體積小效率高的程式碼，應用本身的特性則要求了安全性與強固性（robust）。Gosling 與其他成員一開始是用 C++ 開發，但程式語言本身的複雜度、龐大以及工作上的不安全性，很快的讓他們遇到了許多的困難，於是決定從頭開始，而 Gosling 則著手開發他稱為「C++ 減減」的東西。

由於 Apple Newton（Apple 的早期手持電腦）的失敗，顯然 PDA 還不是進入主流的時候，Sun 也隨之將 FirstPerson 的重點轉移到互動電視（interactive TV，ITV）上。ITV 機上盒使用的開發語言就是 Java 的前身，稱為 Oak。雖然這個語言具有簡潔與安全的特性，但在當時仍然無法扭轉 ITV 失敗的命運，顧客不買單，Sun 也很快放棄了這個概念。

當時，Joy 與 Gosling 一起決定了他們開創性程式語言的新策略，時值 1993 年，網頁相關領域爆炸性成長帶來了新的機會。Oak 既小又安全，與硬體架構無關又是物件導向程式語言，這些特性剛好都是通用、適合網際網路的程式語言所需要的特性。Sun 很快調整了焦點，調整了搭配的工具，Oak 就成為了 Java。

成長

Java（及其針對開發人員的套件，Java Development Kit，也就是 JDK）很快的就如野火燎原般的流行起來，即使在正式發佈之前，Java 還不是個產品的時候，幾乎整個產業界都上了 Java 這艘船，取得授權的成員包含了 Microsoft、Intel、IBM 以及幾乎所有主要的硬體與軟體廠商。然而，即使有了這些支援，在最初的幾年裡，Java 仍然遇到許多障礙，也經歷了成長過程中的痛苦經驗。

Sun 與 Microsoft 針對 Java 的發佈以及在 Intenet Explorer 上使用的一系列違約與反托拉斯訴訟，阻礙了 Java 在全球最常見的桌上作業系統 Windows 上的部署。Microsoft 對 Java 的涉入，也成為針對該公司嚴重妨礙競爭的更大規模的聯邦訴訟的焦點，法庭上的證據顯示軟體巨人的確透過在自家版本的 Java 中引進不相容的功能的方式試圖造成破壞；同時，Microsoft 發表了稱為 C#（念作 C-Sharp）的 Java 衍生語言作為 .NET 的一份子，也不再於 Windows 中內建 Java，C# 現在也成為十分優秀的語言，最近幾年比起 Java 有更多的創新。

但 Java 持續擴散到各式各樣的平台上，仔細研究 Java 架構，你會發現 Java 的許多讓人振奮之處，都來自於執行 Java 應用程式的這個自給自足的虛擬機器環境。Java 被仔細地設計成能夠在現有電腦平台上以軟體的方式實作這個支援架構，也可以用客製硬體實作。以硬體實作的 Java 用於智慧卡與嵌入式系統，甚至可以購買內嵌 Java 直譯器的「穿戴式」設備，如戒指與犬貓用的標記（tag）；軟體實作的 Java 則可見於現代所有的電腦平台，甚至是可攜式電腦設備。如今，一個 Java 平台的分支成為 Google 的 Android 作業系統的基礎，有上億的手機等行動裝置都是建立在這個作業系統上。

在 2010 年，Oracle 公司併購了 Sun Microsystems，成為 Java 語言的管理人。取得權力的初期並不平順，Oracle 針對 Google 在 Android 上使用 Java 語言提出告訴，但以失敗告終；2011 年 7 月，Oracle 發佈了納入新 I/O 套件的 Java SE 7，並在 2017 年發佈了一個主要的 Java 版本（Java 9）。Java 9 引進了模組（module）機制，以處理 classpath 以及愈來愈大的 JDK 長久以來所帶來的問題，同時也啟動了快速更新的程序，帶來了 Java 11 這個目前的長期支援版本（第 19 頁〈Java 藍圖〉一節對這些版本有更詳細的說明）。Oracle 在持續帶領著 Java 發展的同時，也造成了 Java 的分歧，他們將主要的 Java 開發環境轉移到高昂的商用版本，再透過提供免費的 OpenJDK 作為替代方式，藉以維持許多開發人員喜愛與預期的可存取性。

虛擬主機

Java 既是編譯式也是直譯式程式語言，Java 的原始碼會轉換成簡單的二進制指令，十分類似微處理器的機器碼。但與 C 或 C++ 等直接將程式碼轉換為特定處理器使用的原生機器碼不同，Java 原始碼是編譯成為一種通用的格式，也就是**虛擬機器**（*Virtual Machine*，VM）的指令。

編譯後的 Java *bytecode* 是由 Java 執行期直譯器執行，執行環境會在安全、虛擬的環境下進行所有硬體處理器的正常作業。虛擬環境執行以堆疊為基礎的指令集，並如作業系統般的管理記憶體，它會建立與操作基本資料型別（primitive data type），載入與執行新參考到的程式碼區塊，更重要的是，這一切行為都符合嚴格定義的開放規格，所有想要建立 Java 相容虛擬機器的人都能夠實作這個規格，結合虛擬機器與程式語言的定義就有了完整的規格。Java 語言的基本功能都有獨立於實作之外的完整定義，例如，Java 規範定義了所有基本資料型別的大小與數學特性，而不是讓各實作平台自行決定。

Java 直譯器相對的輕量與輕巧，能夠在各個平台上依想要的方式實作。直譯器可以以獨立應用程式的型式執行，也可以嵌入瀏覽器等其他軟體當中，這表示 Java 程式先天上就具有可攜性。相同的 Java 應用程式 bytecode 能夠在所有提供 Java 執行期環境的平台上執行，如圖 1-1 所示，開發人員不需要對不同的平台建立不同的版本，也不需要將原始碼提供給終端使用者。

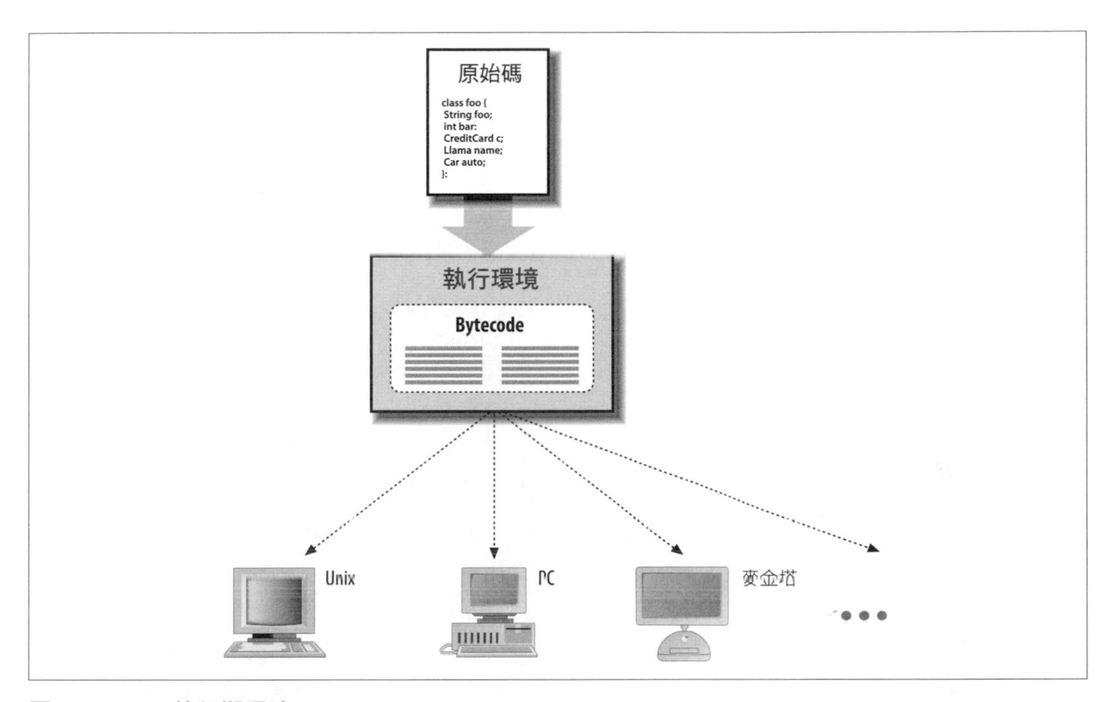

圖 1-1　Java 執行期環境

Java 程式的基本單元是類別（*class*），Java 類別與其他物件導向程式相同，是包含了可執行程式與資料的應用程式元件，編譯後的 Java 類別會以通用的二進位格式（universal binary format）散佈，其中包含了 Java bytecode 及類別的其他資訊，類別可以透過檔案，儲存在檔案或打包檔，放置在本機或網路主機上，執行期環境會在應用程式需要使用類別時，動態地找到並載入需要的類別資訊。

除了平台專屬的執行期系統外，Java 還有一些包含了硬體架構相關方法的基本類別，這些「原生」（native）方法提供了 Java 虛擬機器與實際世界的中介，這些方法是在原生基礎平台上以原生編譯的程式語言實作，提供了網路、視窗系統與檔案系統等低階資源的存取能力，除此之外的絕大多數 Java 功能都是以 Java 自己本身（建立在上述的基礎之上）實作而成也就具有可攜性，包含 Java 編譯器、網路與 GUI 函式庫等 Java 工具都是以 Java 語言實作而成，不需要作平台轉移（porting）就能夠在所有 Java 平台上提供相同的功能。

過去都認為直譯器的速度較慢，但 Java 並不是傳統的直譯式語言，除了原始碼編譯器具有可攜性的 bytecode 之外，Java 還作了仔細的設計，讓實作執行期系統的軟體能夠在執行期間即時將 bytecode 編譯成硬體機器碼，更進一步的提昇效能，這稱為 just-in-time

（JIT）或動態編譯。藉助 JIT，使得 Java 程式能夠執行得跟原生程式一樣快，同時又維持可攜性與安全性。

比較程式語言效能時有個常見的誤解，編譯後的 Java 程式碼在執行期間，只會有一個因本身設計所帶來的效能影響，就是為了安全性與虛擬主機設計所加上的陣列邊界檢查，除了這點之外，Java 語言比其他程式語言包含了更多結構資訊，提供更多可供最佳化的型別。另外要記得的是，這些最佳化都是在執行期間才會發生，會考慮應用程式執行時的實際行為與特性；有什麼是編譯期間做得到而不能在執行期間做得更好的呢？有，就是對「時間」的取捨。

傳統 JIT 編譯的問題在於最佳化程式碼過程所花費的時間，因此，JIT 編譯器雖然能夠產生良好的結果，但卻會在應用程式啟動時造成大量的延遲，這對長時間執行的伺服器端應用程式不是太大的問題，但對用戶端或是在功能受限的小型設備上執行的應用程式則是十分嚴重的問題；針對這點，Java 的編譯器技術（稱為 HotSpot）使用了稱為「**漸進式編譯**」（*adaptive compilation*）的技巧，仔細分析程式執行時真正的時間分佈，會發現大多數的執行時間都花在重複執行特定一小部分的程式碼上，這些重複執行的程式碼區段也許只佔了整體程式碼的一小部分，卻能夠決定程式整體的執行效能。漸進式編譯讓 Java 執行期環境能夠使用這種在傳統靜態編譯語言上做不到的最佳化技術，因此 Java 程式碼在某些情況下能夠與 C/C++ 一樣快。

為了利用這個特性，HotSpot 會先以一般的 Java bytecode 直譯器的方式啟動，只是加上了一些差異：會評測程式碼執行的情況，找出被重複執行的部分。一旦確認對效能有關鍵影響的部分，HotSpot 就會將這些部分編譯成最佳化的原生機器碼，由於只需要將程式的一小部分編譯成機器碼，就能夠承受最佳化部分程式碼所需要的編譯時間；程式的其他部分也許完全不需要編譯（只需要以直譯模式執行）以節省時間與記憶體。實際上，Java VM 有兩種執行模式：client 與 server，執行模式決定了 VM 是強調快速啟動、節省記憶體或是從頭到尾維持一致的效能，到了 Java 9，針對十分重視啟動速度的應用程式，還可以使用 Ahead-of-Time（AOT）編譯模式進一步的縮短程式的啟動時間。

這時候自然會提出一個問題，為什麼每次程式結束時都要丟掉這些評測資訊呢？實際上，Sun 從 Java 5.0 起，透過以最佳化型式儲存的共享、唯讀程式的方式解決這個問題，這大幅縮短了 Java 應用程式在特定主機上的啟動時間與執行時的負載。這個技術的細節十分複雜，但概念卻很簡單：最佳化程式中需要快速執行的部分，不需擔心其他部分。

Java 與其他程式語言比較

選取本身特性時，Java 汲取了其他程式語言多年來的經驗，不論是否有其他程式語言的經驗，對於想要知道前因後果的讀者，比較 Java 與其他程式語言的高階特色都非常有幫助。本書並不預設讀者具備任何程式語言的知識，希望在接下來的比較中，指涉到其他程式言時的說明能夠提供足夠的資訊。

現代的通用程式語言（universal programming langague）至少要具備三項重要的基礎：可攜性、速度以及安全性。圖 1-2 是 Java 與 Java 誕生當時的幾個常見的程式語言間的比較。

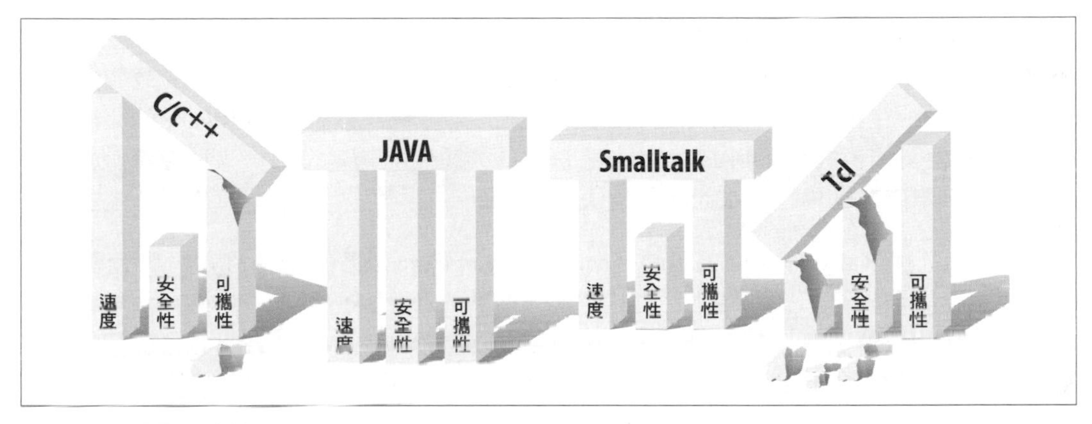

圖 1-2　程式語言比較

讀者可能會聽過 Java 和 C 或 C++ 很類似的說法，但這種說法只適用於十分浮面的比較，Java 程式碼乍看之下與 C 或 C++ 有著相似的基本語法，但兩者相似之處也就僅止於此，Java 並不想要成為 C 語言的直接繼承者或是下一代的 C++，從程式語言特性上來看，會發現 Java 實際上更接近於 Smalltalk 與 Lisp 之類的高階動態語言，實際上 Java 的實作與原生 C 語言的差異，比你想的還要大。

如果讀者熟悉市場上常見的程式語言，會發現上述比較中少了個常見的流行語言 C#，C# 大體上是 Microsoft 對 Java 的回應，在 Java 的基礎上加了一些良好的變化。由於兩者有著相同的設計目標與手法（例如使用了虛擬機器、bytecode、沙盒等），在執行速度與安全等特性上，兩個平台並沒有太大的差異。C# 與 Java 有著相當的可攜性，與 Java 一樣，C# 也大量借用了 C 語言的語法，但實際上同樣也更貼近於動態語言。大多數的 Java 開發人員會發現要轉換到 C# 相對簡單，反過來也是一樣，轉換的主要時間是花在學習標準函式庫上。

然而，這些語言表面上的相似值得特別注意。Java 大幅沿用了 C 與 C++ 的語法，讀者會看到簡潔的語言結構，包含了大量的大括號與分號。Java 採用了 C 語言「好語言應該簡潔」的哲學，也就是說，語言應該要夠小並有一致的規則，讓程式設計師可以輕易的記住語言的所有功能，如同 C 語言透過函式庫擴充功能一般，可以透過在核心語言元件中加入 Java 類別的方式擴充撰寫程式時的語彙。

C 語言因為提供了足夠完善的程式開發環境，加上高效能與可接受的可攜性而獲得成功，Java 同樣試著在功能、速度與可攜性三者間取得平衡，但採取了完全不同的做法。C 語言用功能換了可攜性，Java 一開始用速度換可攜性，但同時處理了 C 語言沒有處理的安全性問題（在現代環境中，許多安全性問題都是由作業系統與硬體負責處理）。

在 JIT 與漸進式編譯出現之前的早年，Java 比靜態編譯程式語言還要慢，當時許多反對者批評 Java 的執行速度永遠無法提升。但如同先前的說明，如今的 Java 效能已經可以跟 C 或 C++ 在相同的工作上競爭，這些批評也就慢慢平息。ID Software 的開放源碼 Quake2 遊戲引擎也被轉移到 Java 上，要是 Java 的速度能夠執行第一人稱射擊遊戲，那麼它的速度對商業應用程式來說也就夠快。

Perl、Python 與 Ruby 等命令稿語言（scripting language）仍然十分流行，命令稿語言當然也適合開發安全、網路化應用程式，但大多數的命令稿語言都不太適合大規模的開發，命令稿語言特色在於動態性，這是快速開發時十分強大的工具，如 Perl 之類的命令稿語言還針對通用程式語言不擅長的文字處理工作提供了強大的工具。命令稿語言也有很高的可攜性，只是僅止於原始碼層級。

不要弄混 Java 與 JavaScript，JavaScript 是 Netscape 為了瀏覽器開發的物件式命令稿語言，是瀏覽器上針對動態、互動式網頁應用的原生語言，JavaScript 的名稱來自於與 Java 的相似性與整合性，但兩者也只能這樣比較。然而，有愈來愈多如 Node.js[1] 這類瀏覽器外的 JavaScript 應用程式出現，同時在某些領域愈來愈流行。讀者可以參考 David Flanagan 著的《*JavaScript: The Definitive Guide*》（*https://oreil.ly/qj5Jt*，歐萊禮出版）有詳細的資訊，繁體中文版《*JavaScript* 大全》由碁峰資訊出版。

命令稿語言的問題在於它們在程式結構與資料型別上較為寬鬆，大多數的命令稿語言都不是物件導向式語言，也使用較簡化的型別系統，對於變數與函式一般也不提供成熟的生存空間（scope）機制。這些特性導致命令稿語言較不適合用來建立大型、模組化的應

1 對 Node.js 有興趣的讀者可以到歐萊禮官網，可以參考 Andrew Mead 著的《*Learning Node.js development*》（*https://oreil.ly/Dl_FL*）與 Shelley Powers 著的《*Learning Node*》（*https://oreil.ly/ZRl15*），繁體中文版《*Node* 學習手冊》由碁峰資訊出版。

用程式，速度是命令稿語言的另一個問題，這些語言高階、通常是以原始碼直譯的特性使得它們的執行速度大都比較慢。

個別命令稿語言的愛好者會針對這些問題提出一些反對意見，在某些情況下他們的說法也的確沒錯，命令稿語言最近幾年有很大的改進，特別是 JavaScript，有大量資源投入在改善 JavaScript 執行效能。但基本的取捨是無法反駁的：命令稿語言比起系統程式語言先天上就比較鬆散、較不結構化，因為種種原因，一般也比較不適合大型或複雜的專案，至少在目前還是如此。

Java 提供了這些命令稿語言的基本優點：高度動態，同時又加入了低階程式語言的優點。Java 有強而有力的正規表示式 API，能夠與 Perl 在文字處理上一爭長短，而容器的串流化程式、可變長度引數列、靜態引入（static import）方法及其他的語法糖，這些語言特性都讓 Java 程式碼更加簡潔。

用物件導向式遞增開發結合 Java 本身簡潔的特性，就能夠快速開發應用程式，並輕易的改變原有程式。研究顯示 Java 的開發速度比 C 或 C++ 來得快，主要原因來自於語言特性[2]，Java 還為常見的工作提供了大量的標準核心類別，包含建立 GUI、處理網路通訊等等。Maven Central 是具有巨量函式庫與套件的外部資源，能夠快速的加入開發環境，處理程式設計上各式各樣的問題。除了這些特性之外，Java 還具有擴充性（scalability），而較為靜態的程式語言結構也在軟體工程上具備更多的優勢，為建立高階框架（甚至是建立其他語言）提供了更安全的結構。

先前提過，Java 在設計上類似於 Smalltalk 與 Lisp 等程式語言，然而，這些語言通常是作為研究工具而非開發大規模系統，主要原因在於這些語言從來沒有發展出標準可攜的連結，能夠如 C 標準函式庫或 Java 核心類別一樣使用一致的方式連結作業系統服務。Smalltalk 是編譯成可直譯的 bytecode 格式，而且可以在執行期間動態編譯成原生碼，就像 Java 一樣。但 Java 改善了這個設計，加入了 bytecode 驗證器，確保編譯後 Java 程式碼的正確性，這個驗證器讓 Java 的程式在執行期間需要較少的檢查，也使得 Java 的效能比 Smalltalk 更好；驗證器同時也有助於處理安全性問題，這部分是 Smalltalk 沒有處理到的部分。

本章接下來的部分要鳥瞰 Java 程式語言，介紹 Java 一些新的與沒那麼新的特性，以及背後的原因。

2　如參看 G. Phipps 的〈Comparing Observed Bug and Productivity Rates for Java and C++〉（*https://oreil.ly/zgpMa*）*Software—Practice & Experience*, volume 29, 1999。

設計的安全性

讀者一定聽過很多 Java 是設計為安全程式語言的說法，安全到底是什麼意思？對什麼東西安全或是對誰安全？ Java 最引人注意的安全特性是能夠建立新型態的動態可攜式軟體，Java 提供了多層次保護，能防止有害的缺陷程式碼到病毒與木馬程式等更惡意的東西。下一節會介紹 Java 虛擬主機架構在執行程式碼之前評估程式碼安全性的方法，以及 Java *class loader*（Java 直譯器載入 bytecode 的機制）在未信任類別周圍建立的防火牆。這些特性是更高階的安全性原則（security policy）的基礎，安全性原則能夠針對個別應用程式指定允許或不允許的行為。

本節接下來要介紹一些 Java 程式語言的一般功能，雖然經常在討論安全性時被忽略，但比起個別的安全性特性，也許 Java 針對一般設計與程式設計問題所提供的安全性更為重要。Java 的目標是能夠儘可能的安全，從開發人員可能犯的簡單錯誤到從舊有軟體接手而來的問題，Java 的目標是維持語言本身的簡單性，提供能夠示範語言功能的工具，讓使用者在這些語言功能上建立複雜的機制。

簡化、簡化、再簡化

在 Java 世界裡，簡單就是一切，由於 Java 是從頭開始的新程式語言，能夠避免在其他語言已經證實麻煩或有所爭議的特性，例如 Java 不允許開發人員定義運算子過載（某些程式語言允許開發人員重新定義 + 或 - 等基本運算子的意義）；Java 也沒有原始碼前置處理器，也就表示不需要考慮巨集、`#define` 述句或條件式原始碼編譯等等。在其他程式語言裡，這些結構主要是為了支援平台相依性而存在，從這個角度來看，Java 自然不需要這些特性，條件式編譯也常被用在除錯，但 Java 較成熟的執行期最佳化與**斷言**（*assertion*）等功能以更優雅的方式解決這些問題（本書並不會介紹斷言，這是個讀者熟悉 Java 的基本程式設計後，很值得深入研究的主題）。

Java 針對組織類別檔案提供了定義良好的**套件**（*package*）架構，套件系統能讓編譯器擁有一部分傳統 *make* 工具（用來從原始碼建立出可執行程式的工具）的功能。由於 class 檔包含了所有的資訊，編譯器也就可以直接使用編譯後的 Java 類別，不需要像 C/C++ 一樣使用額外的「標頭」檔。這全部的一切代表了閱讀 Java 程式碼時需要比較少的前後文，實際上，讀者可能會發現直接讀 Java 程式碼比參考類別文件要來得快。

Java 在一些對其他程式語言造成問題的結構性特性也採取了不同的做法，例如 Java 類別階層結構只提供了單一繼承（每個 class 只能夠有一個「親代」class），但允許對介面（interface）多重繼承。**介面**就像是 C++ 裡的 abstract class，能夠指定物件的行為卻不用自行提供實作，這是十分強大的機制，能讓開發人員定義物件行為的「契約」（contract），讓程式能夠使用與參照物件的行為，不需考慮特定物件的實作，Java 的介面排除了介面多重繼承的需求，也解決了關聯的問題。

在第四章將會看到，Java 是個相當簡單又優雅的程式語言，但還有許多其他的東西。

型別安全與方法連結

檢查型別的方式是程式語言的特性，一般而言，程式語言分為**靜態**（*static*）與**動態**（*dynamic*）兩種，分別代表在編譯時期知道的變數資訊量，以及在應用程式執行期間知道的變數資訊量。

在 C 或 C++ 這類完全強型別語言裡，資料型別在編譯原始碼的時候就固定了下來，因此編譯器擁有足夠的資訊，能夠在實際執行程式前就抓出許多錯誤。例如編譯器不會允許程式碼將浮點數值儲存到整數變數，也就不需要在執行期間做型別檢查，就能夠編譯出更快、更小的程式。但靜態型別語言的靈活度較低，無法像動態型別語言那麼自然的支援集合（collection），也沒辦法在應用程式執行時安全的引進新的資料型別。

相反的，Smalltalk 或 Lisp 這類動態語言則具有執行期系統，能夠管理物件的型別，在應用程式執行期間檢查型別。這類語言允許更複雜的行為，在許多方面也更有威力，但一般來說也較慢、較不安全也更難以除錯。

程式語言的不同有點類似於汽車的不同[3]，C++ 這類靜態型別語言就像是跑車：夠安全也夠快，但比較適合開在路況良好的道路上。Smalltalk 這類高度動態的程式語言就比較類似越野車：提供更多的自由度，但有點不太靈活，在野外呼嘯而過時十分有趣（有時候也十分快速），只是偶爾會卡在水溝裡或是遇到熊。

程式語言的另一個特性是連結呼叫方法與方法定義的方式，在 C 或 C++ 這類靜態語言裡，除非程式設計師特別指定，一般都是在編譯時期就連結了方法的定義，而 Smalltalk 這類程式語言則被採用**晚期連結**（*late binding*），會在執行期間動態定位方法的定義。早期連結對效能十分重要，應用程式執行時不會有尋找方法的負擔，但晚期連結彈性較大，對於能夠動態載入新型別、只有執行系統能夠決定該執行的方法的物件導向式程式語言而言，這也是必要的特性。

Java 提供了 C++ 與 Smalltalk 兩者的部分優點，它是靜態型別、晚期連結的程式語言。在編譯時期，每個 Java 物件都有定義完善的資訊，Java 編譯器能夠像 C++ 一樣作靜態

3　汽車的類比是 C++ FAQ 的作者 Marshall P. Cline 提供。

型別檢查與使用分析，因此無法將物件指派給型別錯誤的變數，也不能呼叫不存在物件的方法。Java 編譯器還更進一步的避免開發人員使用未初始化的變數，以及建立執行不到（unreachable）的指令（參看第四章）。

然而 Java 也具有完整的執行期型別，Java 執行期環境會記錄所有的物件，能夠在執行期間判斷物件的型別與關係，也就可以在執行期間檢查物件，判斷物件真正的型別，與 C 或 C++ 不同的是，將物件轉型到其他型別的操作是由執行期系統檢查，因此能夠在有限度的安全下，使用動態載入的新型別。又由於 Java 是晚期連結程式語言，也能夠讓子類別（subclass）覆寫（override）親代類別的方法，即使是動態載入的子類別也是一樣。

漸進式開發

Java 將所有資料型別與方法的簽名（signature）資訊從原始碼帶到編譯後的 bytecode 型式，這表示 Java 類別可以以持續擴充的方式開發，你自己的 Java 程式也可以與你沒看過原始碼的類別安全地編譯在一起。也就是說，原始程式碼可以參照使用二進制類別檔，不會失去任何在原始碼獲得的型別安全性。

Java 並不會有「脆弱基底類別」（fragile base class）的問題，在 C++ 之類的程式語言裡，因為有了延伸類別（derived class），基底類別的實作必須固定不變；改變基底類別就需要重新編譯所有的延伸類別，這對於類別函式庫的開發人員而言特別困難，Java 透過動態定址類別內的欄位（field）避免了這個問題，只要類別仍然維持原始結構的合法型式，就能夠持續發展，不會破壞其他延伸產生的類別或是使用它的類別。

動態記憶體管理

Java 與 C 與 C++ 等低階程式語言最大的差異之一是 Java 管理記憶體的方式，Java 拋棄能夠指向任何記憶體位置的特殊「指標」（pointer），加入物件垃圾收集（garbage collection），並在程式語言中提供高階陣列。這些特性消弭了許多在其他狀況無法排除的問題，提供了安全性、可攜性與最佳化。

垃圾收集本身從 C 或 C++ 最大的錯誤來源中拯救了無數的程式設計師，這項錯誤就是正確的配置與釋放記憶體，除了在記憶體中維護物件之外，Java 執行期系統還會記錄對物件的所有參照，當物件不再被使用時自動將物件移出記憶體。大多數情況下，開發人員可以直接忽略不再使用的物件，放心地交給直譯器，相信直譯器能夠在適當的時候清除物件。

Java 使用了一個在背景執行的先進垃圾收集器（garbage collector），也就是說大多數的垃圾收集都發生在閒置期間，在 I/O 暫停、滑鼠點擊或鍵盤觸鍵之間，HotSpot 這類的先進執行期系統具有更高階的垃圾收集，能夠分辨出物件的使用模式（如短期或長期使用），依據不同的分類最佳化。Java 執行期環境能夠自我調校，依據應用程式的行為自動建立最佳的記憶體分佈，透過這些執行期評測，自動記憶體管理的速度能夠比由程式設計師人工管理資源更加快速，只是許多老派程式設計師仍然很難接受這個事實。

先前提到 Java 沒有指標，嚴格來說這個說法是正確的沒錯，但卻有些誤導，Java 提供的是*參考*（*reference*），一種比較安全的指標。參考是強型別的物件標記（handler），除了基本數值型別之外，Java 裡的所有物件都是透過參考存取，所有 C 程式設計師慣於以指標實作的資料結構都能夠用參考完成，例如連結串列（linked list）、樹（tree）等等。使用參考唯一的差別是用型別安全的方式建立資料結構。

參考與指標間另一個重要的差異是不能透過數值運算（指標運算）改變參考本身的數值，參考只能夠指向指定的方法、物件或陣列中的元素。參考並不是基元（atomic），除了指定到物件之外，沒有其他方式能夠改變參考本身的數值。參考是以傳值（pass by value）的方式傳遞，同時也無法以超過一層以上的間接參考指向特定物件，對參考的保護是 Java 安全性最基礎的部分，這表示 Java 程式碼必須遵守規則，不能繞過規則偷看不允許使用的地方。

最後要提到的是 Java 的陣列（array）是真正、第一級的物件，可以像其他物件一般的動態配置與指派。陣列知道自己的大小與型別，雖然無法直接定義或建立陣列的子類別，但陣列的確有著定義完善的繼承關係，陣列的繼承關係是建立在基礎型別上，在程式語言中擁有真正的陣列減少了許多指標運算的需求，也就是那些在 C 或 C++ 程式碼裡經常看到的那些。

錯誤處理

網路設備與嵌入式系統是 Java 的根源，這類應用最重要的是強固與智慧的錯誤處理，Java 擁有強大的錯誤處理機制，有些類似 C++ 例外處理的新版實作。例外（exception）能夠更自然與優雅地處理錯誤，將處理例外的程式與一般程式分開，讓程式碼更乾淨、更易讀。

例外發生時會將應用程式的執行流向轉移到「catch」區塊的程式碼，例外本身是個物件，包含造成例外當時情況的所有資訊。Java 編譯器要求方法必須宣告自己可能產生的例外，或是自行處理內部所有可能發生的例外，這將錯誤資訊提升到與方法（method）

的參數與傳回值同等層級。身為 Java 程式設計師，必須清楚的知道必須要處理的例外情況，編譯器能夠幫助你寫出正確的軟體，不會漏失任何未處理的例外。

執行緒

現代應用程式需要高度的平行化（parallelism），即使是目標十分單一的應用程式也有複雜的使用者介面（需要並行活動），隨著硬體速度愈來愈快，使用者對於無關的工作佔用使用時間也愈來愈敏感。執行緒為用戶與伺服器端應用程式提供了有效的多重處理與分派工作機制，Java 在程式語言內建支援了執行緒，簡化了執行緒的使用。

並行（concurrency）很好，但在程式中使用執行緒並不只是同時進行多項工作，在大多數的情況下，執行緒間需要「**同步**」（*synchronized*，協調），這在語言本身不提供支援時很容易發生錯誤。Java 提供了基於**監控**（*monitor*）與**條件**（*condition*）模式的同步（一種以 lock 與 key 系統存取資源的做法），`synchronized` 關鍵字能夠標示方法或程式區塊，能夠在物件內安全、循序的存取，另外也提供了一些簡單、基本的方法，能夠明確的讓需要使用相同物件的執行緒等待或彼此通知。

Java 也具備高階並行套件，提供了處理多緒程式設計常見的設計模式，例如執行緒池、工作協調以及更成熟的鎖定機制。透過這些額外的並行套件與相關工具，Java 提供的進階執行緒相關工具在所有程式語言中可算是數一數二。

雖然某些程式設計師可能從來不需要寫多緒程式，但學習用執行緒寫程式是精通 Java 程式設計的重要部分，同時也是所有程式設計師都需要知道的知識。第九章針對這個主題有更深入的討論。

擴縮性

Java 程式的最底層是**類別**，類別應該是小型、模組化的元件，在類別之上 Java 提供了**套件**（*package*），這是一種將類別集合成功能性單元的分層結構。套件提供了組織類別的命名慣例，以及 Java 應用程式中對變數與方法可見性的第二層組織化控制。

在套件內部，類別可以是公開（public）可見或是保護（protected）不受外部存取，套件形成了另一種型式的可視範圍，更加貼近應用程式層級，這讓套件更適合用來建立系統中共同運作的可重用元件。套件也有助於設計可擴縮應用程式，能夠持續成長而不是像鳥窩一般緊密相依的程式碼，重複使用與擴縮相關主題實際上會被模組（module）系統更進一步的強化（同樣是在 Java 9 加入），但這超出本書的範圍，模組主題是 Paul Bakker 與 Sander Mak 合著的《*Java 9 Modularity*》（*https://oreil.ly/TLbpl*）（歐萊禮出版）

一書的焦點，繁體中文版《*Java 9* 模組化｜可維護應用程式的開發模式與實務》由碁峰資訊出版。

實作的安全性

建立一個避免自己搬石頭砸自己腳的程式語言是一回事，建立一個避免別人搬石頭砸你的腳的程式語言則是完全不同的另一回事。

封裝（*encapsulation*）的概念是將資料與行為隱藏在類別內部，這是物件導向式設計很重要的部分，有助於寫出乾淨、模組化的軟體。但在大多數的程式語言裡，資料的可視性大都只限於程式設計師與編譯器之間的關係，只是語法的一部份，而不是在執行程式的環境中真正確保資料的安全。

當 Bjarne Stroustrup 選用 `private` 關鍵字在 C++ 中標示類別的隱藏成員時，他可能是想讓開發人員不需要在意其他開發人員程式碼中的繁瑣細節，而非保護開發的類別與物件不受其他病毒或木馬的攻擊。在 C 與 C++ 中的任意轉型或指標運算都能夠輕易的違反類別存取權限，完全不會破壞程式語言規則，例如以下的程式碼：

```
// C++ 程式碼
class Finances {
    private:
        char creditCardNumber[16];
        ...
};

main() {
    Finances finances;

    // 建立指向 class 內部的指標
    char *cardno = (char *)&finances;
    printf("Card Number = %.16s\n", cardno);
}
```

這段 C++ 的表演裡，我們寫了一段違反 `Finances` 類別封裝的程式，直接存取了類別內部的資訊。在 Java 無法使用這類手段（非法使用無型別指標），如果覺得這段範例不夠實際，想想這對保護執行期環境的基礎（系統）類別避免類似的攻擊有多麼重要，如果未受信任的程式碼可以破壞提供存取檔案系統、網路或視窗系統等真實資源的元件，當然就有機會偷走你的信用卡號碼。

如果 Java 程式能夠動態的從網路上未受信任的來源下載程式，與本機可能含有重要資訊的應用程式一同執行，就必須要有非常完善的保護。Java 安全模型（security model）在匯入的 class 外包覆了三層的保護措施，如圖 1-3。

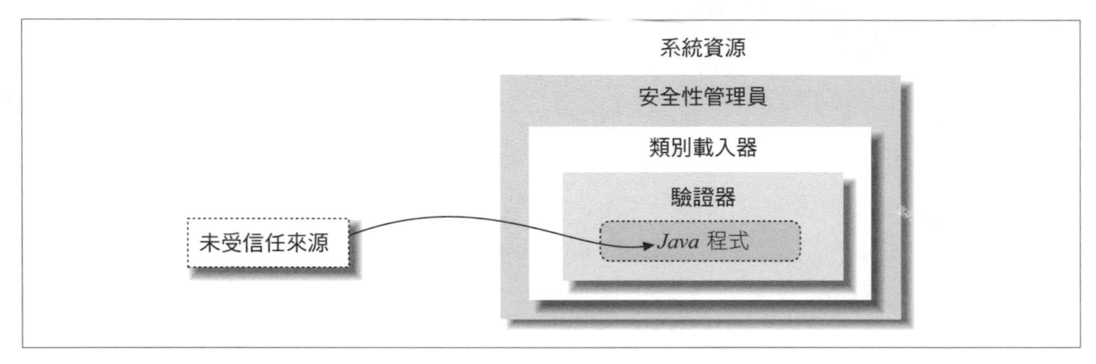

圖 1-3　Java 安全模型

最外層是應用程式層級的安全性，由安全性管理員（Security Manager）負責安全性相關的決策，擁有靈活的安全性原則（policy）。安全性管理員控制檔案系統、網路埠與視窗環境等系統資源的存取。安全性管理員仰賴類別載入器（class loader）保護基本的系統類別，類別載入器負責從本機儲存設備或網路上載入類別定義；在最內層，所有的系統安全性最終都必須透過 Java 驗證器（verifier），以確保進入的類別本身健全。

Java bytecode 驗證器是個特別的模組，也是 Java 執行期系統中固定的一部分，而類別載入器與安全性管理員（更精確的說應該是**安全性原則**）則是能夠依據不同的應用程式有不同實作的元件，例如依據伺服器或瀏覽器而有所不同，這所有的一切都必須要運作正常以確保 Java 環境的安全性。

驗證器

Java 的第一道防線是 *bytecode* **驗證器**，驗證器會在實際執行之前先讀取 bytecode，確保其行為良好並符合 Java bytecode 規格的基本規則，可信賴的 Java 編譯器不會產生有其他行為的程式碼，但想要惡作劇的人可以故意產生不良的 Java bytecode，驗證器的任務就是找出這些不良的 bytecode。

一旦程式碼通過驗證，就被視為安全，不會包含無意或惡意造成的錯誤，例如透過驗證的程式碼無法產生參照或破壞物件的存取權限制（如先前的信用卡範例），不能非法轉型或以非預期的方式使用物件，甚至也無法造成特定類型的內部錯誤，如內部堆疊的 overflow 或 underflow。這些基本的保證構成了 Java 所有的安全機制。

讀者可能會好奇，這類的安全性會不會對直譯式語言帶來很大的負擔？誠然，的確沒辦法用幾行不良的 BASIC 程式碼破壞 BASIC 直譯器，但要記得在大多數的直譯語言裡，這類保護都發生在比較高的層級。那些語言很可能具有重量級的直譯器，在執行期間要執行許多工作，所以必然會比較慢也比較笨重。

相較之下，Java bytecode 是相對輕量級、低階的指令集，能夠在執行前對 Java bytecode 作靜態驗證，讓之後的 Java 直譯器安全地以全速執行，不需要昂貴的執行期檢查，這是 Java 的基本創新之一。

驗證器是種數學式的「理論證明器」（theorem prover），會逐步檢查 Java bytecode，套用簡單、歸納式的規則，判斷 Java bytecode 在特定方面的行為，能夠做到這些檢查是因為 Java bytecode 比其他同類程式言的標的碼（object code）擁有更多的資訊，另外，bytecode 也必須遵守一些簡化其行為所需的額外規則。首先，大多數的 bytecode 指令只能夠作用在單獨的資料型別上，例如，對於堆疊操作，對物件參考與 Java 的各種數值型別就分別有不同的指令，將不同型別的數值搬進與搬出變數也都分別使用不同的指令。

其次，任何運算產生的物件型別都能夠事先確認，沒有 bytecode 運算能夠接受一種數值，卻有多種不同的輸出型別，因此總是能夠在看到下個要執行的指令與其運算子時，就確認結果數值的型別。

由於總是能夠確認運算結果的型別，只需要知道初始狀態，就能夠知道在任何時間點堆疊中所有項目以及區域變數的型別，在任何時間點，這所有型別資訊所成的集合就稱為堆疊的**型別狀態**（*type state*）。這也就是 Java 試著在執行程式前作的分析，在這個時候，Java 完全不知道堆疊與變數項目中實際的數值，只能夠知道這些項目的類型。然而，這些資訊已經足以用來限制安全性規則，確保物件不會被非法操作。

為了分析堆疊的型別狀態可行，Java 對 Java bytecod 指令的執行方式加上了額外的限制：所有的到達程式特定位置的執行路徑，都必須有完全相同的型別狀態。

類別載入器

Java 透過**類別載入器**加上第二層的防護。類別載入器將 Java class 的 bytecode 帶到直譯器，每個從網路載入類別的程式都必須使用類別載入器完成這項工作。

在類別被載入並通過驗證器後，程式碼仍然與它的類別載入器相連，也就是類別實際上是依據來源被分到不同的命名空間（namespace）裡。當類別使用到其他的類別名稱，會由自己所屬的類別載入器提供新類別的位置，這表示從特定來源取得的類別能夠被限制為只與相同來源的類別互動。例如，支援 Java 的瀏覽器能夠使用類別載入器為從指定

URL 載入的類別建立個別空間，以密碼簽署類別為基礎的更成熟的安全性也能夠透過類別載入器實作。

尋找類別的過程都是從內建的 Java 系統類別開始，這些類別是 Java 直譯器由 *classpath*（參看第三章）指定的位置載入。classpath 中的類別只會被系統載入一次且無法替換，這表示應用程式無法以自己提供的版本替換基礎系統類別，進而改變自己的行為。

安全性管理員

安全性管理員（*security manager*）負責應用程式的安全性決策，是個能夠由應用程式安裝的物件，用來限制應用程式對系統資源的存取。每次應用程式要存取檔案系統、網路連接埠、外部程序或視窗環境前都會先經過安全性管理員，由安全性管理員決定是否允許該次的請求。

安全性管理員是會在正常操作中使用到未受信賴式碼的應用程式最在意的部分，例如，支援 Java 的瀏覽器能夠執行可以從網路上未信任來源下載程式的 applet，這類瀏覽器需要在第一動作就安裝它的安全性管理員，此後安全性管理員就會限制這類的存取。這能讓應用程式在執行任何程式碼前強制加上一定程序的信賴，一旦安裝安全性管理員之後，在該次執行期間都無法更換。

安全性管理員搭配存取控制讓開發人員能夠透過編輯安全性原則檔案，實作高階的安全原則。存取原則能夠依據特定程式的授權，內容從簡單到十分複雜，有時候只需要拒絕對所有資源的存取或是對特定類別資源（如檔案系統或網路）的存取就夠了，但也可能需要更高階的資訊建立更複雜的決策。例如支援 Java 的瀏覽器能夠透過存取權限讓使用者指定可以信賴多少 applet，或是依個別的情況允許或拒絕對特定資源的存取，當然，這假設了瀏覽器能夠判斷哪些 applet 應該信任。在稍後談到程式碼簽署（code-signing）時會介紹如何處理這個問題。

安全性管理員的完整性是建立在更底層的 Java 安全模型所提供的保護上，缺少驗證器與類別載入器所提供的保證，系統資源安全性的高階聲明就沒有任何意義。Java bytecode 驗證器提供的安全性代表了直譯器不會被破壞或侵入，Java 程式必須如預想般的使用元件。這也表示類別載入器可以保證應用程式的確是使用核心 Java 系統類別，且這些類別是儲存系統資源的唯一手段，有了這些限制，就能夠透過高階的安全性管理員與使用者定義的原則，集中控制對資源的存取。

應用程式與使用者層級的安全性

在有足夠能力做些有用的事與有能力完成一切想做的事之間有條細微的界線，Java 提供了安全環境的基礎，能夠隔離、管理不受信賴的程式碼，安全的執行這些程式碼。但除非能夠接受將程式碼關在小黑箱裡自己跑自己的，否則總是會需要允許程式存取一些系統資源，讓程式有能力發揮作用。每種形式的存取都伴隨著一定的風險與好處，例如，在瀏覽器環境裡，允許未受信賴（未知）的 applet 存取視窗系統的好處是 applet 能夠顯示資訊，能夠顯示資訊並與使用者互動，伴隨的風險則是 applet 可能顯示一些沒有用、討人厭，甚至是有害的訊息。

另一個極端，即使只是執行應用程式這個行為，也必須給予資源（計算機的時脈）供應用程式使用或空轉，很難避免應用程式浪費你的時間或是試著「阻斷」攻擊。另一個極端則是受信任的應用程式可能有理由存取所有的系統資源（例如檔案系統、建立 procsss、網路介面等），惡意程式可能破壞這些資源，這一切表示需要處理重要且複雜的安全問題。

在某些情況下，詢問使用者是否「同意」請求就夠了，Java 程式語言提供的工具能夠實作出各式各樣的安全原則。然而，這些原則的樣貌最終必須建立在對程式碼的識別與完整性上，這也是引進數位簽章（digital signature）的原因。

數位簽章與憑證（certificate）是用來驗證資料真的來自它所宣稱的來源，同時在傳輸過程中沒有被竄改的技術。如果 Boofa 銀行簽署了它的支票應用程式，使用者可以驗證應用程式是否真的來自銀行本身而非其他惡意來源，而且應用程式沒有被修改，所以就可以將瀏覽器設定為信賴擁有 Boofa 銀行簽章的應用程式。

Java 藍圖

隨著一切的進行，很難記得哪些是目前有的功能、哪些又是已承諾會加入的功能，又有哪些是已經存有一段時間的功能。接下來的藍圖，試著在 Java 的過去、現在與未來加上一些來龍去脈，別擔心不了解其中提到的一些詞彙，在稍後的章節裡會介紹其中一部分，其他部分，隨著技術的提昇，讀者將會對 Java 的基礎愈來愈熟悉，就能夠自己進行相關的研究。至於 Java 的版本，Oracle 的版本說明（release note）就有很好的摘要說明，還包含了進一步細節的連結，如果讀者在工作時使用的是較舊的版本，可以參考 Oracle Technology Resources documents（*https://oreil.ly/oi6eL*）。

過去：Java 1.0 ～ Java 11

Java 1.0 提供了 Java 開發的基本框架：語言本身加上能夠開發 applet 與簡單應用的套件。雖然 1.0 已經正式淘汰，但仍有很多使用這些 API 的 applet。

Java 1.1 取代了 1.0，主要改善是加入了 Abstract Window Toolkit（AWT）套件（Java 最初的 GUI 機制），新的事件模式、反射（reflection）與內部類別（inner class）等語言機制及許多重要的特性。大多數版本的 Netscape 與 Microsoft Internet Explorer 為 Java 1.1 提供多年的原生支援，由於種種政治上的因素，瀏覽器停在這樣的情況很長一段時間。

Java 1.2 是在 1998 年十二月發佈的主要版本（Sun 賦予 Java 2 的名字），提供了許多改善與擴充，主要是加入標準發佈的 API。值得注意的是加入了 Swing GUI 套件作為核心 API，以及全新、功能完整的 2D 繪圖 API。Swing 是 Java 的進階 UI 工具，擁有比原有的 AWT 更強大的功能（Swing、AWT 與一些其他的套件已經改名為 JFC，全名是 Java Foundation Classes），Java 1.2 同時也加入了適當的 Collections API。

Java 1.3 發佈於 2000 年初，雖然增加了少量的特性，但主要著重在效能。在 1.3 版，Java 在許多平台上的速度有大幅提昇，同時也修正了許多 Swing 的臭蟲，同一個時期，Servlet 與 Enterprise JavaBean 等 Java 企業級 API 也逐漸成熟。

Java 1.4，發佈於 2002 年，整合了大範圍的新 API 集合以及許多期待很久的特性，包含了程式語言的斷言、正規表示式、偏好（preference）與日誌（logging）API、針對高流量應用程式的全新 I/O 系統、對 XML 的標準支援、針對 AWT 與 Swing 基礎的改進以及針對網頁應用的 Java Servlet API 也大幅成熟。

Java 5，發佈於 2004 年，是引進許多期待許久的程式語言改善的主要版本，包含了泛型（generic）、具型別安全的列舉、for 迴圈的改善、可變長度的參數列表、靜態匯入（static import）、基本型別的自動物件化（自動裝箱 / 自動拆箱）以及更強化的 class metadata。全新的並行 API 提供了更強大的多緒能力，也提供了類似 C 語言的格式化列印與剖析，遠端方法呼叫（Remote Method Invocation，RMI）也大幅強化，不再需要編譯 stub 與 skeleton 檔，另外還增加了大量的 XML API。

Java 6 發佈於 2006 年，是個變動相對較小的版本，在 Java 程式語言本身沒有增加任何語法特性，但增加了許多擴充 API，如 XML 與 web services。

Java 7，發佈於 2011 年，是相當大幅度的更新，對程式語言本身有許多細微的調整，如可以在 switch 述句中使用字串（稍後會再介紹這兩者！），以及其他如 java.nio 函式庫等大量的函式庫都包進了這個與 Java 6 相隔了五年的版本。

Java 8，發佈於 2014 年，完成了 lambda 與 default 方法等因為一再延期而從 Java 7 中排除的特性。這個版本針對日期與時間的支援有所成果，包含了建立不可變（immutable）的日期物件，搭配目前已經支援的 lambda 使用十分方便。

Java 9，經過幾次延期後於 2017 年發佈，引進了 Module 系統（Project Jigsaw）以及 Java:*jshell* 的「repl」（讀取、運算、列印迴圈，Read Evaluate Print Loop）。本書在快速探索 Java 特性時會使用 *jshell* 來作快速的實驗。Java 9 同時也從 JDK 中移除了 JavaDB。

Java 10，緊接著 Java 9 於 2018 年初發佈，更新了垃圾收集並且將根憑證（root certificate）等特性帶進了 OpenJDK 的版本。加入了不可更動的集合，並移除了如 Apple 的 Auqa 等陳舊的外觀（look and feel）套件。

Java 11，於 2018 年底發佈，加入了標準的 HTTP 用戶端以及 TLS 1.3，移除了 JavaFX 與 JavaEE 模組（JavaFX 被重新設計為獨立函式庫持續發展下去），另外也移除了 Java applet。Java 11 與 Java 8 同樣屬於 Oracle 的長期支援版（Long Term Support，LTS），特定版本（Java 8、Java 11 可能還有 Java 17）會持續維護較長的時間。Oracle 試著改變用戶與開發人員選擇新版本的習慣，但仍然有很好的理由持續維持在熟悉的版本，讀者可以在 Oracle Technology Network 網站上的〈Oracle Java SE Support Roadmap〉（*https://oreil.ly/Ba97c*）一文中看到 Oracle 對 LTS 與非 LTS 的想法與規畫。

Java 12，發佈於 2019 年初，加入了少量的語法改善，如 switch 表示式的預覽版本。

Java 13，於 2019 年九月發佈，包含了更多的程式語言特性預覽，如文字區塊等，另外也大幅改寫 Socket API。依據官方設計文件，這些令人欽佩的成果提供了「更簡單也更現代化的實作，也更易於維護與除錯。」

目前：Java 14

本書涵蓋了 2020 年春天 Java 14 最後階段版本中所有最新、最好的改善，這個版本加入了一些程式語言改進的預覽，一些垃圾收集的更新，同時移除了 Pack200 工具與 API，同時也將 Java 12 中加入的 switch 表示式從預覽特性移到了標準程式語言特性。由於目前採用六個月的發佈週期，當讀者看到本書的時候，JDK 可能已經有更新的版本了，如同先前提過，Oracle 希望開發人員將這些版本當成是特性的更新。對於本書的目的而言，Java 11 就已經足夠（這是最新的長期支援版本），您在閱讀本書時，並不需要「跟上」最新版本，如果是在進行發佈的專案，可以考慮看看藍圖說明，評估維持在現有版本是否合理。第十三章會介紹自行追蹤藍圖的方式，以及用新特性翻新原有程式碼的方法。

功能特性概述

以下是當前核心 Java API 最重要的一些特性介紹：

JDBC（*Java Database connectivity*）
　與資料庫溝通的通用機制（於 Java 1.1 引進）。

RMI（*Remote Method Invocation*）
　Java 的分散式物件系統，RMI 能讓程式呼叫執行在網路上其他伺服器上物件的方法（於 Java 1.1 引進）。

Java Security
　控制系統資源存取的機制，結合了一致的加密介面。Java Security 是先前討論過的 class 簽署的基礎。

Java Desktop
　概括包含了從 Java 9 開始的大量特性，包含了 Swing UI 元件；「可外掛的外觀」表示使用者介面能夠依據使用者使用的平台調整自己的外觀、拖拉、2D 圖形、列印、影像與聲音呈現、播放與操作，以及可存取性，也就是能夠與身心障礙者使用的特殊軟硬體整合的能力。

國際化（*Internationalization*）
　能夠讓程式依據使用者的語言與地區作調整，程式會自動以適當的語言顯示文字（於 Java 1.1 引進）。

JNDI（*Java Naming and Directory Interface*）
　查找資源的通用服務，JNDI 統一了對 LDAP、Novell NDS 等目錄服務的存取介面。

以下是「標準擴充」API，其中一部分是包含在 Java 標準版裡，如操作 XML 與 web service 等，有些需要另行下載部署到應用程式或伺服器上。

JavaMail

撰寫電子郵件軟體的一致的 API。

Java Media Framework

另一個統括的集合，包含了 Java 2D、Java 3D、Java Media Framework（統整顯示多種不同媒體的框架）、Java Speech（語音辨識與合成）、Java Sound（高品質聲音處理）、Java TV（供互動電腦等應用）等等。

Java Servlets

讓開發人員能夠用 Java 撰寫伺服器端 web 應用的機制。

Java Cryptography

加密演算法的實際實作（由於法律因素，這個套件與 Java Security 分離）。

XML/XSL

建立與操作 XML 文件的工具，能夠驗證文件、將文件對應成 Java 物件，或使用樣式轉換文件。

本書會儘量讓讀者對這些特性都有所認識，對作者而言不幸的是（但對 Java 軟體開發而言則是件好事），Java 環境已經成長到太豐富了，沒辦法只用一本書就涵蓋所有的東西。

未來

現在的 Java 當然已經不再是新人，但依然是網頁與應用軟體開發最流行的平台，在 web services、網頁應用框架與 XML 工具等領域更是如此，儘管 Java 並沒有像命中注定一般的主宰了行動平台，但 Java 程式語言與核心 API 能夠用在 Google 的 Android mobile OS 程式上，在全球數億的裝置裡；在 Microsoft 陣營中，源自 Java 的 C# 已經在 .NET 開發佔有一片天，並將 Java 核心語法與模式帶到這個平台上。

JVM 本身也是個探索與成長十分有趣的領域，持續出現利用 JVM 特性與無所不在的新程式語言。Clojure（*https://clojure.org*）是個十分強固的函數式語言，有著成長快速的愛好者，從業餘愛好者的成果到大型公司的產品都有其身影。Kotlin（*https://kotlinlang.org*）是另一個正在接管 Android 開發的程式語言（原先是由 Java 主宰），這是個通用程式語言，在持續進入新環境的同時，又與 Java 保有良好的通透性。

也許現今 Java 最令人感到興奮的領域是朝向更輕量、更簡化業務框架的趨勢，以及 Java 平台與動態程式語言間在網頁與擴充上的整合，接下來將會看到更多有趣的成果。

取得方式

在 Java 開發環境與執行期系統上有幾個不同的選擇，Oracle 的 Java Development Kit 支援了 macOS、Windows 與 Linux，讀者可以在 Oracle 的 Java 官網（*https://oreil.ly/rDigu*）上獲得最新版 JDK 更多的訊息。本書的線上內容則可以在歐萊禮網站上取得（*http://oreil.ly/Java_5E*）。

自 2017 年起，Oracle 正式支援開放源碼專案 OpenJDK 的更新，個人與小型（甚至是中型）企業會發現免費版本就夠用了。開放源碼版本的發行時間稍慢於商用版 JDK，同時也不包含 Oracle 的專業支援，但 Oracle 也對維持 Java 的自由與開放表示堅定的承諾。本書所有的範例都是以 OpenJDK 完成與測試，讀者可以直接從源頭取得相關細節，參看 OpenJDK FAQ（*https://oreil.ly/gEaoq*）。

如果想要快速安裝免費版的 Java 11（適用於本書絕大多數範例，但的確會提到一些更新版本的程式語言特性），Amazon 自行提供了 Corretto 版本（*https://oreil.ly/xCzad*），在三個主要平台上提供了友善熟悉的安裝介面。

有許多常見的 Java 整合開發環境，但我們只會介紹本書使用的版本：社群版的 JetBrain IntelliJ IDEA（*https://oreil.ly/gpGao*）。這是個包含一切的開發環境，撰寫、測試與打包軟體所需的一切工具都唾手可得。

第二章

第一個應用程式

在討論 Java 程式語言之前，先讓我們試試水溫，寫些能夠執行的程式碼，感覺一下。本章會建立一個友善的小程式，示範全書使用的大多數概念，還會利用這個機會介紹 Java 語言與應用程式常見的特性。

本章同時也是 Java 物件導向與多執行緒的簡單介紹，對於第一次接觸這些概念的讀者，我們希望能透過 Java 提供易於理解又有趣的經驗；有其他物件導向程式語言或多緒開發環境經驗的讀者，應該特別能夠欣賞 Java 的簡潔與優雅。本章只打算鳥瞰 Java 語言，讓讀者感受這個程式語言的使用方式，如果對於本章介紹的概念有任何問題，請放心，在往後的章節裡會有更詳細的介紹與討論。

本書介紹新觀念時，十分強調實驗的重要性，不要只是讀過範例程式碼，要動手執行。作者會儘量示範使用 *jshell*（參看第 68 頁的〈試試 Java〉一節）立刻試試新東西，這些範例的程式碼以及本書中所有的例子都能夠從 GitHub（*https://oreil.ly/QmkMk*）下載。編譯這些程式，親手執行看看，接著將書裡的範例改成自己的：試著修改、改變程式的行為、讓程式出狀況、加以修正，希望各位能從這個過程中感到樂趣。

Java 工具與環境

雖然可以只用 Oracle 的開放源碼 Java Development Kit（OpenJDK）與簡單的文字編輯器（如 vi、Notepad 等）撰寫、編譯與執行 Java 應用程式，但今天絕大多數的 Java 程式都是在整合開發環境（Integrated Development Environment，IDE）的協助下完成。使用 IDE 的好處包含了 Java 程式碼的全面檢視，能夠輕易的使用語法標示、瀏覽輔具、原始碼控制、整合文件、建置、重構與部署能功能等功能。因此，我們要跳過學院派的命令列特色，使用流行、免費的 IDE：IntelliJ IDEA CE（社群版），如果反對使用 IDE，也可以使用 `javac HelloJava.java` 命令列指令編譯，再透過 `java HelloJava` 執行範例程式。

IntelliJ IDEA 需要先安裝 Java，本書會介紹 Java 11 的語言特性（以及一些在 12 與 13 的新東西），因此，雖然本章的範例也可以使用更早期的版本，仍然建議先安裝好 JDK 11，以確保能夠順利編譯其他的範例。JDK 中包含了幾個會在第三章介紹的工具，如果已經安裝過 JDK，可以在命令列執行 `java -version` 看看安裝的版本；如果系統沒有安裝過 Java，或是版本比 JDK 11 還要老舊，可以從 Oracle 的 OpenJDK 下載網頁（*http://jdk.java.net*）下載最新版本。本書所有的範例都只需要基本的 JDK，也就是下載頁左上角第一個選項。

IntelliJ IDEA 是個可以從 jetbrains.com（*https://oreil.ly/Lo9Xk*）下載的 IDE，對本書的用途，也就是 Java 一般的開發用途而言，社群版就夠用了。下載後是個可執行的安裝程式或壓縮檔：Windows 平台上是 *.exe*，macOS 上是 *.dmg*，Linux 上則是 *.tar.gz*，用滑鼠雙擊就會解開並執行安裝程式。附錄 A 有下載與安裝 IDEA 的詳細資訊，同時也介紹了載入本書範例的方法。

安裝 JDK

首先要說明的是對於個人使用目的，可以從 Oracle 下載官方、商用版的 JDK（*https://oreil.ly/sYaZm*）。Oracle 下載頁面上提供了最新版本以及大多數的長期支援版（本書寫作時分別是 13 與 11），如果需要與舊版本相容，網頁上也有更舊版本的下載連結。

如果是把 Java 用在商業或分享上，那麼 Oracle JDK 現在使用了嚴格（與付款）的授權規定，由於這個原因以及其他哲學上的因素，我們主要使用的是先前在〈成長〉一節中提到的 OpenJDK。遺憾的是，這個開放源碼的版本並沒有提供各個平台的安裝程式，如果想要比較簡單的安裝方式，也可以接受停留在 Java 8 或 Java 11 這些長期支援版本上，可以參考 Amazon 的 Corretto（*https://oreil.ly/W7noE*）等其他的 OpenJDK 散佈版本。

對於想要使用最新版本，也不介意自行手動設定的讀者，一起來看看在各個主要平台上安裝 OpenJDK 的一般程序。不論使用哪一種作業系統，只要想使用 OpenJDK，就必須先連上 Oracle 的 OpenJDK 下載網頁（*http://jdk.java.net*）。

在 Linux 上安裝 OpenJDK

針對一般 Linux 系統下載的檔案會是個壓縮過的 tar 檔（*tar.gz*），能夠在你選定的目錄下解開。先打開終端機應用程式，切換到檔案下載的目錄，接著執行以下命令安裝與驗證 Java：

```
~$ cd Downloads

~/Downloads$ sudo tar tvf[譯註] openjdk-13.0.1_linux-x64_bin.tar.gz \
  --directory /usr/lib/jvm
...
jdk-13.0.1/lib/src.zip
jdk-13.0.1/lib/tzdb.dat
jdk-13.0.1/release

~/Downloads$ /usr/lib/jvm/jdk-13.0.1/bin/java -version
openjdk version "13.0.1" 2019-10-15
OpenJDK Runtime Environment (build 13.0.1+9)
OpenJDK 64-Bit Server VM (build 13.0.1+9, mixed mode, sharing)
```

成功解壓縮 Java 之後，就可以設定 JAVA_HOME 與 PATH 環境變數，讓終端機程式能夠使用 Java 環境。以下透過檢查 Java 編譯器的版本確認是否設定成功：

```
~/Downloads$ cd

~$ export JAVA_HOME=/usr/lib/jvm/jdk-13.0.1

~$ export PATH=$PATH:$JAVA_HOME/bin

~$ javac -version
javac 13.0.1
```

讀者也許會想要修改 shell 的啟動檔或 rc 命令檔，讓 JAVA_HOME 與 PATH 的設定永久有效。例如，可以將以上在終端機程式使用的兩個 export 指令加到 *.bashrc* 檔案當中。

要特別注意的是，有許多 Linux 發行版本都在各自的套件管理工具提供了 Java。讀者可以搜尋「install java ubuntu」或「install java redhat」看看是否有其他的安裝方式，能夠與 Linux 主機的管理方式更為一致。

[譯註] 上述程式中 sudo tar tvf 僅會檢查壓縮檔內容，若要真正解開壓縮檔，應使用 sudo tar xvf openjdk-13.0.1_linux-x64_bin.tar.gz --directory /usr/lib/jvm。

在 macOS 上安裝 OpenJDk

對於 macOS 系統的使用者而言，OpenJDK 的安裝步驟與 Linux 十分類似：下載 *tar.gz* 壓縮檔，解壓縮到適當的位置。與 Linux 不同的地方在於，這個「適當的位置」是個十分特定的位置[1]。

使用「**終端機**」應用程式（位置在「應用程式」→「工具程式」檔案夾）就可以解壓縮與搬移 OpenJDK 檔案夾，指令如下：

```
~ $ cd Downloads

Downloads $ tar xf openjdk-13.0.1_osx-x64_bin.tar.gz

Downloads $ sudo mv jdk-13.0.1.jdk /Library/Java/JavaVirtualMachines/
```

`sudo` 命令能授權管理員使用者執行特殊指令，這些指令一般是保留給「超級使用者」使用（`sudo` 中的「s」和「u」就表示 super user）。系統會要你輸入你的密碼，搬移好 JDK 檔案夾的位置後，設定 `JAVA_HOME` 環境變數。macOS 內建的 `java` 命令是個包裹程式，應該就能夠找到剛剛安裝的 JDK。

```
Downloads $ cd ~

~ $ export \
  JAVA_HOME=/Library/Java/JavaVirtualMachines/jdk-13.0.1.jdk/Contents/Home

~ $ java -version
openjdk version "13.0.1" 2019-10-15
OpenJDK Runtime Environment (build 13.0.1+9)
OpenJDK 64-Bit Server VM (build 13.0.1+9, mixed mode, sharing)
```

與 Linux 相同，如果想在命令列使用 Java，可以將 `JAVA_HOME` 該行指令放到啟動檔中（例如個人家目錄的 *.bash_profile* 檔案）。

對於使用 macOS 10.15（Catalina）的使用者（應該也包含了之後的版本），在安裝與測試 Java 過程中可能會遇到一些小問題。由於 macOS 的一些改變，Oracle 目前還沒有在 Catalina 上通過 Java 的驗證，當然，仍然可以在 Catalina 系統上使用 Java ，但一些較進階的應用程式可能會遇到一些問題，有興趣的讀者可以參考 Oracle 技術文件

1 除非是十分有經驗的 *nix 使用者，很清楚的知道如何操作環境變數與路徑，這種情況下當然可以將壓縮檔解開到任意想要的位置，只需要告訴其他應用程式使用你所安裝的 Java 就行了。然而，許多應用程式都只會從「慣用」的目錄尋找 Java。

（*https://oreil.ly/t03Ti*），對於在 Catalina 上使用 JDK 有更詳細的說明。技術文件的第一部分介紹了安裝官方 JDK 的方法，第二部分則與上述相同，介紹了安裝 *tar.gz* 壓縮檔的方式。

在 Windows 上安裝 OpenJDK

儘管使用者介面上採用了不同的概念，Windows 系統與 *nix 系統採用了相同的安裝方式。請先下載 Windows 平台的 OpenJDK 壓縮檔，應該是個 ZIP 檔而不是 *tar.gz*。解壓縮下載的檔案，再將解壓縮後的目錄搬移到適當的位置，如同 Linux，「適當」完全是指個人偏好，我們在 *C:\Program Files* 目錄下建立了 Java 目錄，存放目前（以及未來的）版本，如圖 2-1。

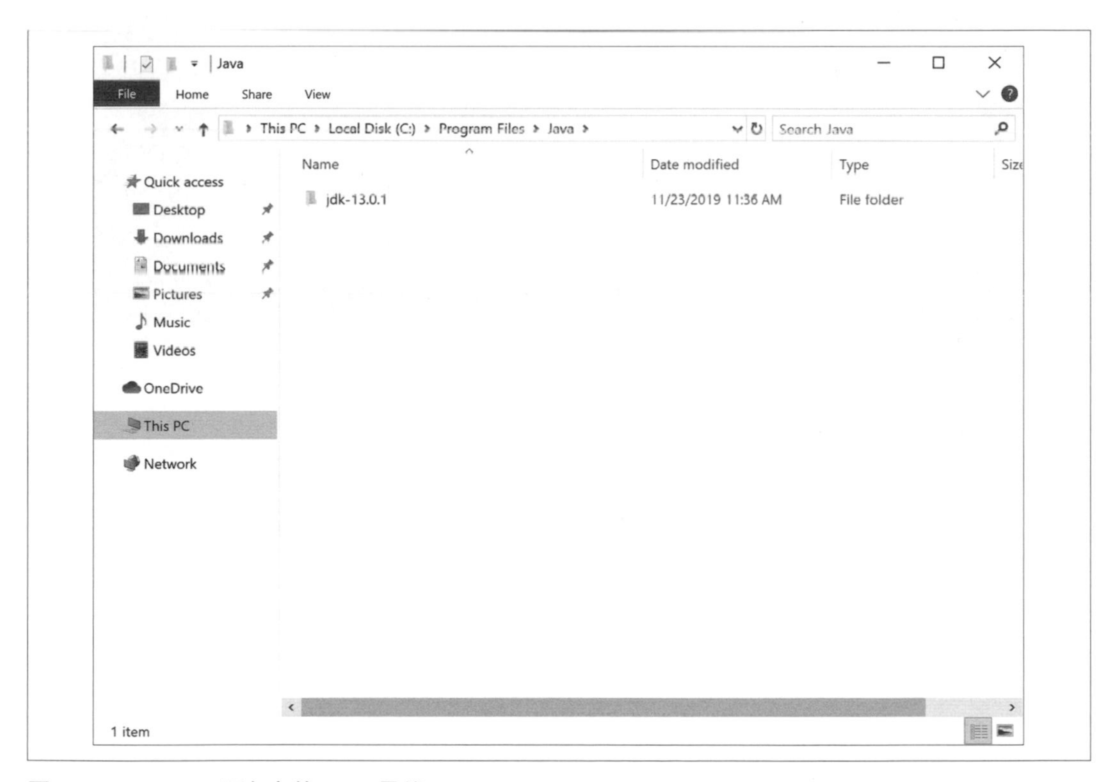

圖 2-1　Windows 平台上的 Java 目錄

放好 JDK 的位置後，還需要設定幾個環境變數，就像 macOS 與 Linux 一樣，設定環境變數最快的方式是搜尋「environment」（環境），然後找到控制台下的「Edit the system environment variables」（編輯系統環境變數），如圖 2-2 所示。

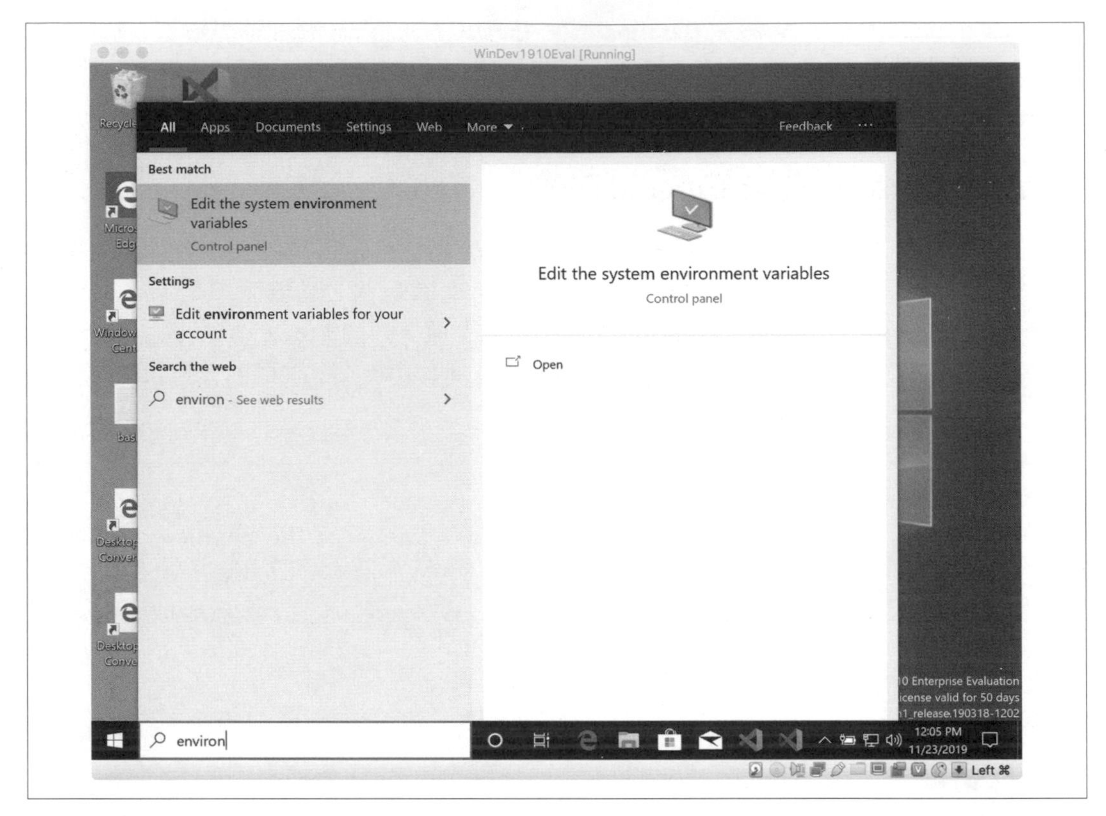

圖 2-2　在 Windows 中尋找環境變數編輯器

接著就可以建立新的 `JAVA_HOME` 項目與更新 `Path` 項目的值，將這些變動寫在系統部分，如果是這個 Windows 系統唯一的使用者，也可以將設定加在使用者帳號上。

對於 `JAVA_HOME` 需要建立新的變數，設定為剛才 JDK 所在的目錄，如圖 2-3。

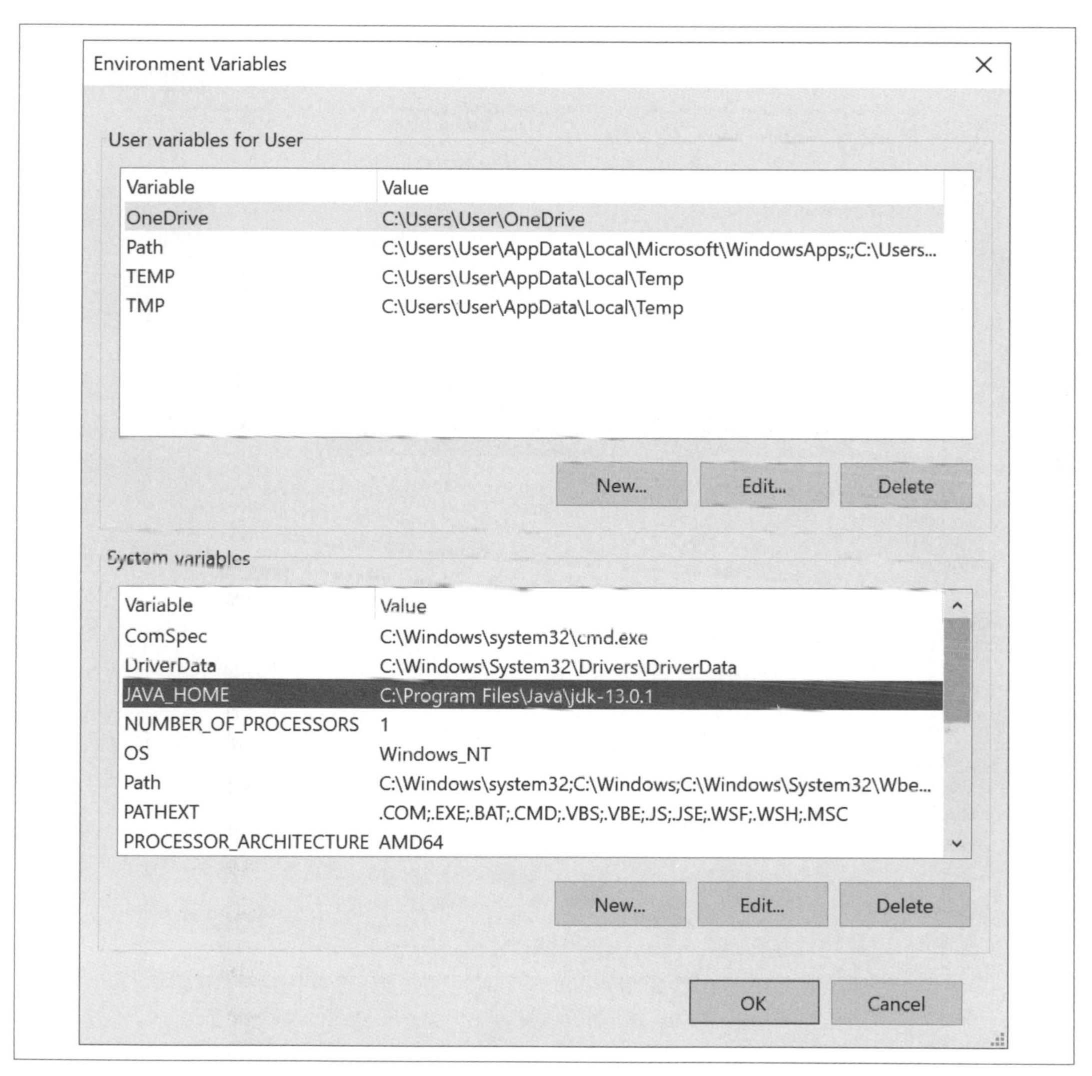

圖 2-3　在 Windows 中建立 JAVA_HOME 環境變數

設定好 JAVA_HOME 之後，就可以在 Path 變數中增加新值，讓 Windows 知道該到哪個地方找到 java 與 javac 工具。需要將數值設定為 Java 安裝目錄下的 bin 目錄，在 path 中使用 JAVA_HOME 變數值時必須加上百分比符號（%JAVA_HOME%），如圖 2-4。

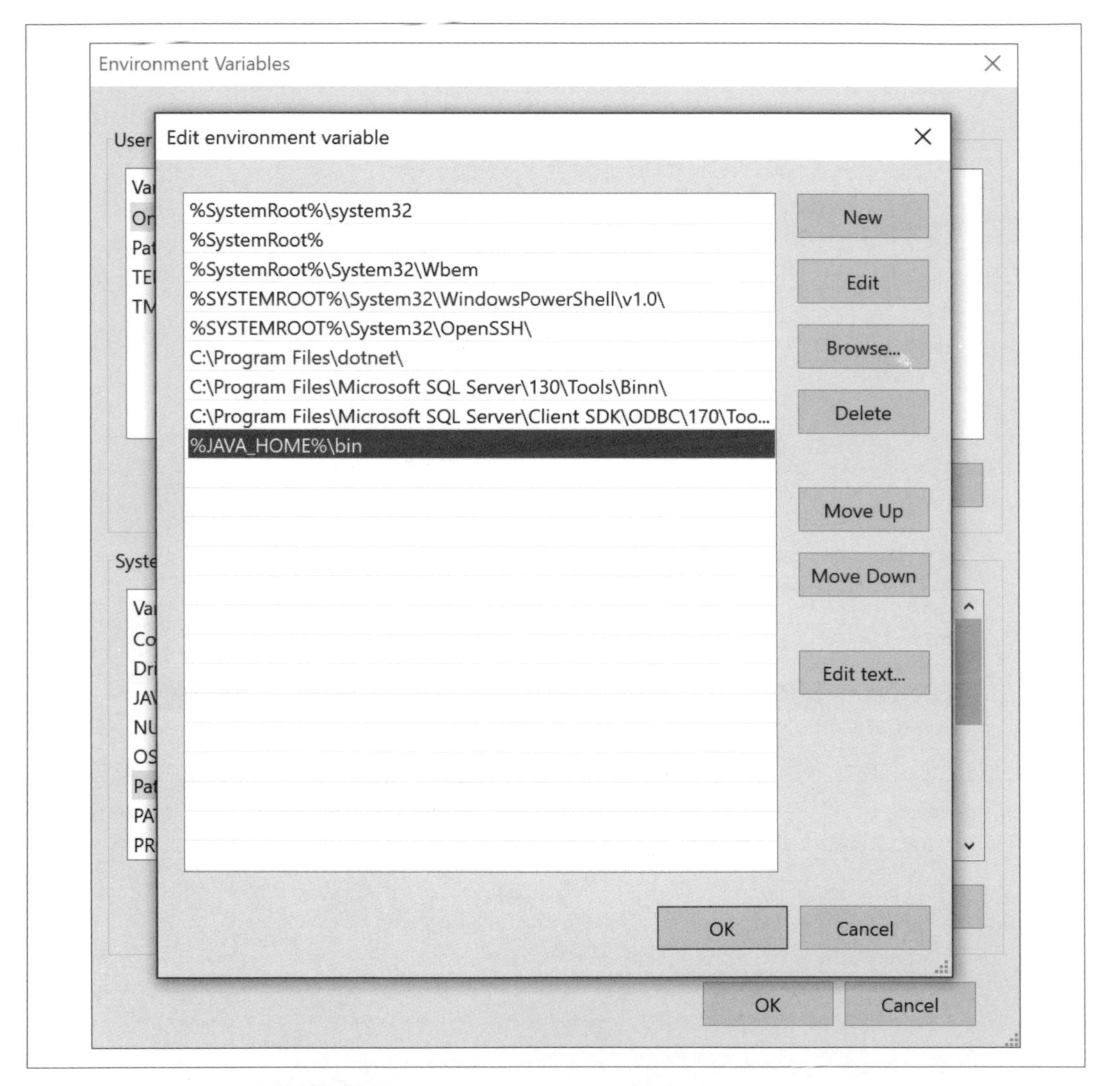

圖 2-4 在 Windows 上編輯環境變數

讀者可能不是很常在 Windows 裡使用命令列工具，但**命令提示字元**與 macOS 和 Linux 平台上的終端機應用程式有相同的功能。開啟**命令提示字元**檢查 Java 的版本，應該可以看到類似圖 2-5 的結果。

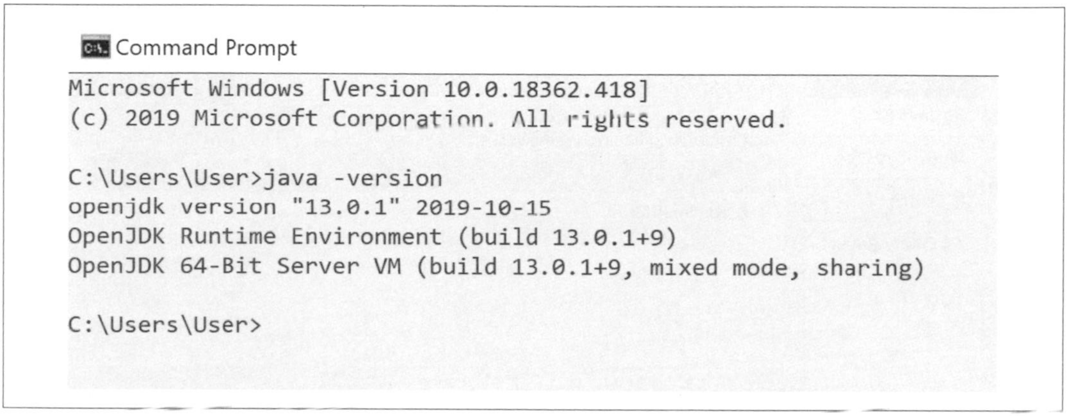

```
Command Prompt
Microsoft Windows [Version 10.0.18362.418]
(c) 2019 Microsoft Corporation. All rights reserved.

C:\Users\User>java -version
openjdk version "13.0.1" 2019-10-15
OpenJDK Runtime Environment (build 13.0.1+9)
OpenJDK 64-Bit Server VM (build 13.0.1+9, mixed mode, sharing)

C:\Users\User>
```

圖 2-5 在 Windows 下驗證 Java 版本

當然可以繼續使用命令提示字元，但也可以將 IntelliJ IDEA 等其他的應用程式指向剛剛安裝的 JDK，直接在其他工具裡使用安裝好的 Java。

設定 IntelliJ IDEA 與建立專案

第一次執行 IDEA 的時候，會出現選擇工作區（workspace）的提示訊息，工作區是指存放 IntelliJ IDEA 建立專案的根（最上層）目錄，預設位置會依讀者使用的平台而有所不同。如果預設位置沒有什麼問題，就直接使用預設位置，否則就依自己的習慣選擇其他位置後按下 OK。

接下來要建立放置範例程式的專案，從應用程式的選單選擇檔案（File）→新建（New）→ Java 專案（Java Project），接著在對話框上方的「專案名稱」（Project name）欄位輸入「**Learning Java**」，如圖 2-6，要確認與圖中相同，將 JRE 指向 Java 11 或之後的版本，接著按下對話框下方的下一步（Next）。

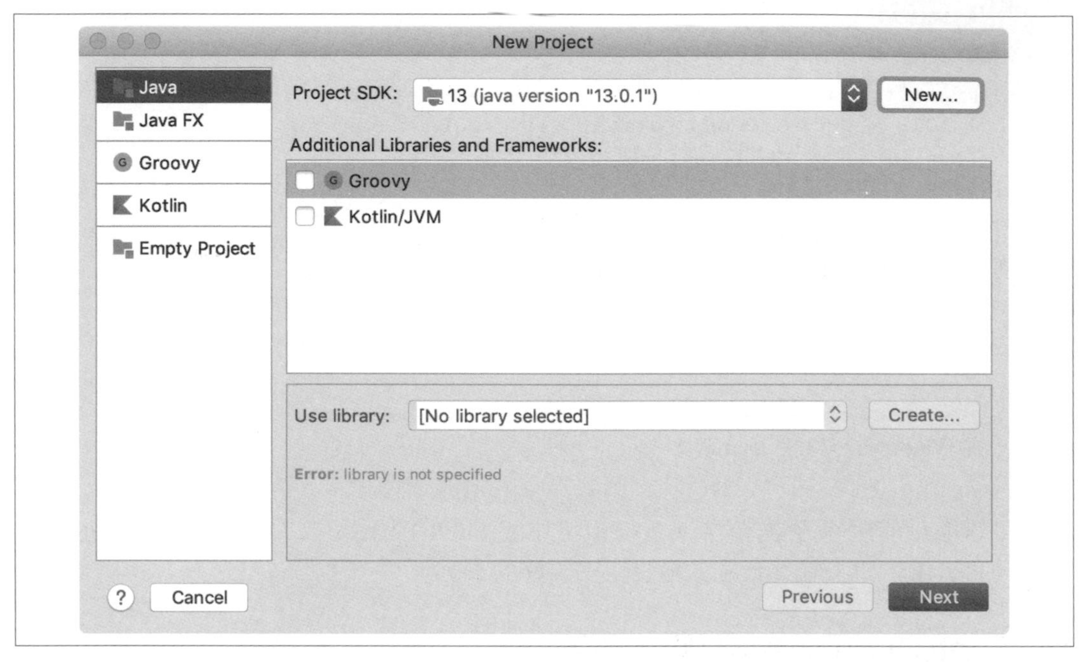

圖 2-6　新建 Java 專案對話框

選擇命令列應用程式（*Command Line App*）樣板（tempalte），這會包含一個最基本的 Java 類別，包含了可以被執行的 `main()` 方法。後續章節裡會更深入 Java 程式的結構，以及可以在程式裡使用的指令與命令。如圖 2-7 所示，選好範本後，按下下一步（Next）。

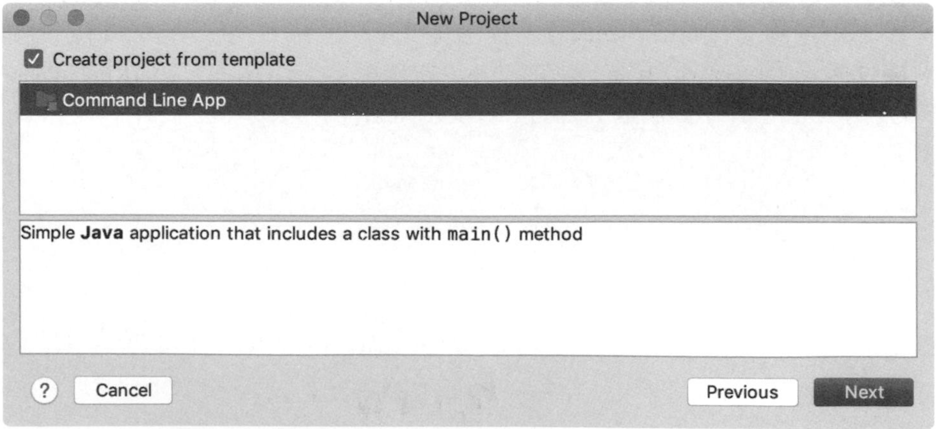

New Project
Create project from template
Command Line App
Simple **Java** application that includes a class with `main()` method
Cancel
Previous
Next

圖 2-7　新建 Java 專案的範本選擇畫面

最後，還需要輸入專案的名稱與位置，我們用的是 `HelloJava`，但這個名稱並沒有任何特別的意義。IDEA 會依據專案的名稱以及預設的專案目錄建議儲存的位置，但也可以點選刪節號（...）鈕選擇電腦上其他的位置。填入這兩個欄位後，接下完成（Finish），如圖 2-8 所示。

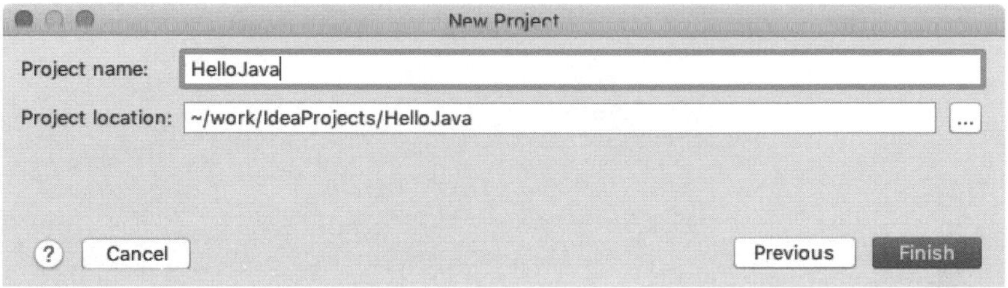

圖 2-8　新建 Java 專案名稱與位置

恭喜！這樣就完成了一個 Java 程式了，好吧，幾乎完成了，接著得加上一行程式碼，在螢幕上印出點東西，在 `public static void main(String[] args)` 那行程式之後的大括號中間，輸入如下的程式碼：

```
System.out.println("Hello, World!");
```

最後的程式碼看起來應類似圖 2-9 右側的畫面。

接著要執行這個範例程式，然後再加以擴充增加更多的內容。後續章節會介紹更有趣的範例，逐步增加 Java 程式語言裡的其他元素。建置（build）範例的步驟都與上述方式類似，要好好掌握初始化操作。

執行專案

從 IDEA 提供的簡單範本入手應該能讓讀者準備好執行第一個程式了，請注意 `Main` 類別同時列在專案（project）綱要的 *src* 目錄下，以及小小綠色的「執行」（play）按鈕的左側，如圖 2-9 所示。這表示 IDEA 知道要怎麼執行這類類別裡的 `main()` 方法，試著按下上方工具列裡的綠色小三角執行鈕，會看到在編輯器下方的執行（Run）頁籤裡出現「Hello, World!」訊息。恭喜各位又完成了一步：現在已經執行了第一個 Java 程式。

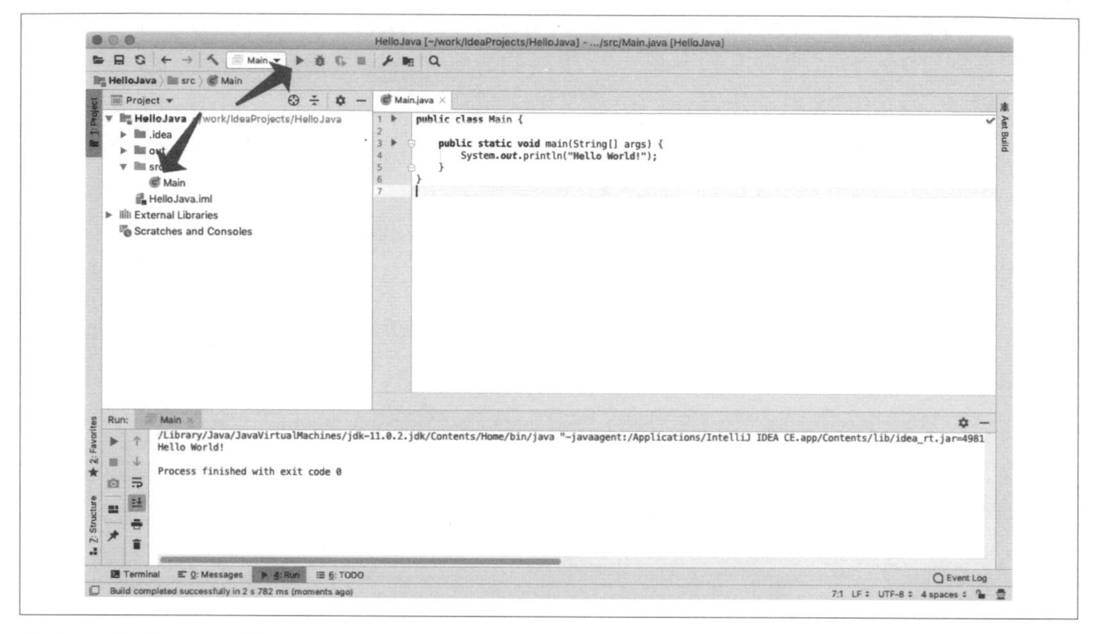

圖 2-9　執行 Java 專案

取得 Java 學習手冊的範例

本書中的範例可以從 GitHub 網站（*https://oreil.ly/QmkMk*）上取得，GitHub 已經成為雲端程式儲存庫的實質標準，不論是可公開使用的開放源碼專案或是封閉源碼的企業專案都是如此。除了簡單的儲存原始碼與版本控制外，GitHub 還提供了許多有用的工具，如果想要開發與其他人共享的應用程式或函式庫，很值得花些時間註冊 GitHub 帳號，更深入的了解這個平台。還好，讀者可以直接下載公開專案的 ZIP 檔案，不需要註冊帳號，如圖 2-10。

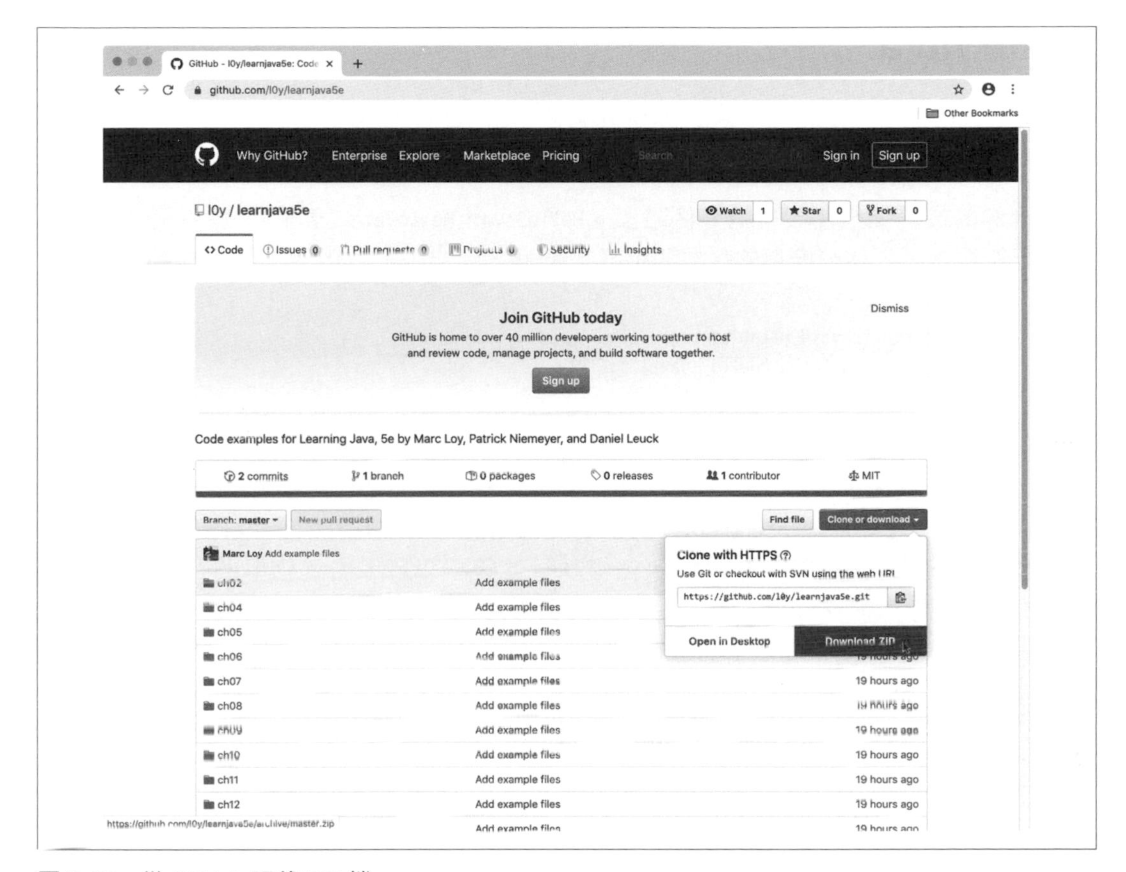

圖 2-10　從 GitHub 下載 ZIP 檔

讀者應該能夠下載名為 *learnjava5e-master.zip* 的檔案（因為是從儲存庫的「master」分支取得的壓縮檔）。如果你因為先前的專案經驗而對 GitHub 十分熟悉，也可以直接 `clone` 這個專案，但 ZIP 格式的檔案就已經包含接下來閱讀過程中，嘗試範例程式所需要的一切了，解壓縮下載的檔案後，你會發現所有提供範例的章節都有對應的目錄，也有另一個 *game* 目錄內含一個有趣、輕鬆的丟蘋果遊戲，能夠示範在一個程式裡使用到本書介紹的大多數程式設計技巧。我們在接下來的章節裡會深入介紹這些範例以及這個遊戲。

先前提過，可以直接從命令列編譯 ZIP 檔裡的範例，也可以將這些程式匯入自己習慣的 IDE。附錄 A 包含了將這些範例匯入 IntelliJ IDEA 的詳細步驟說明。

HelloJava

依循程式設計課本的傳統，接下來就先從經典「Hello World」應用程式的 Java 版開始——HelloJava。

這個範例的最終結果需要經過幾個階段（HelloJava、HelloJava2 等等），逐步增加新特性並介紹新概念，先從最簡單的版本開始吧：

```
public class HelloJava {
  public static void main( String[] args ) {
    System.out.println("Hello, Java!");
  }
}
```

這五行程式碼宣告了一個名為 HelloJava 的類別（class），以及一個稱為 main() 的方法，程式中使用了已有定義的 println() 方法將文字訊息寫到輸出設備。這是個**命令列程式**，也就是說應該在 shell 或 DOS 視窗裡執行並印出訊息，如果使用了 IDEA 的 Hello World 樣板，你可能會注意到範本中的類別名稱是 Main，這沒有任何不對，但對於更複雜的程式，應該要使用更清楚的名稱。接下來的範例裡會使用比較好的名稱，不論類別使用什麼名字，這個實作對作者來說有點老派，所以在繼續之前，我們先幫 HelloJava 加上 GUI。別擔心程式碼，先跟著一起做，稍後會再回頭詳細說明。

接下來要將原先 println() 的那行程式碼，修改為用 JFrame 物件在螢幕上顯示視窗。先將 println 那行程式碼改成以下的三行程式碼：

```
JFrame frame = new JFrame( "Hello, Java!" );
frame.setSize( 300, 300 );
frame.setVisible( true );
```

這段程式建立了一個標題列是「Hello, Java!」的 JFrame 物件，JFrame 是個圖形化視窗。為了顯示視窗，必須先用 setSize() 方法設定視窗在螢幕上的大小，接著再呼叫 setVisible() 方法呈現出來。

如果停在這裡，就會看到螢幕上出現一個空白視窗，在標題列顯示著「Hello, Java!」訊息，讓訊息顯示在視窗內而非最上方的標題列會更好。為了將東西放進視窗內，我們必須再參加幾行程式碼。以下是完整的範例，將顯示文字的 JLabel 加入先前視窗的中心，最上方那幾行額外的 import 程式碼，是為了告訴 Java JFrame 與 JLabel 的所在位置（也就是我們所使用的 JFrame 與 JLabel 物件的定義）。

```
import javax.swing.*;

public class HelloJava {
  public static void main( String[] args ) {
    JFrame frame = new JFrame( "Hello, Java!" );
    JLabel label = new JLabel("Hello, Java!", JLabel.CENTER );
    frame.add(label);
    frame.setSize( 300, 300 );
    frame.setVisible( true );
  }
}
```

接著編譯並執行這段程式碼，從左側套件瀏覽器找到 *ch02/HelloJava.java*，再從上方的工具列點選執行鈕。執行鈕是個指向右側的綠色小箭頭，參看圖 2-11。

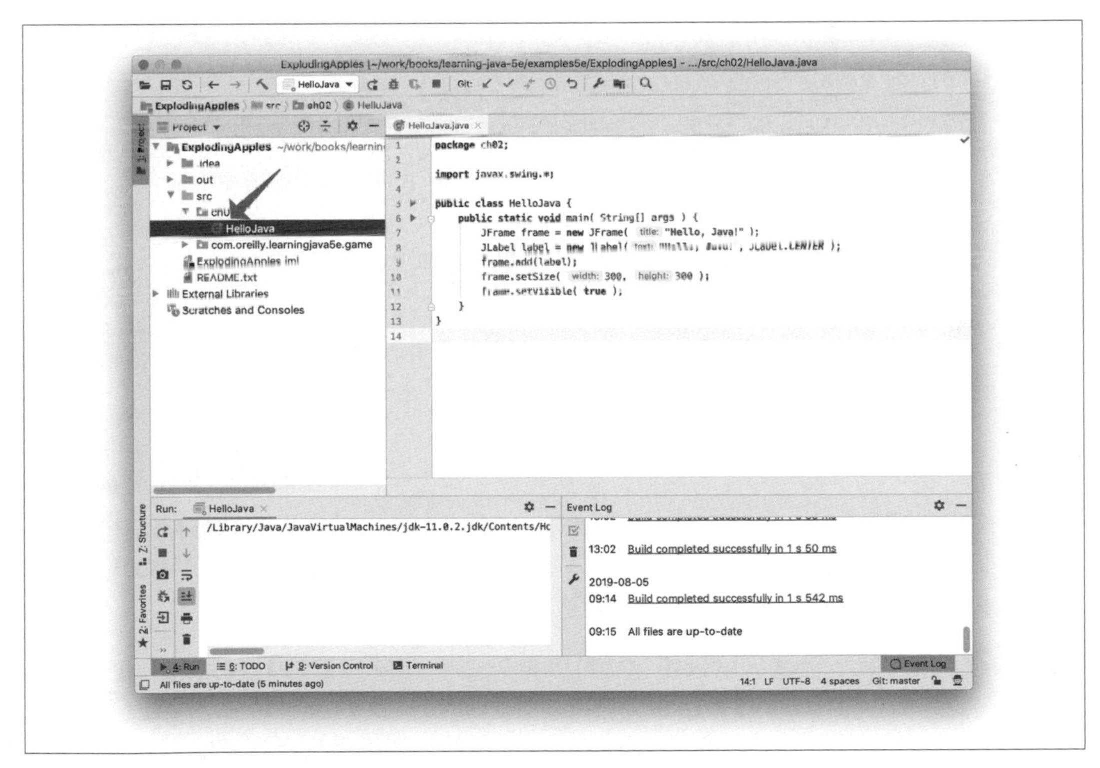

圖 2-11　執行 HelloJava 應用程式

讀者應該可以看到如圖 2-12 的畫面，恭喜！現在已經執行了第二個 Java 程式了！可以稍微享受一下畫面上的光芒。

圖 2-12　HelloJava 程式的輸出結果

需要注意的是，按下關閉視窗的按鈕後雖然視窗會消失，但程式仍會繼續執行（之後的版本會修正關閉行為）。要在 IDEA 中停止 Java 程式，可以點選先前執行程式用的綠色執行按鈕右側的紅色方框鈕。如果是從命令列執行範例，就按下鍵盤上的 Ctrl-C 組合鍵，當然也可以一次執行多個程式（多個執行實例）。

`HelloJava` 雖然是個小程式，但背後包含許多的行為，這幾行簡短的程式碼只是冰山一角，表層之下的是由 Java 程式語言與 Swing 函式庫所提供的層層功能。要記得本章我們只是很快的帶過一次，讓讀者知道全貌，本章雖然試著提供足以理解的細節，但更深入的說明會留後適當的章節。這種做法同時適用於 Java 程式語言以及物件導向觀念，說到這裡，接下來讓我們看看這個範例程式到底做了些什麼。

類別

第一個例子定義了名為 HelloJava 的 class：

```
public class HelloJava {
...
```

類別（class）是大多數物件導向程式語言的基本區塊。類別是資料以及操作資料的函式的組合，類別裡的資料稱為**變數**（*variables*），有時也稱為**欄位**（*fields*）。在 Java 裡，函式（function）一般稱為**方法**（*method*）。物件導向式語言主要的好處就是類別裡資料與功能的關連性，以及類別能夠**封裝**（*encapsulate*）或隱藏資料，讓開發人員不需要擔心低階細節。

在應用程式裡，類別代表一些實際的東西，例如畫面上的按鈕或試算表裡的資訊，也可以代表一些抽象事物，如排序演算法或是遊戲角色的疲勞度；代表試算表的類別可以有表示每個欄位數值的變數，以及操作欄位的方法，例如「清除整列」（clear a row）或「計算數值」（compute value）。

範例中的 HelloJava 類別是一個完整 Java 應用程式的單一類別，只定義了一個 main() 方法，方法的內容就是程式的主體：

```
public class HelloJava {
  public static void main( String[] args ) {
  ...
```

啟動應用程式時，首先會執行的就是這個 main() 方法，其中標記著 String[] args 的部分能夠傳入**命令列參數**（*command-line argument*）給應用程式使用。下一節會逐行說明 main() 方法的內容。最後，雖然這個版本的 HelloJava 沒有定義任何屬於 class 的變數，但它的確在 main() 方法裡使用了兩個變數——frame 跟 label，我們很快就會再介紹這兩個變數。

main() 方法

先前我們在執行範例時看到，執行 Java 應用程式表示指定所需功能的類別，將類別名稱稱作為參數傳給 Java 虛擬機器。接著 java 命令會尋找 HelloJava 類別，確認是否包含名為 main() 的特殊方法，並檢查方法擁有正確的格式。如果一切都符合的話，就會開始執行；要是找不到執行的標的，就會得到錯誤訊息。main() 方法是應用程式的進入點，每個獨立的 Java 應用程式至少都會有一個含有 main() 方法的類別，能夠執行啟動程式其他部分的工作。

範例裡的 main() 方法設定了一個視窗（一個 JFrame）負責 HelloJava class 的視覺輸出，目前，這個方法負責應用程式的一切工作，但在物件導向式程式裡，一般會將責任委派（delegate）給許多不同的類別。在範例的下一階段變化裡，會開始做這樣的切割（建立第二個 class），隨著範例程式持續成長，我們會看到 main() 方法大體上仍然維持相同的樣貌，只是負責啟動程序。

接下來簡單的看過 main() 方法，確定知道每一個步驟在做些什麼。首先，main() 建立了一個 JFrame，一個代表範例的視窗：

```
JFrame frame = new JFrame("Hello, Java!");
```

這行程式碼裡的 new 十分重要，JFrame 是類別名稱，這個類別代表了螢幕上的一個視窗，但類別本身只是個樣板，就像是建築規劃而已；new 關鍵字告訴 Java 配置記憶體，並真正建立一個特定的 JFrame 物件。以這個例子來說，在 JFrame 括號裡的參數，告訴了 JFrame 該在標題列顯示的訊息，也可以去掉「Hello, Java」字串，只用空括號建立一個沒有標題訊息的 JFrame，但這只是因為 JFrame 特別允許這樣的做法。

JFrame 視窗一開始建立的時候非常的小，在顯示 JFrame 之前，必須將它設為適當的大小：

```
frame.setSize( 300, 300 );
```

這是另一個呼叫特定物件方法的例子，這個例子裡，setSize() 方法是由 JFrame class 所定義，能夠影響以 frame 變數儲存的這個 JFrame 物件。與 frame 相同的，範例裡也建立了一個 JLabel 的實體（instance）用來存放視窗裡的文字：

```
JLabel label = new JLabel("Hello, Java!", JLabel.CENTER );
```

JLabel 就像是個真正的標籤，能夠在特定位置放置文字（範例程式是在視窗裡），這是非常物件導向式的概念：讓物件持有文字，而不是直接使用「draw」（描繪）之類的方法畫出文字再繼續下一步。這背後的理由會愈來愈清楚。

接著，必須把標籤放進先前建立好的視窗裡：

```
frame.add( label );
```

這裡呼叫了 add() 方法將 label 放進 JFrame 裡，JFrame 是個能夠持有其他東西的容器（container），稍後會再討論這點。main() 的最後一項工作是顯示視窗與它的內容，否則使用者就看不到任何東西。一個看不見的視窗會讓程式非常無趣。

```
frame.setVisible( true );
```

這就是整個 main() 方法了，雖然 HelloJava 類別隨著一路下來的範例有所變化，這些變化都是圍繞著 main() 方法，方法本身大體上並沒有太大的改變。

類別與物件

類別（class）是應用程式某個部分的藍圖，擁有構成該元件的方法與變數。在應用程式活動期間，每個類別可以同時有許多個別不同的運作複本，這些獨立的運作複本被稱為類別的**實體**（*instance*），也稱為**物件**（*object*）。同一個類別的兩個實體可以有不同的資料，但永遠會有相同的方法。

以 Button 類別為例，只會有一個 Button 類別，但應用程式可以建立許多不同的 Button 物件，每個都是同一個類別的實體。此外，兩個 Button 實體可以擁有不同的資料，也許是有不同的外觀與執行不同的動作，就這個意義上，類別可以看成是許多物件的模子，類似餅乾模型切割刀，在電腦記憶體中產生出自己的運作實體。稍後會看到還不只如此（實際上類別可以與產生的實體共享資料），但目前這樣的解釋就夠了。第五章對類別與物件有完整的介紹。

物件（*object*）是非常常見的詞，在某些情境下跟**類別**可以互換使用，物件是所有物件導向式程式語言以某些型式指涉的抽象實體（abstract entity），我們會用**物件**表示類別的實體。也就是說，可能會把 Button 類別產生的實體稱為按鈕（button）、Button 物件或不特別指明類別，只稱為物件。

前一個範例的 main() 方法建立了一個 JLabel 類別的實體，顯示在 JFrame 類別的實體上。讀者可以修改 main() 方法，產生多個 JLabel 實體，也許可以把每個實體放在不同的視窗裡。

變數與 Class 型別

在 Java 裡，每個類別都定義了一個新的**型別**（*type*，資料型別），變數可以宣告為該型別，持有這個類別的實體。例如，變數可以是 Button 型別並持有 Button 類別的實體，也可以是 SpreadSheetCell 型別並持有 SpreadSheetCell 物件，就如同 int 或 float 這些簡單得多的型別一樣，都表示了數字。變數具有型別，無法持有任何種類物件的限制是程式語言確保程式碼安全性與正確性的另一個重要特性。

暫時先忽略 main() 方法內部使用的變數，如此一來，整個簡單的 HelloJava 範例只宣告了一個變數，就在 main() 方法的宣告：

```
public static void main( String [] args ) {
```

如同其他程式語言裡的函式（function），Java 裡的方法宣告了能夠作為**引數**（*argument*）的**參數**（*parameter*，變數）列，同時也指定了各個參數的型別。以這個情形來說，main 方法要求在被呼叫的時候，必須傳入 String 物件的陣列到名為 args 的變數，String 是 Java 裡表示文字的基本物件。先前提到過 Java 使用 args 參數傳遞任何指定給 Java 虛擬機器（VM）的命令列引數到應用程式裡（目前還沒有用到這部分）。

到目前為止，都只是很不嚴謹的說變數會持有物件，實際上，具有類別型別的變數並沒有包含物件太多部分，而是指向它們。類別型別變數是物件的參考（reference），**參考**是指向物件的指標或者說是物件的標記（handle），如果宣告了一個類別型別的變數但沒有指派任何物件，它就不會指向任何東西。會指派為預設值 null，表示「沒有值」，如果把指向 null 值的變數當作有指向真實物件的變數一般的使用，就會發生執行期錯誤 NullPointerException。

當然，物件的參考總是得來自於某個地方，在範例裡是透過 new 運算子建立了兩個物件，本章稍後會再更深入的討論物件建立的過程。

HelloComponent

到目前為止，我們的 HelloJava 範例只由單一個類別組成，實際上，由於行為十分簡單，它其實也只需要一個比較大的方法就夠了，雖然已經使用了幾個物件顯示 GUI 訊息，但我們的程式碼並沒有呈現任何物件導向式結構。為了修正這個問題，接下來我們馬上會加入第二個類別，作為本章後續發展的基礎，接下來的程式會取代 JLabel 類別的工作（再見，JLabel！），更換為自行開發的圖形介面類別：HelloComponent。HelloComponent 一開始十分簡單，只是在固定的位置顯示「Hello, Java!」訊息，稍後會再增加其他的能力。

新類別的程式碼十分簡單，只多加了幾行：

```
import java.awt.*;

class HelloComponent extends JComponent {
  public void paintComponent( Graphics g ) {
    g.drawString( "Hello, Java!", 125, 95 );
  }
}
```

可以直接把這段文字加進 *HelloJava.java* 檔案裡，也可以另外建立一個 *HelloComponent.java* 檔。如果放在同一個檔案裡，就必須把 import 指令移到檔案的最上方，與其他的 import 放在一起；要用這個新建立的類別取代 JLabel，只需要把那兩行表示標籤的程式碼改成：

```
frame.add( new HelloComponent() );
```

這次編譯 *HelloJava.java* 的時候，會看到產生兩個二進制類別檔：*HelloJava.class* 與 *HelloComponent.class*（不論原始程式碼採用何種型式）。程式碼執行的效果與 JLabel 版本十分相近，但一旦你調整視窗大小，就會發現新的程式不會自動調整位置，讓文字保持置中。

為什麼要做這些變動？為什麼改動程式碼之後卻破壞了原先有著完美行為的 JLabel 元件呢？我們建立了新的 HelloComponent 類別，**擴展**通用的 JComponent 圖形類別，擴展（extend）類別就表示要在原有的類別上增加新的功能，建立新的類別，這在下一節會深入說明。現在我們建立了新的 JComponent，擁有稱為 paintComponent() 的方法，這個方法負責畫出訊息內容。paintComponent() 方法需要一個名為 g 的引數（名稱有點太簡單了），型別則是 Graphics，呼叫 paintComponent() 時，會將一個 Graphics 物件指派給 g，讓程式在方法主體中使用；我們稍後會更詳細討論 paintComponent() 與 Graphics 類別，至於為什麼要這麼做，等到為這個類別加上其他功能之後，你就會了解了。

繼承

Java 的類別是以親 - 子階層的關係安排，其中的親代與子代分別也稱為 *superclass* 與 *subclass*，在第五章會更詳細說明這些觀念。在 Java 裡，每個類別都會有一個，也只能有一個上層類別（superclass，單一親代），但可能會有許多子類別（subclass），唯一例外是 Object 類別，Object 位於整個類別階層的最上方，沒有上層類別。

在先前的範例中宣告我們新增加的類別時，使用了 extends 關鍵字表示 HelloComponent 是 JComponent 類別的子類別：

```
public class HelloComponent extends JComponent { ... }
```

子類別可能會繼承上層類別的部分或所有的變數與方法，透過繼承，子類別可以像自己所宣告的變數與方法一般的使用來自上層類別的變數與方法，也可以自行增加新的變數與方法，還可以**覆寫**（*override*）或改變繼承而來的方法的意義。使用子類別的時候，被覆寫的方法會被子類別所提供的版本取代，繼承透過這種方式提供了一種強大的機制，能讓子類別改變或延伸來自上層類別的功能。

例如，為了產生新的科學試算表類別，可能會從先前的試算表類別建立子類別，加上數學計算函式以及其他內建常數。在這種情況下，科學試算表的原始碼裡可能會宣告一些新加入的數學函式與代表特殊常數的值，這個新類別會自動擁有從代試算表繼承而來，基礎試算表類別所具有的變數與方法，這也表示科學試算表將自己視為試算表，程式設計師可以將擴充版本試算表用在所有簡單版試算表可以使用的地方，最後這句話有著十分重要的影響，也是本書會持續探討的主題，這句話的意義表示特殊化的物件可以被視為更一般性的物件使用，調整它們的行為卻不改變底層的應用，這就稱為「多型」（polymorphism），是物件導向式程式設計的基礎。

HelloComponent 是 JComponent 類別的子類別，繼承了許多沒有顯示在範例程式碼裡的變數與方法，這些繼承來的方法正是這小小的類別能夠作為 JFrame 元件的原因，我們只加上了一點點的調整。

JComponent 類別

JComponent 提供了建立各種型式 UI 元件所需的基本框架，按鈕、標記與下拉列表等特殊的元件都是實作為 JComponent 的子類別。

我們會覆寫子類別中的方法，實作特殊元件的行為，被限制在某些預先定義好的程序聽起來似乎有很多限制，實際上並非如此。要記得這些方法都是與視窗系統互動的方式，不需要把整個應用程式的邏輯塞到裡面。實際上的應用程式可能會包含上百、上千個類別，有難以計數的方法與變數，還同時執行很多個執行緒，其中大多數都與工作的特定部分有關（這些稱為**業務**物件（*domain* object））。JComponent 及其他預先定義好的類別只是提供框架，負責處理特定類型的使用者介面或是顯示資訊給使用者。

paintComponent() 是 JComponent 類別十分重要的方法，透過覆寫的方式，能夠以不同的方式實作元件顯示在螢幕的樣貌，paintComponent() 預設的行為並不會在螢幕上畫出任何東西，如果子類別不覆寫這個方法，就會以透明的方式呈現元件。範例程式只對 paintComponent() 作稍稍有趣的覆寫，對其他繼承自 JComponent 的成員則不作任何覆寫，因為其他成員提供的是基本功能，對目前這個簡單的範例而言都是合理的預設行為。隨著 HelloJava 的變化，我們會繼續深入研究其他繼承而來的成員，使用更多的方法，同時 HelloComponent 也會為了自行獨特的需要，加入一些應用程式專屬的方法與變數。

JComponent 實際上也只是名為 Swing 的冰山上的一角，Swing 是 Java 的 UI 工具庫，在範例程式中是以最上方的 import 指令的型式呈現，我們在第十章會作更深入的討論。

關係與指涉

可以把 HelloComponent 視為是 JComponent 的原因在於，建立子類別的過程可以想成是建立「is a」（是個）的關係，也就是子類別「is a」上層類別，因此 HelloComponent 就是一種 JComponent。在程式中參照某種物件，其意義是該物件的類別及其子類別的任何實體，稍後我們在更詳細檢視 Java 類別階層時，會看到 JComponent 本身是 Container 類別的子類別，而 Container 則又衍生自 Component 類別等等，如圖 2-13。

從這個角度來看，一個 HelloComponent 物件就是個 JComponent，也就是個 Container，這些最終都能夠被視為是個 Component。HelloComponent 就是透過這些類別繼承了基本的 GUI 功能，以及（稍後會看到）能夠嵌入其他圖形元件的能力。

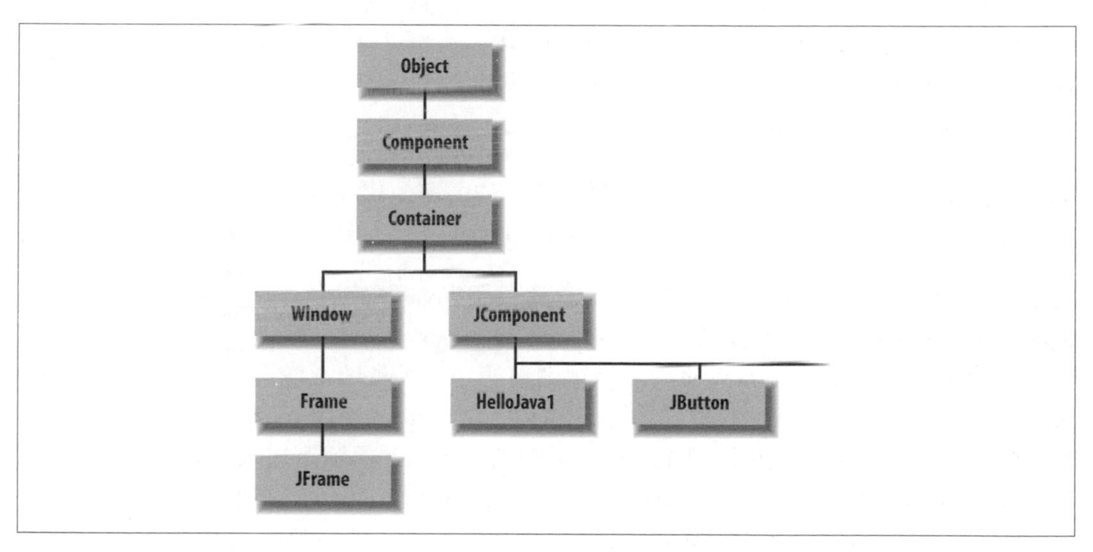

圖 2-13　Java 結構的一部分

Component 是最上層 Object 類別的子類別，所以先前提到的這些類別全都是屬於 Object 類型的類別，Java API 裡的所有類別都繼承了 Object 的行為，也就是在第五章會看到的一些基本行為。我們接下來仍然會用比較通用的物件表示任何類別產生的實體，當要表示特定型別的類別時則會使用 Object。

套件與匯入

先前提到過範例程式的第一行程式碼能讓 Java 知道使用類別的所在位置：

```
import javax.swing.*;
```

更明確的來說，這行程式碼告訴編譯器要使用 Swing GUI 工具箱裡的類別（對先前的範例來說就是 JFrame、JLabel 以及 JComponent），這些類別放在名為 javax.swing 的 Java *package*（**套件**），在 Java 套件指的是有相同目的應用的類別形成的集合，同一個套件裡的類別彼此之間會比其他類別有更高的存取權限，能夠設計成更緊密的合作關係。

套件是以 . 分隔的階層式命名，例如 java.util 與 java.util.zip，套件裡的類別必須遵守它們在 classpath 中的規則，它們的「全名」裡也必須包含套件名稱，以更適當的術語來說應該稱為**完全限定名稱**（*fully qualified name*），例如 JComponent 的完全限定名稱是 javax.swing.JComponent，可以直接使用完全限定名稱取代 import 指令：

```
public class HelloComponent extends javax.swing.JComponent {...}
```

import javax.swing.* 這行指令能讓程式透過簡單的名稱使用 javax.swing 套件裡的所有類別，就不需要用完全限定名稱表示 JComponent、JLabel 與 JFrame class 了。

在第二個範例加入額外的類別時，可以看到一個 Java 原始碼檔案裡可以有不止一個 import 指令。import 的作用像是建立「搜尋路徑」，讓 Java 知道看到非完全限定名稱時，該到哪些地方尋找這些只使用了簡單名稱的類別（實際上並不是路徑，但這種說法可以避免一些可能造成錯誤的名稱），先前看到的 import 使用了 .* 的型式表示應該要匯入整個套件，但讀者也可以只指定單一個類別，例如這個範例在 java.awt 套件中只用到了 Graphics 類別，就可以使用 import java.awt.Graphics，而不是透過萬用字元（*）引入 Abstract Window Toolkit（AWT）套件裡所有的類別，但我們計畫稍後會使用這個 package 裡其他的幾個類別。

java. 與 javax. 是特別的套件階層，所有以 java. 開頭的套件都屬於 Java 核心 API，在所有支援 Java 的平台上都可以使用，而 javax. 套件一般則表示對核心平台的標準擴充，不一定會安裝。但在最近幾年，有許多標準擴充被納入 Java 核心 API 後並沒有重新命名，如 javax.swing 就是個例子，這些套件名稱雖然以 javax. 開頭，但已經屬於核心 API 的一部分。圖 2-14 畫出了一些 Java 核心套件與其中的一、兩個類別。

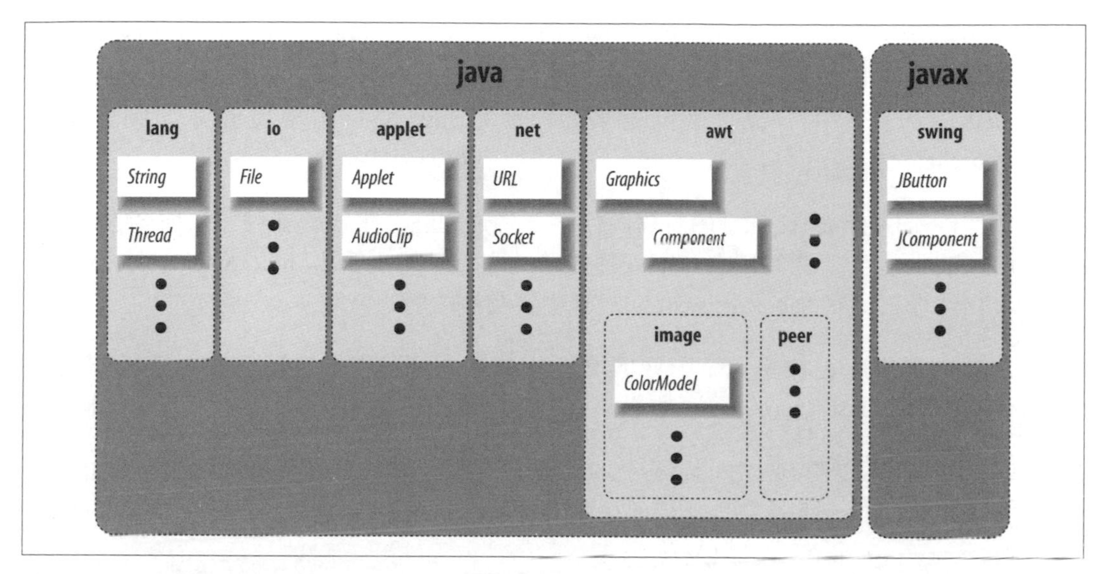

圖 2-14　一些核心 Java 套件

java.lang 包含了 Java 語言本身需要的基本類別，會自動匯入套件內的類別，程式中不需要任何 import 命令就能夠使用 String 與 System 等類別名稱，java.awt 套件中的是比較老舊的圖形化 AWT 類別，java.net 則是網路相關的類別，依此類推。

隨著對 Java 愈來愈熟悉，就能夠慢慢掌握各個套件中包含的類別及其作用，能夠正確使用這些類別是成為成功 Java 開發人員的關鍵。

paintComponent() 方法

HelloComponent 類別的原始碼裡定義了 paintComponent() 方法，覆寫了 JComponent 當中的 paintComponent() 方法：

```
public void paintComponent( Graphics g ) {
    g.drawString( "Hello, Java!", 125, 95 );
}
```

paintComponent() 被呼叫的時機是範例程式需要在螢幕上畫出自己的時候，這個方法只接受一個參數，一個 Graphics 物件，也不會傳回任何型別的傳回值（void）給呼叫者。

修飾子（*modifier*）是指放在類別、變數與方法宣告之前的關鍵字，能夠改變它們的可存取範圍、行為與語義，`paintComponent()` 宣告為 `public`，表示能夠被 `HelloComponent` 之外 class 的方法呼叫。以這個例子來說，就是 Java 的視窗環境會呼叫範例中的 `paintComponent()` 方法，而宣告為 `private` 的方法或變數則只能被類別自身使用。

`Graphics` 物件是個 `Graphics` 類別的實體，代表了特定的圖形化描繪區域（也稱為 *graphics context*），其中包含了能夠用來在區域裡描繪的方法，傳入到 `paintComponent()` 方法裡的 `Graphics` 物件會對應到 `HelloComponent` 在螢幕中視窗裡的對應區域。

`Graphics` 類別提供了渲染形狀、影像與文字相關的方法，在 `HelloComponent` 裡呼叫的是 `Graphics` 物件的 `drawString()` 方法，會在指定的坐標畫出訊息。

在先前的程式裡可以看到，呼叫特定物件方法的方式是在物件名稱後先加上 . 再加上方法名稱，所以呼叫 `Graphics` 物件（透過 `g` 變數參照）的 `drawString()` 方法的方式如下：

```
g.drawString( "Hello, Java!", 125, 95 );
```

讀者可能需要一些時間才能夠接受這樣的概念，應用程式的內容區域是由其他系統在任意時間呼叫的方法所畫出來的，這種情況該怎麼做出有用的事？該怎麼控制該完成什麼與什麼時候完成？稍後會回答這些問題，目前，只需要先考慮該如何以回應命令的方式組織程式，而非自行主動的結構。

HelloJava2：續集

完成了基本型之後，接下來要增加應用程式的互動能力，以下的小改版能讓使用者用滑鼠拉動文字。如果讀者是程式設計新手，那麼這次的改版也許沒那麼小，不要害怕！在往後的章節會詳細介紹這個範例所涵蓋的所有主題，目前請先享受把玩範例程式，如果不習慣範例裡的程式碼，也可以利用這個機會好好習慣建立與執行應用程式的過程。

為了避免讀者因為繼續擴展先前的範例而有所混淆，接下來的範例會稱為 `HelloJava2`，但接下來的改變都集中在增加 `HelloComponent` 的能力，並在每次改動的同時改變類別名稱，讓改動與類別名稱對應（如 `HelloComponent2`、`HelloComponent3` 等等）。由於先前介紹了繼承，也許會有讀者好奇怎麼不建立 `HelloComponent` 的子類別，對於接下來的範例，利用繼承的機制在原有的基礎上增加功能並不會帶來太大的好處，從頭來過比較能夠明確呈現範例的作用。

以下是 HelloJava2 的程式碼：

```
// 檔案：HelloJava2.java
import java.awt.*;
import java.awt.event.*;
import javax.swing.*;

public class HelloJava2
{
  public static void main( String[] args ) {
    JFrame frame = new JFrame( "HelloJava2" );
    frame.add( new HelloComponent2("Hello, Java!") );
    frame.setDefaultCloseOperation( JFrame.EXIT_ON_CLOSE );
    frame.setSize( 300, 300 );
    frame.setVisible( true );
  }
}

class HelloComponent2 extends JComponent
    implements MouseMotionListener
{
  String theMessage;
  int messageX = 125, messageY = 95; // 訊息的坐標

  public HelloComponent2( String message ) {
    theMessage = message;
    addMouseMotionListener(this);
  }

  public void paintComponent( Graphics g ) {
    g.drawString( theMessage, messageX, messageY );
  }

  public void mouseDragged(MouseEvent e) {
    // 儲存滑鼠坐標並畫出訊息
    messageX = e.getX();
    messageY = e.getY();
    repaint();
  }

  public void mouseMoved(MouseEvent e) { }
}
```

雙斜線表示該行後面是註解，為了讓讀者了解程式碼的變化，我們在範例程式中加上了一些註解。

將範例中的文字以 *HelloJava2.java* 為名儲存為檔案，再依先前介紹的方式編譯，應該就會得到新的 .class 檔案：*HelloJava2.class* 與 *HelloComponent2.class*。

使用以下命令執行範例：

```
C:\> java HelloJava2
```

如果讀者繼續使用 IDEA，可以點擊執行鈕執行，可以自行將顯示的「Hello, Java!」改成任何文字，好好玩一下，用滑鼠拉動文字的位置。另外要注意的是，點選視窗關閉鈕時會結束程式，其原理稍後在討論到事件（event）時會再作討論，現在先看看作了哪些變動。

實體變數

新版範例在 `HelloComponent2` class 增加了一些變數：

```
int messageX = 125, messageY = 95;
String theMessage;
```

`messageX` 與 `messageY` 是整數，存放了訊息的當前坐標，程式粗暴的以固定的預設值初始化坐標，也就是接近畫面中心的位置。Java 的整數是 32 位元的有號數，可以很輕易的存放坐標值。`theMessage` 變數是 `String` 型別，能夠存放 `String` 類別的實體。

讀者應該注意到了，這三個變數是宣告在類別定義的大括號之內，但並不在任何方法的大括號當中，這些變數稱為**實體變數**（*instance variable*），屬於物件本身的一部分，更精確的來說，這個類別的每個個別的實體裡都會有這些變數的副本，類別內的所有方法都可以看得到（與使用）相同類別的實體變數，依據修飾子的不同，實體變數也可能被其他類別存取。

除非特別初始化實體變數，否則都會是依型別而定的預設值 `0`、`false` 或 `null` 等。數值型別的預設值是 `0`，布林型別的預設值是 `false`，而類別型別變數的預設值都是 `null`，也就表示「沒有數值」，使用 `null` 值的物件會造成執行期錯誤。

實體變數相對於方法引數以及其他宣告在特定方法生命週期內的變數不同，後者稱為**區域變數**（*local variable*），它們實際上是只能被方法或特定程式碼區域內部看到的私有變數，如果沒有指派數值就直接使用區域變數，編譯器會產生編譯期錯誤。區域變數的生命週期就是方法的執行期間，除非另外儲存變數的數值，否則會隨著方法結束而消失，每次呼叫方法時，都會重新建立區域變數也必須要指派數值。

透過新的變數能賦予不靈活的 paintComponent() 更多的動態，現在呼叫 drawString() 時，所有的引數都決定於這些變數。

建構子

HelloComponent2 類別包含了一個特殊的方法，稱為**建構子**（*constructor*），每次建立新實體時都會呼叫對應類別的建構子。建立新物件時，Java 會配置物件的儲存空間，將實體變數設定為預設值，接著呼叫類別的建構子方法執行應用程式層級需要的相關設定。

建構子的名稱一定要跟類別名稱相同，例如 HelloComponent2 類別的建構子就稱為 HelloComponent2()。建構子沒有傳回值，但可以想成是建立所屬類別型別的物件，建構子與其他方法一樣可以有引數，它們的終身職志就是設定與初始化新產生出來的類別實體，也許會藉助於參數傳入的資訊。

物件是使用 new 運算子再加上類別建構子及所有需要的引數建立，產生的物件會以數值傳回，在範例中，main() 方法中的新 HelloComponent2 實體是在以下這行程式建立：

```
frame.add( new HelloComponent2("Hello, Java!") );
```

這行程式碼實際上做了兩件事，為了方便理解，可以改寫成以下兩行的型式：

```
HelloComponent2 newObject = new HelloComponent2("Hello, Java!");
frame.add( newObject );
```

第一行程式是重點，也就是產生新 HelloComponent2 物件，HelloComponent2 建構子需要一個字串作為引數，依據在程式碼中的設定，這個引數會成為顯示在視窗裡的訊息內容，Java 編譯器會將 Java 程式碼中以雙引號括起來的文字轉換為 String 物件（參看第八章對 String 類別的討論），第二行只是將新元件加入視窗，呈現在使用者，這部分與前一個範例程式相同。

既然談到了設定顯示訊息，如果讀者想要更有彈性的設定訊息，可以將建構子所在的程式碼改成：

```
HelloComponent2 newobj = new HelloComponent2( args[0] );
```

如此就可以像以下的方式，在執行應用程式的時候，從命令列參數指定顯示的訊息：

```
C:\> java HelloJava2 "Hello, Java!"
```

args[0] 代表命令列的第一個參數，在第四章討論到陣列的時候，讀者就能夠更理解這個表示方式代表的意義，如果是使用 IDE 的話，需要在執行之前特別設定好命令列的參數，如圖 2-15 顯示的 IntelliJ IDEA 的設定畫面。

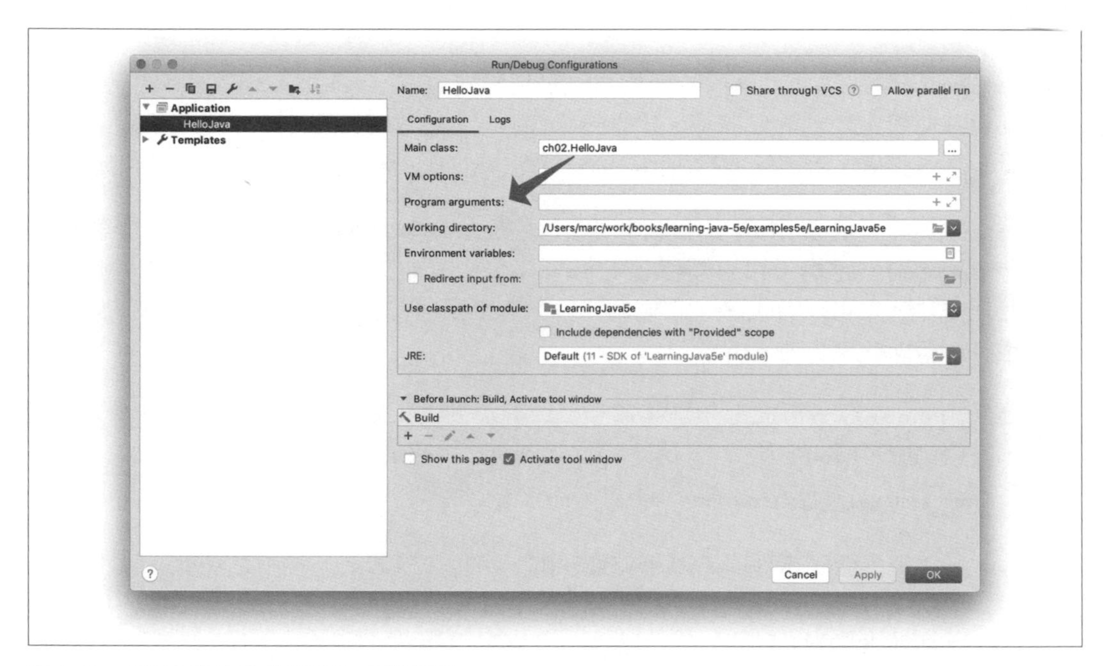

圖 2-15　IDEA 設定命令列參數的對話框

HelloComponent2 的建構子接著作了兩件事：設定 theMessage 實體變數，接著呼叫 addMouseMotionListener()，這個方法屬於稍後會討論的事件機制，addMouseMotionListener() 會告訴系統「嘿！我對滑鼠發生的所有事情都有興趣。」

```
public HelloComponent2(String message) {
  theMessage = message;
  addMouseMotionListener( this );
}
```

呼叫 addMouseMotionListener() 時使用的 this 是個特殊、唯讀的變數，用來明確的表示對物件的參照（「目前」所在的物件）。在方法裡可以用 this 表示目前執行這個方法的物件實體，也就是說，以下的兩行程式會有相同的效果，都會指定 theMessage 實體變數的數值：

```
theMessage = message;
```

或：

```
this.theMessage = message;
```

一般使用實體變數時會使用比較簡單、不明確指明目前物件的型式，但在需要將目前物件作為參數傳給另一個類別的方法時，就需要使用 this。這種做法通常用來讓其他類別能夠呼叫我們的公開物件或使用公開變數。

事件

HelloComponent2 的最後兩個方法 mouseDragged() 與 mouseMoved() 能讓程式取得滑鼠的資訊。每次使用者執行操作時，不論是按下鍵盤上的按鍵、移動滑鼠，甚至是把頭撞上觸控螢幕上，Java 都會產生**事件**（*event*），事件代表發生了某項操作，包含該操作的相關資訊（如時間與地點）。大多數的事件都會對應到應用程式的特定 GUI 元件，例如，按下鍵盤按鍵可能代表在文字輸入欄位中輸入了某個字元，按下滑鼠按鈕可能會觸發螢幕上的特定按鈕，即使只是在螢幕的特定區域移動滑鼠都可以觸發如提醒或改變滑鼠游標形狀等效果。

為了處理這些事件，程式匯入了 java.awt.event 這個新套件，程式使用 java.awt.event 所提供的各式各樣 Event 物件取得使用者的資訊（要特別注意的是，匯入 java.awt.* 並不會自動匯入 event 套件，import 指令並不會遞迴匯入，雖然套件是以階層的方式命名，但這並不表示套件間有包含關係）。

有許多不同的事件類別，如 MouseEvent、KeyEvent 與 ActionEvent，事件的意義大都十分直覺，MouseEvent 發生表示使用者對滑鼠做了一些動作，KeyEvent 則表示使用者按了鍵盤上的按鍵等等，ActionEvent 則有所不同，我們會在第十章介紹它的作用，目前先專心處理 MouseEvent。

Java 的 GUI 元件會對使用者的操作產生不同類型的事件，例如，當使用者在元件裡按下滑鼠按鈕，元件就會產生滑鼠事件。物件可以透過對事件來源註冊**傾聽器**（*listener*）的方式要求接收來自一個以上的元件的事件；如果想要宣告傾聽器想要接收某個元件的滑鼠動作（mouse motion）事件，就必須呼叫元件的 addMouseMotionListener() 方法，指定傾聽器物件作為引數，這也就是範例程式在建構子裡的行為，在範例程式裡元件以 this 為引數呼叫自己本身的 addMouseMotionListener() 方法，表示「我想要收到我自己的滑鼠動作事件」。

這就是註冊要收到事件的方式，但要怎麼真正的得到事件呢？這就得看 class 裡那兩個與滑鼠相關的方法了。當使用者拉動滑鼠時（也就是按著任何一個滑鼠按鍵同時移動滑鼠），傾聽器會自動呼叫 mouseDragged() 方法接收產生的事件，mouseMoved() 方法則會在使用者沒有按下按鈕，在區域內移動滑鼠時被呼叫，範例中將這兩個方法都放在 HelloComponent2 裡，並註冊自己作為自己的傾聽者，這種做法完全適合於這個可以拉動文字的新元件，但一般而言，良好的設計通常會要求以**轉接器**（*adapter*）**類別**的方式實作事件傾聽器，在 GUI 與「業務邏輯」之間有更適當的分隔，我們在第十章會更詳細討論其中的細節。

mouseMoved() 方法很無趣：什麼事也沒做。範例略過一般的滑鼠移動，將注意力集中在拉動上，mouseDragged() 就比較有內容了，視窗系統會一再呼叫這個方法，提供最新的滑鼠位置，程式碼如下：

```
public void mouseDragged( MouseEvent e ) {
  messageX = e.getX();
  messageY = e.getY();
  repaint();
}
```

mouseDragged() 的第一個引數是 MouseEvent 物件 e，其中包含了對這個事件想要知道的一切資訊，程式呼叫 getX() 與 getY() 方法從 MouseEvent 取得滑鼠目前位置的 x 與 y 坐標值，接著將數值分別儲存到 messageX 與 messageY 實體變數供其他地方使用。

事件模型的美在於程式只需要處理想要處理的事件種類就行了，如果不在意鍵盤事件，就不要註冊它們的傾聽者，那麼不論使用者怎麼敲打鍵盤都對程式沒有任何影響。如果某個種類的事件沒有任何收聽者，Java 就不會產生該類型的事件，使得事件處理機制變得十分有效率[2]。

在討論事件的同時，應該要提到偷渡進 HelloJava2 的小變動：

```
frame.setDefaultCloseOperation( JFrame.EXIT_ON_CLOSE );
```

這行程式告訴視窗在使用者按下關閉視窗鈕的時候要結束應用程式，如同絕大多數的 GUI 互動，這個「預設」的關閉動作也是用事件控制，也可以註冊視窗傾聽器，在使用者按下關閉鈕的時候收到通知，再採取需要的行動，但使用這個便利的方法就能夠處理一般常見的情況。

2　Java 1.0 的事件處理機制就完全是另一回事了，早期的 Java 並沒有事件傾聽器的概念，所有的事件處理都必須透過覆寫基礎 GUI 類別的方法達成，這種做法非常沒有效率，也會導致不良的設計以及許多特殊用途的元件。

最後，以上的討論迴避了一些問題：系統是怎麼知道類別裡有需要的 mouseDragged() 與 mouseMoved() 方法（這些名稱又是從哪裡來的）？為什麼一定要定義一個什麼事也沒有做的 mouseMoved() 方法？這些問題的答案都與介面（interface）有關，在討論完最後一部分的 repaint() 後就會介紹介面了。

repaint() 方法

由於程式（在使用者拉動滑鼠時）會改變訊息的坐標，因此需要讓 HelloComponent2 重新繪製自己，這可以透過呼叫 repaint() 達成，這個方法會要求系統在某個時間重繪螢幕，程式無法直接呼叫 paintComponent()，就算想要這麼做，也沒有需要傳給 paintComponent() 的 graphics context。

程式可以使用 JComponent 類別的 repaint() 方法要求重繪元件，repaint() 方法會讓 Java 的視窗系統在下一個許可的時間安排呼叫元件的 paintComponent() 方法，Java 會在呼叫時提供必要的 Graphics 物件，如圖 2-16。

這種運作模式並不單單只是因為缺少必要的 graphics context 所造成的不便，這種運作模式最主要的好處在於重繪是由其他人處理，程式可以繼續處理自己的邏輯，Java 系統另外有個獨立執行的執行緒，專供處理所有的 repaint() 請求，這個執行緒能夠依需要排程與協調 repaint() 請求，避免捲動視窗等需要大量重繪的情境造成視窗系統過載。另一個好處是所有的描繪函式都必須透過 paintComponent() 封裝，也就不會散落在程式各處。

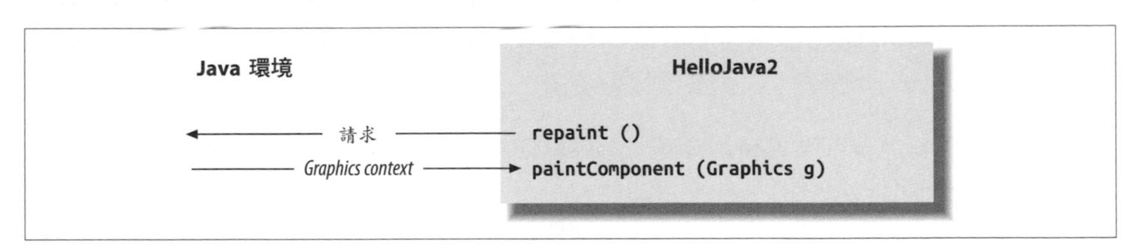

圖 2-16　呼叫 repaint() 方法

介面

現在可以回答先前避開的問題了：發生滑鼠事件時，系統是怎麼知道該呼叫 mouseDragged()？是不是因為 mouseDragged() 是個事件處理方法必須知道的特別名稱？不完全如此，這個問題的答案需要提到介面，這也是 Java 程式語言裡最重要的特性之一。

介面的第一個跡象出現在 HelloComponent2 class 的程式碼裡：程式中提到類別實作（implement）了 MouseMotionListener 介面（interface）：

```
class HelloComponent2 extends JComponent
    implements MouseMotionListener
{
```

基本上，介面是類別一定得有的方法列表，MouseMotionListener 要求類別必須要有 mouseDragged() 與 mouseMoved() 這兩個方法。介面不限定方法的行為，實際上 mouseMoved() 什麼也沒做，但介面裡的確表示了這兩個方法必須接受 MouseEvent 作為引數，同時沒有傳回值（也就是 void）。

介面是開發人員與編譯器間的約定，藉由表示類別實作了 MouseMotionListner 介面，代表類別中必須存在這些方法，可以讓系統其他部分呼叫，如果開發人員沒有提供這些方法，就會發生編譯錯誤。

介面對程式的影響不只如此，介面的行為與類別十分相似，例如，方法可以傳回 MouseMotionListener 或接受 MouseMotionListener 作為引數，當程式透過介面的名稱參照物件，就表示程式並不在乎物件實際上的類別，只要類別實作了需要的介面就行了。addMouseMotionListener() 就是這樣的方法：它的引數必須是個實作了 MouseMotionListener 介面的物件，範例程式傳入的是 this，也就是 HelloComponent2 物件自己，傳入的是 JComponent 實體這件事並不重要，傳入的可以是 Cookie、Adrdvark 或其他任何的類別，重要的是類別實作了 MouseMotionListener，也就是必須要有這兩個相同名稱的方法。這也是為什麼範例程式中必須要有個什麼事也沒做的 mouseMoved() 方法的原因，因為 MouseMotionListener 介面要求我們必須提供這個方法。

Java 包含了許多定義行為規範的介面，編譯器與類別間的合約概念非常重要，還有與先前類似的情況，程式只在意某些特定的能力，而不是實際的類別，如同滑鼠事件的傾聽器一般。介面提供了一種以物件能力操作物件的方法，讓開發人員不需要在意或知道物件實際上的型別，這是把 Java 當作物件導向式程式語言使用時一個非常重要的觀念，會在第五章更詳細的討論。

第五章也會討論到以介面跳脫 Java 「每個類別只擴展一個類別」規則的方法，Java 裡的類別只能夠擴展一個類別，但可以實作多個介面。介面可以作為資料型別，可以擴展其他介面（但不能擴展 class），也可以被類別繼承（如果 A 類別實作了 B 介面，那麼 A 的子類別也就實作了 B），最關鍵的不同在於類別實際上並沒有從介面繼承到任何方法，介面只限定了類別必須要有的方法。

離別與再相見

現在是與 `HelloJava` 道別的時候了，希望讀者已經對 Java 的一些特性以及撰寫與執行 Java 程式的方式有些感覺，這個簡單的介紹應該能幫助讀者探索其他 Java 程式設計的細節，如果因為對某些內容不清楚而耿耿於懷，重要的主題都會在後續相關章節裡再次介紹，這個入門介紹只是簡單的試車，讓讀者熟悉重要概念與術語，在下次再遇到的時候能夠更快的上手。

現在要拋開 `HelloJava` 了，在下一章會介紹 Java 世界的工具，讀者會看到 *javac* 等已經用過的命令的其他細節，也會看到其他重要的工具。請繼續讀下去，準備與 Java 開發人員的幾個新好友打招呼吧！

第三章

專業工具

雖然絕大多數的 Java 開發都是使用 Eclipse、VS Code 或（作者的最愛）IntelliJ IDEA 之類的 IDE，實際上建置 Java 應用程式所需要的核心工具都包含在第 26 頁的〈安裝 JDK〉一節——從 Oracle 及其他的 OpenJDK 提供者[1]下載的 JDK 當中，本章會介紹其中一部分的命令列工具，能夠用來編譯、執行與打包 Java 應用程式，JDK 裡其他的開發者工具會在本書的其他部分介紹。

對於 IntelliJ IDEA 與載入本書範例更詳細的說明，請參看附錄 A。

JDK 環境

安裝 Java 之後，核心 *java* 執行期命令也許就會自動出現在執行路徑（可供執行），但許多其他 JDK 提供的目錄並不會自動加入執行目錄，必須另外將 Java 的 *bin* 目錄加到執行路徑後才能使用。以下命令是 Linux、macOS 與 Windows 各系統下的指令，當然，使用這些命令時，路徑名稱必須符合實際上安裝的 Java 版本與位置。

```
# Linux
export JAVA_HOME=/usr/lib/jvm/java-12-openjdk-amd64
export PATH=$PATH:$JAVA_HOME/bin

# Mac OS X
export JAVA_HOME=/Library/Java/JavaVirtualMachines/jdk-12.jdk/Contents/Home
export PATH=$PATH:$JAVA_HOME/bin

# Windows
set JAVA_HOME=c:\Program Files\Java\jdk12
set PATH=%PATH%;%JAVA_HOME%\bin
```

1　讀者可以搜尋 OpenJDK provider，就可以找到最新的選擇以及各提供者的比較。

在 macOS 上的情況可能會比較複雜，較新的版本裡內含了 Java 命令的「外覆」(stub) 程式，要是直接執行外覆程式，OS 可能會詢問是否要下載 Java，讀者可以先從 Oracle 下載 OpenJDK，再依照第 25 頁的〈Java 工具與環境〉一節介紹的方式安裝。

如果不確定目前使用的版本，判斷使用工具版本的方式就是 *java* 與 *javac* 命令的 `-version` 旗標：

```
java -version

# openjdk version "12" 2019-03-19
# OpenJDK Runtime Environment (build 12+33)
# OpenJDK 64-Bit Server VM (build 12+33, mixed mode, sharing)

javac -version

# javac 12
```

Java VM

Java 虛擬機器（VM）是實作了 Java 執行期系統，能夠執行 Java 應用程式的軟體，它可以是與 JDK 一同安裝的 *java* 命令，也可以是瀏覽器等更大型應用程式的一部分。通常直譯器本身是原生應用程式，在各個平台上都有，直譯器會啟動其他以 Java 程式語言撰寫的工具，為了最大化可攜性與擴充性，Java 編譯器與 IDE 等工具經常是直接以 Java 開發，如 Eclipse 就是個純 Java 的應用程式。

Java VM 負責所有的 Java 執行期活動，載入 Java class 檔、驗證來自未信賴來源的類別，接著執行編譯後的 bytecode、管理記憶體與系統資訊，良好的 VM 實作還會作動態最佳化，將 Java bytecode 編譯為原生機器指令。

執行 Java 應用程式

單獨執行的 Java 程式至少要有一個含有名為 `main()` 靜態方法的類別，這個方法是應用程式啟動時第一個執行的方法。執行應用程式的方式是啟動 VM 並將類別名稱作為引數，也可以指定其他的直譯器設定以及應用程式的引數：

```
% java [直譯器設定值] 類別_名稱 [應用程式引數]
```

指定類別時必須要使用完整的名稱，包含類別所屬的完整套件名稱，但不需要加上 *.class* 副檔名。以下是幾個例子：

```
% java animals.birds.BigBird
% java MyTest
```

直譯器會在 *classpath* 裡尋找指定的類別，classpath 是儲存類別的目錄與壓縮檔所形成的列表，下一節會更詳細介紹 classpath，可以透過設定環境變數或是 *-classpath* 命令列參數指定 classpath 的值，如果執行 Java 程式時兩種設定同時存在，會採用命令列參數的設定值。

其次，*java* 命令可以用來啟動「可執行」Java 壓縮檔（JAR）：

```
% java -jar spaceblaster.jar
```

這種情況下，JAR 檔會包含指明了啟動類別的 metadata，啟動類別會具有 `main()` 方法，同時 classpath 會變成只有 JAR 檔本身。

在啟動第一個類別與執行 `main()` 之後，應用程式可以參考其他的類別、啟動額外的執行緒、以及建立使用者介面或其他結構，如圖 3-1。

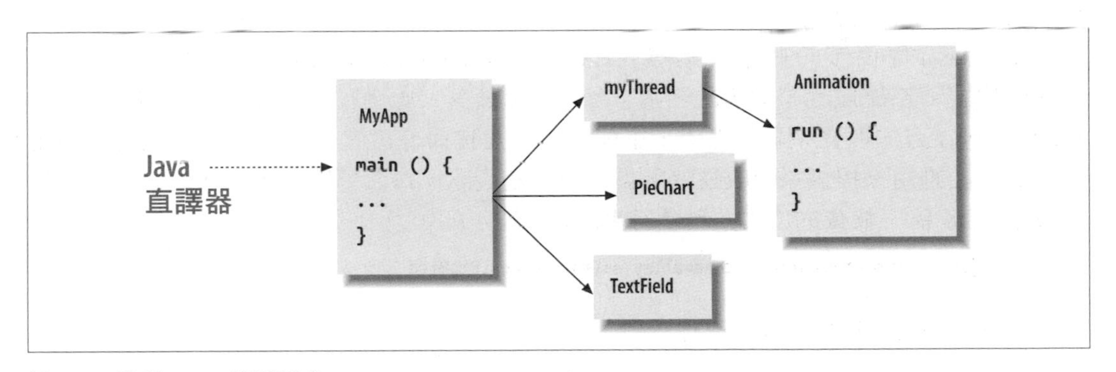

圖 3-1 啟動 Java 應用程式

`main()` 方法必須要有正確的**方法簽名**（*method signature*），方法簽名是指一整組定義了方法的資訊，包含了方法名稱、引數與傳回值型別以及可視範圍修飾子。`main()` 方法必須要是個 `public`、`static` 方法，接受 `String` 物件字串件為引數，同時不傳回任何數值（`void`）：

```
public static void main ( String [] myArgs )
```

main() 是個 public 與 static 的方法，表示它能夠被全域存取、以及能夠直接使用方法的名稱呼叫，稍後在第四章與第五章會討論 public 等可視範圍修飾子帶來的影響，以及 static 的意義。

main() 方法唯一的引數是個 String 物件的陣列，陣列中放了傳給應用程式的命令列參數，這個參數的名稱並不重要，只要型別正確就行了，在 Java 裡 myArgs 的內容是陣列（第四章會對陣列有更詳細的說明），Java 的陣列會知道自己擁有多少元素，並樂於提供這項訊息：

```
int numArgs = myArgs.length;
```

myArgs[0] 是第一個命令列引數，依此類推。

Java 直譯器會持續執行，直到初始 class 檔的 main() 方法與所有啟動的執行緒都結束後才會停止（第九章會介紹執行緒），一個稱為 *daemon* 的特殊執行緒會在應用程式其他部分都結束後自動終止。

系統屬性

雖然 Java 程式能夠讀取主機的環境變數，但一般並不建議使用環境變數設定應用程式的行為。Java 提供了一些**系統屬性**（*system property*）值，能夠在 VM 啟動時一併傳給應用程式，系統屬性是簡單的名稱 - 數值字串數對，應用程式可以使用 static System.getProperty() 方法取得系統屬性值，這些屬性值是比命令列參數或環境變數更為結構化的方法，能夠用來提供系統啟動時所需要的設定資訊，每個系統屬性值都能夠在命令列以 *-D* 接著**名稱 = 數值**的方式從命令列傳給直譯器，如：

```
% java -Dstreet=sesame -Dscene=alley animals.birds.BigBird
```

可以用以下的方式取得 street 屬性的值：

```
String street = System.getProperty("street");
```

還有許多其他設定應用程式的方式，包含透過檔案或網路在執行期間設定。

classpath

DOS 與 Unix 平台的使用者都十分熟悉**路徑**（*path*）的概念，這個環境變數提供了應用程式一連串用來搜尋資源的位置，最常見的路徑是執行程式路徑，在 Unix shelll 裡，PATH 環境變數是個以冒號分隔各個目錄的列表，使用者輸入命令時，會依序尋找可執行的程式，同樣地，Java 的 CLASSPATH 環境變數是尋找 Java class 檔案的位置列表，Java 直譯器與編譯器都會在尋找 package 與 Java class 時用到 CLASSPATH。

classpath 的元素可以是目錄或 JAR 檔案，Java 也能夠支援傳統的 ZIP 格式，實際上 JAR 與 ZIP 是相同的檔案格式。JAR 跟一般的壓縮檔相同，只是多加上了描述壓縮檔內容的額外檔案（metadata）罷了。JAR 檔是由 JDK 的 *jar* 工具建立，一般用來建立 ZIP 壓縮檔的工具也能夠用來檢視或建立 JAR 檔，使用壓縮格式能夠在一個檔案提供許多類別定義及附帶的資源檔案，Java 執行期環境會在需要的時候，自動從壓縮檔中取出個別類別的檔案。

每個系統設定 classpath 的方式都有所差異，在 Unix 系統（含 macOS）上，設定 CLASSPATH 環境變數值，各個目錄與 class 檔間要用冒號分隔：

```
% export CLASSPATH=/home/vicky/Java/classes:/home/josh/lib/foo.jar:.
```

以上範例設定了包含三個位置的 classpath：一個在使用者家目錄中的子目錄、一個在另一個使用者目錄下的 JAR 檔案以及目前所在的目錄，目前所在的目錄都是用 . 表示，classpath 的最後一個項目（目前所在目錄）在調整 class 時十分有用。

在 Windows 系統下，CLASSPATH 環境變數是以分號分隔目錄與 class 壓縮檔：

```
C:\> set CLASSPATH=C:\home\vicky\Java\classes;C:\home\josh\lib\foo.jar;.
```

Java 啟動器及其他的命令列工具都知道該怎麼找到核心類別，也就是所有 Java 安裝後就會提供的類別，java.lang、java.io、java.net 以及 javax.swing 等套件內的類別都是核心類別，所以設 classpath 時不需要包含這些類別的位置。

classpath 也可以包含萬用字元（*），用來代表某個目錄裡的所有 JAR 檔案，例如：

```
export CLASSPATH=/home/pat/libs/*
```

尋找類別時，Java 直譯器會依序在 classpath 的每個元素指定的位置裡尋找，搜尋包含了路徑位置以及類別全名裡的元素。例如，在尋找 animals.birds.BigBird 類別時，搜尋 classpath */usr/lib/java* 目錄表示解譯器會檢查完整路徑是 */usr/lib/java/animals/birds/BigBird.class* 的類別檔案，如果是在 classpath 中指定的 ZIP 或 JAR 壓縮檔尋找（如 */home/vicky/myutils.jar*），則表示直譯器會在壓縮檔裡找 *animals/birds/BigBirds.class*。

對於 Java 執行期環境（*java*）與 Java 編譯器（*javac*）都可以使用 *-classpath* 指定 classpath：

```
% javac -classpath /home/pat/classes:/utils/utils.jar:. Foo.java
```

如果沒有指定 CLASSPATH 環境變數與命令列參數，那麼 classpath 的預設值會是目前所在的目錄（.），表示可以使用在目前所在目錄的 class。如果改變了 classpath 卻沒有包含目前所在的目錄，就無法再使用位於當前目錄下的檔案。

作者猜測初學 Java 的新手有 80% 的問題都與 classpath 有關，在設定 classpath 的時候要特別多加注意，執行程式前也要特別檢查 classpath；使用 IDE 作業也許可以消除一些管理 classpath 的困擾，但最終，理解 classpath 並掌握它對應用程式的效果長期來說十分重要，接下來要介紹的 *javap* 命令在除錯 classpath 問題時十分有用。

javap

javap 命令是個有用的工具，很值得學習，使用 *javap* 可以印出編譯後類別的描述，只要類別檔位在 classpath 當中，既不需要原始碼，也不需要知道檔案精確的位置，例如：

```
% javap java.util.Stack
```

會印出 java.util.Stack class 的資訊：

```
Compiled from "Stack.java"
public class java.util.Stack<E> extends java.util.Vector<E> {
  public java.util.Stack();
  public E push(E);
  public synchronized E pop();
  public synchronized E peek();
  public boolean empty();
  public synchronized int search(java.lang.Object);
}
```

這在手邊沒有任何文件時十分有用，也有助於排除 classpath 的問題，透過 *javap* 可以判斷 class 是否在 classpath 當中，甚至可以知道使用的版本（許多 classpath 問題源自於 classpath 中含有重複的 class），如果真的很好奇，可以在使用 *javap* 時加上 -c 參數，就會同時印出 class 裡每個方法的 JVM 指令！

模組

到了 Java 9，作為傳統 classpath 方法的替代方案（仍然可以使用 classpath），Java 應用程式可以使用新的模組（module）。模組提供了粒度更小、更符合預期的應用程式部署，即使應用程式十分龐大也能夠使用。由於模組需要額外的設定，本書並不會涵蓋這個主題，重要的是知道商用版的應用程式可能會使用模組機制，讀者可以參考 Paul Bakker 與 Sander Mak 合著的《*Java 9 Modularity*》（*https://oreil.ly/Wjs1q*）一書所提供的詳細介紹，如果在透過公開儲存庫佈發原始碼之外，讀者還想再更進一步，該書也有助於模組化較大型的專案。

Java 編譯器

本節要提一下 JDK 內含的 Java 編譯器：*javac*，*javac* 編譯器是完全由 Java 程式所開發，所以在所有支援 Java 執行期系統的環境都能夠使用。*javac* 將 Java 原始碼轉換為編譯後含有 Java bytecode 的 class，一般慣例，原始碼的名稱為以 *.java* 為副檔名，產生的 class 檔案則以 *.class* 為副檔名，每個原始碼檔案都被視為單獨的編譯單元，在第五章會看到，同一個編譯單元的類別會有共同的特性，例如 `package` 與 `import` 指令。

javac 允許在每個檔案裡有一個 public 類別，同時要求檔案與 public 類別有相同的名稱，如果檔案與類別名不同，*javac* 會產生編譯錯誤；只要維持只有一個類別是 public 且名稱與檔案相同，一個檔案裡就能夠包含多個類別定義，但要避免在一個檔案裡放入太多個類別，只把緊密相關的類別放到同一個 *.java* 檔案。第五章會介紹內部類別（inner class），也就是類別中包含其他的類別與介面的情況。

舉例來說，以下是在 *BigBird.java* 檔案裡的程式碼：

```
package animals.birds;

public class BigBird extends Bird {
    ...
}
```

接著用以下指令編譯：

```
% javac BigBird.java
```

不同於只能使用類別名稱為參數的 Java 直譯器，*javac* 需要（包含 *.java* 副檔名的）檔案名稱，以上命令會在與原始碼相同的目錄裡產生 *BigBird.class* class 檔，雖然在這個例子裡，看到 class 檔案與原始檔在相同目錄還蠻不錯的，但大多數實際的應用程式你都需要將 class 檔案儲存到 classpath 裡的適當位置。

你可以在 *javac* 加上 *-d* 參數指定其他的目錄以儲存 *javac* 產生出來的 class 檔案，指定的目錄為作為 class 階層的根目錄，所以 *.class* 檔案會依據所在的套件位置，放在對應的目錄或其下的子目錄之中（編譯器會依需要自動產生子目錄結構），例如可以使用以下命令，在 */home/vicky/Java/classes/animals/birds/BigBird.class* 位置產生 *BigBird.class* 檔案：

```
% javac -d /home/vicky/Java/classes BigBird.java
```

一次 *javac* 命令可以指定多個 *.java* 檔案，編譯器會為每個原始碼檔案產生對應的 calss 檔，但對於其他程式中參考到的類別，只要 classpath 裡找得到這些類別，不論它們是原始碼或編譯後的型式，都不需要特別在 *javac* 命令後指明。

Java 編譯器比一般的編譯器還要聰明，取代了一部分 *make* 工具的功能，例如 *javac* 會比較原始碼與 class 檔的更新時間，只在必要時重新編譯，編譯後的 Java 類別就會記得自己編譯的原始碼來源，只要原始碼檔案還在，*javac* 就會在需要的時候重新編譯；在先前的例子裡，如果 `BigBird` 參考到了另一個 `animals.furry.Grover` 類別，*javac* 就會在 `animals.furry` 套件裡尋找 *Grover.java* 原始碼檔案並在需要時重新編譯，讓 *Grover.class* 維持在最新狀態。

javac 預設只會檢查被其他原始碼檔案直接參照的原始碼檔案，這表示如果過期 class 檔案是被其他最新版的檔案參考使用，編譯器可能不會注意到這個過期檔案，也不會重新編譯；因為這點以及其他許多因素，大多數專案都會使用如 Gradle（*https://gradle.org*）等真正的建置用工具，讓專用的工具負責建置、打包等工作。

最後，特別要注意的是，即使部分類別只有編譯後（二進制）版本，*javac* 仍然可以編譯出應用程式，不需要所有物件的原始碼，Java class 檔案裡就擁有原始碼的一切資料型別與方法簽名等資料，所以使用二進制類別檔案編譯與使用 Java 原始碼編譯同樣具有型別安全（與例外安全）。

試試 Java

Java 9 加入了 *jshell* 工具，能夠讓開發人員試試 Java 程式碼，即時看到程式驗證結果，*jshell* 是個 REPL：執行運算列印迴圈（**R**ead **E**valuate **P**rint **L**oop），許多程式語言都具備這樣的功能，在 Java 9 之前也有許多第三方提供的類似工具，只是 JDK 本身沒有內建工具，前一章已經稍微提到 *jshell* 的功能，接下來更仔細的看看這個工具的能力。

讀者可以使用作業系統的終端機或命令列視窗，也可以如圖 3-2 在 IntelliJ IDEA 打開 terminal 頁籤，只需要在命令列提示輸入 `jshell`，就會在 REPL 裡看到簡短的版本資訊以及如何取得協助的提示。

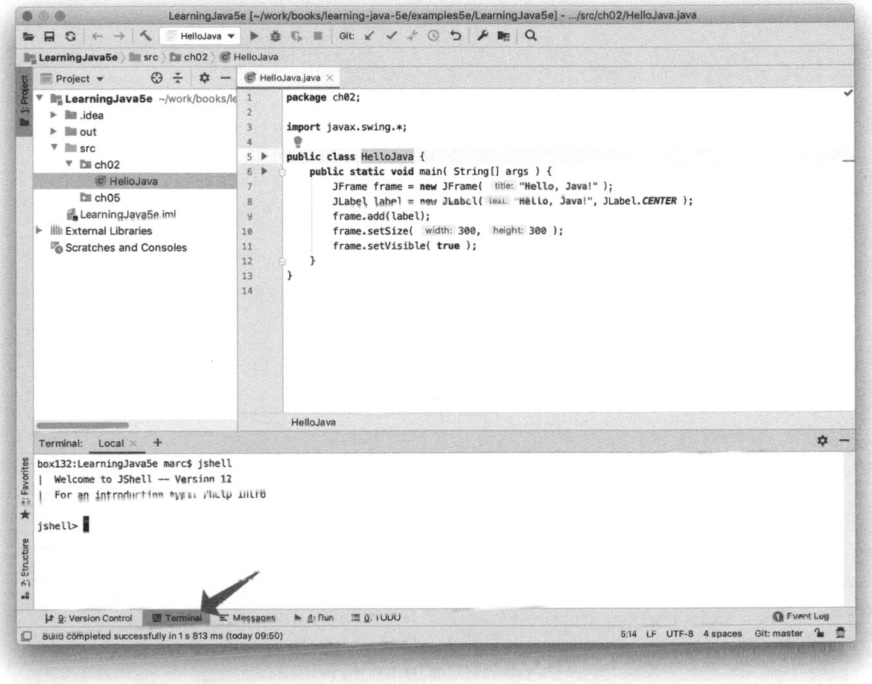

圖 3-2　在 IDEA 內使用 jshell

接著試看看 help 命令：

```
|  Welcome to JShell -- Version 12
|  For an introduction type: /help intro

jshell> /help intro
|
|                                  intro
|                                  =====
|
|  The jshell tool allows you to execute Java code, getting immediate results.
|  You can enter a Java definition (variable, method, class, etc),
|  like:  int x = 8
|  or a Java expression, like:  x + x
|  or a Java statement or import.
|  These little chunks of Java code are called 'snippets'.
|
```

```
|  There are also the jshell tool commands that allow you to understand and
|  control what you are doing, like:  /list
|
|  For a list of commands: /help
```

jshell 是十分強大的工具，本書不會用到它所有的功能，但我們會在本章接下來的部分利用它來試試 Java 程式碼，快速的作些調整。還記得在第 50 頁〈HelloJava2：續集〉一節裡的 `HelloJava2` 範例，我們也可以在 REPL 裡建立類似 `JFrame` 的 UI 元素，所有的指令都會立刻獲得回應！不需要儲存、編譯、執行、編輯、儲存、編譯、執行等等，試看看吧：

```
jshell> JFrame frame = new JFrame( "HelloJava2" )
|  Error:
|  cannot find symbol
|    symbol:   class JFrame
|  JFrame frame = new JFrame( "HelloJava2" );
|  ^----^
|  Error:
|  cannot find symbol
|    symbol:   class JFrame
|  JFrame frame = new JFrame( "HelloJava2" );
|                     ^----^
```

哦！*jshell* 很聰明，功能也很完整，但也太一板一眼了，記得使用非預設套件的類別時必須要先引入，對 Java 原始碼檔案是如此，使用 `jshell` 時也是相同，我們再試一次：

```
jshell> import javax.swing.*

jshell> JFrame frame = new JFrame( "HelloJava2" )
frame ==> javax.swing.JFrame[frame0,0,23,0x0,invalid,hidden ... led=true]
```

這就好多了，也許有點怪，但的確好多了，我們成功建立了 `frame` 物件，在 `==>` 箭頭後面的額外資訊只是 `JFrame` 的細節，例如它的大小（`0x0`）以及在螢幕上的位置（`0,23`），其他型別的物件也會顯示相關的細節。接著我們像先前的範例一樣，幫 frame 設定寬和高，再讓 frame 顯示在螢幕上：

```
jshell> frame.setSize(300,200)

jshell> frame.setLocation(400,400)

jshell> frame.setVisible(true)
```

這時候應該就可以看到螢幕上出現一個視窗！有著現代的華麗外觀，如圖 3-3。

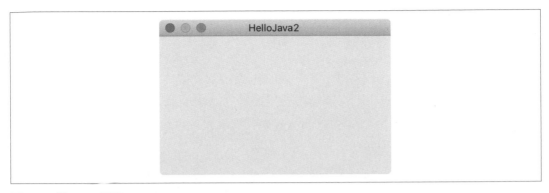

圖 3-3　從 jshell 顯示 JFrame

附帶一提，不用擔心在 REPL 裡出錯。看到錯誤訊息的時候，只需要修正錯誤再繼續就行了。簡單的示範如下，假設在設定 frame 大小的時候打錯字了：

```
jshell> frame.setsize(300,300)
|  Error:
|  cannot find symbol
|    symbol:   method setsize(int,int)
|  frame.setsize(300,300)
|  ^-----------^
```

Java 會區分大小寫，所以 setSize() 與 setsize() 不同，*jshell* 會顯示與 Java 編譯器相同的錯誤訊息，而且是立即顯示，修正錯誤後就可以看到 frame 變得稍微大了一些（圖 3-4）！

太棒了！好吧，這似乎不太有用，但我們才剛開始而已。接著用 JLabel class 加入一些文字：

```
jshell> JLabel label = new JLabel("Hi jshell!")
label ==>
javax.swing.JLabel[,
0,0,0x0, ...
rticalTextPosition=CENTER]

jshell> frame.add(label)
$8 ==>
javax.swing.JLabel[,0,0,0x0, ...
text=Hi, ...]
```

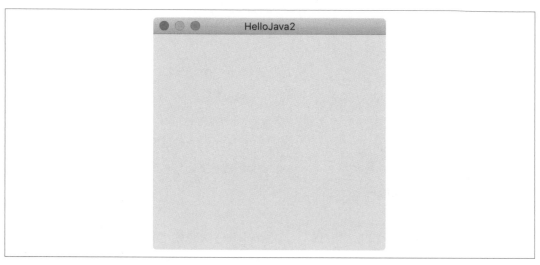

圖 3-4　改變 frame 的大小

很好，但 label 怎麼沒出現在 frame ？在使用者介面的章節會更詳細的介紹，但 Java 允許先組織好圖形化的改動，接著才呈現在螢幕上，這是十分有效率的技巧，但有時候開發人員很容易忽略。接著我們強制要求 frame 重繪自己的內容（圖 3-5）：

```
jshell> frame.revalidate()

jshell> frame.repaint()
```

圖 3-5　在 frame 中加入 JLabel

這樣就看得到 label 了，有些操作會自動觸發對 revalidate() 或 repaint() 的呼叫，例如，在顯現前加入 frame 的所有元件，都會在顯示 frame 時一併出現。或是我們也可以使用與加入 label 類似的方式將它移除，注意在移除 label 後馬上改變 frame 大小產生的效果（圖 3-6）：

```
jshell> frame.remove(label) // 與 add() 相同，畫面不會立刻改變

jshell> frame.setSize(400,150)
```

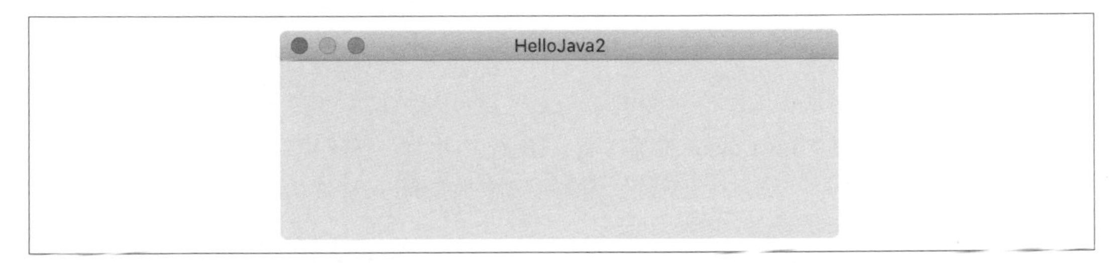

圖 3-6　移除 label 並調整 frame 大小

看到沒？畫面上出現了一個瘦多了，但沒有 label 的視窗——全都不需要強制重繪。稍後的章節會更深入 UI 元素，但我們可以再試著稍稍調整 label，感受一下能夠在閱讀文件的同時試試新概念、方法的方便性，例如，可以把標籤文字移到畫面中央，產生如圖 3-7 的效果：

```
jshell> frame.add(label)
$45 ==>
javax.swing.JLabel[,0,0,300x278,...,
text=Hi jshell!,...]

jshell> frame.revalidate()

jshell> frame.repaint()

jshell> label.setHorizontalAlignment(JLabel.CENTER)
```

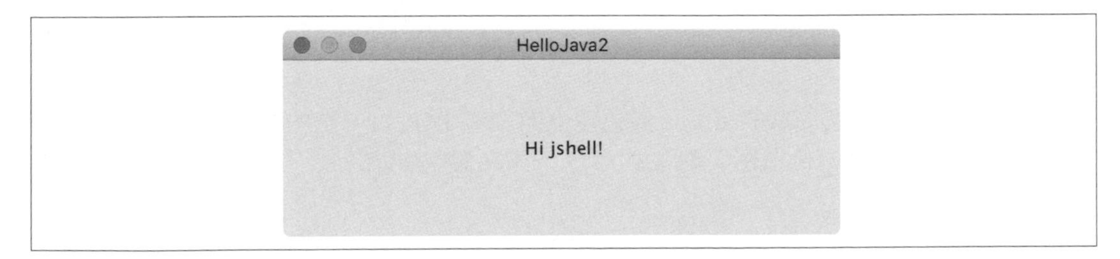

圖 3-7　將文字標籤置中

我們知道這又是一次快速的介紹，程式碼的很多地方都沒有說明，例如 `CENTER` 到底是什麼？為什麼置中對齊的設定前面要加上 `JLabel` 的類別名稱？希望讀者在隨著輸入程式、修正並看到執行結果後，能夠提高繼續下去的意願。我們只是希望確保讀者手邊擁有必要的工具，能夠在閱讀本書的過程中持續把玩。如同其他許多的技術，程式設計除了閱讀之外，還需要動手！

JAR 檔案

Java 壓縮（*Java archive*，*JAR*）檔案是 Java 的手提箱，這是標準與可攜的打包方法，能將 Java 應用程式所需要的一切打包成單一檔案，以供散佈或安裝，所有你想得到的一切都能夠放在 JAR 檔裡：Java class 檔案、序列化後的物件、資料檔案、影像、音源檔等等。JAR 檔也可以帶著一個以上的簽名，能夠驗證檔案的完整性與授權。簽名能夠附加到整個檔案，或是其中的部分內容。

前面提過，Java 執行期環境能夠直接從 `CLASSPATH` 裡的壓縮檔載入類別檔案，應用程式也可以透過 `getResource()` 從 classpath 載入 JAR 檔裡的非 class 檔案（資料、影像等）。透過這樣的機制，程式就不需要知道使用的資源是以檔案形式或是 JAR 壓縮檔內容的方式存在，不論 class 或資料檔是以 JAR 檔中的項目或是 classpath 中獨立檔案的方式存在，都可以用標準的方式使用，讓 Java 的類別載入器找出實際的位置。

檔案壓縮

JAR 檔的內容與標準 ZIP 檔案使用相同的壓縮方式，壓縮能夠縮短從網路上下載類別的時間。對標準 Java 版本的簡單調查顯示，壓縮能夠讓一般的 class 檔縮小 40%，HTML 或包含文字的文字檔通常壓縮後只剩下十分之一的大小（另一方面，由於大多數的影像格式本身就已經是壓縮格式，再一次的壓縮通常都不會有太明顯的變化。）

Java 還有個針對 Java class bytecode 最佳化的壓縮格式，稱為 *Pack200*，比單純使用 ZIP 壓縮好上四倍。本章稍後會討論 Pack200。

jar 工具

JDK 中的 *jar* 工具是個簡單的工具，能夠建立與讀取 JAR 檔，它的使用介面不是非常友善，是與 Unix *tar*（磁帶壓縮）類似的命令，如果讀者熟悉 *tar*，就會認得以下使用的指令：

`jar -cvf jarFile path [ path ] [ ... ]`
: 建立包含 *path* 的 *jarFile*

`jar -tvf jarFile [ path ] [ ... ]`
: 列出 *jarFile* 的內容，可以選擇只顯示 *path* 的部分

`jar -xvf jarFile [ path ] [ ... ]`
: 解壓縮 *jarFile* 的內容，可以選擇只解壓縮指定的 *path*

這些命令列的 *c*、*t* 與 *x* 讓 *jar* 命令知道該建立壓縮檔、列出壓縮檔內容或解壓縮檔內容，*f* 表示下一個參數是要操作的 JAR 檔檔名，*v* 旗標表示 *jar* 在顯示檔案資訊時採用詳細（verbose）模式，除了檔名也顯示檔案大小、修改時間與壓縮比。

命令列的其他項目（也就是除了告訴 *jar* 命令該做些什麼的字母，以及 *jar* 命令應該操作的檔案以外的所有東西）都會被視為是要壓縮的對象。建立壓縮檔時，列出的檔案與目錄會被放入壓縮檔，解壓縮時則只會從壓縮檔中取出列出的檔名（如果沒有指定任何檔案，*jar* 會取出壓縮檔中所有的東西）。

舉例來說，假設完成了一個新遊戲 *spaceblaster*，遊戲的所有檔案都在三個目錄裡，Java class 檔在 *spaceblaster/game* 目錄，*spaceblaster/images* 目錄下則是遊戲的影像，*spaceblaster/docs* 裡則是相關的遊戲資料。我們可以使用以下命令將所有的一切壓縮成一個壓縮檔：

```
% jar -cvf spaceblaster.jar spaceblaster
```

由於我們指定了詳細模式，*jar* 會顯示處理進度：

```
adding:spaceblaster/ (in=0) (out=0) (stored 0%)
adding:spaceblaster/game/ (in=0) (out=0) (stored 0%)
adding:spaceblaster/game/Game.class (in=8035) (out=3936) (deflated 51%)
adding:spaceblaster/game/Planetoid.class (in=6254) (out=3288) (deflated 47%)
adding:spaceblaster/game/SpaceShip.class (in=2295) (out=1280) (deflated 44%)
adding:spaceblaster/images/ (in=0) (out=0) (stored 0%)
adding:spaceblaster/images/spaceship.gif (in=6174) (out=5936) (deflated 3%)
adding:spaceblaster/images/planetoid.gif (in=23444) (out=23454) (deflated 0%)
adding:spaceblaster/docs/ (in=0) (out=0) (stored 0%)
adding:spaceblaster/docs/help1.html (in=3592) (out=1545) (deflated 56%)
adding:spaceblaster/docs/help2.html (in=3148) (out=1535) (deflated 51%)
```

jar 建立 *spaceblaster.jar* 檔案，將 *spaceblaster* 目錄下的目錄與檔案加入壓縮檔中。在詳細模式下，*jar* 檔會在檔案壓縮時顯示壓縮比。

以下命令會解壓縮壓縮檔的內容：

```
% jar -xvf spaceblaster.jar
```

同樣的，可以使用以下命令解壓縮壓縮檔裡的特定檔案：

```
% jar -xvf spaceblaster.jar 檔名
```

但一般而言，使用 JAR 檔並不需要先解壓縮，Java 工具會自動在需要的時候解壓縮需要的內容，我們可以用以下命令列出壓縮檔內容：

```
% jar -tvf spaceblaster.jar
```

輸出如下，會列出所有檔名、大小以及建立時間：

```
0 Thu May 15 12:18:54 PDT 2003 META-INF/
  1074 Thu May 15 12:18:54 PDT 2003 META-INF/MANIFEST.MF
     0 Thu May 15 12:09:24 PDT 2003 spaceblaster/
     0 Thu May 15 11:59:32 PDT 2003 spaceblaster/game/
  8035 Thu May 15 12:14:08 PDT 2003 spaceblaster/game/Game.class
  6254 Thu May 15 12:15:18 PDT 2003 spaceblaster/game/Planetoid.class
  2295 Thu May 15 12:15:26 PDT 2003 spaceblaster/game/SpaceShip.class
     0 Thu May 15 12:17:00 PDT 2003 spaceblaster/images/
  6174 Thu May 15 12:16:54 PDT 2003 spaceblaster/images/spaceship.gif
 23444 Thu May 15 12:16:58 PDT 2003 spaceblaster/images/planetoid.gif
     0 Thu May 15 12:10:02 PDT 2003 spaceblaster/docs/
  3592 Thu May 15 12:10:16 PDT 2003 spaceblaster/docs/help1.html
  3148 Thu May 15 12:10:02 PDT 2003 spaceblaster/docs/help2.html
```

JAR manifest

jar 命令會自動在壓縮檔裡建立 *META-INF* 目錄，這個目錄裡放的是描述 JAR 內容的檔案，其中一定會有一個檔案：*MANIFEST.MF*。*MANIFEST.MF* 的內容是壓縮檔裡的檔案名稱、以及使用者定義的屬性所形成的「打包清單」。

MANIFEST.MF 是個文字檔，其中每行資料都是*鍵：值*格式，預設會是只含有 JAR 檔案版本資訊、沒有其他內容說明的檔案：

```
Manifest-Version: 1.0
Created-By: 1.7.0_07 (Oracle Corporation)
```

你也可以用數位簽章簽署 JAR 檔，這麼做的時候，打包清單中每個壓縮的項目（如下所示）都會加上檢查碼（checksum），同時 *META-INF* 目錄中也會有壓縮檔中項目的數位簽署檔案：

```
Name: com/oreilly/Test.class
SHA1-Digest: dF2GZt8G11dXY2p4olzzIc5RjP3=
...
```

建立壓縮檔時也可以自行指定要使用的 *MANIFEST.MF* 檔內容，這是一個在壓縮檔裡存放簡單屬性的方式，能夠存放版本、開發人員等資訊。

例如，我們可以建立一個有著如下數行「**鍵：值**」數對資料的檔案：

```
Name: spaceblaster/images/planetoid.gif
RevisionNumber: 42.7
Artist-Temperament: moody
```

只需要把以上內容放到 *myManifest.mf* 檔案裡，再使用以下的 *jar* 命令，就能夠把上述資訊加進壓縮檔的 *MANIFEST.MF* 裡：

```
% jar -cvmf myManifest.mf spaceblaster.jar spaceblaster
```

這個命令多了 m 參數，代表 *jar* 命令應該從命令列的指定檔案裡讀取 manifest 資訊。*jar* 怎麼知道參數裡每個檔案的作用呢？因為 m 的位置出現在 f 之前，所以從先出現的檔名裡讀取 manifest 資訊，用第二個檔名建立壓縮檔。如果覺得這種做法很糟，沒錯；只要檔名順序與旗標順序不同，*jar* 的執行結果就會出錯。

應用程式能夠使用 `java.util.jar.Manifest` class 取得 JAR 檔裡的 manifest 資訊。

建立可執行 JAR 檔

除了屬性之外，manifest 檔裡也可以包含一些特殊值，其中一個是 `Main-Class`，它指定了 JAR 檔裡應用程式最主要的 `main()` 方法所在的類別名稱：

```
Main-Class: com.oreilly.Game
```

如果在 JAR 檔的 manifest 加入這項資訊（使用先前提過的 m 旗標），就可以直接使用以下指令執行 JAR 檔中的應用程式：

```
% java -jar spaceblaster.jar
```

有些 GUI 環境能夠支援以滑鼠雙擊 JAR 檔的方式執行應用程式，直譯器會先尋找 manifest 裡的 `Main-Class` 值，載入指定的類別啟動應用程式。這個功能似乎一直有所改變，也不是所有的作業系統都提供支援，如果想要讓應用程式在所有平台上都提供類似的行為，可能還需要研究其他發佈 Java 應用程式的方法。

pack200 工具

pack200 是針對儲存編譯後 Java 類別檔案最佳化的壓縮格式，這不是個新壓縮格式，只是有效率的調整類別資訊存放的位置，消除相關程式間的浪費與重複。它實際上是一個巨大的檔案，內容是將許多 class 檔案解構後重組，塞到同一個檔案當中，接著再採取 ZIP 之類的標準壓縮方式，將壓縮效率最大化，能夠達成四倍以上的壓縮效果。Java 執行期環境並不了解 pack200 格式，所以 classpath 中不能包這種壓縮檔，這種壓縮檔主要適用於作為在網路上傳輸 applets 或其他 web 式應用程式的中介檔案。

以前很流行在網頁上使用 applet，但現在已經退流行了（好吧，消失了），所以 pack200 格式的用途也不在了，讀者可能還是會遇到 *pack.gz* 格式的檔案，所以我們還是提一下這個可能會遇到的工具，但 Java 14 也已經移除這個工具了。

在 Java 14 版之前的 OpenJDK 與 JDK，可以使用 *pack200* 與 *unpack200* 命令將檔案在 JAR 與 pack200 兩種格式之間轉換。

例如，要將 *foo.jar* 轉換為 *foo.pack.gz*，可以使用以下的 *pack200* 命令：

```
% pack200 foo.pack.gz foo.jar
```

要將 *foo.pack.gz* 轉換回 *foo.jar*：

```
% unpack200 foo.pack.gz foo.jar
```

要注意的是建立 pack200 的過程會在 class 層級完全的拆解並重新建構所有的類別，所以產生的 *foo.jar* 檔案與原先的版本並不會完全相同。

準備完畢

好吧，這些是 Java 生態系的一些工具，它們包含在最初的 Java 開發「套件」裡。如果你覺得本章介紹的工具有點太多了，不用擔心，一般並不會用到所有的工具。在逐漸深入 Java 領域的過程中，我們主要會集中在使用 javac 編譯器，即使如此，編譯器與其他工具大多會被包裝成 IDE 裡的某個按鈕，本章的目的是確保讀者知道有這些工具存在，讓讀者在需要的時候，找得到相關資訊。

在看過了這些幫助處理與打包 Java 程式碼的工具箱之後，希望讀者已經準備好要寫點程式碼了，接下來的幾章會建立寫程式的基礎，讓我們繼續投入下去吧！

第四章

Java 程式語言

本章要開始介紹 Java 程式語言的語法，因為讀者的程式設計經驗各有不同，很難設定目標讀者的程度，我們試著在為初學者提供完整範例與語言語法範例、以及為更有經驗的讀者提供背景知識，以便於快速判斷 Java 與其他程式語言的差異之間取得平衡。由於 Java 的語法源自於 C 語言，因此我們會對兩個語言的特性作些比較，但讀者不需要學過 C 語言，第五章會在本章的基礎上討論 Java 在物件導向方面的特性，完成對核心語言的討論，第七章討論泛型，一個強化 Java 程式語言型別處理的特性，能夠用更強固、也更安全的方式撰寫特定類型的 class；之後會深入 Java API，介紹這個程式語言可以做到哪些事。本書其他部分充滿簡潔的例子，示範在各個領域的應用，如果讀者在讀完前面的介紹章節之後還有疑問，希望能在讀完程式碼後得到答案，學無止境！本書會儘量在過程中提供相關資源的指引，希望能幫助想要在本書介紹的內容之外繼續 Java 旅程的讀者。

對於剛接觸 Java 的讀者，網站是最好的朋友，許多網站、維基百科、部落格以及整個 Stack Overflow（*https://oreil.ly/XHO1v*）都有助於深入特定主題，或是回答可能遇到的小問題。例如，儘管本書涵蓋了 Java 程式語言以及如何開始使用 Java 與其工具撰寫程式，但並沒有介紹演算法等程式設計的底層、核心元素（*https://oreil.ly/hXXGL*），這些程式設計基礎會自然出現在討論與程式範例當中，但會提供一些超出內容之外的超連結資訊，填補本書不得不跳過的部份。

文字編碼

Java 是個為網際網路設計的程式語言，由於網路上的居民用許多不同的人類語言對話與書寫，Java 也就必須能夠處理大量不同的語言。Java 支援國際化（internationalization）的方式是使用 Unicode 字元集。Unicode 是國際標準，支援了絕大多數語言的字母[1]，最新版本的 Java 以 Unicode 6.0 標準作為字元與字串資料的基礎，在內部使用兩個位元組表示每個符號。

Java 原始程式碼可以用 Unicode 撰寫，並以多種不同的字元儲存，從完全的二進制編碼到以 ASCII 編碼的 Unicode 字元值，這使得 Java 對非英語系程式設計師十分友善，能夠使用原生語言作為 class、方法以及變數名稱，就像應用程式能夠顯示原生語言文字訊息一樣。

Java 的 char 型別以及 String class 自始就支援 Unicode 數值，文字在內部會儲存為 char[] 或 byte[]，但 Java 程式語言與 API 設計成讓程式開發人員不需要處理這些過程，一般也不用特別考慮這些問題，Unicode 對 ASCII 也十分友善（ASCII 是英文最常使用的編碼方式），Unicode 的前 256 個字元定義與 ISO 8859-1（Latin-1）字元集的前 256 個字元完全相同，此外，UTF-8 這個檔案最常使用的 Unicode 編碼方式讓 ASCII 值維持原有的單一位元組型式，UTF-8 通常也是在編譯 Java class 檔時的預設編碼，因此可以用很精簡的方式儲存英文文字。

大多數的平台都無法顯示所有 Unicode 定義的字元，因此，Java 程式可以使用特別的 Unicode 跳脫序列編寫。Unicode 字元可以用以下這種特殊的方式表示：

```
\uxxxx
```

xxxx 是四個十六進位值的序列，跳脫序列代表了一個用 ASCII 表示的 Unicode 字元，這同時也是 Java 用來在無法支援 Unicode 字元的環境輸出（列印）Unicode 字元的方法，Java 也能夠以指定的編碼方式（含 UTF-8）讀取與寫入 Unicode 串流的 class。

如同其他科技領域長期使用的標準，Unicode 最初設計時包含了許多閒置空間，沒有預期到字元編碼會超過 64K 個字元，自然會超出 64K 的限制，而且某些 UTF-32 編碼也已經十分流行，更值得注意的是，訊息 app 大量使用的 emoji 字元，都是超出標準範圍的 Unicode 字元（例如標準的笑 emoji 的 Unicode 值是 1F600），Java 能夠使用多位元組的

1 參看 *http://www.unicode.org* 有更多 Unicode 的資訊，奇怪的是，依據 Unicode 標準中一份名為「obsolete and archnaic」（停用與古老）的語言清單中，目前並不支援一種爪哇（Java）島過去所使用的一種名為 Javanese 的語言。

UTF-16 跳脫序列表示這些字元，並非所有支援 Java 的平台都能夠支援 emoji 輸出，讀者可以使用 *jshell* 確認自己使用的環境是否能夠顯示 emoji 字元（如圖 4-1）。

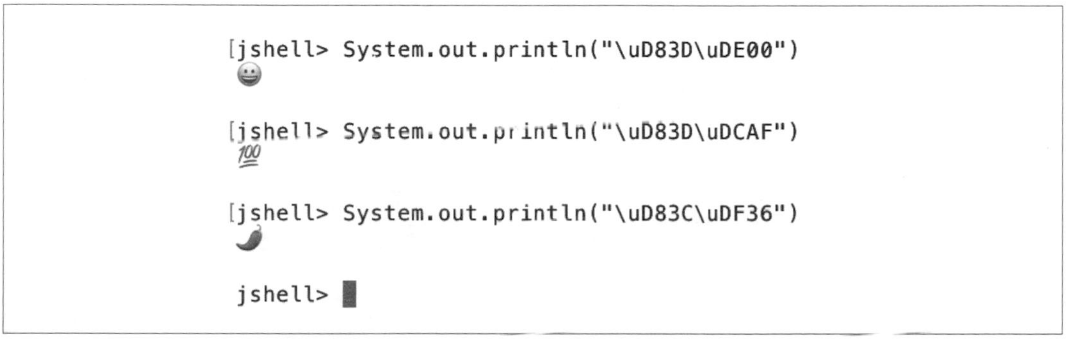

```
jshell> System.out.println("\uD83D\uDE00")
😀

jshell> System.out.println("\uD83D\uDCAF")
💯

jshell> System.out.println("\uD83C\uDF36")
🌶

jshell> 
```

圖 4-1　在 macOS 終端機應用程式列印 emoji

使用這些字元時要十分小心，作者用螢幕截圖來確保讀者都能夠看到在 Mac 上的 *jshell* 執行結果，但使用與第三章相同的方式透過 `JFrame` 與 `JLabel`，在相同的系統上啟動的 Java 桌面應用程式的輸出結果則如圖 4-2。

```
jshell> import javax.swing.*

jshell> JFrame f = new JFrame("Emoji Test")
f ==>
javax.swing.JFrame[frame0
,0,23,0x0,invalid,hidden ...
=true]

jshell> JLabel l = new JLabel("Hi \uD83D\uDE00")
l ==> javax.swing.JLabel[,
0,0,0x0,invalid,alignmentX=0. ...
=CENTER]

jshell> f.add(l)
$12 ==> javax.swing.JLabel[,0,0,0x0,invalid,alignmentX= ...
rticalTextPosition=CENTER]

jshell> f.setSize(300,200)

jshell> f.setVisible(true)
```

這不是說不能在應用程式裡用 emoji，只是要注意輸出特性的差異，確保使用者在執行程式碼時能獲得良好的體驗。

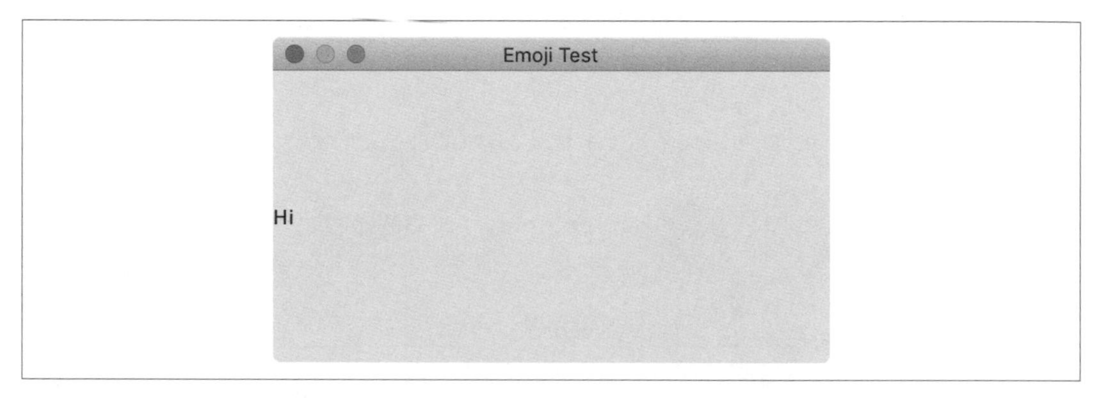

圖 4-2　無法在 JFrame 裡顯示 emoji

註解

Java 支援 C 語言程式，用 /* 與 */ 表示的區塊註解，也支援用 C++ 用 // 表示的行註解：

```
/*  這是一段
        多行
            的註解    */
// 這是單行註解
// 這也 // 是
```

區塊註解有分別表示開始與結束的字元序列，能夠包含一大塊文字區域，但不能有「巢狀」結構，也就是如果區塊註解裡包含了另一個區塊註解，就會產生編譯錯誤。單行註解只有代表註解開始的字元序列，會將之後到行尾的所有內容視為註解，在單行註解裡的其他 // 序列不會有任何作用。行註解適合用在方法內的簡短註解，行註解不會與區塊註解互相衝突，仍然可以在區塊註解中使用行註解。

Javadoc 註解

以 /** 開頭的區塊註解是特別的**文件註解**（*doc comment*），文件註解能夠被自動文件產生工具萃取，例如 JDK 裡的 *javadoc* 程式，許多 IDE 也有提供依內文顯示的文件提示，文件註解跟一般的區塊註解一樣，會在下一個 */ 結束；文件註解內以 @ 開頭的那行註解會被文件產生器解讀成特別的指令，為其提供原始碼的訊息。依慣例，文件註解的每一

行都會以 * 開頭，如以下範例所示，但這並不是強制規定，每行開頭的空白與 * 都會被忽略：

```
/**
 * 我認為這個 class 會是你所見過最神奇的
 * class，讓我說明個人的見解，鼓勵
 * 各位建立
 * <p>
 * 這一切開始於我的孩提時代，在愛達荷州的街頭成長，
 * 馬鈴薯很流行，生活很美好 ...
 *
 * @see PotatoPeeler
 * @see PotatoMasher
 * @author John 'Spuds' Smith
 * @version 1.00, 19 Nov 2019
 */
class Potato {
```

javadoc 會讀取原始程式碼，取出內嵌的註解與 @ 標記，產生 class 的 HTML 文件。例如，範例中的標記會在 class 文件裡包含作者與版本資訊，@see 標記會產生連結到相關 class 文件的超連結。

編譯器也會讀取文件註解，特別是會注意 @deprecated 標記，這個標記代表了對應的方法已經被宣告停用，應該避免在新程式裡使用，實際上編譯後的 class 檔中也會含有停用方法資訊，能夠在程式碼中用到停用方法時發出警告訊息（即使沒有對應的原始程式碼）。

文件註解可以放在 class、方法與變數定義上方，但某些標記並無法適用於所有的情況，例如 @exception 標記只能夠用在方法。表 4-1 是文件註解標記的摘要說明。

表 4-1　文件註解標記

標記	說明	適用
@see	關聯 class 名稱	class、方法、變數
@code	原始碼內容	class、方法、變數
@link	相關 URL	class、方法、變數
@author	作者名	class
@version	版本字串	class
@param	參數名稱與說明	方法
@return	傳回值說明	方法
@exception	例外名稱與說明	方法
@deprecated	標記某個項目停用	class、方法、變數
@since	註記加入時的 API 版本	變數

javadoc 作為 metadata

文件註解裡的 Javadoc 標記代表原始程式碼的 *metadata*，它們增加了程式碼結構內容的描述資訊，這些資訊嚴格來說並不是應用程式的一部分，某些其他的工具擴展了 Javadoc 風格標記的概念，增加了其他類型的 Java 程式資訊，能夠帶進編譯後的程式，也能夠被應用程式用來改變編譯或執行期的行為。Java **註記**（*annotation*）機制是為 Java class、方法與變數加入 metadata 更正規也正有擴充性的機制，這些 metadata 也能夠在執行期間取得。

註記

`@` 字首在 Java 裡還扮演了另一個與標記類似的角色，Java 支援**註記**（*annotation*）的概念，能夠用來標記特定內容需要特殊處理。註記是放置在註解**之外**的程式碼區域，註記能夠提供編譯器或 IDE 有用的資訊，例如 `@SuppressWarnings` 註記會讓編譯器（以及 IDE）隱藏「不會執行的程式碼（unreachable code）」之類的警告訊息，隨著讀者在第 149 頁的〈進階類別設計〉一節建立更多有趣的 class，也許會看到 IDE 在程式碼中加入了 `@Overrides` 註記，告訴編譯器作些額外的檢查，能夠幫助開發人員寫出正確的程式，在執行程式之前先發現錯誤。

你也可以自行定義註記與其他工具或框架協同作業，雖然對於註記更深入的討論超出本書的範圍，但我們在第十二章介紹網頁程式設計時會使用一些十分方便的註記。

變數與常數

雖然在程式碼加上註解對於產生具可讀性、易於維護的檔案至關重要，但你遲早必須開始寫些可以編譯的內容。程式設計就是操作這些可編譯的內容，幾乎所有的程式語言都是用**變數**（*variable*）與**常數**（*constant*）儲存內容以便程式設計師使用，Java 兩者都有提供，變數儲存會在執行過程中改變、重複使用的資訊（或是使用者 email 之類無法預先知道的內容）；常數儲存的是固定不變的資訊，即使在先前的簡單例子裡，都用到了變數與常數，還記得 HelloJava 這個簡單的圖形化標籤程式：

```
import javax.swing.*;

public class HelloJava {
  public static void main( String[] args ) {
    JFrame frame = new JFrame( "Hello, Java!" );
    JLabel label = new JLabel("Hello, Java!", JLabel.CENTER );
    frame.add(label);
    frame.setSize( 300, 300 );
```

```
        frame.setVisible( true );
    }
}
```

這段程式裡 frame 是個變數，在第五行裡將它設定為 JFrame class 新產生的實體，接著在第七行重複使用相同的實體，加入建立的標籤，在第八行又再次使用變數，設定視窗的大小，然後在第九行讓它呈現在螢幕上，變數的優點就是能夠重複使用。

第六行用到了常數：JLabel.CENTER，常數包含了一些程式無法改變的數值。儲存不能改變的值聽起來似乎有點奇怪，為什麼不直接使用這些不能改變的資訊就好？因為程式設計師必須為常數挑選名稱，讓其他人能夠一眼就看出資訊用途，JLabel.CENTER 看起來似乎不太容易理解，但「CENTER」這個字能夠稍稍提示會發生的變化。

使用命名常數也便於簡化往後的修改，如果程式碼對於某些使用的資源有上限限制，如果將上限數值以常數存放，需要改變時就會比較容易更動，如果是要改變 5 這樣的數字，就必須把所有的 Java 程式碼看過一次，找出所有用到 5 這個數字的地方，檢查每個 5 代表的是不是資源上限值，這種人工尋找和取代很容易出錯，也太過麻煩。

下一節會更詳細介紹變數與常數的型別與初始值，一如以往，讀者可以在 *jshell* 試驗，自行找出相關細節！另外要提醒的是，由於直譯器的限制，你無法在 *jshell* 裡宣告最上層的常數，但仍然可以使用 JLabel.CENTER 等定義在既有 class 中的常數，或是在自行定義的 class 中定義新的常數。Math class 裡有許多與 π 相關的方法與常數，可以試著用變數計算圓的面積，接著驗證常數的確無法指派為其他的數值。

```
jshell> double radius = 42.0;
radius ==> 42.0

jshell> Math.PI
$2 ==> 3.141592653589793

jshell> Math.PI = 3;
|  Error:
|  cannot assign a value to final variable PI
|  Math.PI = 3;
|  ^-----^

jshell> double area = Math.PI * radius * radius;
area ==> 5541.769440932396

jshell> radius = 6;
radius ==> 6.0
```

```
jshell> area = Math.PI * radius * radius;
area ==> 113.09733552923255

jshell> area
area ==> 113.09733552923255
```

請注意我們在試著把 π 值設定為 3 時產生的編譯錯誤，也要注意 radius 與 area 都能夠在宣告與初始化後，改變為其他數值，但變數一次只能存放一個數值，area 變數裡只會剩下最後一次的計算結果。

型別

程式語言的型別系統代表它的資料元素（先前提到的常數與變數）與記憶體中儲存資訊的關聯的方法，以及兩者間的關係。在 C 與 C++ 等靜態型別語言裡，資料元素是簡單、無法改變的屬性，通常會直接對應到某些底層硬體現象，如暫存器或指標值；在 Smalltalk 或 Lisp 等較為動態的程式語言裡，變數可以被指派為任何元素，而且在它的生命週期裡可以改變成其他任意型別，這些語言在執行期間得耗費許多資源在驗證實際發生的行為上；而 Perl 之類的命令稿語言則透過極為簡化的型別系統達到易用性，這些語言的變數只能夠儲存特定的資料元素，且通常會使用字串等型別作為數值的通用表示方式。

Java 結合了靜態與動態語言兩者的優點，跟靜態型別語言一樣，Java 所有的變數與程式設計元素都在編譯時期就能夠確定型別，執行期系統通常不需要在執行程式碼時檢查指派的有效性。與傳統 C 或 C++ 不同的是，Java 同時保有物件的執行期資訊，並透過這些資訊能夠達到真正的動態行為，Java 程式可以在執行期間載入新型別，以完全物件導向的方式使用新載入的型別，能夠轉型並提供完整多型（擴充型別）。Java 程式也可以在執行期「反射」（reflect）或檢查自己的型別，能夠做到與編譯後程式動態互動等更進階的行為，如同直譯器一般。

Java 的資料型別分為兩大類，**基本型別**（*primitive type*）代表簡單的數值，由語言提供內建行為，這些型別包含數字、布林值與字元等簡單的數值。**參考型別**（*reference type*，或 class 型別）包含物件與陣列，這類型別都「參考到」以「傳參考」（by reference）的方式傳遞的大型資料型別，因此稱為參考型別，稍後會詳細說明。**泛型型別**（*generic type*）與方法定義與作用在多種型別的物件上，能在編譯時期提供型別安全，例如 List<String> 是一個只能包含 String 的 List，這些也是參考型別，會在第七章更詳細的說明。

基本型別

數字、字元與布林值是 Java 的基本元素，與其他（也許更純粹的）物件導向式程式語言不同，基本型別並不是物件，對於需要將基本型別視為物件處理的情況，Java 提供了「包裝」class（稍後會介紹），將基本數值特殊處理的主要優點在於，Java 編譯器與執行期環境能夠對它們的實作作更多最佳化，基本型別與運算仍然可以與傳統的低階程式語言一樣，對應到硬體層級的運算，實際上，要是讀者使用了透過 Java Native Interface（JNI）與其他程式語言或服務互動的原生函式庫，程式碼裡就會大量使用這些基本型別。

Java 可攜性的一個主要特性就是所有的基本型別都有精確的定義，例如，開發人員永遠不需要擔心 `int` 在特定平台上的大小，它永遠都會是 32 位元、有號、使用 2 的補數表示的數字。數值型別的「大小」決定了能夠儲存的數值大小（與精確度），例如 `byte` 型別適用於較小的數值，介於 -128 到 127 之間，而 `int` 型別則能夠滿足大多數的數值需求，能夠儲存（約略）介於 +/- 2 億之間的數值。表 4-2 是 Java 基本型別的概略說明。

表 4-2　Java 基本資料型別

型別	定義	大約範圍或精確度
`boolean`	邏輯值	`true` 或 `false`
`char`	16 位元，Unicode 字元	64K 字元
`byte`	8 位元，有號，2 補數整數	-128 至 127
`short`	16 位元，有號，2 補數整數	-32,768 至 32767
`int`	32 位元，有號，2 補數整數	-2.1e9 至 2.1e9
`long`	64 位元，有號，2 補數整數	-9.2e18 至 9.2e18
`float`	32 位元，IEEE 754，浮點數	6-7 位有效位數
`double`	64 位元，IEEE 754	15 位有效位數

有 C 語言背景的讀者可能會注意到基本型別看起來像是 C 語言的常數型別在 32 位元主機的理想狀況，完全沒錯，這也是它們預期想要達到的目的。16 位元字元受到 Unicode 的限制，而慣用的指標則會受到其他因素的影響，但整體而言，Java 的基本型別在語法與語義上都源自於 C 語言。

為什麼要限定大小？同樣的，這得回到效率與最佳化。足球賽的得分很少大於一位數，可以放在 byte 裡面，但觀眾人數就會需要更大的容量，世界盃期間，所有粉絲花在比賽上的費用就又需要更大的空間存放。挑選正確大小的型別，能讓編譯器對程式碼達到最高的最佳化效果，也就能讓程式跑得更快、花費更少系統資源，或同時達到兩者。

如果你的確需要比基本型別更大的數字，可以看看 java.Math 套件裡的 BigInteger 與 BigDecimal，這些 class 提供幾乎無限的大小與精確度，某些科學或加密應用程式需要儲存與操作非常大（或非常小）的數值，而且數值的正確性比效率更為重要，本書不會介紹這兩個 class，讀者可以記下這兩個名字，等雨天沒事做的時候可以研究看看。

浮點精確度

Java 的浮點運算遵循 IEEE 754 國際規範，這表示在不同的 Java 平台上，浮點數運算一般都會有相同的結果，Java 也允許在平台支援的情況下擴充精確度，能夠支援極端的小數值，也會為高精度的運算帶來極難察覺的差異，大多數應用程式幾乎不會注意到這些差異，但若是想要確保應用程式在不同平台上能夠有完全相同的結果，就必須為包含浮點操作的類別加上 strictfp 這個特殊的 class 修飾子（下一章會介紹類別），編譯器就會禁止這些平台專屬的最佳化。

變數宣告與初始化

變數必須宣告在方法或類別內，宣告方式是以型別名稱接著一個以上、以逗號分隔的變數名稱，如：

```
int foo;
double d1, d2;
boolean isFun;
```

宣告變數時也可以加上適當型別的表示式初始化變數：

```
int foo = 42;
double d1 = 3.14, d2 = 2 * 3.14;
boolean isFun = true;
```

宣告為類別成員的變數如果沒有初始化，會設定為預設值（參看第五章），這種情況下，數值型別的預設值會是適當型式的 0，字元型別則會設定為 null 字元（\0），而布林變數則會是 false（參考型別也會設為預設值 null，稍後在第 91 頁的〈參考型別〉一節會更詳細介紹），區域變數，也就是宣告在方法內的變數，只會存在方法被呼叫的期間，必須先初始化才能夠使用，可以想見，編譯器會強制這個規則，以避免因為忘了初始化所帶來的風險。

整數文字

整數文字（integer literals）能夠以二進位、八進位、十進位或十六進位表示，二進位、八進位與十六進位大多用在處理低階檔案或網路資料，在表示個別位元位置時十分方便，如第 1、3 或 4 位元。十進位值就沒有類似的對應關係，但對大多數數值資訊而言，十進位更適合人類閱讀。十進位整數是以由 1-9 數字開始的數字序列：

```
int i = 1230;
```

二進位數值是以 0b 或 0B 開頭表示，再接著連續的 0 與 1 組合：

```
int i = 0b01001011;          // i = 75（十進位）
```

八進位值則是由 0 開頭表示：

```
int i = 01230;               // i = 664（十進位）
```

十六進位值是以 0x 或 0X 開頭，再接著數字或 a-f 及 A-F（代表 10-15 的數值）形成的序列：

```
int i = 0xFFFF;              // i = 65535（十進位）
```

整數文字都是 int 型別，只有在結尾加上 L 會代表 long 值：

```
long l = 13L;
long l = 13;            // 等價：13 從 int 型別轉型
long l = 40123456789L;
long l = 40123456789;   // 錯誤：未轉換前，數值超出 int 的值域
```

（也可以使用小寫的 l，但因為與數字 1 看起來太過相似，應該儘量避免使用小寫 l 表示 long 值）。

當數值型別用在包含了其他範圍更大型別的指派或表示式時，可以被**提昇**（*promote*）為更大的型別。上述範例的第二行程式碼裡，數值 13 的預設型別是 int，但在指派給 long 變數時會提昇為 long 型別，某些數值與比較運算也會有類似的運算提昇，包含了其他型別的數學運算式亦同，例如，byte 值與 int 值相乘時，編譯器會先把 byte 提昇為 int：

```
byte b = 42;
int i = 43;
int result = b * i;  // b 先提昇為 int，接著才作乘法運算
```

數值型別無法朝相反方向轉換，必須有明確的轉型，才能把數值指派給範圍較小的型別：

```
int i = 13;
byte b = i;          // 編譯時期錯誤，需要明確的轉型
byte b = (byte) i;   // OK
```

因為從浮點數轉換到整數型別可能會失去精確度，一定都要加上明確的轉型。

最後，還要提到的是，在使用 Java 7 之後的版本時，可以在數字間加上底線字元（_），突顯數值的格式。如果處理很大的數值，可以像以下的範例一樣，將各個位數分組：

```
int RICHARD_NIXONS_SSN = 567_68_0515;
int for_no_reason = 1___2___3;
int JAVA_ID = 0xCAFE_BABE;
long grandTotal = 40_123_456_789L;
```

底線只能放在各位數之間，不能放在數值的開頭與結尾，也不能緊接著「L」字尾。讀者可以在 *jshell* 試試看輸入大的數字，要注意的是，如果儲存 long 值時沒有加上 L 字尾，就會發生錯誤。你可以試試底線格式化的效果，看看是不是比較方便。底線並不會儲存，變數與常數裡只會存放實際的數值：

```
jshell> long m = 41234567890;
|  Error:
|  integer number too large
|  long m = 41234567890;
|           ^

jshell> long m = 40123456789L;
m ==> 40123456789

jshell> long grandTotal = 40_123_456_789L;
grandTotal ==> 40123456789
```

試試其他的例子，找出最適合自己的表示方式，也有助於掌握可以使用與需要的提昇及轉型，即時回饋最適合用來學習這類細節了！

浮點文字

浮點值可以用十進位或科學符號表示，浮點文字都是 double 型別，除非特別在字尾加上表示 float 值的 f 或 F；另外，與整數文字相同，在 Java 7 之後的版本可以用底線字元格式化浮點數值，但只能加在數字之間，不能在開頭、結尾或緊臨「F」：

```
double d = 8.31;
double e = 3.00e+8;
float f = 8.31F;
float g = 3.00e+8F;
float pi = 3.14_159_265_358;
```

字元文字

文字字元值可以用單引號或跳脫 ASCII、Unicode 序列表示：

```
char a = 'a';
char newline = '\n';
char smiley = '\u263a';
```

參考型別

在 Java 這類的物件導向程式語言裡，開發人員可以透過建立 class，從簡單的基本型別建立新的複雜資料型別。每個 class 都代表了程式語言裡的新型別，例如，要是在 Java 裡產生了一個新的 Foo class，就代表建立了一個名為 Foo 的新型別。項目的型別控制了它的使用方式以及可以指派的對象，與基本型別相同，一般而言，Foo 型別的項目只能夠被指派到 Foo 型別的變數，或是作為引數傳入能接受 Foo 值的方法。

型別並不單單只是屬性，類別之間彼此可以有關係，同樣的，代表這些類別的型別間也會有關係。Java 裡所有的類別都會屬於親代 - 子代階層架構裡，子類別的型別為被視為親代類別型別的子型別，對應的型別間也有相同的關係，由於子類別繼承親代類別的所有功能，一個子型別的物件在某方面來說就等同於一個親代型別的物件，例如，要是建立一個名為 Cat 的新類別，繼承自 Animal，那麼 Cat 這個新型別就會被視為是 Animal 的子型別，具有 Cat 型別的物件可以被用在所有 Animal 型別物件可以使用的情境，Cat 型別的物件可以被指派到 Animal 型別的變數，這稱為**子型別多型**（*subtype polymorphism*），是物件導向程式語言的主要特性。我們在第五章會更詳細的介紹類別與物件。

Java 的基本型別是以「傳值」的方式傳遞，也就是說，當 int 之類的基本數值被指派給變數或作為引數傳入方法時，會直接複製數值；另一方面，參考型別（class 型別）則是透過「傳參考」（by reference）的方式存取。**參考**（*reference*）是物件的標誌（handle）或名稱，參考型別的變數存放的是指向該型別（或如前所述的子型別）物件的「指標」，當參考被指派給變數或傳入方法時，只會複製參考而不是它所指向的物件。除了會嚴格限制型別之外，參考與 C 或 C++ 的指標十分相似，參考值本身不能單獨被建立或改變，變數只能夠透過指派適當的物件取得參考值。

接下來看個範例，我們先宣告 Foo 型別的變數，命名為 myFoo，指派為適當的物件[2]：

```
Foo myFoo = new Foo();
Foo anotherFoo = myFoo;
```

myFoo 是個參考型別變數，存有新建立的 Foo 物件的參考（目前先不用擔心建立物件的細節，這部分會在第五章說明）。接著宣告第二個 Foo 型別的變數 anotherFoo，指派給相同的物件，如此一來就有了兩個完全相同的參考：myFoo 與 anotherFoo，但只有一個真正的 Foo 物件實體。要是改變了 Foo 物件本身的狀態，就可以透過這兩個參考看到相同的效果，我們可以從 *jshell* 看到比較多底層發生的行為：

```
jshell> class Foo {}
|  created class Foo

jshell> Foo myFoo = new Foo()
myFoo ==> Foo@21213b92

jshell> Foo anotherFoo = myFoo
anotherFoo ==> Foo@21213b92

jshell> Foo notMyFoo = new Foo()
notMyFoo ==> Foo@66480dd7
```

請注意建立與指派的結果，你可以看到 Java 的參考型別的輸出結果是指標值（在 @ 右側的 21213b92）以及它們的型別（@ 左側的 Foo）。我們在建立新的 Foo 物件 notMyFoo 時，得到了不同的指標值，myFoo 與 anotherMyFoo 指向同一個物件，notMyFoo 指向另一個不同的物件。

推導型別

現代的 Java 版本，在推導變數型別上持續改進，在許多情況都能夠正確的推導出變數的型別，你可以使用 var 結合宣告與初始化變數，讓編譯器推導出正確的型別：

```
jshell> class Foo2 {}
|  created class Foo2

jshell> Foo2 myFoo2 = new Foo2()
myFoo2 ==> Foo2@728938a9

jshell> var myFoo3 = new Foo2()
myFoo3 ==> Foo2@6433a2
```

2 相當於以下的 C++ 程式碼：

```
Foo& myFoo = *(new Foo());
Foo& anotherFoo = myFoo;
```

請注意在 *jshell* 建立 `myFoo3` 時的輸出（真的很醜），雖然我們沒有像 `myFoo2` 一樣明確的指定型別，但編譯器能夠輕易理解該使用的正確型別，實際上也的確得到了 `Foo2` 物件。

傳遞參考

物件參考都用相同的方式傳入方法，這時候 `myFoo` 與 `anotherFoo` 會是等價的引數：

```
myMethod( myFoo );
```

這種情況有個重要但經常弄錯的區別，參考本身是個數值，當參考被指派到變數或在傳入方法時，實際上複製的是參考的數值。以先前例子而言，傳入方法的引數（從方法的角度來看就是個區域變數），實際上是在 `myFoo` 及 `anotherFoo` 之外第三個 `Foo` 物件的參考，方法可以透過參考改變 `Foo` 物件的狀態（呼叫它的方法或改變它的變數值），但不能改變呼叫者使用的 `myFoo` 參考：也就是說，方法不能改變呼叫者的 `myFoo`，讓 `myFoo` 指向不同的 `Foo` 物件，它只能夠改變自己擁有的參考，這在稍後我們討論到方法時會更加清楚。這方面 Java 與 C++ 不同，如果需要將呼叫者的參考改變為其他值，在 Java 裡會需要額外一層的轉換，呼叫者必須將參考包覆在另一個物件裡面，讓方法的內部與外部能夠共享同一個參考變數。

參考型別一定會指向物件（或 `null` 值），而物件一定是由類別所定義，如同原生型別，宣告時沒有明確初始化的實體或類別變數都會指派為預設值 `null`。同樣的，沒有初始化的區域變數**不會**初始化為預設值，程式必須在使用前賦予適當的值，然而，陣列與介面這兩種特別的參考型別，會以稍有不同的方式指定它們所指向的物件的型別。

Java 裡的陣列在型別系統裡有著特殊的地位，它們是特別種類的物件，是自動建立用來存放其他型別物件的集合，這些存放物件的型別被稱為**基礎型別**（*base type*），本章稍後會看到，宣告陣列型別參考時會自動建立一個基礎型別容器的新類別型別。

介面（interface）就又不那麼明顯了，介面定義了一組方法並給予它對應的型別，實作了介面方法的物件可以被以介面型別參考，也可以被物件自己本身的型別參考，變數與方法引數可以宣告為介面型別，就像類別型別一樣，任何實作該介面的物件都可以指派給宣告為介面型別的變數。這個機制提高了型別系統的彈性，讓 Java 能夠跨越類別階層架構的界線，讓物件能夠擁有許多不同的型別，我們在下一章也會介紹介面。

先前提過的**泛型型別**（*generic type*）或**參數化型別**（*parameterized type*）是 Java class 語法的擴充，能夠在類別與其他 Java 型別的運作上增加額外的抽象化。泛型能夠允許使用者在不改變原始 class 程式碼的情況下，對 class 作特殊化。第七章會介紹泛型。

來談談字串

Java 的字串是物件，也就是個參考型別，但 Java 編譯器的確對 String 物件提供特殊的協助，讓 String 物件看起來就像是基本型別一般。編譯器會將 Java 程式碼裡的文字字串值轉換為 String 物件，可以直接使用、作為引入傳入方法或指派給 String 型別的變數：

```
System.out.println( "Hello, World..." );
String s = "I am the walrus...";
String t = "John said: \"I am the walrus...\"";
```

Java 裡的 + 運算子除了一般的數值加法之外，也被「過載」為能夠做字串串接（concatenation），+= 運算子也是一樣，這是 Java 裡唯二的過載運算子：

```
String quote = "Four score and " + "seven years ago,";
String more = quote + " our" + " fathers" +  " brought...";
```

Java 會建立串接後的 String 物件，將產生的物件作為表示式的結果。在第八章會更詳細的討論字串與文字相關的議題。

指令與表示式

Java 的指令（*statement*）出現在方法與類別內部，指令描述了 Java 程式的所有活動，如前一節介紹的變數宣告與指派都是指令，if/then 條件與迴圈等基本語言結構也是指令（本章稍後會介紹這些結構）。

```
int size = 5;
if ( size > 10 )
    doSomething();
for ( int x = 0; x < size; x++ ) { ... }
```

表示式（*expression*）會產生數值，表示式會被計算，運算後的結果可以用於其他表示式或指令當中，方法呼叫、物件配置，當然還有數學運算式都是表示式的例子。

```
new Object()
Math.sin( 3.1415 )
42 * 64
```

維持單純與一致是 Java 的原則，在沒有其他限制的前提下，Java 的運算與初始化都會以程式碼裡出現的順序發生：從左至右、由上而下。我們可以在指派表示式、方法呼叫與陣列索引等狀況都看到同樣的規則。在一些其他的程式語言裡，運算順序就複雜得多了，有些甚至會依實作而所有不同，Java 排除了這項風險，精確且簡單的定義了程式碼的運算方法，這並不表示開發人員可以開始寫些難懂或盤根錯節的指令，依賴在複雜情況下表示式的運算順序，就算能夠正常運作，也是不好的程式設計習慣，這種方式產生的程式碼難以閱讀，更難以維護。

指令

任何程式都是由指令做真正的工作，指令幫助我們實作出本章開頭提到的那些演算法，實際上，它們不只是協助，而是程式設計師在寫程式時使用的原料；演算法的每個步驟都會對應到一個以上的指令，指令通常會負責以下四種工作中的一種：取得輸入指派給變數，撰寫輸出（到終端機或 `JLabel` 等），決定該執行哪個指令，或是重複執行其他指令一次以上，接著來看看 Java 在各個分類的例子。

Java 的指令與表示式都出現在**程式碼區塊**（*code block*）中，程式碼區塊在語法上是指由左大括號（`{`）與右大括號（`}`）所包覆的一連串指令，程式碼區塊內的指令可以包含變數宣告與前面提到的其他種類的指令與表示式：

```
{
    int size = 5;
    setName("Max");
    ...
}
```

方法（類似 C 語言的函式）意義上就是可以傳入參數，並可以透過名稱呼叫的程式碼區塊，例如 `setUpDog()` 方法：

```
setUpDog( String name ) {
    int size = 5;
    setName( name );
    ...
}
```

變數宣告的範圍僅限於它們所在的程式碼區塊當中，也就是說變數無法被最接近的一組大括號以外的程式碼看到：

```
{
    int i = 5;
}

i = 6;           // 編譯時期錯誤，變數 i 不存在
```

透過這種方式，程式碼區塊可以用來對指令與變數作任意的分組，但程式碼區塊最常用來定義條件式或迭代指令裡的整組指令。

if/else 條件

程式設計中的一個主要概念就是作決定。「如果這個檔案存在 ...」或是「如果使用者有 WiFi 連線 ...」都是電腦程式或 app 經常在做的決定，程式可以用以下的方式定義 if/else 語句：

```
if ( 條件 )
    指令;
else
    指令;
```

以上範例本身就是個指令，可以被巢狀放置在另一個 if/else 語句當中。if 語句有兩種不同的型式：「單行」或區塊，兩種型式的功能相同。區塊型式如下：

```
if ( 條件 ) {
    [ 指令; ]
    [ 指令; ]
    [ ... ]
} else {
    [ 指令; ]
    [ 指令; ]
    [ ... ]
}
```

條件是個布林表示式，布林表示式是 true 或 false 值、或其他能運算出這兩個數值的表示式，例如 i == 0 是個檢查 i 變數是否為 0 值的布林表示式。

第二種型式是將指令放在程式碼區塊當中，當採用對應的分支時，區塊裡的所有指令全部都會執行，宣告在程式碼區塊內的變數只會在各自區塊中被看見，其他大多數的 Java 指令都與 if/else 條件類似，都跟控制執行流程有關，行為大都與其他程式語言裡類似名稱的結構相同。

switch 指令

大多數程式語言的「一對多」條件結構都稱為「switch」或「case」指令，給定一變數或表示式，switch 指令會提供多個可能相符的選項並執行第一個符合的，因此，選項的順序十分重要，既然是**可能**相符，就會發生數值與所有 switch 選項都不相符的情況，這時候就什麼都不會執行。

最常見的 Java switch 型式接受整數（或任何能夠自動「提昇」為整數型別的引數）、字串型別或「enum」型別（稍後討論），再依數值從幾個常數 case 分支選擇該執行的指令[3]：

```
switch ( 表示式 )
{
    case 常數表示式 :
        指令；
    [ case 常數表示式 :
        指令； ]
    ...
    [ default :
        指令； ]
}
```

每個分支的 case 表示式必須在編譯時期就計算成不同的整數常數或 String 值，字串是以 String equals() 方法比較，我們會在第八章討論細節。另外有一個可選用的 default 情況，能夠用來指定沒有符合各個條件的情況。執行時，switch 只會找到與自己的條件表示式相符的分支（或 default 分支），執行該分支對應的指令，不只如此，也許有點違反直覺，switch 指令在執行完相符分支後會繼續往下執行，直到遇 switch 結束，或是特別的 break 指令，以下是幾個例子：

```
int value = 2;

switch( value ) {
    case 1:
        System.out.println( 1 );
    case 2:
        System.out.println( 2 );
    case 3:
        System.out.println( 3 );
}

// 印出 2, 3 !
```

以 break 結束各個分支是更為常見的型式：

```
int retValue = checkStatus();

switch ( retVal )
{
    case MyClass.GOOD :
        // 一些好事
```

3 switch 的 String 支援是在 Java 7 加入。

```
            break;
        case MyClass.BAD :
            // 一些壞事
            break;
        default :
            // 其他
            break;
    }
```

在這個例子裡，GOOD、BAD 與 default 只有其中一個分支會執行，「通過」（fall through）這樣的行為是 switch 提供作為想要讓幾個選項共用相同一段指令，又不想回頭使用 if/else 時使用：

```
    int value = getSize();
    String size = "Unknown";

    switch( value ) {
        case MINISCULE:
        case TEENYWEENIE:
        case SMALL:
            size = "Small";
            break;
        case MEDIUM:
            size = "Medium";
            break;
        case LARGE:
        case EXTRALARGE:
            size = "Large";
            break;
    }

    System.out.println("Your size is: " + size);
```

這個例子實際上是把六個可能的數值分成三組，而這種分組方式現在可以合併成一個表示式。Java 12 提供了 *switch 表示式*（*switch expression*）的功能預覽，例如，除了可以像上面的例子一樣印出大小，我們也可以直接建立 size 變數：

```
    int value = getSize();
    String size = switch( value ) {
        case MINISCULE:
        case TEENYWEENIE:
        case SMALL:
            break "Small";
        case MEDIUM:
            break "Medium";
        case LARGE:
```

```
        case EXTRALARGE:
            break "Large";
    }

    System.out.println("Your size is: " + size);
```

請注意我們這次在 break 指令後接了數值，你也可以在 switch 指令裡用新的語法，讓程式更加簡潔，也更有可讀性：

```
    int value = getSize();
    String size = switch( value ) {
        case MINISCULE, TEENYWEENIE, SMALL -> "Small";
        case MEDIUM -> "Medium";
        case LARGE, EXTRALARGE -> "Large";
    }

    System.out.println("Your size is: " + size);
```

這種表示式顯然是新加入程式語言（Java 12 還要求在編譯時加上 --enable-preview 才能夠使用），所以可能不會在先前提過的線上資源與範例裡找到太多使用的例子，但如果這個例子勾起你的興趣，你也一定可以找到許多深入解釋 switch 表示式的好例子。

do/while 迴圈

控制接下來該執行哪個指令（程式設計師的術語稱為「控制流程」）的另一大類就是重複。電腦擅長執行一再重複的工作，迴圈可以重複執行特定的程式碼區塊。Java 裡的迴圈主要有兩種，do 與 while 會在表示式結果為布林值 true 時重複執行指令：

```
    while ( 條件 )
        指令;

    do
        指令;
    while ( 條件 );
```

while 迴圈很適合用來等待某些外部條件，如取得 email：

```
    while( mailQueue.isEmpty() )
        wait();
```

當然，wait() 方法必須要有所限制（通常是如等待一秒之類的時間限制）才會結束，讓迴圈有機會繼續執行，但收到 email 時，會想要處理所有收到的訊息內容，而不是只處理第一封 email，這種情況也很適合使用 while 迴圈：

```
while( !mailQueue.isEmpty() ) {
    EmailMessage message = mailQueue.takeNextMessage();
    String from = message.getFromAddress();
    System.out.println("Processing message from " + from);
    message.doSomethingUseful();
}
```

這段程式裡使用了 ! 布林運算子將先前檢查的結果反轉，我們想要在佇列（queue）裡還有東西時持續的執行，這在程式設計裡通常會以「不為空」，而不是使用「存在 / 有東西」的方式表示。同樣要注意的是，因為迴圈的主體包含了超過一個的指令，所以必須將指令放在大括號當中，大括號裡的程式從佇列裡取出下一則訊息，存放到區域變數（範例裡的 message），接著操作訊息，再回到迴圈條件，檢查佇列是否已經為空，要是仍然不為空，就重複整個處理程序，再次取出下一則訊息。

不同於 while 以及 for 迴圈會先檢查判斷條件，do-while 迴圈（更常被稱為 do 迴圈）一定會執行指令主體至少一次，典型的例子是驗證使用者或網站上的輸入。程式知道需要取得一些資訊，所以在迴圈主體裡要求這些資訊，迴圈條件可以檢查是否有錯誤，要是有錯誤，就重新執行一次迴圈主體，重新再要一次訊息，這個程序會一直重複下去，直到取得沒有錯誤的資訊，如此就知道資訊正確無誤。

for 迴圈

for 迴圈最常見的型式是從 C 語言所留下：

```
for ( 變數初始化 ; 判斷條件 ; 遞增表示式 )
    指令 ;
```

變數初始化部分可以宣告或初始化僅限於 for 指令範例內使用的變數，for 迴圈接著開始一系列的動作，先檢查判斷條件是否成立，若為 true 就執行主體指令（或區域），每次執行完主體之後，就會運算遞增表示式，讓它們有機會在下個循環開始執行前先更新變數值：

```
for ( int i = 0; i < 100; i++ ) {
    System.out.println( i );
    int j = i;
    ...
}
```

這個迴圈會執行 100 次，印出 0 到 99 之間的數值。要注意的是 j 變數是區塊裡的區域變數（只能夠被區塊裡的指令使用），無法被 for 迴圈「之後」的程式碼存取，如果 for 迴圈的判斷條件在第一次檢查時就傳回 false，就完全不會執行主體與遞增表示式。

for 迴圈的變數初始化與遞增表示式都可以用逗號分隔，使用多個表示式，例如：

```
for (int i = 0, j = 10; i < j; i++, j-- ) {
    System.out.println(i + " < " + j);
    ...
}
```

你也可以在初始化變數區塊初始化來自 for 迴圈範圍之外的既有變數，這麼做可能是想在其他地方使用迴圈變數的最終值，但一般而言，這種做法很容易出錯，也會讓程式碼變得難以理解，但這仍然是語法正確的做法，讀者也的確可能會遇到需要這麼做的情況。

```
int x;
for( x = 0; hasMoreValue(); x++ ) {
    getNextValue();
}
// 仍然可以使用 x
System.out.println( x );
```

增強式 for 迴圈

Java 將類似其他語言裡的 foreach 指令稱為「增強式 for 迴圈」，能夠依序迭代陣列或其他集合（collection）裡的數值：

```
for ( 變數宣告 : 可迭代對象 )
    指令;
```

增強式 for 迴圈可以使用任何型別的陣列，也可以使用任何實作了 java.lang.Iterable 介面的物件，這包含了 Java Collections API 中絕大多數的類別，本章與下一章會討論陣列，第七章會介紹 Java Collections，以下是幾個例子：

```
int [] arrayOfInts = new int [] { 1, 2, 3, 4 };

for( int i  : arrayOfInts )
    System.out.println( i );

List<String> list = new ArrayList<String>();
list.add("foo");
list.add("bar");

for( String s : list )
    System.out.println( s );
```

同樣的，我們還沒有討論到陣列與 List 類別，以及範例裡的特殊語法，這個範例只是為了示範增強式 for 迴圈可以以整數陣列或是字串的 List 裡的元素值執行陣列運算，在第二個例子裡，List 實作了 Iterable 介面，可以作為 for 迴圈的標的。

break/continue

Java break 指令以及對應的 continue 也可以用來中斷迴圈，或是依據條件跳出迴圈，break 能讓 Java 終止目前的迴圈（或 switch）指令，繼續執行後續指令，在以下的例子裡，while 迴圈會持續執行直到 condition() 方法傳回 true，觸發 break 指令結束迴圈，再從標記了「while 之後」的位置繼續執行：

```
while( true ) {
    if ( condition() )
         break;
}
// while 之後
```

continue 指令會讓 for 與 while 迴圈回到檢查條件的位置，直接進入下一個循環。以下範例會跳過數字 33，印出 0 到 99 間其他的所有數字：

```
for( int i=0; i < 100; i++ ) {
    if ( i == 33 )
        continue;
    System.out.println( i );
}
```

break 與 continue 指令看起來十分類似 C 語言裡的指令，但 Java 的型式還有額外的能力——能夠加上額外的標記（label）引數，跳出多層範圍到達標記位置的程式碼。這種用法在平常的 Java 程式裡十分少見，但對某些特殊情況十分重要，以下是簡單的結構：

```
labelOne:
    while ( 條件式 ) {
        ...
        labelTwo:
            while ( 條件式 ) {
                ...

                // break 或 continue 的位置
            }
        // labelTwo 之後
    }
// labelOne 之後
```

程式碼區塊、條件式以及迴圈等被包圍起來的指令都能夠加上 labelOne、labelTwo 等標記別。在範例裡，沒有加上引數的 break 或 continue 與先前的範例有相同的效果，break 會讓程式從標著「labelTwo 之後」的位置繼續，而 continue 會讓 labelTwo 迴圈回到檢查條件的位置。

在範例位置的 break labelTwo 指令與原始的 break 有相同的效果，但 break labelOne 則會跳出兩層，從標著「labelOne 之後」的位置繼續執行；同樣的，continue labelTwo 與一般的 continue 相同，但 continue labelOne 會回到 labelOne 迴圈的條件檢查，多層的 break 與 continue 就排除了 C/C++ 裡惡名昭彰的 goto 的需求[4]。

現階段我們不會討論某些 Java 指令，用於例外處理的 try、catch 與 finally 指令會留到第六章介紹，而用於在多執行緒執行時協調存取權的 synchronized 指令，則留待第九章討論同步時再作介紹。

執行不到的指令

最後要提醒一件事，Java 編譯器會將「執行不到」（unreachable）的指令標記為編譯時期錯誤，執行不到的指令是指編譯器認為完全不會使用到的指令。當然，許多方法並不會在自己的程式裡被用到，但編譯器只會標記出能在編譯時期以簡單的檢查「證明」不會執行到的程式碼。例如，方法中間的位置有個沒有加上任何條件判斷的 return 指令就會造成編譯期錯誤，就像是編譯器能夠判斷出程式裡有永遠無法滿足的條件判斷式一般：

```
if (1 < 2) {
    // 總是會執行這個分支
    System.out.println("1 is, in fact, less than 2");
    return;
} else {
    // 執行不到的指令，這個分支永遠不會執行
    System.out.println("Look at that, seems we got \"math\" wrong.");
}
```

表示式

表示式會在運算之後產生結果（或數值），表示式的數值可以是數值型別（如數學運算式）、參考型別（如物件配置）、或特殊型別 void，也就是宣告方法時同來表示沒有傳回值的型別。在最後一種情況裡，表示式運算後只會產生**副作用**（*side effects*），也就是除

4 用標記在程式裡到處跳仍被視為是不好的做法（*https://oreil.ly/849H0l*）。

了產生數值之外的其他效果，表示式的型別在編譯器就已確定，執行期產生的數值可以是該型別，在參考型別的情況時，還可以是相容（可指派的）子型別。

在先前的範例與程式片段裡已經看多許多表示式，接下來在第 105 頁的〈指派〉一節會看到更多的例子。

運算子

運算子能用來結合或改變表示式，它們「作用」在表示式上。Java 幾乎支援了所有 C 語言的標準運算子，這些運算子在 Jaava 的優先順序與 C 語言裡完全相同，如表 4-3。

表 4-3　Java 運算子

優先順序	運算子	運算元型別	描述
1	++、--	算術	遞增或遞減
1	+、-	算術	一元正運算子與一元負運算子
1	~	整數	逐位元補數
1	!	布林值	邏輯補數
1	(型別)	任何	轉型
2	*、/、%	算術	乘、除、餘數
3	+、-	算術	加與減
3	+	字串	字串串接
4	<<	整數	左位移
4	>>	整數	有號右位移
4	>>>	整數	無號右位移
5	<、<=、>、>=	算術	數值比較
5	instanceof	物件	型別比較
6	==、!=	基元	數值相等或不相等
6	==、!=	物件	參考相等或不相等
7	&	整數	逐位元 AND
7	&	布林	布林 AND
8	^	整數	逐位元 XOR
8	^	布林	布林 XOR
9	|	整數	逐位元 OR
9	|	布林	布林 OR
10	&&	布林	條件 AND
11	||	布林	條件 OR
12	?:	N/A	條件三元運算子
13	=	任何	指派

要特別提醒的是，百分號（%）運算子嚴格來說並不是模數（modulo）而是餘數，可以有負值。請試著在 *jshell* 試試運算子不同的使用方式，熟悉一下它們的效果。對於剛接觸程式設計的讀者，熟悉運算子與它們的優先順序十分有用，即使是程式碼裡最單調的工作也經常會需要用到表示式與運算子。

```
jshell> int x = 5
x ==> 5

jshell> int y = 12
y ==> 12

jshell> int sumOfSquares = x * x + y * y
sumOfSquares ==> 169

jshell> int explictOrder = (((x * x) + y) * y)
explictOrder ==> 444

jshell> sumOfSquares % 5
$7 ==> 4
```

Java 還增加了一些新的運算子，先前看到 + 運算子可以用在字串作串接之用。由於 Java 裡的整數型別都是有號數，>> 運算子可以用來作有號的右位移運算，而 >>> 運算子則會將運算元視為無號數作右位移運算。現在已經不像以往那麼常逐個位元操作變數了，所以讀者應該不會太常看到位移運算子，如果它們出現在線上程式碼裡，可以試著在 *jshell* 裡執行，看看它們的作用（這是我們最喜歡的 *jshell* 用法！），new 運算子用來建立物件，稍後就會更詳細介紹。

指派

雖然變數初始化（也就是同時宣告與指派）被視為沒有產生數值的指令，但變數指派本身則是個表示式：

```
int i, j;          // 指令
i = 5;             // 同時是表示式與指令
```

通常我們只需要指派的副作用，但指派本身可以作為數值成為另一個表示式的一部分：

```
j = ( i = 5 );
```

再次強調，太過依賴運算順序（這個例子就是在複雜的表示式裡使用複合指派）會使程式碼不安全又難以閱讀。

null 值

null 表示式可以被指派給任何參考型別，代表「沒有參考」。null 參考不能被用來參考任何東西，否則就會在執行期產生 NullPointerException。在第 91 頁的〈參考型別〉一節提過 null 是未初始化的類別與實體變數的預設值，在使用參考型別前千萬要確認完成初始化，以避免發生例外。

變數存取

點（.）運算子用來選取類別或物件實體的成員（接下來幾章會討論相關細節），可以取得實體變數（物件）或靜態變數（class）的值，也可以用來指定要對物件或類別呼叫的方法：

```
int i = myObject.length;
String s = myObject.name;
myObject.someMethod();
```

參考型別表示式，可以透過選取運算結果或方法的方式，形成複合運算：

```
int len = myObject.name.length();
int initialLen = myObject.name.substring(5, 10).length();
```

這個例子呼叫了 String 物件的 length() 方法取得了 name 變數的長度，在第二個例子裡則是又增加了幾個步驟，先取得 name 字串的子字串。String 類別的 substring 方法同樣會傳回 String 參考，也就可以計算長度，像這樣的運算方式被稱為**鏈結**（*chaining*）方法呼叫，稍後也會再作討論。有個先前已經使用多次的鏈結操作就是呼叫 System 類別的 out 變數上的 println() 方法：

```
System.out.println("calling println on out");
```

方法呼叫

方法是活在類別裡的函式，依據方法種類的不同，可以透過類別或其實體使用。呼叫方法表示執行方法本體裡的指令，傳入任何需要的參數變數並得到傳回值，表示式裡的參考呼叫會產生數值，這個數值的型別就是方法的**傳回值型別**（*return type*）：

```
System.out.println( "Hello, World..." );
int myLength = myString.length();
```

這裡分別對不同的物件呼叫了 println() 與 length()，length() 方法傳回整數值，而 println() 的傳回型別則是 void（沒有數值）。要特別強調的是 println() 會產生**輸出**但沒有**數值**，不能像 length() 一樣把 println() 方法指派給其他變數。

```
jshell> String myString = "Hi there!"
myString ==> "Hi there!"

jshell> int myLength = myString.length()
myLength ==> 9

jshell> int mistake = System.out.println("This is a mistake.")
|  Error:
|  incompatible types: void cannot be converted to int
|  int mistake = System.out.println("This is a mistake.");
|                ^------------------------------------^
```

Java 程式絕大部分都是方法，雖然可以寫些只需要類別裡的 main() 方法就夠了的簡單應用程式，但很快就會發現需要作進一步的拆解。方法不只能提高應用程式的可讀性，也開了一扇通往更複雜、更有趣也更**有用的**應用程式的門，這樣的應用程式一定會使用到方法。實際上，回顧先前〈HelloJava〉中的圖形化 Hello World 應用程式，我們也在 JFrame 類別裡定義了好幾個方法。

這些都是簡單的例子，到了第五章會介紹更複雜的情況，在同一個類別裡有多個名稱相同、但參數型別不同的方法，或是在子類別中重新定義方法等情況。

指令、表示式與演算法

接著我們要集合這些不同類型指令與表示式達成一個真正的目的，換句話說，就是寫些 Java 程式實作某個演算法。經典的例子就是用歐幾里得的輾轉相除法找出兩個數的最大公因數，這是個需要多次相減的簡單（但有點麻煩）的程序，可以使用 Java 的 while 迴圈、if/else 條件式以及一些指派達成這個工作：

```
int a = 2701;
int b = 222;
while (b != 0) {
    if (a > b) {
        a = a - b;
    } else {
        b = b - a;
    }
}
System.out.println("GCD is " + a);
```

這並不神奇，但有用，這正是電腦程式最擅長的工作，也正是你讀這本書的目的！好吧，也許不是為了要找出 2701 跟 222 的最大公因數（附帶一提，是 37），但的確是為了要把一些問題的解決方案以演算法的型式表示，再將演算法轉譯為可執行的 Java 程式碼。希望開始有些程式設計上的拼圖落在該有的位置，如果還不清楚也不用擔心，寫程式需要大量練習，試試把以上的程式碼區塊放到真正 Java 類別的 main() 方法裡，試試改變 a 跟 b 的值。待第八章介紹將字串轉換為數字的方法後，就可以直接在執行程式時傳入兩個數值作為 main() 方法的參數，快速得到最大公因數的值，就像圖 2-9 但不需要一再的重複編譯。

建立物件

Java 的物件是用 new 運算子配置：

```
Object o = new Object();
```

new 的引數是類別的建構子（constructor），**建構子**是與類別名稱相同的方法，建構子需要建立物件實體所必要的參數，new 表示式產生的值是所建立物件的參考型別，物件一定要有一個以上的建構子，但有可能無法在程式裡直接使用。

第五章會更詳細介紹物件的建立，目前只要先記得物件的建立是種表示式，運算結果是物件的參考就行了。比較特殊的地方是 new 的優先順序比點（.）選擇器要高，所以在必要的時候可以在建立物件後直接呼叫方法，不需要另外將物件指派給參考型別：

```
int hours = new Date().getHours();
```

Date 類別是個代表目前時間的工具類別，這段程式用 new 運算子建立一個 Date 實體，並呼叫 getHours() 方法取得代表目前小時的整數。這個 Date 物件參考會活得久到足以滿足方法呼叫期間的需要，接著就會斷開參考，留待未來的某個時候被垃圾收集（參看第 142 頁的〈垃圾收集〉一節有更詳細的說明）。

同樣的，用這種方式呼叫物件參考的方法是風格問題，用 Date 型別的中間變數存放物件參考然後再呼叫它的 getHours() 方法當然會更加清楚，但這種結合運算的方式十分常見，隨著學習 Java 的過程，對它的類別與型別愈來愈熟悉，也許就會轉為採用這種模式，但在那之前，不用擔心程式碼太過「冗長」，練習本書的範例時，要注意的是程式碼的明確與可讀性更為重要。

instanceof 運算子

instanceof 運算子可以在執行期間判斷物件的型別，它會檢查物件是否為目標型別或目標型別的子型別（之後同樣會更詳細說明類別階層架構！），這就像是檢查物件能不能被指派到目標型別的變數一樣。目標型別可以是 class、interface 或稍後會看到的陣列型式，instanceof 會傳回 boolean 值，表示物件是否符合指定的型別：

```
Boolean b;
String str = "foo";
b = ( str instanceof String ); // true，str 是 String
b = ( str instanceof Object ); // 同樣是 ture，String 是 Object
//b = ( str instanceof Date ); // 編譯器就聰明到可以抓出這個問題了！
```

instanceof 也可以正確的回報物件是否為陣列型別或特定的介面（如稍後說明）：

```
if ( foo instanceof byte[] )
    ...
```

另外要特別提醒的是，null 值不是任何類別的實體。以下的測試無論變數宣告何種型別，都會傳回 false：

```
String s = null;
if ( s instanceof String )
    // false，null 不是任何 class 的實體
```

陣列

陣列是特殊型別的物件，能夠擁有有序的元素集合，陣列的元素型別稱為陣列的**基礎型別**（*base type*），能夠持有的元素個數是固定的屬性，稱為**長度**（*length*）。Java 支援所有的基礎與參考型別的陣列。

基本的陣列語法與 C 或 C++ 程式十分相似，程式以指定的長度建立陣列，使用索引運算子 [] 存取個別的元素。與其他程式語言不同的地方在於，Java 的陣列是真正的第一級物件，陣列是特別的 Java array class 的實體，在型別系統裡有對應的型別。這表示使用陣列與使用其他物件相同，都需要先用適當的型別宣告變數，接著再用 new 運算子建立新的實體。

陣列物件與其他的 Java 物件有三個不同點：

- 宣告新的陣列型別時，Java 會自動建立特別的陣列類別型別。使用陣列時並不特別需要知道這點，但這有助於在稍後理解它們的結構以及與其他物件之間的關係。
- Java 讓程式透過 [ ] 運算子存取陣列的元素，使陣列看起來符合預期。我們也可以自行實作類似陣列的類別，但必須使用如 get() 與 set() 之類的方法，而不能使用特別的 [ ] 運算子。
- Java 提供了特別型式的 new 運算子，能夠搭配 [ ] 符號建立指定長度的陣列，或透過指定陣列中的元素串列的方式，直接初始化陣列及其元素。

陣列型別

陣列型別變數是由基礎型別加上空的中括號 [ ] 表示，另外，Java 也允許使用 C 風格的宣告，把中括號放在陣列名稱的後面。

以下兩種宣告方式效果相同：

```
int [] arrayOfInts;  // 建議用法
int arrayOfInts [];  // C 風格
```

兩種宣告方式 arrayOfInts 都是宣告為整數的陣列，由於只是宣告陣列型別的變數，還沒有建立實際的陣列型別實體與對應的儲存空間，所以還不需要考慮陣列的大小。實際上在宣告陣列型別變數時，也還沒有辦法指定陣列的大小，大小實際上是陣列物件本身的函式，而不是參考。

參考型別的陣列也是用相同的方式建立：

```
String [] someStrings;
Button [] someButtons;
```

陣列建立與初始化

程式使用 new 運算子建立陣列的實體，new 運算子之後必須指定陣列的基礎型別，並用中括號與其中的數字指定陣列的長度：

```
arrayOfInts = new int [42];
someStrings = new String [ number + 2 ];
```

當然，我們也可以結合陣列的宣告與配置成為單一個步驟：

```
double [] someNumbers = new double [20];
Component [] widgets = new Component [12];
```

陣列的索引是從 0 開始，也就是說 someNumbers 的第一個元素所在的位置是 0，最後一個元素是 19，建立之後，陣列裡的元素都會初始化為其型別的預設值，對數值型別而言就是會初始化為零：

```
int [] grades = new int [30];
grades[0] = 99;
grades[1] = 72;
// grades[2] == 0
```

物件陣列的元素是指向其他物件的參考（就像是一般指向同一個物件的變數一樣），而不是包含物件的實體。因此，每個元素的預設值會是 null，直到程式指派適當的物件實體：

```
String names [] = new String [4];
names [0] = new String();
names [1] = "Walla Walla";
names [2] = someObject.toString();
// names[3] == null
```

這是很重要的差異，很容易造成誤解。在其他程式語言裡，建立陣列與配置元素的儲存是同一件事，在 Java 裡，新建立好的物件實際上只含有參考變數，每個變數值都是 null[5]。這並不是說空陣列就沒有任何對應的記憶體，空陣列仍然會配置存放參考所需的記憶體（陣列裡的空「格子」），圖 4-3 是畫出了先前範例裡的 names 陣列的結構。

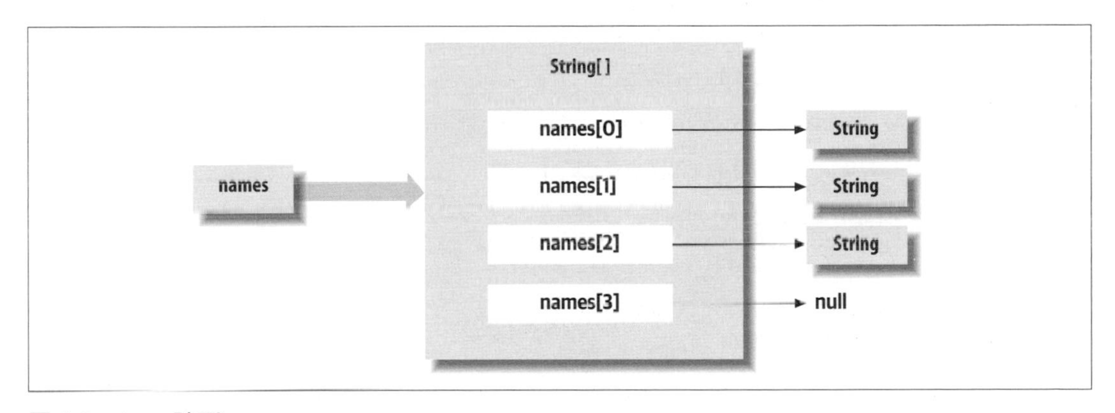

圖 4-3　Java 陣列

names 是 String[]（也就是字串陣列）型別的變數，這個特別的 String[] 物件裡包含了四個 String 型別變數，範例已經指派了 String 物件給前三個陣列元素，第四個元素仍然維持預設的 null 值。

Java 支援 C 語言式的大括號 {} 結構，能夠建立陣列並初始化其中的元素：

```
int [] primes = { 2, 3, 5, 7, 7+4 };    // 如 primes[2] = 5
```

5　在 C 與 C++ 裡類似的結構是物件的指標陣列，然而，C 或 C++ 裡的指標本身是二或四個位元組的值，配置指標的陣列，實際上是配置某些數量的指標物件。參考的陣列在概念上類似，但參考本身並不是物件，我們只會對參考作指派操作，不會也無法做其他的操作，而它們所需要（或不需要）的儲存空間並不屬於高階 Java 程式語言規範。

這行表示式會自動建立一個有適當型別與長度的陣列物件，而表示式中用逗號分隔的數值會被指派為陣列的元素。特別注意範例中沒有使用 new 關鍵字或陣列型別，程式會依據指派指令推斷出正確的型別。

{ } 語法也可以用在物件陣列，這種情況下，每個表示式必須計算為可以指派到陣列的基礎型別變數的物件或 null，以下是一些例子：

```
String [] verbs = { "run", "jump", someWord.toString() };
Button [] controls = { stopButton, new Button("Forwards"),
    new Button("Backwards") };
// 所有型別都是 Object 的子型別
Object [] objects = { stopButton, "A word", null };
```

以下兩者的效果相同：

```
Button [] threeButtons = new Button [3];
Button [] threeButtons = { null, null, null };
```

使用陣列

陣列物件的大小可以透過公開變數 length 取得：

```
char [] alphabet = new char [26];
int alphaLen = alphabet.length;              // alphaLen == 26

String [] musketeers = { "one", "two", "three" };
int num = musketeers.length;                 // num == 3
```

length 是陣列唯一的可存取欄位，這是個變數而不是方法（別擔心，如果不小心像方法一樣加上了小括號，編譯器會提醒你，每個人都犯過這種錯）。

Java 的陣列存取與其他程式語言的陣列存取類似；可以在陣列名稱後的小括號中放入整數表示式存取對應的元素。以下例子建立了名為 keyPad 的 Button 物件陣列，接著用迴圈填入 Button 物件：

```
Button [] keyPad = new Button [ 10 ];
for ( int i=0; i < keyPad.length; i++ )
   keyPad[ i ] = new Button( Integer.toString( i ) );
```

記得我們可以用增強式 for 迴圈迭代陣列中的元素，以下就用它來印出先前指派的所有元素：

```
for (Button b : keyPad)
    System.out.println(b);
```

試著存取超出陣列範圍的元素會產生 ArrayIndexOutOfBoundsException，這是 RuntimeException 型別，如果開發人員預期會發生 RuntimeException，就可以採用第六章介紹的方式，在程式中自行捕捉處理或忽略。以下是用 Java 的 try/catch 語法包覆這類可能會發生問題程式碼的例子：

```
String [] states = new String [50];

try {
    states[0] = "California";
    states[1] = "Oregon";
    ...
    states[50] = "McDonald's Land";  // 錯誤：超出陣列邊界
}
catch ( ArrayIndexOutOfBoundsException err ) {
    System.out.println( "Handled error: " + err.getMessage() );
}
```

經常會需要將陣列裡某個範圍的元素複製到另一個陣列，其中一個複製陣列的方式是使用 System class 提供的低階 arraycopy() 方法：

```
System.arraycopy( source, sourceStart, destination, destStart, length );
```

以下範例將先前範例中的 names 陣列放大一倍：

```
String [] tmpVar = new String [ 2 * names.length ];
System.arraycopy( names, 0, tmpVar, 0, names.length );
names = tmpVar;
```

names 兩倍大的新陣列配置完成後指派給暫存變數 tmpVar，接著使用 arraycopy() 方法將 names 的元素複製到新陣列，最後將新陣列指派給 names。如果在 names 複製後沒有其他參考指向原先的舊陣列物件，就會在下個循環被垃圾收集。

比較簡單的方式是使用 java.util.Arrays 的 copyOf() 與 copyOfRange() 方法：

```
byte [] bar = new byte[] { 1, 2, 3, 4, 5 };

byte [] barCopy = Arrays.copyOf( bar, bar.length );
    // { 1, 2, 3, 4, 5 }
byte [] expanded = Arrays.copyOf( bar, bar.length+2 );
    // { 1, 2, 3, 4, 5, 0, 0 }

byte [] firstThree = Arrays.copyOfRange( bar, 0, 3 );
    // { 1, 2, 3 }
byte [] lastThree = Arrays.copyOfRange( bar, 2, bar.length );
    // { 3, 4, 5 }
byte [] lastThreePlusTwo = Arrays.copyOfRange( bar, 2, bar.length+2 );
    // { 3, 4, 5, 0, 0 }
```

copyOf() 方法需要來源陣列與目標長度，如果目標長度比原始陣列長度還長，新的陣列最後就會（用 0 或 null）補到想要的長度。copyOfRange() 需要起始索引（包含）與結束索引（不含）以及想要的長度，同樣也會在需要的時候在結尾補齊。

匿名陣列

通常，建立「拋棄式」陣列（就是只用一次、不會在其他地方再次使用的陣列）會很方便，這樣的陣列因為不會在其他程式裡再次使用，所以也不需要有名字，例如，程式也許需要為了某些方法的參數建立物件的集合，建立一般有名稱的陣列十分容易，但要是你實際上並不需要用到這個陣列（如果只是用來存放一些集合），就不應該這麼做，Java 簡化了建立「匿名」（anonymous，也就是沒有名字）陣列的步驟。

假設想要呼叫名為 setPets() 的方法，而這個方法需要 Animal 物件的集合作為引數，又假設 Cat 與 Dog 是 Animal 的子類別，以下是使用匿名陣列呼叫 setPets() 的方法：

```
Dog pokey = new Dog ("gray");
Cat boojum = new Cat ("grey");
Cat simon = new Cat ("orange");
setPets ( new Animal [] { pokey, boojum, simon });
```

語法看起來很像是變數宣告裡初始化陣列的部分，程式自動定義了陣列的大小並使用大括號內的物件作為陣列裡的元素，但因為這不是變數宣告，必須明確的使用 new 運算子與陣列型別才能建立陣列物件。

匿名陣列有時被用來取代方法的變動長度引數列，C 語言程式設計師也許會比較熟悉，變動長度引數列能夠將任意數量的資料傳入方法，例如計算一連串數字的平均值就是個例子，可以把所有的數字放進陣列，或是讓方法可以接受一、二、三或許多數字作為引數。隨著 Java 加入了變動長度引數列的支援[6]，使用匿名陣列的用處也愈來愈少了。

多維陣列

Java 用陣列型別物件的陣列這樣的型式支援多維陣列，你可以使用類似 C 語言的語法建立多維陣列，使用多組大括號對，每對代表一個維度；也可以使用相同的語法存取陣列中各個位置的元素。以下是代表棋盤（chessboard）的多維陣列：

```
ChessPiece [][] chessBoard;
chessBoard = new ChessPiece [8][8];
chessBoard[0][0] = new ChessPiece.Rook;
```

6　有興趣的讀者可以看看 Oracle 針對這個主題的技術文件（*https://oreil.ly/zNSWs*），也可以搜尋簡稱「varargs」。

```
chessBoard[1][0] = new ChessPiece.Pawn;
...
```

這裡的 chessBoard 宣告為 ChessPiece[][] 的變數（也就是 ChessPiece 陣列的陣列），這個宣告同樣會自動宣告 ChessPiece[]，範例示範了 new 運算子用在建立多維陣列的新型式，會先建立 ChessPiece[] 物件的陣列，接著再將陣列中的每個元素建立為 ChessPiece 陣列的物件，接著用 chessBoard 索引指定各個 ChessPiece 元素（暫時先不管顏色）。

當然，你也可以建立超過二維的陣列，以下是有點不實際的例子：

```
Color [][][] rgbCube = new Color [256][256][256];
rgbCube[0][0][0] = Color.black;
rgbCube[255][255][0] = Color.yellow;
...
```

我們可以對多維陣列指定一部分的索引來取得維度較度的子陣列物件，舉例來說，chessBoard 變數是 ChessPiece[][] 型別，chessBoard[0] 是合法表示式，代表 chessBoard 的第一個元素，在 Java 裡就是 ChessPiece[] 型別，例如，可以一次填滿棋盤一列的資料：

```
ChessPiece [] homeRow =  {
    new ChessPiece("Rook"), new ChessPiece("Knight"),
    new ChessPiece("Bishop"), new ChessPiece("King"),
    new ChessPiece("Queen"), new ChessPiece("Bishop"),
    new ChessPiece("Knight"), new ChessPiece("Rook")
};

chessBoard[0] = homeRow;
```

我們不需要在一個 new 運算裡指定多維陣列的各維度的大小，new 運算子的語法允許程式保留一部分維度不指定，至少必須指定第一個維度（陣列最重要的維度）的大小，但剩下的較不重要的陣列維度大小就可以保留不作指定，待稍後再指派適當的陣列型別值。

我們可以利用這個技巧建立布林值的棋盤（但對真正的遊戲而言並不太夠用）：

```
boolean [][] checkerBoard;
checkerBoard = new boolean [8][];
```

程式宣告並建立了 checkerBoard，但它的元素，下一層的那八個 boolean[] 物件還是空的。舉例來說 checkerBoard[0] 還是 null 值，必須另行建立陣列指派給它，如下：

```
checkerBoard[0] = new boolean [8];
checkerBoard[1] = new boolean [8];
...
checkerBoard[7] = new boolean [8];
```

這兩段範例程式的效果等同於：

```
boolean [][] checkerBoard = new boolean [8][8];
```

保留陣列的某些維度不做指定的原因之一是可以儲存其他方法所回傳的陣列。

要特別注意，由於陣列的長度並不是型別的一部分， checkerBoard 裡的陣列並不一定都要有相同的長度，也就是多維陣列並不一定都是矩形。以下是個不完整（但完全符合 Java 語法）的棋盤：

```
checkerBoard[2] = new boolean [3];
checkerBoard[3] = new boolean [10];
```

以下程式建立並初始化了一個三角形的陣列：

```
int [][] triangle = new int [5][];
for (int i = 0; i < triangle.length; i++) {
    triangle[i] = new int [i + 1];
    for (int j = 0; j < i + 1; j++)
        triangle[i][j] = i + j;
}
```

型別與類別與陣列，天啊！

Java 有各式各樣的型別可以儲存資訊，每種都有各自解讀位元模式表示資訊的方式，隨著時間過去，讀者會對 int、double、char 與 String 等愈來愈熟悉，但先別急，這些基本的區塊正是 *jshell* 設計來協助人們探索的領域，陣列特別能從實驗中得到好處，可以試試不同的宣告技巧，驗證自己是否能夠掌握存取單維度與多維度陣列元素的技巧。

你也可以在 *jshell* 裡試試像 if 分支或 while 迴圈等簡單的流程控制指令，偶爾在輸入多行程式時需要多一些耐心，但像這樣的練習能夠幫助你將 Java 的細節刻在腦海裡，程式語言當然不像人類的語言那麼複雜，但仍然有許多相似性，你可以像學習英文（或本書的其他語言譯本）一樣學會 Java，即使沒辦法馬上理解所有的細節，也能夠感受到程式碼想要達到的效果。

Java 的某些部份就像陣列一樣，充滿許多小細節，先前提過陣列在 Java 語言裡是特別的陣列類別的實體，如果陣列有類別，那又是落在類別階層架構的哪個位置？彼此之間又有什麼關係？這些都是很好的問題，但在回答這些問題之前，必須要先對 Java 在物件導向方面有更多的認識，這也是下一章的主題，目前，先相信陣列能夠融入類別階層結構就行了。

第五章

Java 的物件

本章要進入 Java 的核心，探索語言在物件導向方面的特性，**物件導向式設計**（*object-oriented design*）指的是將應用程式拆解成一些自成一體的物件，讓各個物件協力完成應用程式目的的技術，目的是將問題拆解成一些較容易處理與維護的小問題，以物件為基礎的設計已經經過多年的驗證，而像 Java 這樣的物件導向式的程式語言為開發應用程式（從極小到極大）提供了穩固的基礎，Java 從基礎就設計為物件導向式語言，所有的 Java API 與函式庫都是以穩固的物件式設計模式所建立。

物件設計「方法」是能幫助開發人員將應用程式拆解成物件的一個系統或一組規則，通常，這表示將真實世界裡的實體與概念（有時也稱為「問題域」）映射成應用程式元件，許多方法都試著幫助開發人員將應用程式分解成可重複使用的物件，這些都是很好的原則，但問題在於良好的物件導向式設計比起科學，更貼近於藝術，雖然可以學會各種現有的設計方法，但沒有一個方法能夠適用於所有的情況，事實在於經驗是無可取代。

本書並不想將讀者引導到特定的方法論，市面上已經有許多相關的書籍[1]，而是提供一些常識級的建議，幫助讀者踏出第一步。

1 一旦對基本的物件導向概念有些經驗後，可以考慮閱讀 Erich Gamma 等人合著的《物件導向設計模式－可再利用物件導向軟體之要素》（Addison-Wesley，中譯本天瓏出版），這本書列出了幾個經過多年驗證、有用的物件導向式設計，Java API 的設計也使用了其中的許多模式。

類別

類別（class）是 Java 應用程式的建構基礎區塊，類別包含了方法（函式）、變數、初始化程式以及稍後會提到的其他類別。對於更複雜的概念，會用多個類別分別描述概念的不同部份，再將這些類別放在同一個**套件**（*package*）當中，**套件**有助於組織更大的專案（每個類別都會屬於某個套件，即使是我們看過最簡單的範例也是如此）。**介面**（*interface*）能夠描述不同類別之間共同的特性，類別可以透過擴展（extend）建立與其他程式的關係，也可以透過實作（implement）建立與介面的關係。圖 5-1 以很密集的方式描繪出了這樣的關係。

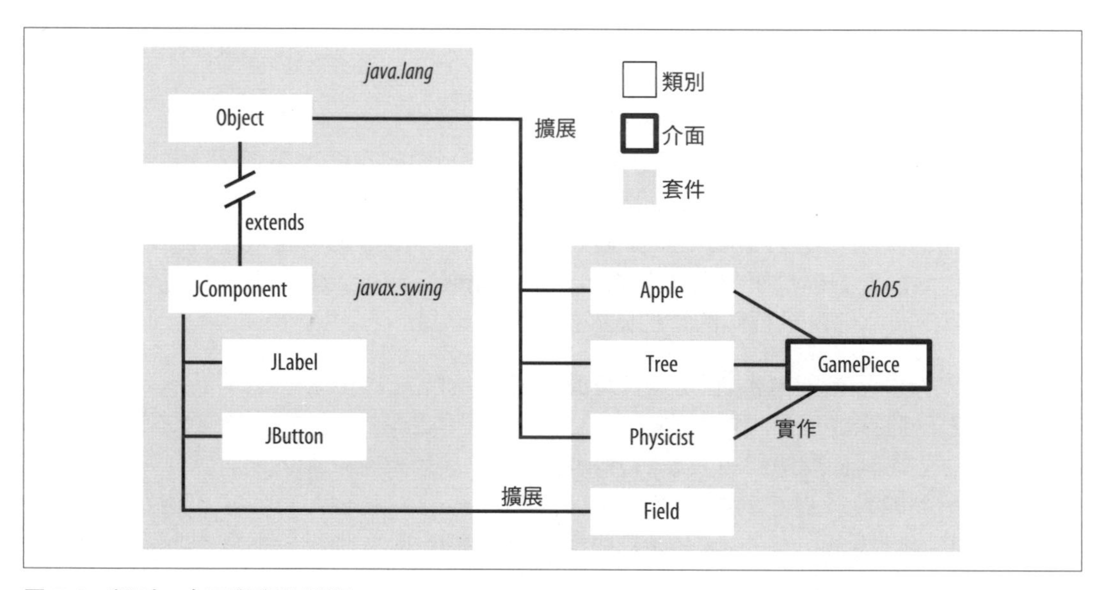

圖 5-1　類別、介面與套件概觀

圖中的左上角可以看到 `Object` 類別，這是最基礎的類別，也是 Java 其他類別的中心，它屬於 Java 核心套件 `java.lang` 的一部分。Java 也有圖形 UI 元素的套件，稱為 `javax.swing`，在圖形 UI 套件裡，`JComponent` 類別定義了所有圖形介面（如視窗框、按鈕與畫布）的底層、共通屬性，例如 `JLabel` 類別就**擴展**了 `JComponent` 類別，這表示 `JLabel` 繼承了 `JComponent` 的細節，又加上專屬於標籤的東西，你可能會注意到 `JComponent` 自己又擴展了 `Object`，或著說最終會回溯到 `Object`，為了簡化，圖中省略了中間的類別與套件。

我們也可以自行定義類別與套件，右下角的 ch05 就是我們自行定義的套件，其中包含了我們的遊戲類別如 Apple 與 Field。可以看到 GamePiece 介面包含了一些所有遊戲元件需要的共通元素，Apple、Tree 與 Physicist 類別都實作了這個介面（在這個遊戲裡，Field 是呈現其他遊戲元件的地方，但它自己並不是個遊戲元件，請注意它**沒有**實作 GamePiece 介面）。

本章接下來會深入各個概念，並提供更多相關的例子，重要的是像第 68 頁的〈試試 Java〉小節介紹的，自行利用 *jshell* 工具試試這些範例，這將有助於理解這些新概念。

宣告與初始化類別

類別是建立**實體**（*instance*）的藍圖，實體就是實作了類別結構的執行期物件（個別副本），程式設計師透過 class 關鍵字與自選的名稱宣告類別，例如，本書的範例遊戲允許物理學家對樹丟蘋果，這句話裡的每個名詞都是類別的好標的，每個類別會加入變數儲存其細節與其他有用的資訊，而方法則用來描述程式可以對該類別實體做的操作。

先從蘋果類別開始，依（強！）慣例，類別名稱是以大寫字母開始，「Apple」就是個很好的名字，我們不會馬上把遊戲蘋果需要知道的一切都加到類別裡，只先加入一些元素，示範類別、變數與方法一起使用的樣子。

```
package ch05;

class Apple {
    float mass;
    float diameter = 1.0f;
    int x, y;

    boolean isTouching(Apple other) {
        ...
    }
    ...
}
```

Apple 類別有四個變數：mass、diameter、x 與 y，同時也定義了名為 isTouching() 的方法，這個方法需要另一個 Apple 作為引數，並傳回 boolean 值的結果。變數與方法宣告可以用任何順序，但變數初始子不能「向前參考」其他出現宣告在後面程式碼的變數（以上述程式而言，diameter 變數可以用 mass 值協助計算初始值，但 mass 不能用 diameter 變數做相同的事）。一旦定義了 Apple 類別，就可以用以下的方式建立 Apple 物件（類別的實體）：

```
Apple a1;
a1 = new Apple();

// 或只用一行程式
Apple a2 = new Apple();
```

再次提醒，宣告 a1 變數時並沒有建立 Apple 物件，只是建立一個參考到 Apple 型別物件的變數，程式仍然需要像第二行程式一樣，用 new 關鍵字建立物件；但也可以像 a2 變數一樣把兩個步驟結合到同一行程式裡，當然，檯面下仍然會發生兩個獨立的動作，有時候把宣告與初始化合併似乎會比較容易閱讀。

建立 Apple 物件之後，就可以存取它的變數與方法，就像第四章裡的許多範例，或是第 38 頁〈HelloJava〉的圖形介面程式一般。雖然不是太令人興奮，但現在可以建立另一個類別 PrintAppleDetails，這個類別是個完整的程式，會建立 Apple 實體並印出其細節：

```
package ch05;

public class PrintAppleDetails {
    public static void main(String args[]) {
        Apple a1 = new Apple();
        System.out.println("Apple a1:");
        System.out.println("  mass: " + a1.mass);
        System.out.println("  diameter: " + a1.diameter);
        System.out.println("  position: (" + a1.x + ", " + a1.y +")");
    }
}
```

如果讀者編譯並執行這個程式，就會在終端機或 IDE 的終端視窗看到如下的輸出：

```
Apple a1:
  mass: 0.0
  diameter: 1.0
  position: (0, 0)
```

但是，為什麼沒有質量（mass）？如果回頭看看 Apple 類別的變數宣告，會看到我們只初始化了 diameter，其他所有的變數因為都是數值型別，會得到 Java 指派的預設值 0（快速回顧，boolean 變數會預設為 false，參考型別則預設為 null），我們還想讓蘋果更有趣些，接下來就看看如何提供其他有趣的部份。

存取欄位與方法

一旦你取得物件的參考，就可以透過點號使用與存取它的變數及方法，如先前第四章介紹的方式。接下來我們會建立新的 PrintAppleDetails 類別，提供 a1 實體更多的質量與位置，並印出新的明細：

```
package ch05;

public class PrintAppleDetails2 {
    public static void main(String args[]) {
        Apple a1 = new Apple();
        System.out.println("Apple a1:");
        System.out.println("  mass: " + a1.mass);
        System.out.println("  diameter: " + a1.diameter);
        System.out.println("  position: (" + a1.x + ", " + a1.y +")");
        // 填入資訊到 a1
        a1.mass = 10.0f;
        a1.x = 20;
        a1.y = 42;
        System.out.println("Updated a1:");
        System.out.println("  mass: " + a1.mass);
        System.out.println("  diameter: " + a1.diameter);
        System.out.println("  position: (" + a1.x + ", " + a1.y +")");
    }
}
```

新的輸出如下：

```
Apple a1:
  mass: 0.0
  diameter: 1.0
  position: (0, 0)
Updated a1:
  mass: 10.0
  diameter: 1.0
  position: (20, 42)
```

太棒了！ a1 看起來好多了，回頭再看看程式碼，重複了三行印出物件細節的程式碼，像這樣的重複正是適合**方法**（*method*）登場的時候，方法讓程式在類別內「做事」，稍後在第 128 頁的〈方法〉一節會有更詳細的介紹，可以提供這些列印指令，改善 Apple 類別：

```
public class Apple {
    float mass;
    float diameter = 1.0f;
    int x, y;

    // ...

    public void printDetails() {
        System.out.println("  mass: " + mass);
        System.out.println("  diameter: " + diameter);
        System.out.println("  position: (" + x + ", " + y +")");
    }

    // ...
}
```

重新放置細節指令之後，就可以讓 `PrintAppleDetails3` 比先前的版本更加簡單明瞭：

```
package ch05;

public class PrintAppleDetails3 {
    public static void main(String args[]) {
        Apple a1 = new Apple();
        System.out.println("Apple a1:");
        a1.printDetails();
        // 填入資訊到 a1
        a1.mass = 10.0f;
        a1.x = 20;
        a1.y = 42;
        System.out.println("Updated a1:");
        a1.printDetails();
    }
}
```

仔細看看剛加入 `Apple` 類別的 `printDetails()` 方法，在類別內部，程式可以直接用名稱存取類別的變數與呼叫類別的方法，例如 `printDetails()` 就直接使用 `mass` 與 `diameter` 這樣簡單的名字。也可以考慮在填入 `inTouching()` 方法的內容時，不需要加上特別的字首，直接使用自己的 `x`、`y` 坐標，但存取其他蘋果的坐標的時候，就需要加上點號。以下是其中一種實作方式，使用了一些數學（第 236 頁的〈java.lang.Math 類別〉一節會介紹更多細節）函式以及先前在第 96 頁的〈if/else 條件〉一節介紹過的 `if/else` 指令：

```
// File: ch05/Apple.java

public boolean isTouching(Apple other) {
    double xdiff = x - other.x;
    double ydiff = y - other.y;
    double distance = Math.sqrt(xdiff * xdiff + ydiff * ydiff);
    if (distance < diameter / 2 + other.diameter / 2) {
        return true;
    } else {
        return false;
    }
}
```

接下來再補上遊戲需要的另一塊拼圖——建立 Field 類別，這個 class 會用到一些 Apple 物件，它會建立實體作為成員變數，並在 setupApples() 與 detectCollision() 方法裡操作這些物件、呼叫 Apple 的方法以及透過 a1 與 a2 參考存取物件的變數，關係如圖 5-2。

```
package ch05;

public class Field {
    Apple a1 = new Apple();
    Apple a2 = new Apple();

    public void setupApples() {
        a1.diameter = 3.0f;
        a1.mass = 5.0f;
        a1.x = 20;
        a1.y = 40;
        a2.diameter = 8.0f;
        a2.mass = 10.0f;
        a2.x = 70;
        a2.y = 200;
    }

    public void detectCollisions() {
        if (a1.isTouching(a2)) {
            System.out.println("Collision detected!");
        } else {
            System.out.println("Apples are not touching.");
        }
    }
}
```

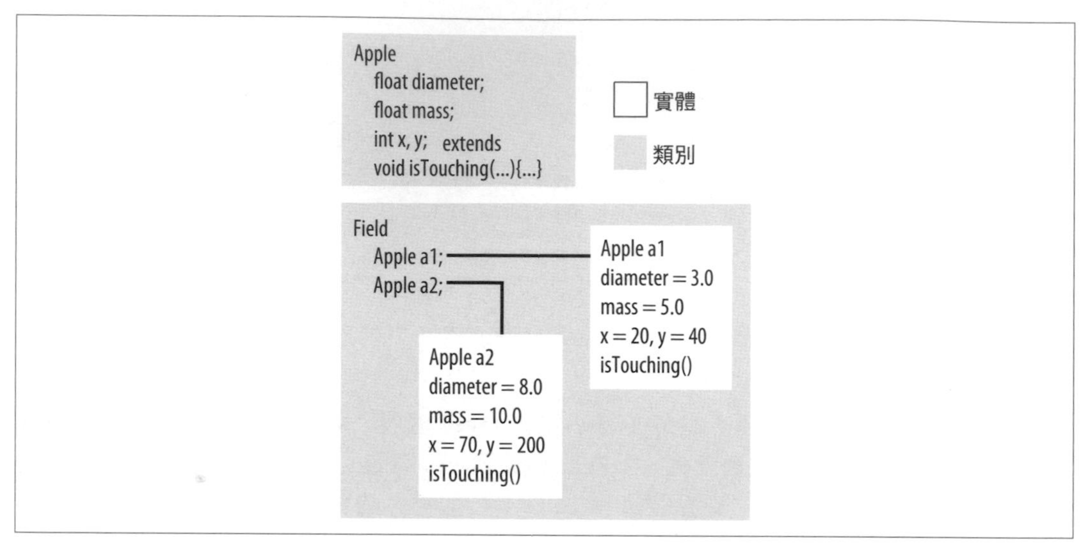

圖 5-2 Apple class 的實體

為了證明 Field 能夠存取 Apple 的變數，以下是新一版的 PrintAppleDetails4：

```
package ch05;

public class PrintAppleDetails4 {
    public static void main(String args[]) {
        Field f = new Field();
        f.setupApples();
        System.out.println("Apple a1:");
        f.a1.printDetails();
        System.out.println("Apple a2:");
        f.a2.printDetails();
        f.detectCollisions();
    }
}
```

執行後會看到很熟悉的蘋果資訊細節，再接著描述兩個蘋果是否有接觸：

```
% java PrintAppleDetails4
Apple a1:
  mass: 5.0
  diameter: 3.0
  position: (20, 40)
Apple a2:
  mass: 10.0
  diameter: 8.0
```

```
  position: (70, 200)
Apples are not touching.
```

很好，結果一如預期。在繼續往下讀之前，先試著改改蘋果的位置，讓兩個蘋果有接觸。

存取修飾子導言

有幾個因素會影響類別成員是否能被其他類別存取。程式裡可以透過可視範圍修飾子（visibility modifier）public、private 與 protected 控制存取，類別也可以放進套件，這也會影響可視範圍。例如 private 修飾子會讓變數或方法只能夠被類別自身的其他方法使用，在先前的例子裡，我們可以將 diameter 變數的宣告改為 private：

```
class Apple {
    ...
    private float diameter;
    ...
```

這麼一來，就不能在 Field 裡存取 diameter 了：

```
class Field {
    Apple a1 = new Apple();
    Apple a2 = new Apple();
    ...
    void setupApples() {
        a1.diameter = 3.0f; // 編譯期錯誤
        ...
        a2.diameter = 8.0f; // 編譯期錯誤
        ...
    }
    ...
}
```

如果還是需要在某些功能裡存取 diameter，我們通常會在 Apple class 加上公開的 getDiameter() 與 setDiameter() 方法：

```
public class Apple {
    private float diameter = 1.0f;
    ...

    public void setDiameter(float newDiameter) {
        diameter = newDiameter;
    }

    public float getDiameter() {
        return diameter;
```

```
    }

    ...
}
```

建立這樣的方法是很好的設計準則，能夠保留後續改變型別或數值行為的彈性。本章稍後會繼續討論套件、存取修飾子以及它們對變數方法可見性的影響。

static 方法

先前提過，實體變數與方法會連結到類別的特定實體，也必須透過實體存取（也就是必須如先前範例中的 a1 或 f 等特定的物件），相反的，以 static 修飾子宣告的成員則存在類別，由該類別的所有實體共享。以 static 修飾子宣告的變數稱為**靜態變數**（*static variable*）或**類別變數**（*class variable*），這類的方法則稱為**靜態方法**（*static method*）或**類別方法**（*class method*）。程式的任何地方都可以存取靜態成員，經常用來作為旗標或識別字，我們可以在 Apple 範例中加上靜態變數，儲存重力加速度值，以便於稍後為遊戲增加動畫效果時，計算蘋果丟出後的軌跡之用：

```
class Apple {
    ...
    static float gravAccel = 9.8f;
    ...
```

新增加的 float 變數 gravAccel 宣告為 static，表示它是連結到類別而不是個別實體的變數，如果改變它的數值（不論是直接或透過任何 Apple 實體），所有 Apple 物件使用的數值都會改變，如圖 5-3。

靜態成員可以如實體成員一般的存取，在 Apple 類別內部，可以像其他變數一般的使用 gravAccel：

```
class Apple {
    ...
    float getWeight () {
        return mass * gravAccel;
    }
    ...
}
```

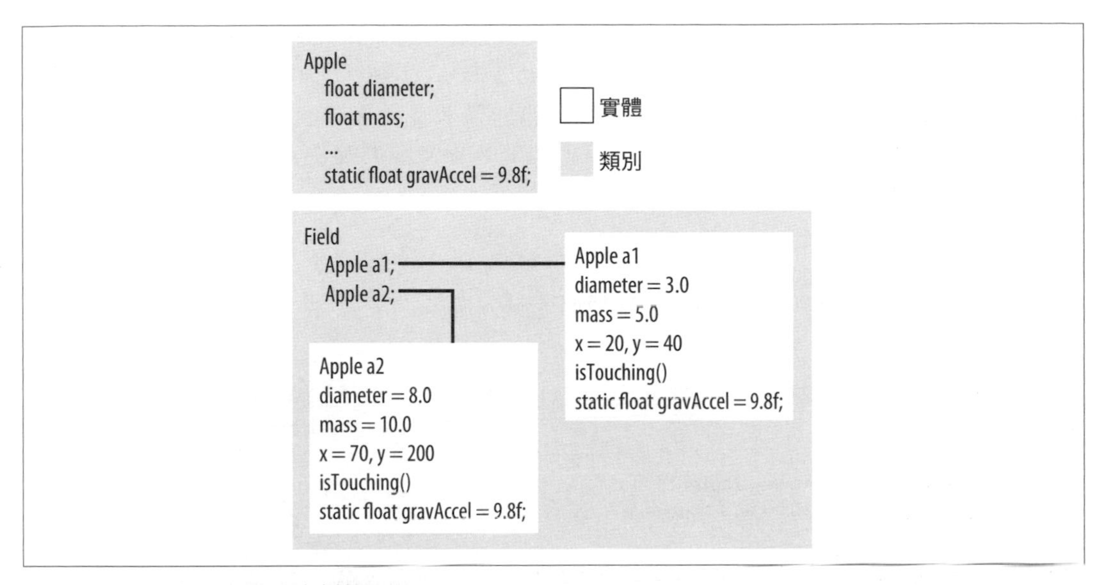

圖 5-3　class 所有實體共享靜態變數

由於靜態成員存在於類別本身，獨立於任何實體之外，我們也可以直接透過類別存取靜態成員。例如，要是想在火星上丟蘋果，我們不需要 a1 或 a2 等 Apple 物件才能夠取得或設定 gravAccel，可以直接使用類別取得變數：

```
Apple.gravAccel = 3.7;
```

如此一來，所有的實體都可以看到改變後的 gravAccel 值，我們不需要手動設定每個 Apple 實體在火星上掉落。靜態變數適用於任何執行期間類別間共享的資料，例如，你可以建立一個註冊物件實體的方法，讓各實體間能夠互相溝通或是追蹤所有建立的物件。靜態變數也很常用來定義常數值，這種情況下會將 static 修飾子與 final 修飾子一同使用，因此，如果我們只在意蘋果受地球重力影響時的效果，可以把 Apple 修改如下：

```
class Apple {
    ...
    static final float EARTH_ACCEL = 9.8f;
    ...
```

程式依循一般慣例，用全大寫字母與底線（如果名稱包含兩個以上的單字）作為常數名稱。EARTH_ACCEL 是個常數，可以透過 Apple 或其實體存取，但數值不會在執行期改變。

static 與 final 的組合只應用於真正固定不變的情況，編譯器能夠將這些數值內嵌到參考到它們的類別當中，也就是一旦改變了 static final 變數，你可能就需要重新編譯所有使用到該類別的程式碼（這實際上是 Java 唯一需要重新編譯所有程式碼的情況）。靜態成員也常用於建構實體所需的數值，我們可能會對先前的範例宣告一些代表不同大小 Apple 物件的靜態數值：

```
class Apple {
    ...
    static int SMALL = 0, MEDIUM = 1, LARGE = 2;
    ...
```

接著就可以在方法裡使用這些數值設定 Apple 的大小，或是使用稍後會介紹的特殊建構子：

```
Apple typicalApple = new Apple();
typicalApple.setSize( Apple.MEDIUM );
```

同樣的，在 Apple 類別內部也可以直接使用靜態成員，不需要在前面加上 Apple：

```
class Apple {
    ...
    void resetEverything() {
        setSize ( MEDIUM );
        ...
    }
    ...
}
```

方法

到目前為止的範例類別都還十分簡單，程式保有一些資訊（蘋果有質量，場地上有幾個蘋果等），也提到了讓這些 class 做點事情的想法，例如各個版本的 PrintAppleDetails 類別在執行程式時都有一系列的步驟。我們也曾經簡單提到，這些步驟在 Java 裡都會合併到方法之內，對於 PrintAppleDetails 的情況指的就是 main() 方法。

所有需要一連串步驟或決策的地方，都需要使用方法，除了在 Apple 類別存放如 mass 與 diameter 等資訊之外，我們也加入了一些包含動作與邏輯的程式碼。方法對類別來說十分基礎，甚至在正式介紹之前就已經用了很多次了（請回想 ·下 Apple 的 printDetails() 方法或 Field 的 setupApples() 方法）。先前提過的方法都能夠簡單的從程式碼裡看到它們的作用，但除了印出幾個變數或計算距離之外，方法還可以做很多其他的事。方法內可以有區域變數以及在呼叫時會被執行的 Java 指令，方法可以回傳傳回值給呼叫者，一定要指定回傳型別，回傳型別可以是基本型別、參考型別或表示沒有回傳值的 void 型別，方法可以傳入引數，呼叫者呼叫方法時必須同時指定所有引數的數值。

以下是簡單的例子：

```
class Bird {
    int xPos, yPos;

    double fly ( int x, int y ) {
        double distance = Math.sqrt( x*x + y*y );
        flap( distance );
        xPos = x;
        yPos = y;
        return distance;
    }
    ...
}
```

這個例子裡 Bird 類別定義了一個 fly() 方法，需要傳入 x 與 y 個整數引數，會使用 return 關鍵字傳回 double 型別的數值作為結果。

這個方法的引數數量是固定的（兩個），但方法也可以有**變動長度引數列**（*variable-length argument lists*），表示方法可以接受任何數量的引數，等到執行期間再確認實際的引數數量[2]。

區域變數

fly() 方法宣告了一個 distance 區域變數，用來計算掉落的距離。區域變數是暫時性的變數，只存在於自己所在的方法範圍（區域）內。區域變數在方法被呼叫時配置，通常會隨著方法結束而消滅，並只能在方法內部參照，如果方法平行在不同執行緒裡執行，每個執行緒會有自己版本的方法區域變數，方法的引數在方法的範圍內也是作為區域變數使用，唯一的差異在於引數的初始化時機是在呼叫者傳入方法的時候。

方法結束後，在方法內建立並指派給區域變數的物件可能會也可能不會存續，在第 142 頁的〈物件解構〉一節會更詳細說明，這取決於是否仍有其他參考參考到物件，如果物件建立、指派給區域變數後，沒有在其他任何地方被使用，那麼當區域變數從範圍內消

2 本書不會深入討論這類引數列，有興趣的讀者可以自行在網路上搜尋程式設計師用的術語「varargs」，就可以找到很多值得一讀的文章。

失時，物件也就不再被參考使用，垃圾收集（第 142 頁的〈垃圾收集〉一節會詳細說明）會移除該物件，然而，如果將物件指派給其他物件的實體變數、作為引數傳入另一個方或法是作為傳回值傳出方法，就會有其他變數參考到相同的物件。

遮蔽

如果區域變數或方法引數與某個實體變數有相同的名稱，區域變數在方法的範圍內會**遮蔽**（*shadow*）或隱藏實體變數的名稱，這似乎是很奇怪的情況，但在實體變數使用常見或明顯的名稱時，十分容易發生。例如，我們可以在 `Apple` 類別裡加入 `move` 方法，這個方法會需要新的坐標值，告訴系統蘋果該放置的位置，最簡單的選擇就是用 `x` 與 `y` 作為坐標引數的名稱，但我們原先已經有名稱相同的實體變數了：

```
class Apple {
    int x, y;
    ...

    public void moveTo(int x, int y) {
        System.out.println("Moving apple to " + x + ", " + y);
        ...
    }
    ...
}
```

如果蘋果目前的位置是 (20, 40)，程式呼叫了 `moveTo(40, 50)`，請問 `println()` 會印出什麼數值？在 `moveTo()` 內部，`x` 與 `y` 的名稱代表的是有相同名稱的引數，所以輸出就會是：

```
Moving apple to 40, 50
```

如果無法取得 `x` 與 `y` 實體變數，該怎麼移動蘋果呢？結果是 Java 知道遮蔽，對這種情況提供了替代方案。

this 參考

需要明確表示目前的物件或是取用目前物件成員的時候，可以使用 `this` 這個特別的參考，`this` 會自動參考到目前的物件，一般在類別內使用不會誤解的實體變數名稱時並不需要使用 `this`；使用 `this` 能夠在實體變數被遮蔽時明確表示物件的實體變數，這是十分常見的技巧，可以節省許多想變數名稱的時間。以下是使用遮蔽變數的 `moveTo()` 方法：

```
class Apple {
    int x, y;
    ...
```

```
        public void moveTo(int x, int y) {
            System.out.println("Moving apple to " + x + ", " + y);
            this.x = x;
            if (y > diameter / 2) {
                this.y = y;
            } else {
                this.y = (int)(diameter / 2);
            }
        }
        ...
    }
```

這個例子裡，this.x 表示式參考了實體變數 x，將它的數值指派為區域變數 x，如果不加上 this 實體變數名稱就會被遮蔽。接著對 this.y 作相同的操作，但加上額外的保護，以確保我們不會把蘋果移動到地面之下。這個例子需要使用 this 的唯一原因在於範例裡所使用的引數名稱隱藏了實體變數，而程式需要參考到實體變數。你也可以在想要把「目前」所在物件傳入其他方法時使用 this 參考，就像第 50 頁的〈HelloJava 2：續集〉一節中圖形介面版本的「Hello Java」採用的做法。

靜態方法

靜態方法（static method，也稱為類別方法（class method））如同靜態變數，屬於類別而不是類別的個別實體。這是什麼意思？首先，靜態方法存在於任何實體之外，可以用類別名稱與方法名稱呼叫，不需要藉助任何物件。由於靜態方法沒有連結到特定的物件實體，因此它只能夠直接存取類別的其他靜態成員（靜態變數與其他靜態方法），無法直接看到任何實體變數或呼叫任何實體方法，因為這麼做我們就必須回答「對哪個實體？」。靜態方法可以從實體呼叫，語法上就像是實體方法，但重要的是它們可以單獨被使用。

isTouching() 方法就使用了一個靜態方法，Math.sqrt()，定義在 java.lang.Math 類別，第八章會更詳細介紹這個類別，目前的重點是要知道 Math 是個類別名稱，而不是 Math 物件的實體[3]。由於靜態方法可以在任何可以使用類別名稱的地方使用，更像是 C 語言式的函式，靜態方法特別適合作為工具方法，執行獨立於實體或是使用實體的工作，例如，對 Apple 類別可以用人類可識別的字串列舉出先前在第 121 頁的〈存取欄位與方法〉一節中加入的常數：

3 實際上 Math 類別完全無法建議實體，它只有靜態方法且沒有任何 public 建構子，呼叫 new Math() 會產生編譯器錯誤。

```
class Apple {
    ...
    public static String[] getAppleSizes() {
        // 傳回常數名稱
        // 名稱的索引應該與常數值一致
        return new String[] { "SMALL", "MEDIUM", "LARGE" };
    }
    ...
}
```

這裡定義了 **getAppleSizes()** 靜態方法，傳回的內容是表示蘋果尺寸大小的字串陣列，將這個方法宣告為靜態是因為所有的蘋果實體尺寸大小的字串都相同，需要的話，我們仍然可以在像實體方法一樣，在 **Apple** 實體內使用 **getAppleSizes()** 方法，接著我們可以修改（非靜態）**printDetails** 方法印出尺寸名稱，而不是實際的直徑，如：

```
public void printDetails() {
    System.out.println("  mass: " + mass);
    // 列出實際直徑：
    // System.out.println("  diameter: " + diamter);
    // 或是人類可識別的近似說明
    String niceNames[] = getAppleSizes();
    if (diameter < 5.0f) {
        System.out.println(niceNames[SMALL]);
    } else if (diameter < 10.0f) {
        System.out.println(niceNames[MEDIUM]);
    } else {
        System.out.println(niceNames[LARGE]);
    }
    System.out.println("  position: (" + x + ", " + y +")");
}
```

但我們也可以從其他類別透過 **Apple** 類別名稱與點號呼叫，例如，最早的 **PrintAppleDetails** 類別可以使用類似的邏輯，使用靜態方法與靜態變數印出摘要說明，程式如下：

```
public class PrintAppleDetails {
    public static void main(String args[]) {
        String niceNames[] = Apple.getAppleSizes();
        Apple a1 = new Apple();
        System.out.println("Apple a1:");
        System.out.println("  mass: " + a1.mass);
        System.out.println("  diameter: " + a1.diameter);
        System.out.println("  position: (" + a1.x + ", " + a1.y +")");
        if (a1.diameter < 5.0f) {
            System.out.println("This is a " + niceNames[Apple.SMALL] + " apple.");
        } else if (a1.diameter < 10.0f) {
            System.out.println("This is a " + niceNames[Apple.MEDIUM] + " apple.");
```

```
            } else {
                System.out.println("This is a " + niceNames[Apple.LARGE] + " apple.");
            }
        }
    }
```

這就有了可靠的 Apple 類別實際 a1，實體本身並不需要維護蘋果大小名稱的列表，請注意，我們的程式在建立 a1 **之前**就將列表載入了 niceNames，但輸出結果與先前完全相同：

```
Apple a1:
  mass: 0.0
  diameter: 1.0
  position: (0, 0)
This is a SMALL apple.
```

靜態方法在許多設計模式裡扮演了重要的角色，例如將 new 方法縮限到類別的某個稱為**工廠方法**（*factory method*）的靜態方法，稍後在第 139 頁的〈建構子〉一節會更詳細討論物件的建構。工廠方法沒有固定的命名慣例，但通常會類似這樣的型式：

```
Apple bigApple = Apple.createApple(Apple.LARGE);
```

我們還沒有寫過工廠方法，但讀者很可能在其他地方看到它們，尤其是在 Stack Overflow 等網站上找問題解答的時候。

初始化區域變數

不同於實體變數會在沒有明確初始化時有預設值，區域變數使用前一定要先初始化，未經初始化的區域變數會在初次使用時產生編譯時期錯誤：

```
int foo;

void myMethod() {
    int bar;

    foo += 1;  // 沒問題，foo 預設值為 0
    bar += 1;  // 編譯時期錯誤，bar 未初始化

    bar = 99;
    bar += 1;  // 現在可以正確計算
}
```

這並不表示區域變數必須在宣告時就一併初始化，而是在第一次參照時一定要是指派指令，更複雜的情況是在條件式裡指派：

```
void myMethod {
  int bar;
  if ( 條件判斷 ) {
    bar = 42;
    ...
  }
  bar += 1;    // 仍然會編譯時期錯誤，foo 仍有可能未經初始化
}
```

這個例子裡，只有在條件判斷為 true 時會初始化 bar。編譯器不會允許開發人員這麼做，所以會把 bar 的使用標記為錯誤。有幾種方式可以修正這個錯誤，我們可以先用初始值初始化變數，或是把使用邏輯移到條件式裡面，依據應用程式的特性，還可以利用其他方式確保不會產生未初始化變數的執行路徑，例如，我們可以確保在 if 與 else 兩個分支都有指派 bar 的值，或是直接從方法回傳：

```
void myMethod {
    int bar;
    ...
    if ( 條件判斷 ) {
        bar = 42;
        ...
    } else {
        return;
    }
    bar += 1;  // ok!
    ...
}
```

如此一來，就不會以未初始化的狀態到達 bar 的使用位置，編譯器就會允許在條件式後使用 bar 變數。

為什麼 Java 對區域變數要求這麼多？ C 或 C++ 等程式語言裡最常見也最難察覺的錯誤來源就是未初始化區域變數，所以 Java 試著處理這個問題。

引數傳遞與參考

在第四章開頭曾經說明了傳值（透過複製）的基礎型別以及傳參考的物件，現在我們有能力處理 Java 方法了，可以看一下以下的例子：

```
void myMethod( int j, SomeKindOfObject o ) {
    ...
}

// 使用方法
```

```
int i = 0;
SomeKindOfObject obj = new SomeKindOfObject();
myMethod( i, obj );
```

呼叫 myMethod() 的程式碼傳入了兩個引數，第一個引數 i 是傳值，在呼叫方法時，i 的值會複製到方法的參數（成為方法的區域變數）j，如果方法改變了 j 的值，只會改變區域變數的複本。

同樣的，obj 的參考的複本會放進 myMethod() 的參考變數 o，兩個參考都參照到同一個物件，所以透過參考做的任何變動都會影響到實際（同一個）物件實體，例如改變了 o.size 的值，那麼 o.size（在 myMethod() 內）以及 obj.size（在呼叫端）都會看到變化。然而，要是 myMethod() 改變了參考 o 本身（指向其他物件），就只會影響它的區域變數參考，並不會影響呼叫端的 obj 變數，obj 變數仍然會指向原先的物件。從概念上看來，傳參考比較類似 C 語言的傳指標而不是 C++ 的傳參考。

如果 myMethod() 需要修改呼叫端方法的 obj 參考（也就是讓 obj 指向其他物）該怎麼做？最簡單的方法是把 obj 包到其他物件裡，例如，可以將物件包成只有一個元素的陣列：

```
SomeKindOfObject [] wrapper = new SomeKindOfObject [] { obj };
```

如此一來，所有的人都可以用 wrapper[0] 參考到物件，也有能力改變參考本身。這種做法看起來並不漂亮，但示範了需要的就是增加更多層的間接處理。

this 的另一種可能的用法是參考到呼叫端物件，這種情況下，呼叫端物件就會作為參考的外覆，以下是能夠實作鏈結串列的程式碼：

```
class Element {
    public Element nextElement;

    void addToList( List list ) {
        list.insertElement( this );
    }
}

class List {
    void insertElement( Element element ) {
        ...
        element.nextElement = getFirstElement();
        setFirstElement(element);
    }
}
```

鏈結串列裡的每個元素都有個指向下一個元素的參考，在以上的程式碼裡，Element 類別代表單一個元素，包含了將自己加進串列的方法。List 類別本身包含能夠把任何 Element 加入串列的方法，addToList() 方法用 this（當然是個 Element）作為引數呼叫 insertElement() 方法，insertElement() 能夠用傳入的 this 參考修改 Element 的 nextElement 實體變數，接著再更新串列的頭端，相同的技巧可以搭配介面，對任何的方法呼叫實作出回呼（callbak）結構。

基本型別的外覆

在第四章曾經提過，Java 世界在類別型別（也就是物件）與基本型別（也就是數值、文字與布林值）間存在裂縫，Java 是為了效率作了這樣的妥協。在處理數字時，會想要無負擔的計算，用物件作為基本型別會增加效能最佳化的複雜度。對於需要把數值視為物件的情況，Java 為每個基本型別都提供了標準的外覆類別，如表 5-1。

表 5-1　基本型別外覆

基本型別	外覆
void	java.lang.Void
boolean	java.lang.Boolean
char	java.lang.Character
byte	java.lang.Byte
short	java.lang.Short
int	java.lang.Integer
long	java.lang.Long
float	java.lang.Float
double	java.lang.Double

每個外覆類別的實體都封裝了對應型別的一個數值，這是個不能變動（immutable）物件，作為持有數值的容器，供程式後續使用。程式可以從基本數值或是 String 表示的數值建立出外覆物件，以下指令會有相同的結果：

```
Float pi = new Float( 3.14 );
Float pi = new Float( "3.14" );
```

字串剖析錯誤時，外覆建構子會拋出 NumberFormatException。

每個數值型別的外覆都實作了 java.lang.Number 介面，這個介面提供了「value」方法，能夠以所有的基本型式取得實際數值。你可以透過 doubleValue()、floatValue()、longValue()、intValue()、shortValue() 以及 byteValue() 等方法取得常量值：

```
Double size = new Double ( 32.76 );

double d = size.doubleValue();     // 32.76
float f = size.floatValue();       // 32.76
long l = size.longValue();         // 32
int i = size.intValue();           // 32
```

這段程式等同於將基本的 double 值轉型為各個型別。

最常見需要使用外覆的情況是想要把基本數值傳入需要物件的方法，例如在第七章會介紹的 Java Collections API，這是一組能夠處理物件群組的成熟類別，包含串列、集合與映射（map）。Collections API 處理物件型別，所以將基本數值放入容器時需要加上外覆，下一節會看到 Java 將外覆步驟基元化的方法，目前先自行手動處理。我們可以看到 List 是個 Object 的可擴充集合，程式可以透過外覆將數值（以及其他物件）放入 List：

```
// 簡單的 Java 程式
List myNumbers = new ArrayList();
Integer thirtyThree = new Integer( 33 );
myNumbers.add( thirtyThree );
```

這段程式建立了 Integer 外覆物件以便於使用只接受物件的 add() 方法，將數值加入 List 當中，稍後從 List 取出元素時，可以用以下的方式回復 int：

```
// 簡單的 Java 程式
Integer theNumber = (Integer)myNumbers.get(0);
int n = theNumber.intValue();           // 33
```

先前曾提過 Java 能夠自動幫我們完成這些步驟（稱為「自動裝箱」），讓程式更簡潔也更安全。編譯器為程式設計師隱藏了大多數外覆類別的使用，但內部運作仍然是透過外覆類別：

```
// 使用 autoboxing 與泛型的 Java 程式
List<Integer> myNumbers = new ArrayList<Integer>();
myNumbers.add( 33 );
int n = myNumbers.get( 0 );
```

稍後會看到更多泛型的介紹。

方法過載

方法過載（*method overloading*）是能夠在類別裡定義多個相同名稱方法的能力，呼叫方法時，編譯器會依據傳入方法的引數挑出正確的方法，這表示過載方法必須要用不同數量或型別的方法（在第 153 頁的〈覆寫方法〉一節將介紹**方法覆寫**，方法覆寫需要在子類別宣告簽章完全相同的方法）。

方法過載（也稱為**特定多型**（*ad hoc polymorphism*）是強大又方便的特性，其概念是建立對不同型別引數有相同型別的方法，造成單一方法能夠適用於許多型別引數的假象，標準 PrintStream 類別的 print() 方法就是使用方法過載很好的例子，讀者可能會想到，可以用以下的方式印出幾乎所有東西的字串表示：

```
System.out.println( 引數 )
```

out 變數是（PrintStream）物件的參考，定義了九種不過「過載」版本的 print() 方法，分別使用了以下的型別：Object、String、char[]、char、int、long、float、double 以及 boolean：

```
class PrintStream {
    void print( Object arg ) { ... }
    void print( String arg ) { ... }
    void print( char [] arg ) { ... }
    ...
}
```

程式可以用這些型別作為呼叫 print() 方法的引數，都會以適當的方式印出結果，在沒有方法過載的程式語言裡，這需要更麻煩的做法，例如列印不同型別的物件的方法要有不同的名稱，這時候，程式設計師就必須自己知道對各個資料型別該呼叫的方法。

先前的例子裡 print() 被過載為能夠支援兩個參考型別：Object 與 String，要是用其他參考型別呼叫 print() 會發生什麼事？例如，用 Date 物件？沒有完全相符的型別時，編譯器會尋找可接受、**可指派**的型別，由於 Date 與其他類別一樣，都是 Object 的子類別，Date 物件就可以指派給 Object 型別的變數，因此就有了可接受的對應，會使用 Object 引數的方法。

那麼，要是有兩個以上的方法相符呢？例如，要是想要印出字串文字 "Hi there" 呢？這段文字可指派給 String（因為它是個 String）也可以指派給 Object，這種情況下由編譯器決定哪個相符的情況「較佳」就選擇那個方法，以這個例子就是 String 方法。

從直覺上的解釋是 String 類別在繼承階層裡更「接近」於文字 "Hi there"，這是**更明確**（*more specific*）的相符，稍稍精確一點的說明是，若第一個方法的引數型別全都可以指派給第二個方法的引數型別，則我們可以說這個方法比另一個方法更加明確。上述的例子因為 String 型別可以指派給 Object 型別，所以 String 方法更為明確，相反方向則不成立。

細心的讀者會注意到，前面提到編譯器會解析過載方法，方法過載並不是在執行期發生。這是很重要的差別，這表示在編譯時期就會決定，一旦決定了方法，必須重新編譯才能夠改變決定，即使包含被呼叫方法的類別作了調整、增加更明確的過載方法也是一樣。這點與**覆寫**（*overridden*）方法不同，覆寫發生在執行期，即使在呼叫端的類別被編譯時還不存在也可以在執行期發現。實務上，其中的差異大都與開發人員無關，因為你很可能會同時重新編譯所有的類別，本章稍後會再討論方法覆寫。

物件建立

Java 物件是配置在系統「堆積」（heap）記憶體空間，但與其他程式語言不同的是，程式設計師無法自行管理記憶體。Java 為程式設計師管理記憶體的配置與釋放，使用 new 運算子建立物件時，Java 會為物件配置記憶體，更重要的是，垃圾收集會自動移除不再被參考到的物件。

建構子

物件是由 new 運算子透過**建構子**（*constructor*）配置，建構子是個特別的方法，與類別有相同的名字而且不能有傳回型別。建立新類別實體時會呼叫建構子，讓類別能夠設定物件供後續使用。建構子與一般方法一樣能夠接受引數，也可以過載（但不能像其他方法一樣被繼承）。

```
class Date {
    long time;

    Date() {
        time = currentTime();
    }

    Date( String date ) {
        time = parseDate( date );
    }
    ...
}
```

這個例子裡 Date 類別有兩個建構子。第一個建構子不需要引數，被稱為**預設建構子**（*default constructor*），預設建構子有著特殊的地位，如果程式沒有為類別定義任何建構子，Java 會自動產生一個空的預設建構子，當程式呼叫沒有任引數的建構子建立物件時，呼叫的就是預設建構子。範例中實作了預設建構子，呼叫虛擬的 currentTime() 方法設定 time 實體變數，類似於真正 java.util.Date 類別的功能，第二個建構子需要一個 String 引數，預設 String 是個代表時間的字串，剖析後能夠設定 time 變數的值。依據上例的兩個建構子，程式可以用以下的方式建立 Date 物件：

```
Date now = new Date();
Date christmas = new Date("Dec 25, 2020");
```

Java 會在編譯時期，依據選擇過載方法的規則挑選適當的建構子。

如果程式稍後移除了對某個配置物件的所有參考，物件就會被垃圾收集，這部分我們稍後討論。

```
christmas = null;          // 可以被垃圾收集的標的
```

將參考設定為 null 代表這個參考不再指向 "Dec 25, 2020" 日期物件，將 christmas 變數設定為其他任何值也會有相同的效果，除非還有其他變數參考到原先的日期物件，該物件現在就可以被垃圾收集，這並不是建議你將參考設為 null 好讓數值被垃圾收集，通常這個過程會在區域變數離開生存範圍時自動發生，但被實體變數參考到的項目就會跟（透過參考）物件一同存續，而靜態變數則會永遠存活著。

還有一些注意事項：建構子不能被宣告為 abstract、synchronized 或 final（稍後會定義其他的名詞），但宣告建構子時可以像一般方法一樣加上可見範圍修飾子 public、private 或 protected 控制可存取性，下一章會更詳細的介紹可見修飾子。

使用過載建構子

建構子可以透過特別型式的 this 與 super 參考參照到相同類別與直接上層類別的其他建構子，我們會先討論第一種情況，等到討論建立子類別與繼承時再回顧上層類別建構子。建構子可以使用代表自行方法的 this() 呼叫其他的過載建構子，並透過適當的引數選擇想要的建構子，如果建構子呼叫其他建構子，**必須要是第一個指令**：

```
class Car {
    String model;
    int doors;

    Car( String model, int doors ) {
        this.model = model;
        this.doors = doors;
```

```
        // 其他複雜的設定
        ...
    }

    Car( String model ) {
        this( model, 4 /* 門 */ );
    }
    ...
}
```

這個例子裡 Car 類別有兩個建構子，第一個比較詳細的建構子需要指定車輛的型號與門的數量，第二個建構子只接受型號引數，但會用預設的四門呼叫第一個建構子；這種做法的優點是可以用一個建構子完成所有的複雜設定，其他的輔助建構子只需要用適當引數呼叫真正的建構子就行了。

特別的 this() 呼叫一定要是委派建構子的第一個指令，語法上有這樣的限制是為了在呼叫建構子時能夠有明確的命令鏈，在命令鏈的最後，Java 會呼叫上層類別的建構子（如果程式沒有明確呼叫）確保繼承來的成員在使用前都經過適當的初始化。

在命令鏈裡的某個位置，呼叫完上層類別建構子之後，要開始初始化目前類別的實體變數的時候，在這個位置之前，不能夠參考自己類別裡的任何實體變數，在介紹繼承時會再次詳細說明這個情況的完整細節。

目前讀者只需要知道自己只能在建構子的第一個指令呼叫另一個建構子（將工作委派出去）。以下是不符合語法的程式，會產生編譯期錯誤：

```
Car( String m ) {
    int doors = determineDoors();
    this( m, doors );   // 錯誤，呼叫建構子一定要是第一個指令
}
```

只需要模型名稱的簡單建構子在呼叫另一個更詳細的建構子之前，不能做任何額外的設定，甚至不能參考實體變數的常數值：

```
class Car {
    ...
    final int default_doors = 4;
    ...

    Car( String m ) {
        this( m, default_doors ); // 錯誤：參考了未初始化的變數
    }
    ...
}
```

實體變數 defaultDoors 必須等到建構子呼叫鏈設定完物件之後才會初始完成，所以編譯器還不能允許存取。幸好我們可以透過靜態變數取代實體變數來解決這個問題：

```
class Car {
    ...
    static final int DEFAULT_DOORS = 4;
    ...

    Car( String m ) {
        this( m, DEFAULT_DOORS );  // Okay!
    }
    ...
}
```

類別的靜態成員是在類別初次載入虛擬機器時就初始完畢，可以安全地在建構子裡使用。

物件解構

看完了建立物件的程序，該是討論物件解構的時候了。有 C 或 C++ 程式設計經驗的讀者，應該都有過花費大量時間尋找程式碼記憶體洩漏的經驗，Java 為開發人員處理了物件的解構，不需要擔心傳統的記憶體洩漏，可以專注在更重要的程式設計工作上[4]。

垃圾收集

Java 使用稱為**垃圾收集**（*garbage collection*）的技術移除不再需要的物件，垃圾收集是 Java 的死神，在背後徘徊，跟隨著物件並等待它們殞落，它會尋找並監視著物件，定期計算指向每個物件的參考，看看物件的時候到了沒有，當所有指向某個物件的參考都消失時，就沒有辦法再存取到這個物件，垃圾收集機制會將物件宣告為**無法到達**（*unreachable*），將它所使用的空間歸還給資源池，無法到達的物件就是指應用程式無法以任何「存活」參考的組合到達的物件。

有許多不同的垃圾收集演算法；Java 虛擬機器架構並沒有限制特定的做法，但值得介紹一些 Java 使用的演算法。在一開始，Java 使用「標記後移除」（mark and sweep）的技巧，這個技巧會先遍歷所有可存取的物件參考，將物件標記為存活，接著搜尋堆積，找尋還沒有被標記的物件。在這個做法裡，Java 是透過堆積上以特別方式儲存的物件，以及識別子（handle）的特殊簽章位元找到物件（這些簽章位元很不容易自然出現）；這種

4 仍然可能寫出永遠持有物件的 Java 程式碼，會耗費愈來愈多的記憶體，這實際上並不算是洩漏，而是累積記憶體，一般只要使用正確的工具與技巧，就會比較容易找到問題的源頭。

方法並不會受循環參考影響，循環參考是指因為物件間彼此互相參考，即使在物件死亡後也會持續存活的狀態（Java 會自動處理這個問題），但這個做法的速度並不快，而且會造成程式暫停，後續的實作就成熟得多了。

現代的 Java 垃圾收集器實際上是持續在執行，不會強制造成 Java 應用程式長時間的延遲。由於垃圾收集器屬於執行期系統的一部分，也可以做到一些靜態分析做不到的事，Sun 的 Java 實作將記憶體堆積分成幾個不同的區域，分別放置不同預估壽命的物件，短期物件會放在堆積裡特別的位置，能夠大幅縮短回收物件的時間；有較長壽命的物件會移到另一個較穩定的區域。在最近的實作裡，垃圾收集器甚至能夠自我「調校」，依據應用程式實際效能改變堆積各區域的大小。Java 垃圾收集比起最初版本有著巨大的改善，這也是目前 Java 的執行速度與許多傳統程式語言相當的原因，這些程式語言大都將管理記憶體的重擔丟給程式設計師。

一般而言，開發人員不需要太在意垃圾收集的程序，但有個有助於偵錯的垃圾收集方法，可以透過 `System.gc()` 強制讓垃圾收集器清掃一次。這個方法完全受到實作影響，實際上可能什麼事也不做，但如果你想要在開始執行前確保 Java 清理過記憶體，就可以使用這個方法。

套件

即使是較簡單的範例，讀者可能也注意到用 Java 解決問題需要建立一些類別，先前的遊戲就有代表蘋果、物理學家與場地的類別，而比較複雜的應用程式或函式庫可能會有上百甚至上千個類別，這時候就需要其他組織的方法，Java 為此提供了**套件**（*pacakge*）的概念。

回顧在第二章的 Hello World 範例，檔案的前幾行提供了許多程式碼位置的資訊：

```
import javax.swing.*;

public class HelloJava {
  public static void main( String[] args ) {
    JFrame frame = new JFrame("Hello, Java!");
    JLabel label = new JLabel("Hello, Java!", JLabel.CENTER );
    ...
```

我們以檔案裡的主要類別名稱作為檔案名稱，組織檔案的時候，大部分的人會直覺使用檔案夾組織檔案，基本上 Java 也是這麼做，套件與檔案夾名稱的對應關係就像是類別與檔案名稱的對應關係。舉例來說，如果去找 `HelloJava` 使用的 Swing 元件的 Java 程式碼，會先找到 javax 檔案夾，裡頭有個 swing 檔案夾，裡面才是 Jframe.java 與 JLabel.java 等檔案。

引用類別

Java 最強大的地方就是有著大量商用或開放源碼授權的輔助函式庫，需要輸出 PDF ？有現在的函式庫可用，需要匯入試算表？有現成的函式庫，需要打開網站主機地下室的智慧燈泡？同樣也有現成的函式庫，只要是電腦可以做到的事，你幾乎都可以找到對應的 Java 函式庫來幫助你寫出完成所需工作的程式碼。

引用個別類別

寫程式時常常會聽到「少即是多」這句格言，程式碼愈少愈容易維護，負擔愈少代表產出愈多等等（雖然在寫程式時會追求這個目標，但還是得提醒另外一句格言，也就是思想家愛因斯坦的：「萬物應盡可能地使其簡化，直至不過簡為止。」）如果只需要外部套件的一、兩個類別，可以只引用需要的類別，這能讓程式碼稍稍好讀一些（其他人能夠明確的知道要使用的類別）。

重新檢視上面的 HElloJava 程式碼，裡面引用了整個套件（下一節會介紹），但我們可以改成只引用需要的 class，讓程式更為明確：

```
import javax.swing.JFrame;
import javax.swing.JLabel;

public class HelloJava {
  public static void main( String[] args ) {
    JFrame frame = new JFrame("Hello, Java!");
    JLabel label = new JLabel("Hello, Java!", JLabel.CENTER );
    ...
```

這種引用型式在讀寫上當然比較冗長，但這也表示任何讀或編譯程式碼的人可以明確知道存在的相依性，許多 IDE 甚至提供了「Optimize Imports」功能，能夠自動找到需要的相依性，一個個列出來，一旦養成列出與閱讀 import 的習慣，你會發現這種做法在閱讀新（或早被遺忘）類別時有多大的幫助。

引用整個套件

當然，並不是每個套件都只會用到一兩個類別，Swing 套件（java.swing）同樣是個很好的例子。你在撰寫圖形桌面應用程式時，幾乎都一定會用到 Swing 以及其中的許多許多元件，你可以使用先前就用過的語法，一次引用套件裡的所有類別：

```
import javax.swing.*;

public class HelloJava {
  public static void main( String[] args ) {
    JFrame frame = new JFrame("Hello, Java!");
    JLabel label = new JLabel("Hello, Java!", JLabel.CENTER );
    ...
```

* 是引用類別時的萬用字元，這個版本的 `import` 指令告訴編譯器該套件裡的所有類別都可以使用，對於常用的 Java 套件常會以這種型式引用，如 AWT、Swing、Utils 與 I/O。同樣的，這個指令對所有套件都通用，但明確的引用也有其意義，能夠提高編譯時期效能以及程式碼的可讀性。

跳過 import 指令

使用其他套件的外部類別還有另一種選擇：完全不使用 import 指令。你可以直接在程式碼裡使用類別的全名，例如，`HelloJava` 類別使用了 `javax.swing` 套件的 `JFrame` 與 `JLabel` 類別，如果願意的話，我們可以只引用 `JLabel` 類別：

```
import javax.swing.JLabel;

public class HelloJava {
  public static void main( String[] args ) {
    javax.swing.JFrame frame = new javax.swing.JFrame("Hello, Java!");
    JLabel label = new JLabel("Hello, Java!", JLabel.CENTER );
    ...
```

建立視窗外框的那行程式似乎過度冗長，但對於有一長串 import 指令的較大類別裡，只用一次的狀況實際上能夠程式碼更易於閱讀，適合以這種全名使用的情境通常會直指檔案的核心，如果會使用多次，就會 `import` 了，這種型式的用法並不是強制要求，但在外頭偶爾會看到這樣的用法。

自行定義套件

隨著你繼續學習 Java、撰寫更多的程式碼與解決更大的問題，收集的類別也必然會愈來愈多，這時候你可以使用套件組織收集的類別，在程式裡用 `package` 關鍵字宣告自行定義的套件，如同本節一開始提過，然後將類別的檔案放在對應套件名稱的檔案夾結構裡。順帶一提，（依慣例）套件使用全小寫字母命名，並用句號分隔，就像圖形介面套件 `javax.swing`。

另一個廣為採用的套件命令慣例稱為「反轉域名」命名法。除了直接與 Java 有關的套件之外，第三方函式庫與其他程式碼通常會以公司或個人 email 的域名組織，例如 Mozilla 基金會貢獻了 Java 函式庫給開放源碼社群，大多數的函式庫與工具都組織在 Mozilla 的域名 *mozilla.org* 套件之下，當然是反轉後的型式：`org.mozilla`，這種反轉命名的方式帶來了方便（且刻意）的副作用，能夠限制最上層的資料夾數量，一般有一定規模的專案經常都只用到來自最上層域名是 `com` 與 `org` 的函式庫。

如果你想建立獨立於公司或合約工作之外的個人套件，可以使用自己的 email 並加以反轉，類似於公司的域名。貢獻程式碼到網路上的另一個常見的做法是使用代管供應的域名，例如 GitHub 代管了許多愛好者與熱心的人開發的 Java 專案。你可以建立名為 `com.github.myawesomeproject` 的 package 名稱，當然，其中的 myawesomeproject 要替換成讀者真正的專案名稱。要注意的是 GitHub 等網站上的儲存庫名稱通常會允許使用不能作為套件名稱的字元，例如專案名稱是 `my-awesome-project`，但破折號並不能作為 package 的名稱，通常為了建立合法的名稱會直接略過這些不可使用的字元。

讀者也許先看過本書後續的範例程式碼了，如果有的話，就會注意到範例程式碼都放在套件裡。雖然將類別組織為套件是個缺乏最佳實作、不甚清楚的主題，本書採取的方式是讓讀者在閱讀過程中能夠快速的找到對應的程式碼，對於某章裡的小範例，可以看到如 `ch05` 這樣的套件，如果是橫跨數章的範例，就使用 `game`，我們可以輕易地把最初的範例改寫成符合這個命名結構：

```
package ch02;

import javax.swing.*;

public class HelloJava {
  public static void main( String[] args ) {
    JFrame frame = new JFrame("Hello, Java!");
    JLabel label = new JLabel("Hello, Java!", JLabel.CENTER );
    ...
```

我們還需要建立檔案夾結構 *ch02*，接著把 *HelloJava.java* 檔放進 *ch02* 裡，然後就可以在最上層的檔案夾裡，從命令列編譯與執行範例程式，下命令時要使用檔案的完整路徑與 class 名稱，如：

```
%javac ch02/HelloJava.java
%java ch02.HelloJava
```

如果有使用 IDE，IDE 會代為處理這些套件相關的問題，你只需要建立與組織類別，接著找到主類別的位置就能夠執行應用程式了。

成員可見性與存取

先前曾經稍稍提過可以在宣告變數或方法時使用存取修飾子，將某個東西宣告為 public 表示所有人、從任何地方都能夠存取這個變數或呼叫這個方法。把一個東西宣告為 protected 表示任何子類別（subclass）都可以存取這個變數，呼叫這個方法或是覆寫這個方法以提供更適合子類別的其他行為。private 修飾子表示變數或方法只能夠被類別本身使用。

套件會影響宣告為 protected 的成員，除了能夠被任何子類別存取之外，這些成員也能夠被同一個套件裡的其他類別看見或覆寫。考慮圖 5-4 中自行定義的 mytools.text 套件裡的一些文字元件範例。

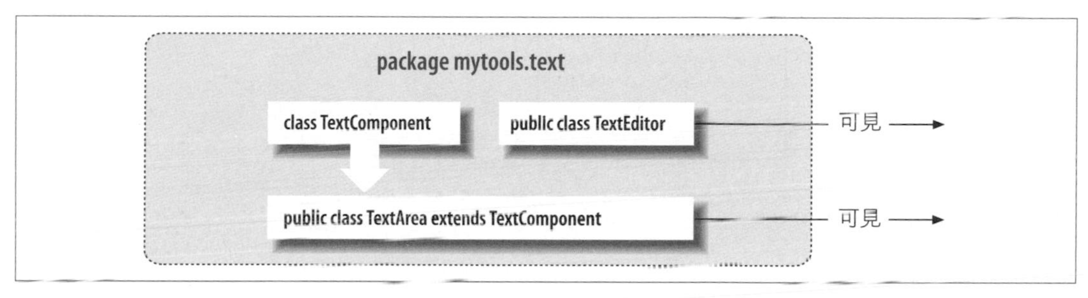

圖 5-4　package 與 class 可見性

TextComponent 類別沒有任何修飾子，所以是**預設**可見性或「套件私有」（package private）可見性，這表示**相同套件**的其他類別可以使用 TextComponent，但其他套件的類別則否。這種可視性適合於實作專屬或內部輔助用的類別，開發人員自己可以自由使用套件私有元素，但其他程式設計師則只能夠使用 public 或 protected 的元素。圖 5-5 更詳細的呈現了變數與方法等細節，描繪出與子類別及外部程式碼的關係。

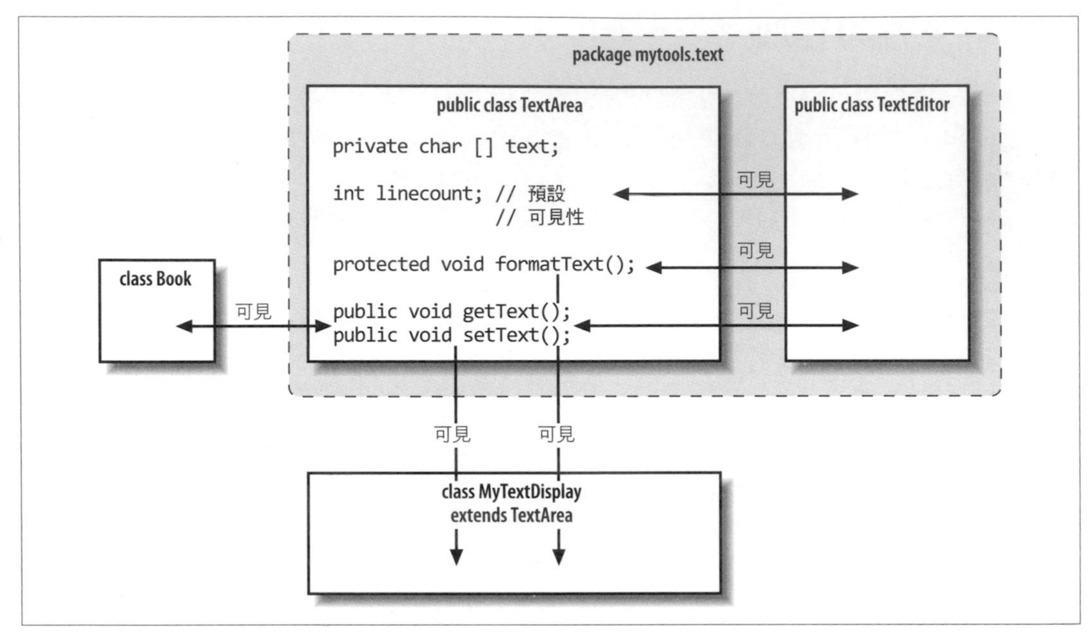

圖 5-5　package 與成員可見性

請注意，延伸 TextArea 類別提供了存取 public getText() 與 setText() 方法，也能夠使用 protected 的 formatText() 方法，但 MyTextDisplay（在第 150 頁的〈建立子類別與繼承〉一節會更詳細介紹建立子類別與 extends）並沒有辦法存取套件私有變數 linecount，而在 mytools.text 套件裡建立的 TextEditor 類別可以取得 linecount 變數，也可以使用 public 與 protected 的方法。內部用來儲存內容的 text 仍然是 private，除了 TextArea 自身之外都不能存取。

表 5-2 列出了 Java 提供的可見性層級，從最嚴格列到最寬鬆，因為方法與變數一定能夠被宣告的類別本身存取，因此表中就沒有列出這個層級。

表 5-2　可見性修飾子

修飾子	class 外的可見性
private	無
沒有修飾子（預設）	相同套件的類別
protected	相同套件的類別，以及相同或不同套件的子類別
public	所有的類別

編譯與套件

先前已經看過一些用類別全名編譯的簡單例子，如果讀者沒有使用 IDE，還有其他的選擇，例如，要是想要編譯特定套件裡的所有類別，可以執行以下指令：

```
% javac ch02/*.java
% java ch02.HelloJava
```

注意在商用應用程式中，為了避免名稱衝突，通常會有比較複雜的套件名稱，常見的做法是將公司的網路域名反轉，例如歐萊禮公司出版的本書，比較適合的完整套件名稱可能是 com.oreilly.learningjava5e，每章範例則是在這之下的子套件，在這樣的套件結構下，編譯與執行程式仍然十分簡單，只是有點繁瑣：

```
% javac com/oreilly/learningjava5e/ch02/*.java
% java com.oreilly.learningjava5e.ch02.HElloJava
```

javac 命令也能夠理解基本的類別相依性，如果主類別使用了一些在相同原始碼階層下的其他類別（即使分屬不同的套件），編譯主類別也會「選擇」其他相依的類別，一起編譯。

除了只使用少量類別的簡單程式之外，你實際上會更加依賴 IDE 或 Gradle 或 Maven 之類的建置管理工具，這些工具並不在本書介紹的範圍，但你能夠在網路上找到許多參考資料。Maven 特別適合管理擁有許多相依性的大型專案，請參看由 Maven 的創造者 Jason Van Zyl 與 Sonatype 團隊合著的《*Maven: The Definitive Guide*》（*https://oreil.ly/ya4DY*，歐萊禮出版），對這個流行的工具的功能與潛力有詳盡的介紹[5]。

進階類別設計

讀者可能還記得在第 50 頁的〈HelloJava2：續集〉一節裡將兩個類別放在同一個檔案，這種做法能簡化編譯過程，但類別間卻不會有特殊的存取權限，在考慮更加複雜的問題時，可會遇到需要更進階類別設計的情況，讓類別間有特別的存取權限對寫出可維護程式碼不只是方便，也十分重要。

5 Maven 對 Java 的相依性管理領域產生革命性的變革，甚至連其他 JVM 上的程式語言也受到影響，如 Gradle（*https://gradle.org*）等工具的成功也是建立在 Maven 成功的基礎之上。

建立子類別與繼承

Java 裡的類別都存在階層結構裡，可以使用 extends 關鍵字宣告為另一個類別的**子類別**，子類別**繼承**（*inherit*）了**父類別**（*superclass*）的變數與方法，可以像是宣告在自己本身一樣地使用繼承來的變數與方法：

```
class Animal {
    float weight;
    ...
    void eat() {
        ...
    }
    ...
}

class Mammal extends Animal {
    // 繼承 weight
    int heartRate;
    ...

    // 繼承 eat()
    void breathe() {
        ...
    }
}
```

這個例子裡，Mammal 型別的物件同時也具有 weight 變數與 eat() 方法，兩者都繼承自 Animal。

類別只能夠**擴展**（*extend*）一個類別，以正確的術語來說，Java 允許**單一繼承**（*single inheritance*）的類別實作。本章稍後會討論到介面，介面取代了其他程式語言裡**多重繼承**（*multiple inheritance*）的主要角色。

子類別可以進一步的建立子類別，一般而言，子類別透過增加變數或方法的方式特殊化或改良類別（不能透過建立子類別的方式移除或隱藏變數或方法），例如：

```
class Cat extends Mammal {
    // 繼承 weight 與 heartRate
    boolean longHair;
    ...

    // 繼承 eat() 與 breath()
    void purr() {
```

```
        ...
    }
}
```

Cat 類別是 Mammal 型別，也就是 Animal 型別，Cate 物件繼承了所有 Mammal 物件的特性，而 Mammal 物件也就是 Aniaml 物件；Cat 同時也以 purr() 方法與 longHair 變數提供額外的行為，可以將這些 class 間的關係以圖 5-6 的方式表示。

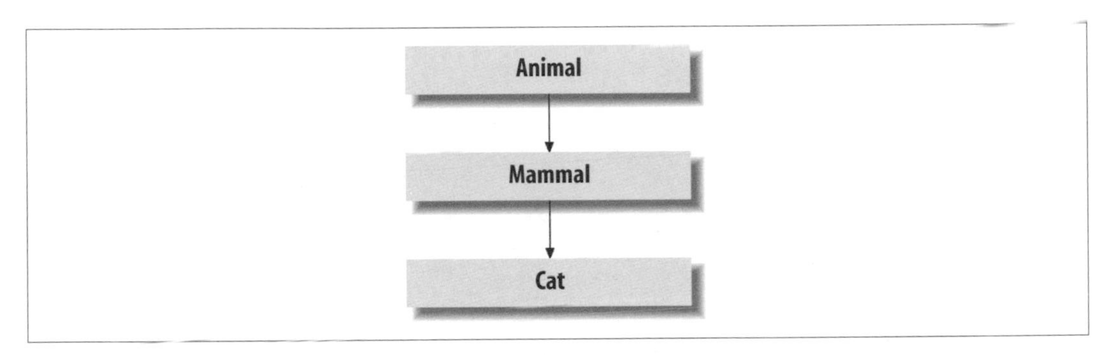

圖 5-6　class 階層結構

子類別繼承了父類別沒有標為 private 的所有成員，稍後會討論到其他的可見範圍影響了繼承而來的成員在類別外部與其子類別的可見性，但最低階度下，子類別永遠都與父類別有著相同的可見成員，因此，子類別的型別可以被視為是父類型別的子型別，子類別實體可以用在所有能夠使用父類別的場合，例如以下的範例：

```
Cat simon = new Cat();
Animal creature = simon;
```

範例中，因為 Cat 是 Animal 的子型別，Cat 實體 simon 就可以被指派給 Animal 型別的變數，同樣的，任何接受 Animal 物件的方法也都可以接受 Cat 實體或 Mammal 型別，這對 Java 等物件導向程式語言的多型十分重要，稍後我們會看到這個特質如何用來改善類別的型別，以及增加新的能力。

被遮蔽變數

先前看過相同名稱的區域變數會遮蔽（隱藏）同名的實體變數，同樣的，子類別的實體變數也會遮蔽父類別裡相同名稱的實體變數，如圖 5-7，為了完整說明以及為後續的進階主題作準備，接下來要詳細說明變數隱藏機制的細節，但實務上你永遠不該這麼做，比較好的方式是讓程式碼透過不同的名稱或命名慣例清楚的區別不同的變數。

在圖 5-7 裡，有三個地方宣告了 weight 變數：Mammal 類別的 foodConsumption() 方法裡的區域變數，Mammal 類別的實體變數，以及 Animal class 的實體變數。程式中 weight 實際使用的變數會取決於當時的可見範圍，以及程式所使用的限制子。

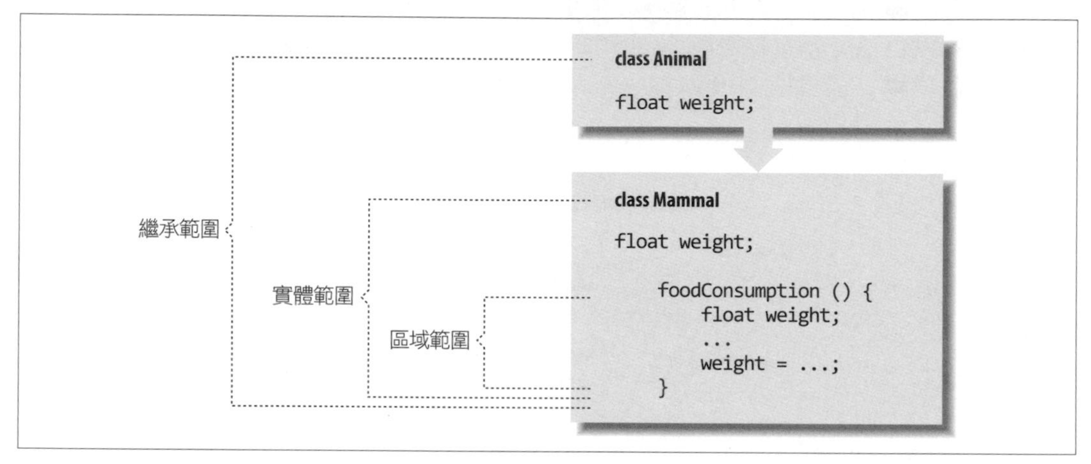

圖 5-7　被遮蔽變數的可見範圍

前面的例子裡，所有的變數都是相同型別，比較真實的遮蔽變數會包含型別不同的情況，例如，對於子類別需要小數而非整數的時候，可以用子類別的 double 變數遮蔽 int 變數，這麼做並不需要改變原有的程式碼，這個做法的名字已經說明了一切，遮蔽變數並不是取代原有的變數，而是遮蓋掉，子類別的所有方法都會看到新的版本，會在編譯時期決定各個變數看到的變數是哪一個。

以下是簡單的例子：

```
class IntegerCalculator {
    int sum;
    ...
}

class DecimalCalculator extends IntegerCalculator {
    double sum;
    ...
}
```

這個例子裡，將 sum 變數的型別從 int 改為 double 遮蔽了原有的變數[6]。IntegerCalculator 類別裡定義的方法看到的是整數變數的 sum，而 DecimalCalculator 裡定義的方法看到的則是浮點變數型別的 sum，但是在 DecimalCalculator 的實體裡，實際上兩個變數是同時存在，有不同的數值，DecimalCalculator 從 IntegerCalculator 繼承而來的所有方法看到的都是整數變數的 sum。

既然兩個變數都存在 DecimalCalculator，就需要有辦法參考到從 IntegerCalculator 繼承而來的變數，方法是用 super 作為變數的限定子：

```
int s = super.sum;
```

在 DecimalCalculator 內，以這種方式使用 super 關鍵字會選擇定義在父類別裡的 sum 變數，稍後我們會說明 super 的完整用法。

遮蔽變數的另一個重點在於程式使用親代型別參考物件時的運作方式，例如，我們可以透過 IntegerCalculator 型別的變數將 DecimalCalculator 物件視為 IntegerCalcualtor 參照，以這種方式存取 sum 變數時會得到整數變數而非小數變數：

```
DecimalCalculator dc = new DecimalCalculator();
IntegerCalculator ic = dc;

int s = ic.sum;        // 存取到 IntegerCalculator 的 sum
```

明確的轉型為 IntegerCalculator 型別、或是將實體傳入使用父型別的方法也會有相同的狀況。

再次重申，遮蔽變數的用途十分有限，比較好的方式是用其他方式抽離對變數的使用，而不是利用特殊的可見範圍規則。然而，在討論方法的遮蔽前需要先理解這個概念，當方法遮蔽了其他方式時，會看到不同且更動態的行為，以術語來說就是**覆寫**（*override*）其他方法。

覆寫方法

先前介紹了一個類別裡的過載方法（也就是相同名稱、但引數數量不同，或型別不同的方法），過載方法的選擇會依先前提過的方式，從類別內的所有方法選取（包含繼承而來的方法），這表示子類別可以在父類別提供的過載方法之外，定義其他額外的過載方法。

6 比較好的設計方式是有一個抽象（abstract）的 Calculator 類別與兩個子類別：IntegerClaculator 與 DecimalCalculator。

子類別還能做到更多，可以定義與父類別方法有**完全相同**的方法簽章（名稱與引數型別）的方法，這種情況下，子類別定義的方法就會**覆寫**父類別的方法，取代它的實作，如圖 5-8。透過過載方法改變物件行為的做法稱為**子型別多型**（*subtype polymorphism*），這也是大多數人提到物件導向程式語言的威力時會想到的用法。

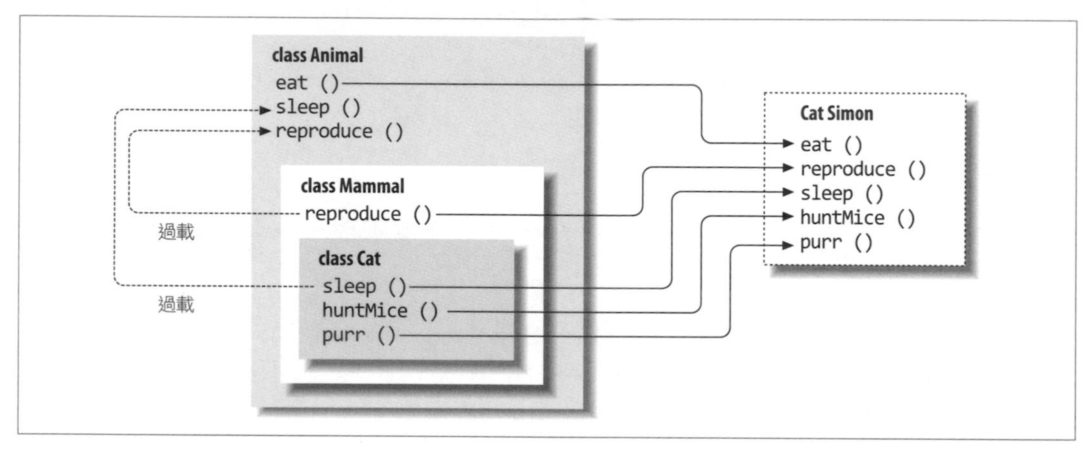

圖 5-8　方法過載

在圖 5-8 裡，`Mammal` 覆寫了 `Animal` 的 `reproduce()` 方法，也許是因為哺乳類會生出存活幼體的特性 [7]，`Cat` 物件的睡眠行為同樣覆寫了 `Animal` 更一般化的行為，也許是為了加上小睡，`Cat` 類別同時也加上呼嚕呼嚕叫與找老鼠等更獨特的行為。

依據到目前為止的說明可以看到，覆寫方法看起來也許像是遮蔽了父類別的方法，就像變數一樣，但覆寫方法實際上更加強大，當繼承階層裡的物件對一個方法有多個實作時，「最延伸」類別（在階層最下層）的方法總是會覆寫掉上層的方法，即使是使用父型別變數參考物件時，也同樣會使用最下層類別定義的版本 [8]。

例如，要是把 `Cat` 實體指派給更通用的 `Animal` 型別變數，然後呼叫 `sleep()` 方法，仍然會得到 `Cat` 類別實作的 `sleep()` 方法，而不是 `Animal` 定義的版本：

```
Cat simon = new Cat();
Animal creature = simon;
  ...
creature.sleep();        // 存取到 Cat 的 sleep()
```

7　鴨嘴獸是會生蛋的奇特哺乳類，可以為牠建立 `Mammal` 下特別的子類別，再次覆寫 `reproduce()` 的行為。

8　Java 覆寫方法的行為類似於 C++ 裡的 `virtual` 方法。

換句話說，從行為（呼叫方法）上來看，不論透過什麼方式參考，Cat 的行為就是 Cat，在其他方面 creature 變數的行為則像是 Animal 變數，就像先前的說明，透過 Animal 參考存取被遮蔽的變數會得到 Animal 類別實作的版本，而不是 Cat 類別的版本。但由於方法是**動態**（*dynamically*）定位且先從子類別開始搜尋，就會呼叫到 Cat 類別裡適當的方法，即使是視為更一般性的 Animal 物件也是相同。這表示物件**行為**是「動態」決定，我們可以將更特化的物件視為較一般性的型別，仍然可以得到較特化實作行為所帶來的好處。

介面

Java 透過**介面**擴充了抽象方法的概念。開發程式時經常會需要一組定義了物件特定行為的抽象方法，而這些方法並不需要有任何實作。Java 將這樣的做法稱為介面（interface），介面定義了一組類別需要實作的方法，Java 的類別只要實作了介面要求的所有方法，就可以宣告自己**實作**（*implements*）了該介面，不同於擴展抽象類別，實作特定介面的類別並不會從介面繼承到任何繼承階層結構的特殊位置，或被限制需要使用特定的實作方式。

介面有點類似童軍徽章，童軍只要學會建鳥屋，就能夠戴著有特殊圖案的銀色徽章到處走動，徽章告訴其他人「我知道怎麼蓋鳥屋」。同樣的，介面是定義了物件一組行為的方法列表，任何實作了介面列出所有方法的類別，都可以在編譯時期宣告自己實作了該介面，並像童軍一樣戴著介面作為額外的型別（介面的型別）。

介面型別（interface type）的行為如同類別型別（class type），你可以用介面型別宣告變數、將方法的引數宣告為介面型別，也可以將方法的傳回值宣告為介面型別，全都代表任何實作了指定介面（也就是戴了正確徽章）的物件都可以滿足要求，從這個角度來看，介面與類別階層互相正交，切過了物件種類的邊界，只處理物件能夠做到的事。類別可以實作任意多個介面，透過這樣的方法，Java 的介面取代了許多其他程式語言裡需要用到多重繼承（大都十分複雜）的狀況。

基本上介面看起來就像是完全抽象（abstract）的類別（也就是只有 abstract 方法的 class），程式用 interface 關鍵字定義介面，列出不含主體、只有原型（簽章）的方法：

```
interface Driveable {
    boolean startEngine();
    void stopEngine();
    float accelerate( float acc );
    boolean turn( Direction dir );
}
```

這段程式定義了 Driveable 的介面，包含了四個方法，定義介面中方法時可以加上 abstract 修飾子，但這不是必須的；不僅如此，介面裡的方法一定都會被視為 public，也可以在宣告時特別加上 public 修飾子。為什麼是 public？因為介面的目的是描述物件行為而非實作，要是使用其他可見範圍，介面的使用者就不一定能夠看到這些方法，也就無法達到介面的目的。

介面定義了能力，因此通常會從能力的角度為介面命名，例如 Driveable、Runnable 或 Updateable 都是很好的介面名稱。任何實作了所有方法的類別都可以在類別定義透過特別的 implements 語句，宣告自己實作了特定的介面，例如：

```
class Automobile implements Driveable {
    ...
    public boolean startEngine() {
        if ( notTooCold )
            engineRunning = true;
        ...
    }

    public void stopEngine() {
        engineRunning = false;
    }

    public float accelerate( float acc ) {
        ...
    }

    public boolean turn( Direction dir ) {
        ...
    }
    ...
}
```

這段程式裡 Automobile 實作了 Driveable 介面的方法，並使用 implements 關鍵字宣告自己是 Driveable 型別。

如圖 5-9，Lawnmower 等其他的類別也可以實作 Driveable 介面，圖中畫出了 Driveable 介面可以被兩個不同的類別實作，雖然 Automobile 與 Lawnmower 可能都繼承了一些交通工具的共通特性，但對範例中的情境而言並不一定是如此。

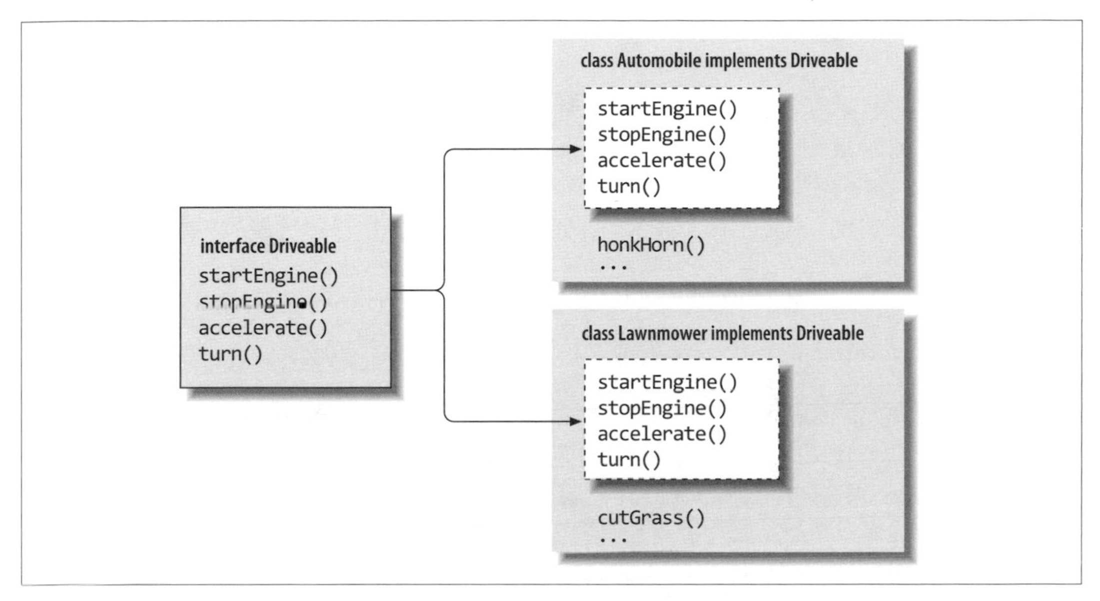

圖 5-9 實作 Driveable interface

宣告介面之後就有了新的型別 Driveable，我們可以將變數宣告為 Driveable 型別，指派任何 Driveable 物件的實體：

```
Automobile auto = new Automobile();
Lawnmower mower = new Lawnmower();
Driveable vehicle;

vehicle = auto;
vehicle.startEngine();
vehicle.stopEngine();

vehicle = mower;
vehicle.startEngine();
vehicle.stopEngine();
```

Automobile 與 Lawnmower 都實作了 Driveable，所以都可以被視為該型別的物件，互相替換。

內部類別

先前所提過的所有類別都是宣告在檔案與套件層的**最上層**、「獨立」的類別，但 Java 實際上可以在任何層級範圍宣告類別，包在任何大括號中（也就是幾乎所有可以使用 Java 指令的位置），這些**內部類別**（*inner class*）就像是變數一樣屬於另一個類別或方法，它們的可見性也受到相同的限制，內部類別是組織程式碼十分有用且優美的機制，它們的近親**匿名內部類別**（*anonymous inner class*）是更加強大的縮寫，彷彿能夠讓程式設計師在 Java 的靜態型別環境裡動態建立新型物件，Java 的匿名內部類別扮演了其他程式語言裡**閉包**（*closure*）的角色，能夠獨立於類別之外處理狀態與行為。

然而，當我們深入研究 Java 的匿名內部類別的運作方式時，會發現內部類別在美學上並不十分令人滿意，也不像表面上那麼的動態，內部類別只是單純的語法糖，VM 並沒有提供特別的支援，而是被編譯器對應為一般的 Java 類別，程式設計師可能從來不會發現這件事。你可以像其他語言結構一樣的使用內部類別，但應該要稍稍知道內部類別的運作方式，才能夠更了解編譯後的程式碼以及潛在的副作用。

內部類別基本上是巢狀類別，例如：

```
Class Animal {
    Class Brain {
        ...
    }
}
```

`Brain` 就是內部類別：它是宣告在 `Animal` 類別內部的類別，雖然其中的意義需要一些解釋，但我們可以說 Java 儘可能地將這代表的意義與在最上層的其他成員（方法與變數）一致，例如先在 `Animal` 類別加上新方法：

```
Class Animal {
    Class Brain {
        ...
    }
    void performBehavior() { ... }
}
```

內部類別 `Brain` 與 `performBehavior()` 方法都在 `Animal` 的相同範圍內，因此，在 `Animal` 內部可以直接透過名字參考 `Brain` 與 `performBehavior()`，在 `Animal` 內部可以呼叫 `Brain` 的建構子（`new Brain()`）建立 `Brain` 物件或是呼叫 `performBehavior()` 執行方法的功能，但在 `Animal` 類別之外，不加上額外的限定子就無法存取 `Brain` 或 `performBehavior()`。

在內部 Brain 類別的主體以及 performBehavior() 方法的主體中，可以直接存取 Animal 類別的其他方法與變數，所以，就像是 performBehavior() 方法可以使用 Brain 類別，建立 Brain 的實體，Brain 類別的方法也可以呼叫 Animal 類別的 performBehavior() 方法，以及使用其他宣告在 Animal 內的方法與變數。Brain 類別可以在自己的可見範圍「看到」 Animal 類別的所有方法與變數。

最後這點帶來重要的影響，在 Brain 內可以呼叫 performBehavior()，也就是從 Brain 實體內可以對 Animal 實體呼叫 performBehavior() 方法，那麼，是哪個 Animal 實體呢？如果有好幾個 Animal 物件（例如一些 Cat 與 Dog），就需要知道呼叫 performBehavior() 時的標的，這對定義在另一個類別定義「內部」的類別代表了什麼意義？答案是 Brain 物件總是會存活在某個 Animal 實體裡：它被建立時所在的實體，我們將擁有特定 Brain 實體的物件稱為它的**外圍實體**（*enclosing instance*）。

Brain 物件無法在外圍 Animal 物件之外獨自存在，它會與一個 Animal 實體緊密相連，雖然可以從任何地方（也就是其他類別）建立 Brain 物件，但 Brain 總是需要有個外圍 Animal 實體來「擁有」它本身。另外就是如果在 Animal 之外參考 Brain 時，它的行為就像是 Animal.Brain 類別。另一個與 performBehavior() 方法相同的是，修飾子也能夠限制 Brain 類別的可視範圍，所有的可見修飾子都可以適用，稍後也會再討論到，內部類別也可以宣告為 static。

匿名內部類別

接下來是最棒的部分了，一般而言，類別的封裝愈深、可見範圍的限制愈多，命名就愈自由。在先前的例子裡也可以看到這樣的現象，這不只是單純美學上的問題，命名是寫出具可讀性、可維護程式碼十分重要的部分，一般會使用最簡潔、最有意義的名字，這也使得我們儘可能避免對於只使用一次的物件命名。

匿名內部類別是對 new 語法的擴充，在建立匿名內部類別時會結合類別宣告與配置類別的實體，實際上就是在一個操作裡建立「拋棄式」類別與該類別的實體。程式在 new 關鍵字後指定類別或介面的名字，接著則是類別的主體，類別主體會成為擴展了指定類別的內部類別，如果指定的是介面，就會成為實作了介面的類別，接著建立這個類別唯一的實體作為傳回值傳回。

可以回顧第 50 頁的〈HelloJava2：續集〉一節裡的範例程式，程式裡建立了擴充 JComponent 並實作了 MouseMotionListener 介面的 HelloComponent2，仔細研究這個範例，我們會發現程式並沒有打算讓 HelloComponent2 回應來自其他元件的滑鼠動作，建立專門負責移動「Hello」標籤的匿名內部類別可能更為合適，由於 HelloComponent2 只是本書示範之用，我們可以將獨立的類別重構（一種常見的開發過程，最佳化或改善已經能夠運作的程式碼）成內部類別，我們現在已經對建構子與繼承有了更多的認識，可以讓類別擴充 `JFrame` 而不是在 `main` 方法裡建立 `JFrame`。

以下是重構後的結果 `HelloJava3`：

```
import java.awt.*;
import java.awt.event.*;
import javax.swing.*;

public class HelloJava3 extends JFrame {
    public static void main( String[] args ) {
        HelloJava3 demo = new HelloJava3();
        demo.setVisible( true );
    }

    public HelloJava3() {
        super( "HelloJava3" );
        add( new HelloComponent3("Hello, Inner Java!") );
        setDefaultCloseOperation( JFrame.EXIT_ON_CLOSE );
        setSize( 300, 300 );
    }

    class HelloComponent3 extends JComponent {
        String theMessage;
        int messageX = 125, messageY = 95; // 訊息位置

        public HelloComponent3( String message ) {
            theMessage = message;
            addMouseMotionListener(new MouseMotionListener() {
                public void mouseDragged(MouseEvent e) {
                    messageX = e.getX();
                    messageY = e.getY();
                    repaint();
                }

                public void mouseMoved(MouseEvent e) { }
            });
        }

        public void paintComponent( Graphics g ) {
            g.drawString( theMessage, messageX, messageY );
        }
    }
}
```

試著編譯與執行這個範例，應該與原先的 HelloJava2 有相同的行為。兩者間的差異在於重新組織的類別以及存取範圍（以及類別內的變數與方法）。

組織內容與為失敗作準備

類別是 Java 最重要的一個概念，是所有可執行程式、可攜函式庫或輔助工具的核心。本章介紹了類別的內容以及在大型專案中類別間的關係，讀者已更加了解以類別建立與消滅物件的過程，也看到內部類別（以及匿名內部類別）對寫出更易於維護程式碼的作用，在第九章執行緒以及第十章介紹 Swing 時，會看到更多內部類別的使用方式。

在讀者建立類別的時候，以下有幾點需要特別留意的準則：

- 儘可能隱藏實作，隱藏愈多愈好，不要暴露非絕對必要的物件內部資訊，這是建立具維護性、可重複使用程式碼的關鍵。除了常數之外，避免在物件裡使用公開變數，應該要定義設定與傳回數值的**存取子**（*accessor*）方法（即使只是簡單型別也要這麼做），之後在需要修改與擴充物行為時，才不會影響使用了你的類別的其他類別或程式碼。
- 只有在絕對必要時才特殊化物件（儘可能用**複合**（*composite*）取代**繼承**），當使用物件原有的型式作為新物件的一部分時就是使用複合物件，改變或調整物件行為（透過建立子類別）就是使用**繼承**。你應該儘可能地使用複合的方式重複使用物件，而非繼承，使用複合是完全利用原有工具的所有優點，繼承包含了破壞物件封裝，只有在真的能夠帶來好處時才使用。你應該自問是否真的需要繼承整個類別（是否真的是同一「種」物件？），或只需要在自己的類別裡包含其他類別的實體，將一部分工作委派給內含的物件。
- 儘可能減少物件間的關係，試著將相關物件組織到同一個套件裡，緊密合作的類別可以使用 Java 套件分組（參看圖 5-1），也能夠隱藏不需要完全公開的資訊，只暴露想要讓其他人使用的類別，物件間的耦合關係愈鬆散，就愈容易重複使用。

即使是小型專案也可以使用這些準則，*ch05* 範例目錄下就有為了丟蘋果遊戲建立的簡單版類別與介面，花些時間看看 Apple、Tree 與 Physicist 類別實作 GamePiece 介面的方式，每個類別都有 draw() 方法。注意 Field 擴充 JComponent，以及遊戲的主類別 AppleToss 擴充了 JFrame 的型式，讀者會看到各個部分一同呈現出像圖 5-10 這樣十分簡單的圖像，試著依先前在第 145 頁的〈自行定義套件〉一節中討論的步驟，自行編譯與執行 ch05.AppleToss 類別。

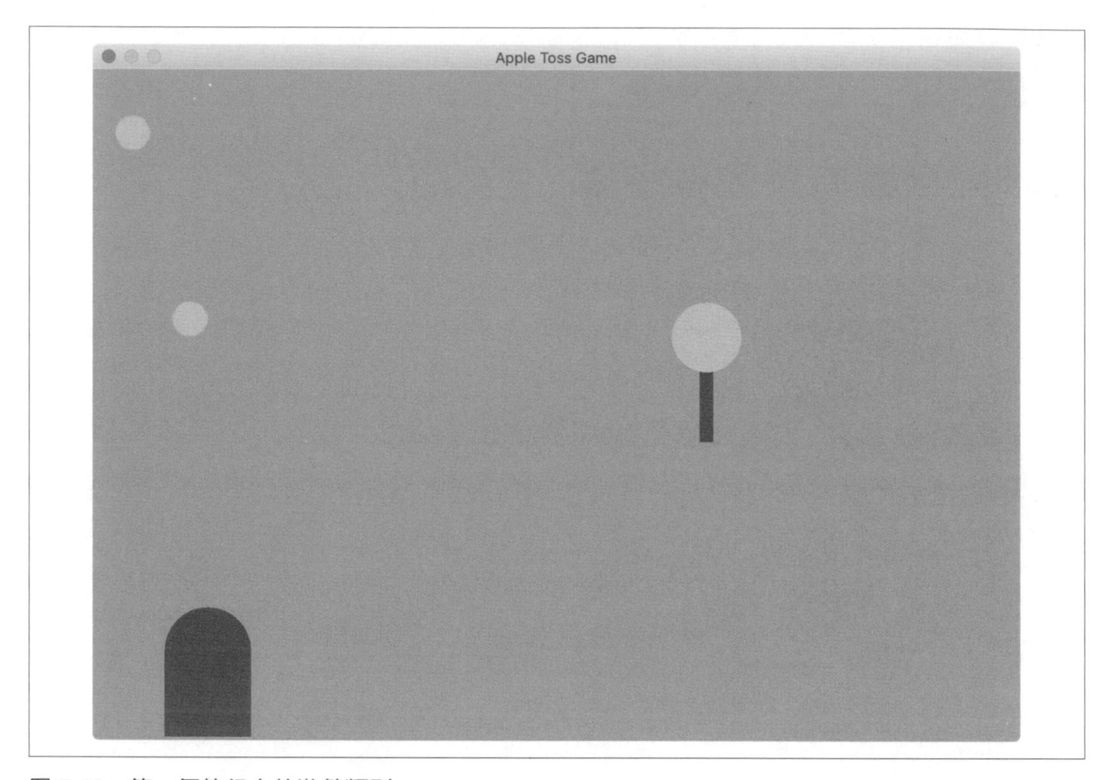

圖 5-10　第一個執行中的遊戲類別

讀讀類別裡的註解，試著調整看看，加上另一棵樹，調整愈多愈好，我們會在接下來的章節裡逐步建立這些類別，熟悉這些類別間的互動有助於閱讀後續的討論。

無論你如何組織類別裡的成員、套件裡的類別或專案裡的套件，你都必須要處理出現的錯誤。簡單的語法錯誤可以在編譯器裡修正，比較有趣的錯誤則可能只會在程式實際執行時才會出現，下一章會介紹 Java 表示這些問題的符號，以及 Java 提供的處理方式。

第六章

處理錯誤與日誌

Java 的根源是嵌入式系統，也就是執行在特殊設備裡的軟體，如手持電腦、手機以及如今可能被認為是 IoT 一部分的神奇烤麵包機。在這類應用裡，強固的處理軟體錯誤特別重要，大多數使用者都無法接手機無預期當機、或烤麵包機（或房子）只因為軟體錯誤就燒起來，由於開發人員無法排除所有軟體錯誤的可能性，正確的做法是認知到這個事實，以有系統的方法處理可預期的應用程式錯誤。

在某些程式語言裡，程式語言本身沒有提供任何識別錯誤類別的協助，也沒有提供方便處理錯誤的工具，處理錯誤的責任完全落在程式設計師的身上。在 C 語言裡，程序（routine）通常會以回傳「不合理」數值（例如常見的 `-1` 或 `null`）的方式表示錯誤，程式設計師必須知道什麼樣的數值代表錯誤的結果以及數值的意義，在正常的資料流向裡傳送錯誤值通常也有很難以處理的限制[1]，更糟的是特定類別的錯誤實際上可能發生在任何地方，在軟體的每個位置檢測這些條件既不合理也難以做到。

本章會介紹 Java 處理這些問題的方式。首先會介紹例外的概念，說明它們發生的原因與形式，以及處理的方式與位置，同時也會介紹錯誤與斷言，錯誤代表更嚴重的問題，雖然一般無法在執行期間修正，但仍然可以記錄下來供偵錯之用。斷言是常見用來預防例外或錯誤的機制，能夠事先驗證情況是否安全。

1 C 語言裡不太安全的 `setjmp()` 與 `longjmp()` 指令能夠儲存程式碼執行的位置，能夠讓程式無條件從深層位置跳到先前標記的位置。在極為有限的情況下，這在功能上等同於 Java 的例外機制。

例外

Java 提供了優雅的解決方案，能幫助程式設計師透過「例外」（exception）處理常見的程式碼與執行期問題（Java 的例外處理與 C++ 的例外處理機制類似，但不完全相同），例外表示異常或錯誤狀況，程式控制權會無條件轉移或「拋出」到特別指定捕捉與處理異常狀況的程式碼段落。透過這樣的方式，錯誤處理獨立於程式的正常流向之外，錯誤可以透過不同的機制處理，所有的方法都不需要特別的傳回值，控制權可以從深層的巢狀結構內部，轉移遙遠的路到指定的位置，或是直接在錯誤源頭處理。少部分標準 Java API 仍然會傳回 -1 作為特殊值，但這一般僅限於可以預期有特殊值、或特殊狀況並非完全完全例外的情況[2]。

Java 方法必須指定可能拋出的受檢例外（checked exception），編譯器會確保呼叫方法的程式碼處理了所有的受檢例外。透過這樣的方式，方法可能產生的錯誤資訊的重要性被提昇到與引數及傳回值相同的地位，開發人員仍然可以選擇承擔風險，忽略明顯的錯誤，但在 Java 裡必須要十分明確（稍後會討論不需特別由方法宣告或處理的執行期例外與錯誤）。

例外與錯誤類別

例外是由 java.lang.Exception 及其子類別的實體表示，Exception 的子類別可以針對不同種類的特殊狀況擁有不同的特殊資訊（甚至是行為），但更常見的是它們只是「邏輯」上的子類別，單純用來識別新的例外類型。圖 6-1 畫出了在 java.lang 套件裡的 Exception 子類別，讀者應該能夠稍稍感受到例外的組織方式，下一章會更深入討論組織類別的細節，許多其他的套件都定義了自己的例外型別，通常也都是 Exception 或其重要子類別 RuntimeException 的子類別，稍後會特別介紹 RuntimeException。

舉例來說，java.io 套件的 IOException 是另一個重要的例外類別，IOException 擴充了 Exception，並擁有許多代表不同類型的 I/O 問題（如 FileNotFoundException）與網路連線問題（如 MalformedURLException）的子類別，網路的例外則屬於 java.net 套件。

2 例如 Image 類別的 getHeight() 方法在還不知道高度時會傳回 -1，不會發生任何錯誤；高度資訊會在未來知道。在這種情況下，拋出例外會太過頭，而且會影響效能。

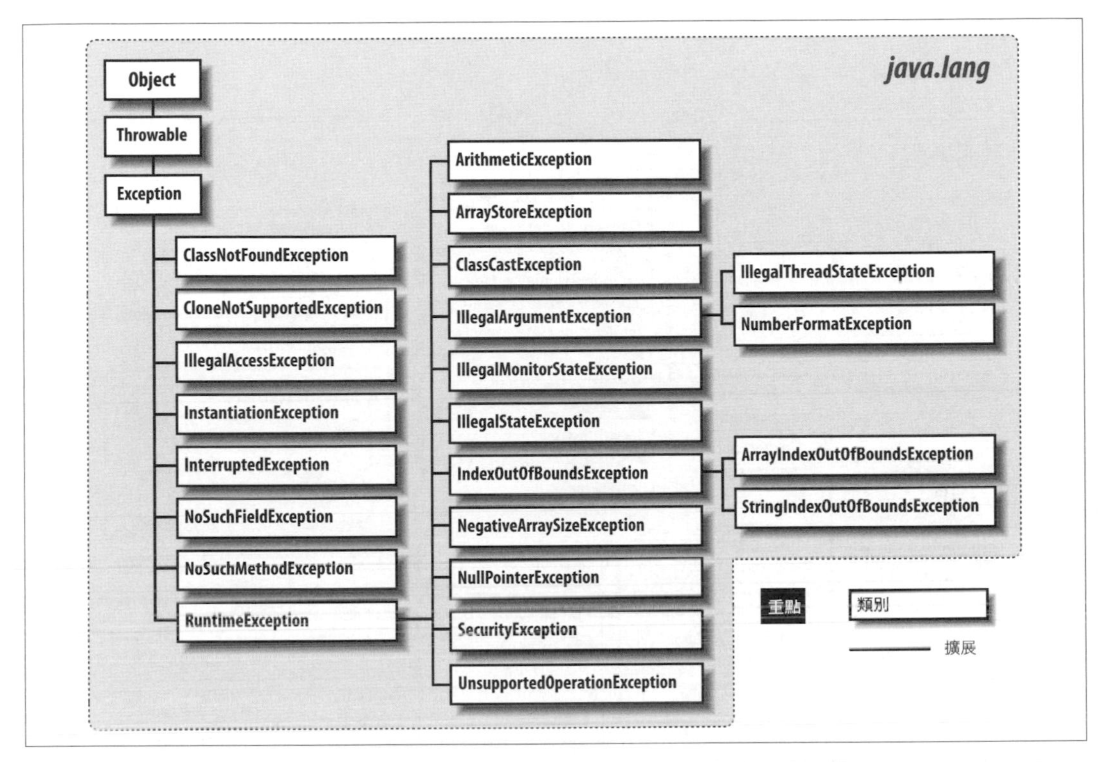

圖 6-1　java.lang.Exception 子類別

程式碼在發生錯誤狀況的位置建立 Exception 物件，Exception 是設計來保有描述錯誤狀況的所有資訊，也包含了完整的**堆疊追蹤**（*stack trace*）以供偵錯。堆疊追蹤是所有被呼叫過的方法列表（有時會十分龐大），依據從拋出例外的位置到最初呼叫的源頭的順序排列，第 170 頁的〈堆疊追蹤〉一節會更詳細深入這些有用的資訊。Exception 物件會作為引數傳遞給處理區塊的程式碼，一併轉移流程控制權，這也是**拋出**（*throw*）與**捕捉**（*catch*）詞彙的來源：Exception 物件從程式碼的某個位置拋出，再由繼續執行的另一個位置捕捉。

Java API 也為無法回復的錯誤（unrecoverable error）定義了 java.lang.Error 類別，圖 6-2 是 java.lang 套件中定義的 Error 子類別，要特別注意的 Error 型別是 AssertionError，Java assert 指令利用這個錯誤表示失敗（本章稍後會討論斷言），也有些其他的套件定義了自己的 Error 子類別，但 Error 子類別比起 Exception 子類別較不常見（也較不實用），一般程式碼裡並不需要擔心這些錯誤（也就是不需要捕捉），它們的目的是用來表示嚴重的問題或虛擬機器錯誤，這種類型的錯誤通常會讓 Java 直譯器顯示訊息後結束，建議開發人員不要捕捉或回復這些錯誤，因為這些問題都表示嚴重的程式臭蟲而不僅只是程序的狀況。

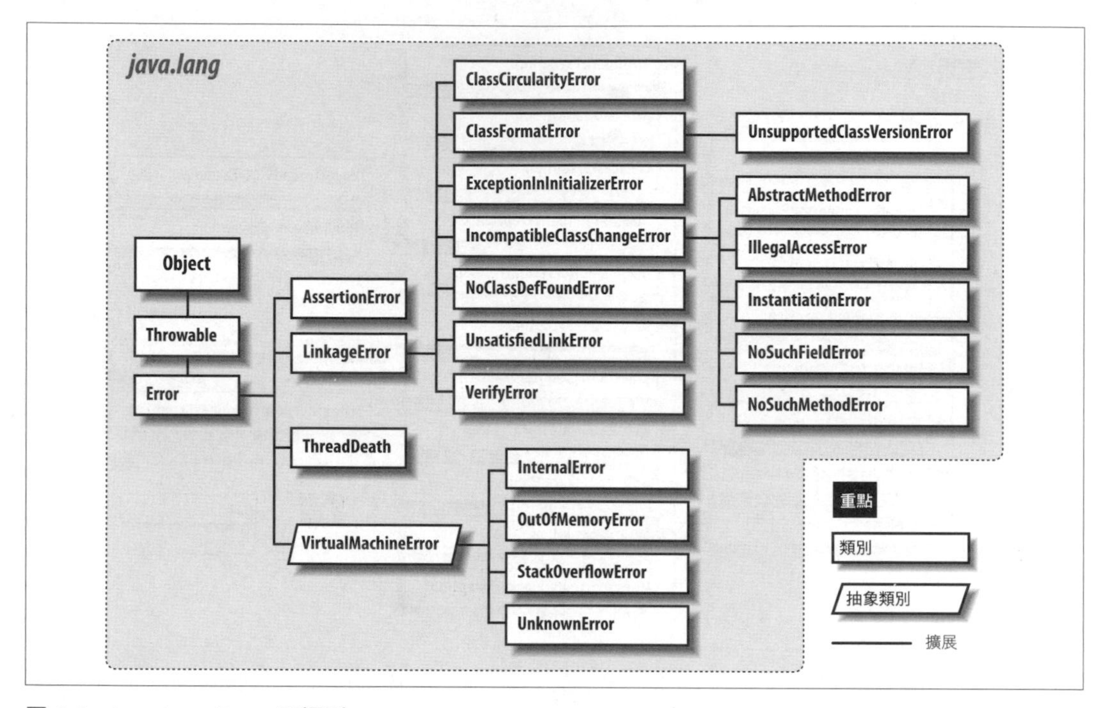

圖 6-2　java.lang.Error 子類別

Exception 與 Error 都是 Throwable 的子類別，Throwable 類別是能夠由 throw 指令「拋出」的物件的基礎類別，一般而言，程式只應該擴充 Exception、Error 及其子類別。

例外處理

try/catch 包裹了程式碼區塊並捕捉其中可能發生的特定類別例外：

```
try {
    readFromFile("foo");
    ...
}
catch ( Exception e ) {
    // 處理錯誤
    System.out.println( "Exception while reading file: " + e );
    ...
}
```

範例中 try 部分指令發生的例外會轉移到 catch 位置處理。catch 述句的行為類似方法，指定了想要處理的例外型別作為引數型別，被呼叫時會收到 Exception 物件作為引數，程式中透過變數 e 收到物件，與錯誤訊息一同印出。

我們可以自己試看看。回顧第四章用歐氏演算法計算最大公因數的簡單程式，加以擴充後可以透過 main() 方法的 args[] 陣列，允許使用者從命令列引數傳入 a 與 b 兩個數值，但由於陣列的型別是 String，如果先偷看稍後章節的內容，可以用第 221 頁的〈剖析基本數值〉一節介紹的剖析方法將引數轉換為 int 值，但如果傳入的不是數值，剖析方法就會拋出例外。以下是新版本的 Euclid2 類別：

```
public class Euclid2 {
  public static void main(String args[]) {
    int a = 2701;
    int b = 222;
    // 只有剛好有兩個引數時才作剖析
    if (args.length == 2) {
      try {
        a = Integer.parseInt(args[0]);
        b = Integer.parseInt(args[1]);
      } catch (NumberFormatException nfe) {
        System.err.println("Arguments were not both numbers.
                    Using defaults.");
        }
    } else {
      System.err.println("Wrong number of arguments (expected 2).
          Using defaults.");
    }
    System.out.print("The GCD of " + a + " and " + b + " is ");
    while (b != 0) {
      if (a > b) {
        a = a - b;
      } else {
        b = b - a;
      }
    }
    System.out.println(a);
  }
}
```

如果我們直接從終端機視窗執行程式，或是如圖 2-9 使用 IDE 的命令列引數設定，不需重複編譯就可以計算多組數值的結果：

```
$ javac ch06/Euclid2.java

$ java ch06.Euclid2 18 6
The GCD of 18 and 6 is 6

$ java ch06.Euclid2 547832 2798
The GCD of 547832 and 2798 is 2
```

但要是傳入的引數不是數字，就會得到 NumberFormatException 並看到錯誤訊息。要注意的是程式優雅的從錯誤中恢復，仍然提供了一些輸出，這是錯誤處理的基本精神，在真實世界中總是會遇到錯誤，處理錯誤的方式能夠展現出程式碼的品質。

```
$ java ch06.Euclid2 apples organges
Arguments were not both numbers. Using defaults.
The GCD of 2701 and 222 is 37
```

一個 try 指令可以搭配多個分別指定不同型別（子類別）Exception 的 catch 述句：

```
try {
    readFromFile("foo");
    ...
}
catch ( FileNotFoundException e ) {
    // 處理找不到檔案
    ...
}
catch ( IOException e ) {
    // 處理讀取錯誤
    ...
}
catch ( Exception e ) {
    // 處理其他所有的錯誤
    ...
}
```

catch 述句會依順序運算，執行第一個可指派相符的述句，最多只會執行一個 catch 述句，這表示處理區塊的例外應該由最特定的型別列到最一般的例外型別。在先前的例子裡，我們預期 readFromFile() 可能拋出兩種不同種類的例外：一種是找不到檔案，另一種則是比較通用的讀取錯誤，FileNotFoundException 是 IOException 的子類別，所以要是少了第一個 catch 述句，例外就會被第二個情況捕捉。同樣的，任何 Exception 的子類別都可以指派為父型別 Exception，所以第三個 catch 述句能夠捕捉到所有通過前兩個捕捉指令的例外，行為類似於 switch 指令中的 default 述句，處理了所有剩下的可能。範例的最後一個 catch 是為了完整性加上，一般開發時會儘可能清楚地指明捕捉的例外型別。

try/catch 型式的優點在於，try 區塊裡的任何指令都可以假設區塊裡先前的所有指令都執行成功，不會因為程式設計師忘了檢查方法傳回值而有任何意外。如果先前的指令失敗，馬上會跳躍到 catch 述句執行，而不會執行失敗後的任何指令。

從 Java 7 開始，有了另一種使用多重 catch 述句的做法，能夠透過「|」語法，在單一個 catch 述句裡處理多個不同的例外型別：

```
try {
    // 從網路讀取 ...
    // 寫入檔案 ...
catch ( ZipException | SSLException e ) {
    logException( e );
}
```

使用「|」語法，能夠在相同的 catch 述句接收兩種型別的例外，那麼傳入 log 方法的 e 變數的實際型別到底是什麼？（又能夠做些什麼？）這種情況下，e 變數既不是 ZipException 也不是 SSLException 而是 IOException，也就是兩個例外最接近的共同祖先（能夠接受兩個指定型別的最接近親代型別）。在許多情況下，最接近這兩個或更多引數例外型別的共通型別可能就是 Exception，也就是所有例外的共同親代，用多型別 catch 述句捕捉兩個指定型別與直接捕捉共同親代型別兩者的差異在於，多型別 catch 只會捕捉到指定的兩種例外型別，不會捕捉到其他的 IOException 型別，結合多型別 catch 以及 catch 述句的順序由最特定至最通用（由窄至廣）讓開發人員建構 catch 述句時有很大的彈性，你可以將錯誤處理邏輯放置在最適當的位置，避免重複的程式碼，這個功能還有一些細節，我們討論完「拋出」與「再拋出」例外後再作討論。

上升

如果不捕捉例外會如何？例外會跑到什麼地方？如果沒有任何外圍的 try/catch 指令，例外就會從發生的方法拋出到呼叫者的方法，如果這個層級的呼叫者方法是在 try 指令之內，控制權就會轉移給對應的 catch 述句，否則，例外就會延著呼叫的路徑向外傳遞，從每個方法拋向它的呼叫者。透過這種方式，例外會持續上升直到被捕捉或是到達程式的最上層，以執行期錯誤訊息的型式終止。編譯器可能會要求在這傳遞過程中作對應的處理，這其中還包含了一些沒有提到的細節，我們在第 171 頁的〈受檢與未受檢例外〉一節會更詳細地討論其中的差異。

來看看另一個例子。圖 6-3 中 getContent() 方法在 try/catch 區塊呼叫了 openConnection()，openConnection() 方法接著又呼叫了 sendRequest() 方法，然後又呼叫 write() 方法送出資料。

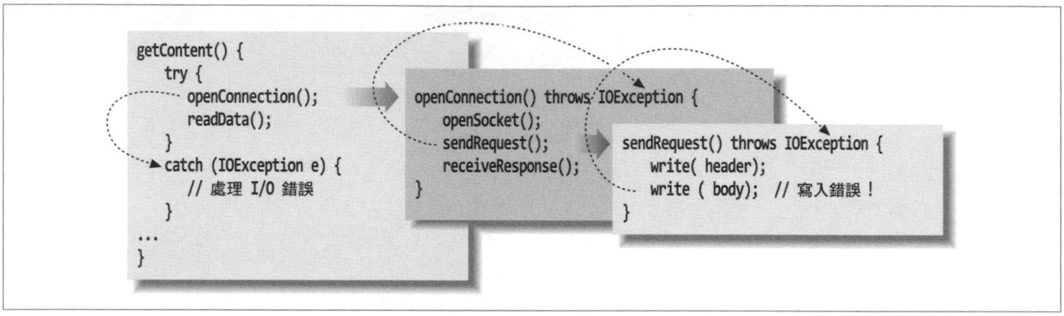

```
getContent() {
    try {
        openConnection();
        readData();
    }
    catch (IOException e) {
        // 處理 I/O 錯誤
    }
    ...
}

openConnection() throws IOException {
    openSocket();
    sendRequest();
    receiveResponse();
}

sendRequest() throws IOException {
    write( header);
    write ( body); // 寫入錯誤！
}
```

圖 6-3　例外傳播

圖中，第二次呼叫 write() 方法時抛出了 IOException，由於 sendRequest() 不含任何處理例外的 try/catch 指令，因此會從 openConnection() 中呼叫 sendrequest() 的位置再次向外抛出。由於 openConnection() 也沒有捕捉例外，例外會再次向外抛出，最後被 getContent() 裡的 try 指令捕捉，由對應的 catch 述句處理。請注意每個抛出的方法都必須用 throws 述句宣告會抛出特定型別的例外，這部分會在第 171 頁的〈受檢與未受檢例外〉中討論。

一開始就在程式碼加上高階的 try 指令有助於處理從背景執行緒一路上升的例外，我們在第九章會更深入討論執行緒，在這裡要提醒的是在更大、更複雜的程式裡，未捕捉例外可能會導致偵錯的困難。

堆疊追蹤

由於例外被捕捉處理之前可能上升一段很長的距離，程式設計師需要能夠知道實際上抛出例外的位置。了解如何到達抛出例外位置的前因後果也十分重要，也就是方法一路呼叫了哪些方法到達抛出例外的位置，為了偵錯與日誌的目的，所有的例外都能夠傳出來源方法與到達該位置的所有巢狀方法呼叫的堆疊追蹤，最常見的是，使用者會看到例外使用 printStackTrace() 方法印出的堆疊追蹤。

```
try {
    // 複雜、深層巢狀呼叫的工作
} catch ( Exception e ) {
    // 傾印例外實際發生位置的資訊
    e.printStackTrace( System.err );
```

```
    ...
}
```

例外的堆疊追蹤內容的輸出範例如下：

```
java.io.FileNotFoundException: myfile.xml
      at java.io.FileInputStream.<init>(FileInputStream.java)
      at java.io.FileInputStream.<init>(FileInputStream.java)
      at MyApplication.loadFile(MyApplication.java:137)
      at MyApplication.main(MyApplication.java:5)
```

堆疊追蹤指出 loadFile() 方法被 MyApplication 類別裡的 main() 方法呼叫，而 loadFile() 方法接著建構 FileInputStream 拋出了 FileNotFoundException，一旦堆疊追蹤到達 Java 系統類別（如 FileInputStream）就不再顯示行號。這種情況也可能發生在已經被虛擬機器最佳化過的程式碼，通常有辦法暫時關閉最佳化功能以找出真正的行號，麻煩的地方在於改變應用程式的執行時脈可能會影響正在偵錯的問題，因此需要其他的偵錯技巧。

例外提供的方法能讓開發人員在程式中使用 Throwable.getStackTrace() 等方式取得堆疊追蹤資訊（Throwable 是 Exception 與 Error 的基礎類別），這個方法會傳回 StackTraceElement 物件的陣列，陣列的每個元素代表堆疊中的一次方法呼叫，程式可以利用 StackTraceElement 的 getFileName()、getClassName()、getMethodName() 與 getLineNumber() 等方法取得方法的位置，陣列的元素零是堆疊的上方，產生例外的最後一行程式碼，後續元素則逐個回溯方法呼叫的順序，直到最初的 main() 方法。

受檢與未受檢例外

先前提過 Java 強制要求開發人員明確表示例外處理的邏輯，但並非所有想得到的錯誤型別在任何情況下都必須要明確的處理，因此 Java 將例外區分為兩類：**受檢**（*checked*）與**未受檢**（*unchecked*），應用層例外大都是受檢例外，表示任何拋出這些例外的方法，不論是自行產生（如同第 172 頁的〈拋出例外〉一節的說明）或是忽略內部拋出的例外，都必須在方法宣告中以特別的 throws 宣告自己會拋出的例外，目前你只需要知道方法必須宣告可能會拋出或允許拋出的受檢例外就夠了。

再次回顧圖 6-3，這次注意 openConnection() 與 sendRequest() 方法都宣告了可以拋出 IOException。如果必須拋出多種型別的例外，可以在宣告時加上逗號列出：

```
void readFile( String s ) throws IOException, InterruptedException {
    ...
}
```

throws 述句告訴編譯器這個方法是這些受檢例外的可能來源，所有呼叫這個方法的程式都必須處理這些受檢例外，呼叫者可以用 try/catch 區塊處理例外，也可以將例外宣告為本身可能拋出例外。

相對的，java.lang.RuntimeException 或 java.lang.Error 類別的子類別稱為未受檢例外，參看圖 6-1 中 RuntimeException 的子類別（Error 的子類別一般都保留給嚴重的類別載入或執行期系統問題），忽略產生這些例外的可能性並非編譯期錯誤，方法也不需要宣告可能會拋出這些例外，除此之外，未受檢例外的行為與其他例外完全相同，願意的話可以捕捉這些例外，但對這些情況而言並非必要。

受檢例外則涵蓋了應用程式層的問題，如缺漏檔案與無法存取主機等。身為一個良好的程式設計師（以及傑出的市民），應該將軟體設計為能夠優雅的從這些情況中復原；未受檢例外則是對應了系統層級的問題，如「記憶體耗盡」與「陣列索引出界」等，這些情況雖然可能表示系統的問題，卻可能發生在所有的地方，一般也沒辦法從中復原。所幸，由於這些問題被歸類為未受檢例外，開發人員不需要對所有的陣列索引操作加上 try/catch 指令（或將方法宣告為可能出這類例外）。

總的來說，受檢例外是指應用程式而言應該優雅處理的合理問題，未受檢例外（執行期例外或錯誤）則是一般不會預期軟體能夠回復的問題，Error 型別則特別用來表示程式一般不會處理或從中回復的錯誤情況。

拋出例外

程式可以拋出自己的例外，不論是 Exception 或其既有子類別的實體或是自行特殊化的類別，我們要做的只是建立 Exception 實體，再用 throw 指令拋出：

```
throw new IOException();
```

執行會停止並轉移到最接近能夠處理該例外型別的 try/catch 指令（建立 Exception 物件時沒什麼理由需要保留參考），另一個建構子能夠以字串指定錯誤訊息：

```
throw new IOException("Sunspots!");
```

程式可以使用 Exception 物件的 getMessage() 方法取得字串，但通常只會直接印出（或 toString()）例外物件本身以取得訊息與堆疊追蹤。

為了方便，所有的 Exception 型別都有像這樣的 String 建構子，先前的 String 訊息幫助並不大，一般來說程式會拋出更明確的 Exception 子類別，能夠捕捉更詳細或至少是更明確的字串說明，以下是另一個例子：

```
public void checkRead( String s ) {
    if ( new File(s).isAbsolute() || (s.indexOf("..") != -1) )
        throw new SecurityException(
           "Access to file : "+ s +" denied.");
}
```

這段程式實作了方法的一部份，會檢查檔案路徑是否合法，如果找到不合法的路徑，就拋出 SecurityException 並提供違規的相關資訊。

我們當然也可以在特化的 Exception 子類別供其他有用的訊息，但一般來說提供新的例外已經足以協助轉移控制流程了，例如，在建立剖析器時，我們可能會想要建立自己的例外表示特定種類的失敗：

```
class ParseException extends Exception {
    private int lineNumber;

    ParseException() {
        super();
        this.lineNumber = -1;
    }

    ParseException( String desc, int lineNumber ) {
        super( desc );
        this.lineNumber = lineNumber;
    }

    public int getLineNumber() {
        return lineNumber;
    }
}
```

第 139 頁的〈建構子〉一節對類別與其建構子有完整的介紹，這個 Exception 類別的主體只允許用與先前介紹相同的方式建立 ParseException（不使用引數或提供一些額外的訊息），有了新的例外型別後，就可以像以下這樣使用：

```
// 程式碼的某個地方
...
try {
    parseStream( input );
} catch ( ParseException pe ) {
    // 輸入內容有誤 ...
    // 甚至可以知道哪一行出了問題！
} catch ( IOException ioe ) {
    // 低階通訊問題
}
```

可以看到，即使少了造成問題的行號等特殊資訊，自行定義的例外仍然足以在程式碼裡區別任意的 I/O 錯誤與剖析錯誤。

鏈結與再拋出例外

有時你會想先對例外採取一些措施，然後再拋出另一個新的例外，這種做法常見於建立框架，處理完低階詳細的例外後，以較高階、較易於處理的例外表示；例如，通訊用套件可能會想要捕捉 `IOException`，或許作些處理，接著拋出自行定義的高階例外，例如 `LostServerConnection` 等等。

比較直接的方式是捕捉例外後再拋出另一個例外，但這麼做會失去重要資訊，如原始例外「來源」的堆疊追蹤。為了處理這個問題，你可以使用稱為**例外鏈結**（*exception chaining*）的技巧，在拋出的新例外裡包含原始例外，Java 明確支援了例外鏈結，建構基礎 `Exception` 時能夠以例外引數或是標準 `String` 訊息再加上例外的方式建構：

```
throw new Exception( "Here's the story...", causalException );
```

之後程式碼可以用 `getCause()` 方法取得包含在其中的例外。更重要的是，在印出例外或例外顯示給使用者時，Java 會自動印出兩個例外以及對應的堆疊追蹤。

你可以在自行定義的子類別加上這種型式的建構子（委派給親代建構子），或是透過 `Throwable` 的 `initCause()` 方法，在建構完例外拋出之前設定來源例外：

```
try {
  // ...
} catch ( IOException cause ) {
  Exception e =
    new IOException("What we have here is a failure to communicate...");
  e.initCause( cause );
  throw e;
}
```

有時候只需要記錄日誌之類的操作，接著再拋出原始例外就夠了：

```
try {
  // ...
} catch ( IOException cause ) {
  log( cause ); // 記錄日誌
  throw cause;  // 再次拋出
}
```

縮限再拋出

在 Java 7 之前，如果你想要在一個 catch 述句裡處理一堆例外型別然後再拋出原先的例外，不可避免得要把宣告的例外型別放大到需要補捉的所有型別，或是用一大堆重複的程式碼捕捉各個型別。Java 7 的編譯器比以往更加聰明，在大多數情況下都能夠允許開發人員將拋出的例外型別縮限回原先捕捉的型別，這最適合用範例說明：

```
void myMethod() throws ZipException, SSLException
{
    try {
        // 可能會產生 ZipException 或 SSLException
    } catch ( Exception e ) {
        log( e );
        throw e;
    }
}
```

這段程式裡，十分偷懶地透過 catch Exception 述句捕捉了所有的例外，只是為了在再次拋出前記錄日誌資訊。在 Java 7 之前，編譯器會堅持方法宣告裡的 throws 述句也必須宣告拋出通用的 Exception 型別，讀者也許已經猜到，即使在上述範例使用多個 catch 述句也是會遇到相同的問題，這樣的寫法不太直覺，但在縮短例外處理程式碼時十分有用，即使是 Java 7 前的程式碼，也不需要對 catch 述句作特殊的調整。

蔓延的 try

try 指令對所監控的指令加上了一個條件，要是其中發生了例外就會拋棄剩下的指令，這影響了區域變數初始化。如果編譯器無法判斷 try/catch 區塊裡的區域變數指派會發生什麼狀況，就不允許使用這些區域變數，例如：

```
void myMethod() {
    int foo;

    try {
        foo = getResults();
    }
    catch ( Exception e ) {
        ...
    }

    int bar = foo;  // 編譯期錯誤：foo may not have been initialized
```

範例中的最後一行程式碼無法使用 foo 變數，因為變數有可能還沒有被指派任何數值。一個明顯的做法是將指派移到 try 指令內部：

```
try {
    foo = getResults();

    int bar = foo;  // OK，因為只有前一個指派成功
                    // 才會到達這行程式碼
}
catch ( Exception e ) {
    ...
}
```

有時候這種做法有用，但要是想在 myMethod() 後面的位置使用 bar 就會遇到相同的問題，一不小心就會把所有的程式碼都拉到 try 指令裡。但如果把方法外的控制移到 catch 述句內，情況就有所不同：

```
try {
    foo = getResults();
}
catch ( Exception e ) {
    ...
    return;
}

int bar = foo;  // OK，因為只有前一個指派成功
                // 才會到達這行程式碼
```

編譯器已經聰明到能夠知道要是 try 述句裡發生錯誤，就不會執行到 bar 的指派，所以允許在程式裡參照到 foo。程式碼決定了自己的需要，開發人員只需要知道自己的擁有的選項。

final 述句

如果我們在從 catch 述句離開方法前還有些重要的工作要做該怎麼辦？為了避免在每個 catch 述句裡出現重複的程式碼，也為了讓程式碼更明確、更簡潔，這時候就要使用 finally 述句。finally 述句可以加在 try 與任何對應的 catch 述句之後，finally 述句主體裡的任何指令，不論程式的控制權如何離開 try 的主體，都一定會被執行，不論是否有發生例外：

```
try {
    // 做些事情

}
```

```
catch ( FileNotFoundException e ) {
    ...
}
catch ( IOException e ) {
    ...
}
catch ( Exception e ) {
    ...
}
finally {
    // 這邊的清理工作一定都會執行！
}
```

在這個例子裡，不論控制以何種型式離開 try，清理工作區塊的指令最終都會執行。如果控權轉移到其中一個 catch 述句，則會在 catch 執行完畢後接著執行 finally 裡的指令；如果沒有任何 catch 述句能夠處理例外，那麼在 finally 指令執行完畢後，例外才會繼續向上一層傳播。

如果 try 中的指令順利執行完畢，或是其中執行了 return、break 或 continue，同樣會執行 finally 述句裡的指令。為了保證某些指令一定會執行，我們甚至可以不搭配任何 catch 述句，只使用 try 與 finally：

```
try {
    // 做些事情
    return;
}
finally {
    System.out.println("Whoo-hoo!");
}
```

在 catch 或 finally 述句中發生的例外會被正常處理，會在執行完 finally 之後，從引發問題的 try 指令之外開始尋找外圍 try/catch。

try 與資源

finally 經常用來確保 try 述句使用的資源，不論程式以何種方式離開區塊都會被清除。

```
try {
    // Socket sock = new Socket(...);
    // 使用 sock
} catch( IOException e ) {
    ...
}
```

```
finally {
    if ( sock != null ) { sock.close(); }
}
```

這裡指的「清除」是指釋放昂貴的資源或關閉檔案、網路或資料庫連線等。在某些情況下，這些資源最終會隨著 Java 透過垃圾收集重新取得資源而被釋放，但依賴垃圾收集最好的情況是在不可知的未來執行，最差的情況則是永遠不會發生、或在用光資源之前不會發生，因此，採取預防措施是最好的做法。這個久負盛名的做法有兩個問題：首先，這需要在程式裡加入額外的模式，包含檢查 null 等重要的步驟，就像範例程式裡的做法一樣；其次，如果要在一個 finally 區塊裡處理多個資源，清除部分的程式碼可能會拋出例外（如 close() ）讓清除工作無法完成。

Java 7 的「try with resources」型式的 try 述句大幅簡化了這項工作，你可以將一個以上的資源放在 try 關鍵字後的小括號裡，這些資源就會在控制權離開 try 區塊時自動「關閉」：

```
try (
    Socket sock = new Socket("128.252.120.1", 80);
    FileWriter file = new FileWriter("foo");
)
{
    // 使用 sock 與 file
} catch ( IOException e ) {
    ...
}
```

這段程式在 try with resources 述句裡初始化了 Socket 與 FileWriter 物件，接著在 try 指令的主體裡使用這兩個物件，當控制權離開 try 指令時，不論是成功執行所有指令或是發生例外，都會自動呼叫這兩個資源的 close() 方法釋放各自的資源；資源會以配置時的**相反順序**釋放，能夠正確反應出資源間的相依性。這個行為支援所有實作了 Autocloseable 介面的類別（目前有超過一百個內建類別），這個介面的 close() 方法依規定需要釋放所有對應於物件的資源，開發人員也可以在自己的類別實作這個介面，在使用 try with resources 時，不需要再加上關閉檔案或網路連線的程式碼，這些動作都會自動執行。

try with resources 解決的另一個問題是我們先前稍微提到過的、在關閉操作時拋出例外的麻煩情況。在先前使用 finally 述句清除資源的例子裡，要是在 close() 方法拋出例外，例外會從那個位置向外拋出，完全拋開原先 try 述句中的例外。使用 try with resources 時會保留原始的例外，要是在 try 主體中發生例外，且後續自動關閉操作時又發生了一些例外，則會將原始的例外向外拋出給呼叫者，如以下範例：

```
try (
    Socket sock = new Socket("128.252.120.1", 80); // 可能拋出例外 #3
    FileWriter file = new FileWriter("foo"); // 可能拋出例外 #2
)
{
    // 使用 sock 與 file
    // 可能拋出 #1
}
```

一旦進入 try 區塊，且如預期的在 #1 的位置發生例外，Java 會試著以與配置順序相反的順序關閉資源，可能會在 #2 與 #3 產生例外。這種情況下，呼叫這個方法的程式仍然會收到 #1 例外，#2 與 #3 例外並沒有不見，只是被「壓下來」（suppressed），可以對拋出的例外呼叫 Throwable getSuppressed() 來取得這些被壓下來的例外，這個方法會傳回一個包含所有被壓制例外的陣列。

效能問題

由於 Java 的實作方式，（使用 try）監控例外不需任何成本，並不會在程式執行時增加任何負擔，但拋出例外就不是免費的了，例外拋出時 Java 必須找到適當的 try/catch 區塊，在執行期間執行其他耗費時間的活動。

這也表示應該只在真正的「例外」狀況拋出例外，避免在可預期的情況使用例外，尤其是很在意效能的情境。例如，在迴圈裡，比較好的方式是每個循環都作些簡單的檢查以避免例外，而不是經常的拋出例外。另一方面，對於例外很久發生才發生一次的情況，會希望能夠省下檢查程式碼的負擔，也不需太在意拋出例外時帶來的成本。一般的做法是將例外用於「界外」或不正常、非經常性與不可預期的情況（如檔案結束）。

斷言

斷言是在應用程式執行時檢查某個條件成功或失敗，在正常程式行為下能夠保證滿足特定條件的位置，都可以使用斷言作為「完整性檢查」（sanity check）。斷言與其他種類測試不同的地方在於在邏輯層面永都不該違反斷言檢查的條件：一旦斷言失敗，應用程式就被認為已經有問題，一般應該以適當的錯誤訊息終止。Java 在程式語言層直接支援了斷言，能夠在執行期間啟用或關閉以移除對效能的影響。

使用斷言檢查應用程式行為正確是確保軟體品質的一個簡單但強大的技巧，它填補了由編譯器自動檢查與一般的「單元測試」與人工測試之間的缺口。斷言檢查對程式行為的假設，並確認假設都得到滿足（至少在啟用時會檢查）。

有程式經驗的讀者可能都看過像這樣的程式碼[3]：

```
if ( !condition )
    throw new AssertionError("fatal error: 42");
```

Java 的斷言（assertion）相當於上述範例，只是改為程式語言中的 assert 關鍵字，assert 關鍵字需要一個布林值的條件式以及可選用的表示值。斷言失敗時會拋出 AssertionError，通常會讓 Java 跳出應用程式。

非必要的表示式能夠運算為基本型別或物件型別，不論何種型別，這個表示式的目的是為了在斷言失敗時轉換為字串呈現給使用者；最常見的情況是直接使用字串訊息，如以下範例：

```
assert false;
assert ( array.length > min );
assert a > 0 : a  // 顯示 a 的值給使用者
assert foo != null :  "foo is null!" // 顯示 "foo is null!" 給使用者
```

發生失敗時，前兩個例子只會印出通用的訊息，第三個例子印出 a 的值，最後一個例外則會印出 foo is null! 訊息。

再次提醒，斷言的重要性並不在於它比等價的 if 條件更為簡潔，而是能夠在執行應用程式時啟用或關閉。關閉斷言表示完全不會計算檢查條件，也就不會在程式中產生任何效能的影響（也許除了在載入時會佔用類別檔案的空間）。

啟用與關閉斷言

斷言是在執行期啟用或關閉，關閉時斷言仍然存在類別檔案中，但不會被執行也不佔用任何時間。斷言可以以整個應用程式、依套件甚至是依類別啟用或關閉，Java 預設是關閉斷言，要啟用程式碼裡的斷言必須使用 java 命令的 -ea 或 -enableassertions 旗標：

```
% java -ea MyApplication
```

要啟用特定類別的斷言就加上類別名：

```
% java -ea:com.oreilly.examples.MyClass MyApplication
```

啟用特定套件的斷言，就加上套件名並以刪節號（...）結束：

```
% java -ea:com.oreilly.examples... MyApplication
```

3 如果讀者有些程式經驗，希望各位沒有寫過像這麼模糊的訊息文字！訊息說明得愈清楚、提供愈多協助愈好。

啟用套件斷言時，Java 也會啟用其他從屬套件的斷言（如 com.oreilly.examples.text），但可以使用對應的 -da 或 -disableassertions 關閉個別套件或類別的斷言，你可以用任意型式結合這兩個指令達到需要的效果：

```
% java -ea:com.oreilly.examples...
-da:com.oreilly.examples.text -ea:com.oreilly.examples.text.MonkeyTypewriters
MyApplication
```

這個例子啟用了 com.oreilly.examples 整個套件的斷言，排除 com.oreilly.examples.text 套件，接著再個別啟用套件裡的 MonkeyTypeWriters 類別。

使用斷言

斷言對某些事物加上限制規則，這些規則代表了程式中的不變量，是必要的檢查，對於所有無法透過編譯器檢查的程式行為，你都可以使用斷言驗證假設來增加安全性。

檢查必定要有值的多重條件或多重數值很適合使用斷言的情況，這種情況可以用失敗斷言作為預設值或「沒有對應」的行為，代表程式有缺陷，例如，假設 direction 變數的只能夠是 LEFT 或 RIGHT 這兩種常數值：

```
if ( direction == LEFT )
    doLeft();
else if ( direction == RIGHT )
    doRight()
else
    assert false : "bad direction";
```

這同樣也適用於 switch 的 default：

```
switch ( direction ) {
    case LEFT:
        doLeft();
        break;
    case RIGHT:
        doRight();
        break;
    default:
        assert false;
}
```

一般不該把斷言用在檢查方法引數的合法性，這些行為應該是應用程式的一部分，而不是可以關閉的品管機制。方法輸入值的合法性被稱為**前置條件**（*preconditions*），如果不符合前置條件通常會拋出例外，這種做法將前置條件提升為方法與使用者間的「合約」，然而，在方法回傳前用斷言檢查結果的正確性也是很好的做法，這種做法稱為**後置條件**（*postconditions*）。

有時候是否為前置條件取決於你採取的觀點，例如，對於類別內部使用的方法，前置條件可能已經被呼叫它們的方法驗證過了。類別的公開方法也許會在違反前置條件時拋出例外，但由於私有方法都是由緊密相關的程式碼使用，應該遵守正確行為，則可以使用斷言而非拋出例外。

日誌 API

`java.util.logging` 套件提供了靈活又易於使用的日誌框架，能作為系統資訊、錯誤訊息與詳細的追蹤（偵錯）輸出。藉由日誌套件，你可以使用篩選機制選取記錄的訊息，將輸出導到不同的標的（包含檔案與網路服務），也可以針對訊息接受端提供不同的格式。

更重要的是，這些基本的日誌設定都可以在執行期間，從外部透過日誌設定屬性檔或外部程式設定。例如，透過在執行期間設定正確的屬性，你可以指定記錄的訊息同時以 XML 格式送到檔案，並且以適合一般人讀取的格式輸出到終端機，不僅如此，你還可以針對每個輸出標的指定不同的訊息等級或優先權，忽略未達指定重要性的訊息，藉由在程式裡遵守正確的來源慣例，甚至能夠指定程式特定部分的記錄等級，對個別套件或類別指定詳細的輸出訊息又不致於被大量輸出淹沒。Java Logging API 甚至能夠透過 Java Management Extensions MBean API 。

概觀

良好的日誌 API 至少都有兩個指導原則，首先，效能不該讓開發人員有所顧忌，如同 Java 語言的斷言，當關閉日誌訊息就不該耗用大量的處理時間，這表示只要不開啟日誌功能，引用日誌指令不該影響效能。其次，雖然部分使用者會想要有進階功能與設定，但日誌 API 應該提供一些簡單的使用模式，讓趕工的開發人員能夠方便使用，取代陳舊的 `System.out.println()`。Java Logging API 提供了簡單的模型與方便的方法，使它成為非常吸引人的框架[4]。

4 對於超出 Java Logging API 功能的需求，可以看看 Apache 的 log4j 2（*https://oreil.ly/0l8XA*）與 Simple Logging Facade for Java（SLF4j）（*http://www.slf4j.org*），這些函式庫能夠進一步在部署時作調整。

Loggers

日誌框架的核心是 *logger*，它是 java.util.logging.Logger 的實體，大多數情況下這只是程式碼裡會直接用到的類別。logger 是由靜態的 Logger.getLogger() 方法建構，引數是 logger 的名字，這個名字會形成階層結構，以全域的根 logger 為頂點，子代在下的樹狀結構，這個架構能讓設定依據樹狀結構繼承下去，自動設定應用程式的各個部分。一般慣例是每個主要類別使用不同的 logger 實體，並且用句號分隔的套件名加上類別名作為 logger 的名字，如下：

```
package com.oreilly.learnjava;
public class Book {
    static Logger log = Logger.getLogger("com.oreilly.learnjava.Book");
```

logger 提供了各式各樣記錄訊息用的方法，有些需要非常詳細的資訊，也有些十分方便的方法，只需要一個字串就行了，例如：

```
log.warning("Disk 90% full.");
log.info("New user joined chat room.");
```

稍後會更詳細的介紹 logger 類別的方法。warning 與 info 是記錄等級的兩個例子，總共有七個等級，從最嚴重的 SEVERE 到最低的 FINEST，透過這種方式區分記錄的訊息能讓開發人員選擇執行期間想要看到的訊息等級，而不是把所有的資訊全都記錄下來，之後才作整理（還會對效能有負面影響），我們可以控制需要產生多少訊息。下一節會更詳細地介紹記錄等級。

另外，針對非常簡單或實驗性程式使用之便，有個名為「global」的 logger，能夠透過 Logger.global 靜態欄位取得，你可以使用這個欄位作為老派 System.out.println() 的替代品：

```
Logger.global.info("Doing foo...")
```

Handler

logger 代表的是日誌系統的使用介面，但將訊息發佈到標的（如檔案或終端機）的實際動作是由**處理器**（*handler*）物件完成，每個 logger 都有一個以上的 Handler 物件與其關聯，其中包含了幾個 Logging API 預先定義的處理器：ConsoleHandler、FileHandler、StreamHandler 與 SocketHandler，每個處理器都知道將訊息傳送到所屬標的的方法。ConsoleHandler 是預設設定，將訊息印到命令列或系統終端機。FileHandler 可以將輸出導到檔案，透過檔名格式，能夠在檔案滿了的時候自動轉換檔名。其他的處理器將訊息分別送到串流或網路（socket）。還有另一個處理器 MemoryHandler 可以將一定數量的記錄訊息儲存在記憶體，MemoryHandler 是環狀緩衝區，能夠保有一定數量的訊息，直到被觸發將訊息送到其他標的。

先前提過 logger 可以設定使用一個以上的處理器，也會把訊息沿著樹狀結構傳遞給親代 logger 的處理器，在最簡單的設定下，所有的訊息都會到根 logger 的處理器。我們稍後會介紹使用終端機、檔案等標準處理器設定輸出的方式。

篩選器

在 logger 將訊息轉送給處理器或親代的處理器前，會先檢查訊息是否有足夠的記錄等級，要是訊息未達要求的等級，在源頭就會被拋棄。除了等級之外，你也可以透過建立 Filter 類別在處理訊息前先行檢查的方式實作出任何型式的篩選器，如同稍後會介紹的記錄等級、處理器與 formatter，Filter 類別可以在執行期間以相同的方式從外部套用到 logger，Filter 也可以掛載到個別的 Handler，在輸出階段篩選記錄（相對於從來源階段）。

Formatter

訊息在內部是以中性格式存在，包含所有來源資訊提供的內容，直到由處理器處理時才會針對輸出，由特定的 Formatter 物件格式化。日誌套件內建了兩個基本的 formatter：SimpleFormatter 與 XMLFormatter。SimpleFormatter 是終端機輸出的預設值，能產生簡短、可以讓人們閱讀的摘要記錄訊息。XMLFormatter 將所有的記錄訊息細節編碼成 XML 記錄格式，格式的 DTD 可在以下網址查詢：*https://oreil.ly/iiDCW*。

記錄等級

表 6-1 從最高到最低列出了所有的記錄等級（logging level）。

表 6-1　Logging API 的記錄等級

等級	意義
SEVERE	應用程式失效
WARNING	潛在問題的提醒
INFO	一般對終端使用者有用的訊息
CONFIG	針對管理人員的細部系統設定資訊
FINE, FINER, FINEST	供開發人員使用，愈來愈詳細的應用程式追蹤資訊

這些等級可分為三組：終端使用者、管理員與開發人員，通常應用程式預設只會記錄 INFO 等級以上（INFO、WARNING 與 SEVERE）的訊息，使用者通常都會看到這些等級的訊息，這些層級的訊息內容也應該要適合一般人理解。換句話說，這些訊息應該要寫得清楚、能夠讓應用程式的一般使用者了解，通常這些訊息都是透過系統終端機或彈出視窗呈現給使用者。

CONFIG 等級應該用在相對靜態但詳細的系統資訊，能夠幫助管理員或安裝者，這可能包含了已安裝軟體模組、主機系統特性以及設定參數等等，這些細節十分重要，但對終端使用者可能不那麼有意義。

FINE、FINER 與 FINEST 等級是供開發人員以及其他了解應用程式內部的人使用，這些等級應用來提供愈來愈詳細的應用程式追蹤資訊，開發人員可以自行定義這三個等級的意義，接下來的例子大略說明了我們的建議。

簡單的例子

以下（雖然很不自然）的例子使用了所有的記錄等級，以作為測試記錄設定之用，雖然訊息的順序並沒有特別的意義，但文字內容代表了該類型的訊息。

```
import java.util.logging.*;

public class LogTest {
    public static void main(String argv[])
    {
        Logger logger = Logger.getLogger("com.oreilly.LogTest");

        logger.severe("Power lost - running on backup!");
        logger.warning("Database connection lost, retrying...");
        logger.info("Startup complete.");
        logger.config("Server configuration: standalone, JVM version 1.5");
        logger.fine("Loading graphing package.");
        logger.finer("Doing pie chart");
        logger.finest("Starting bubble sort: value ="+42);
    }
}
```

這個範例並沒有太多內容，我們使用了靜態的 Logger.getLogger() 方法取得我們的類別的 logger 實體，並指定了類別的名稱。一般慣例是使用類別的全名，所以範例裡假裝類別是在 com.oreilly 套件裡頭。

接下來執行 LogTest，讀者可能會在系統終端機看到如下的輸出：

```
Jan 6, 2019 3:24:36 PM LogTest main
SEVERE: Power lost - running on backup!
Jan 6, 2019 3:24:37 PM LogTest main
WARNING: Database connection lost, retrying...
Jan 6, 2019 3:24:37 PM LogTest main
INFO: Startup complete.
```

可以看到 INFO、WARNING 與 SEVERE 訊息，每筆訊息都標上了日期與時間，以及產生訊息的類別與方法（LogTest main）。請注意等級較低的訊息沒有出現，這是因為預設的日誌等級通常都是設為 INFO，表示只有比 INFO 更高的日誌等級訊息會被記錄。另外要注意的訊息是輸出到系統終端機而不是某個位置的日誌檔，這也是預設值。接下來要介紹預設值的設定位置，以及在執行期間覆寫設定值的方法。

日誌設定屬性檔

在本章開頭提過，能夠在執行期透過外部屬性檔或應用程式設定也許是 Logging API 最重要的特性，預設日誌設定儲存在 Java 安裝目錄下的 *jre/lib/logging.properties*，這是標準的 Java 屬性檔（本章先前提過的種類）。

檔案格式十分簡單，你可以直接修改這個檔案，但並不需要這麼麻煩，你可以在執行期透過系統屬性，依實際情況指定個別的日誌設定屬性檔：

```
% java -Djava.util.logging.config.file=myfile.properties
```

在這行命令列指令裡，*myfile* 是包含了接下來會介紹的指令內容的屬性檔，如果想要固定設定檔的檔名，可以透過 Java Preference API 設定對應項目的檔名值，你還可以比指定設定檔更進一步，提供負責設定所有日誌設定的類別，但本書並不多作介紹。

以下是個十分簡單的日誌屬性檔：

```
# 設定預設日誌等級
.level = FINEST
# 將輸出導到終端機
handlers = java.util.logging.ConsoleHandler
```

這裡使用 .level（點再加上 level）設定了整個應用程式的預設日誌等級，同時也使用 handlers 屬性指定了應該使用的 ConsoleHandler 實體（與預設設定相同），將訊息輸出到終端機上，如果你再次執行這應用程式並指定這個檔案作為日誌設定，就會看到程式裡所有的日誌訊息。

這還只是暖身，接下來要看個更複雜的設定：

```
# 設定預設記錄等級
.level = INFO

# 輸出到檔案與終端機
handlers = java.util.logging.FileHandler, java.util.logging.ConsoleHandler

# 設定檔案輸出
java.util.logging.FileHandler.level = FINEST
java.util.logging.FileHandler.pattern = %h/Test.log
java.util.logging.FileHandler.limit = 25000
java.util.logging.FileHandler.count = 4
java.util.logging.FileHandler.formatter = java.util.logging.XMLFormatter

# 設定終端機輸出
java.util.logging.ConsoleHandler.level = WARNING

# 特定類別的等級
com.oreilly.LogTest.level = FINEST
```

這個例子設定了兩個處理器：一個設定為 WARNING 等級的 ConsoleHandler，以及一個輸出到 XML 檔案的 FileHandler。檔案處理器設定為記錄 FINEST 等級（所有訊息），同時會每 25,000 行就更換檔名，最多保留四個檔案。

檔名是由 pattern 屬性控制，檔名中的斜線會在必要時自動轉換為反斜線（\）。%h 這個特別的符號代表使用者的家目錄，也可以用 %t 表示系統的暫存目錄，如果檔名衝突，會自動在最後加上點與數字（從零開始）。另一種方法是可以用 %u 表示在檔名中加入唯一數值的位置，類似的做法是在滾動檔名時，在最後加上點與數字，你可以用 %g 識別子控制滾動數字的位置。

上面的例子裡指定了 XMLFormatter 類別，也用過 SimpleFormatter 類別將相同的簡單輸出送到終端機，ConsoleHandler 也能夠透過 formatter 屬性指定任何需要的 formatter。

最後，我們先前提過能夠控制應用程式各個部分的日誌等級，要達到這個目的，必須用階層名稱設定應用程式的記錄器：

```
# 特定記錄器（類別）名稱的等級
com.oreilly.LogTest.level = FINEST
```

這段設定只透過名稱指定了測試記錄器的日誌等級，日誌屬性擁有階層結構，可以用以下的方式設定 oreilly 套件所有類別的日誌等級：

```
com.oreilly.level = FINEST
```

日誌等級會依據在屬性檔的讀取順序設定，所以要先設定最廣泛的項目，處理器設定的等級會讓檔案處理器只篩選記錄器提供的訊息，因此，將檔案處理器設為 FINEST 無法復原被設定為 SEVERE 記錄器排除的訊息（只有記錄器會把 SEVERE 訊息傳送到處理器）。

記錄器

範例中我們使用了七個依不同記錄等級命名的輔助方法，還有三組比較通用的方法，能提供更加詳細的資訊，最通用的是：

```
log(Level level, String msg)
log(Level level, String msg, Object param1)
log(Level level, String msg, Object params[])
log(Level level, String msg, Throwable thrown)
```

這些方法的第一個引數是 Level 類別的靜態日誌等級識別子，最後則是參數、陣列或例外型別，等級識別子是 Level.SEVERE、Level.WARNING、Level.INFO 等等。

除了這四個方法之外，還有 entering()、exiting() 與 throwing() 等輔助方法，能讓開發人員用來記錄詳細的追蹤資訊。

效能

簡介時提過，效能是 Logging API 最重要的事，到目前也介紹了訊息會在來源被篩選，並在初期就透過記錄等級排除，可以省下大多數的處理成本，但無法避免在呼叫記錄前的一些設定。更精確的說，由於我們將資料傳入了記錄用的方法，通常就會建構詳細的訊息或將物件以字串呈現作為引數。這類運算一般都十分昂貴，為了避免不必要的字串建構，你可以將高成本的記錄操作包在 Logger.isLoggable() 方法當中，檢查是否應該執行對應的運算：

```
if ( log.isLoggable( Level.CONFIG ) ) {
    log.config("Configuration: "+ loadExpensiveConfigInfo() );
}
```

真實的例外

Java 採用例外作為錯誤處理技巧讓開發人員更容易寫出穩健的程式，編譯器強制要求開發人員事先考慮受檢例外，未受檢例外當然會出現，但斷言能協助監控這些執行期問題，以期能避免崩潰。

在 Java 7 加入的 try-with-resource 更進一步的簡化了程式設計師維持程式碼簡潔的工作，能夠在處理檔案或網路連線等有限系統資源時「做對的事」。如同本章一開始提過，其他程式語言當然存在著機制或處理這些問題的客製功能，但 Java 作為一個程式語言，努力協助開發人員思考程式碼中可能出現的問題，你花愈多時間在這些問題，應用程式就愈穩定，使用者也愈滿意。

即使是微小不會造成應用程式崩潰的錯誤，Java 也提供了 `java.util.logging` 套件，幫助開發人員找出問題的根源，你可以調整在日誌檔案產生的訊息細節，又同時維持應用程式的效能。

本章的許多範例都很簡單，並沒有絕對需要使用這些神奇的錯誤檢查機制，請耐住性子，我們之後會看到更多需要例外處理的有趣程式碼，在往後介紹多緒程式設計與網路的章節裡，這些主題裡充滿著會在執行期間出錯的情況，如失控的大量運算或失去 WiFi 連線。說實話，你很快就會試遍（trying）所有的新例外與錯誤的技巧！

第七章

集合與泛型

隨著我們使用新學到的物件知識處理各式各樣有趣的問題，會發現有個類似的問題會一再的出現，該如何在處理過程中儲存操作的資料？我們當然可以使用各種型別的變數，但同時也需要更大、功能更多的儲存方式。在第 109 頁的〈陣列〉一節介紹過的陣列是個開始，但陣列有其局限，本章會看到儲存大量資料更有效率也更有彈性的做法，也就是下一節要介紹的 Java Collections API，另外也會介紹將各種型別儲存到這些大型容器的處理方式，就像是對個別變數一般，這也是泛型上場的時候，這部分會從第 196 頁的〈型別限制〉一節開始。

集合

集合（*collections*）是所有程式設計基礎的資料結構，每次指涉到一組物件就會需要某種類型的集合。在核心程式語言層級，Java 以陣列的型式提供了集合，但陣列是靜態，長度也固定，很不適合存放數量會在應用程式生命週期中大幅增減的東西。早期 Java 平台只針對這個需求提供了兩個基本類別：代表了動態物件串列的 `java.util.Vector` 類別，以及保存鍵 / 值對映射關係的 `java.util.Hashtable` 類別；如今的 Java 對集合提供了一個稱為 Collections Framework 的更完善做法，舊類別仍然還在，它們被翻新到框架裡（但有些奇怪的行為）一般也不再使用了。

雖然概念很簡單，集合對所有程式語言都是最強大的部分。集合實作的資料結構都是處理複雜問題的核心，基礎資訊科學有很大一部分都是在描述用集合實作特定演算法最有效率的方式，有了這些工具並了解其使用方式，能讓程式碼更小、更快，也能夠省下重新發明輪子的時間。

原始的 Collections Framekwork 有兩個缺點，第一個缺點是集合沒有型別，只能夠處理無法區別的 `Object` 而非 `Date` 或 `String` 等特定型別，這表示從集合拿出物件時必須自己轉換型別；此缺點源自於 Java 的編譯時期型別安全，但實務上除了麻煩與繁瑣之外，問題並不大。第二個問題在於，由於實務考量，集合只能夠處理物件，無法處理基本型別，這表示想要把數字等基本型別放進集合，就必須先把數值放進外覆類別，取出時再打開。這兩個問題造成使用集合的程式碼較不易閱讀，也更危險。

這一切隨著泛型型別（generic type）以及基本型別自動裝箱（autoboxing）的引進而有所改變。首先，泛型型別（第 196 頁的〈型別限制〉一節會有更詳細的說明）得以實現受程式設計師控制、具有真正型別安全的集合；其次，基本型別的自動裝箱與拆箱表示在使用型別時通常都可將基本型別視為物件。這兩個新特性的結合大幅減少了需要撰寫的程式碼，也更為安全，稍後會看到，目前所有的集合類別都利用了這些新特性。

Collections Framework 是建立在 `java.util` 套件裡的一組介面，這些介面分為兩個階層。第一個階層由 `Collection` 介面開始，（與其繼承者）代表了能夠持有任何物件的容器；第二個獨立的階層則是以 `Map` 介面為基礎，代表鍵值 / 數值形成的群組，能夠以有效率的方式由鍵值取得對應的數值。

Collection 介面

所有集合之母是個介面，名稱就是 `Collection`，目的是作為持有其他物件（它的**元素**（*element*））的容器。介面沒有指定內部物件的組織方式，例如，介面沒有提到是否允許重複物件，或是放入的物件以任何方式排列，這些都是留給子介面決定的細節，然而，`Collection` 介面定義了一些所有集合共有的基本操作：

`public boolean add(` *`element`* `)`

將指定的物件加入這個集合，如果操作成功會傳回 `true`，如果物件已經存在集合裡，且這個集合不允許放入重複的物件，就會傳回 `false`。此外，有些集合是唯讀，對唯讀集合呼叫這個方法時會拋出 `UnsupportedOperationException`。

`public boolean remove(` *`element`* `)`

從這個集合移除指定的物件，如同 `add()` 方法，如果物件從集合中移除，這個方法會傳回 `true`，如果物件不存在集合裡則會傳回 `false`。唯讀集合會在呼叫這個方法時拋出 `UnsupportedOperationException`。

`public boolean contains(` *`element`* `)`

如果容器裡包含這個指定的物件，則傳回 `true`。

public int size()

傳回容器中的元素數量。

public boolean isEmpty()

容器裡沒有任何元素時傳回 true。

public Iterator iterator()

遍歷集合裡的所有元素，這個方法會傳回一個 Iterator，這是個能夠用來逐個走過容器中所有元素的物件。我們在下一節會更詳細說明 iterator。

此外，addAll()、removeAll() 與 containsAll() 方法可以接受另一個 Collection，執行對應的加入、移除與檢查指定集合裡的所有元素。

集合型別

Collection 介面有三個子介面。Set 代表不允許重複元素的集合；List 是元素擁有特定順序的集合；Queue 則是物件的緩衝區，有「頭端」元素代表接下來該處理的元素。

Set

Set 只有繼承自 Collection 的方法，增加了不允許重複元素的規則，如果加入已經存在 Set 的元素，add() 方法會傳回 false。SortedSet 將元素依據事先定義的順序排列，就像是個沒有重複元素的有序串列，你可以用 subSet()、headSet() 與 tailSet() 方法取得子集合（同樣是有序集合）。這些方法需要一個或一對標記邊界的元素，first()、last() 與 comparator() 方法能用來取得第一個元素、最後一個元素，以及用來比較元素的物件（第 211 頁的〈深入 sort() 方法〉一節有更詳細說明）。

Java 7 加入的 NavigableSet 擴充了 SortedSet，提供依據 Set 排列順序，尋找最接近目標的較大或較小值的能力，這個介面能用來有效地實作如跨躍列表（skip list）等技巧，能夠快速尋找有序的元素。

List

Collection 的下個子介面是 List。List 是與陣列類似的有序集合，增加了操作元素位置的方法：

public boolean add(E *element*)

將指定元素加到串列尾端。

public void add(int *index*, E *element*)

將指定的物件插入串列中的指定位置，如果位置小於零或大於串列長度，會拋出 IndexOutOfBoundsException，在指定位置之後的所有元素都會向後移動一個索引值。

public void remove(int *index*)

移除指定位置的元素，後續所有元素都會向前移動一個位置。

public E get(int *index*)

傳回指定位置的元素。

public Object set(int *index*, E *element*)

將指定位置的元素改變為指定的物件，指定的位置一定要已經有元素存在，否則會拋出 IndexOutOfBoundsException。

這些方法裡的 E 型別表示 List 類別的參數化型別，Collection、Set 與 List 都是介面型別，這是本章開頭稍稍提到的泛型特性的例子，我們很快就會看到實作。

Queue

Queue 是有著元素緩衝區行為的集合，佇列（queue）會維持元素插入的順序，並具有「頭端」項目的概念。佇列依據實作的不同，可以是先進先出（FIFO）或後進先出（LIFO）：

public boolean offer(E element), public boolean add(E element)

offer() 方法試著將元素放入佇列，成功則傳回 true，不同的 Queue 型別可能會對元素型別（或容量）有不同的限制。這個方法與繼承自 Collection 的 add() 方法不同的地方在於，會傳回 false 而不是拋出例外表示無法接受插入的元素。

public E poll(), public E remove()

poll() 方法移除在佇列頭端的元素，並傳回此元素。這個方法與來自 Collection 的 remove() 不同的地方在於，在佇列為空時會傳回 null 而不是拋出例外。

public E peek()

傳回頭端元素，但不會將它從佇列移除，如果佇列為空則傳回 null。

Map 介面

Collections Framework 還包含了 java.util.Map，這是鍵 / 值對的集合。映射（map）的其他名字還有**字典**（*dictionary*）或**關聯陣列**（*associative array*），映射透過鍵值儲存與取得元素，很適合作為快取或最小型的資料庫，將數值儲存到映射時，應該將這個數值關聯到一個鍵物件，需要數值時，再透過鍵值從映射取得對應的數值。

有了泛型，Map 型別可以由兩個型別參數化：鍵值型別與數值型別。以下程式碼使用了 HashMap，這是個我們稍後會討論到的高效率但無序的實作：

```
Map<String, Date> dateMap = new HashMap<String, Date>();
dateMap.put( "today", new Date() );
Date today = dateMap.get( "today" );
```

在早期的程式碼，映射只能夠將 Object 型別對應到 Object 型別，在取得數值時需要適當的轉型。

Map 的基本操作十分直覺，在以下的方法中，K 型別代表了鍵值的參數型別，而 V 型別則代表數值的參數型別：

public V put(K *key*, V *value*)

  將指定的鍵 / 值數對加入映射，如果映射裡該鍵已經有對應的數值，原值會被新值取代並作為結果傳回。

public V get(K *key*)

  取得映射中對應於 key 的值。

public V remove(K *key*)

  從映射移除對應於 key 的值，並傳回移除的數值。

public int size()

  傳回映射中的鍵 / 值對數量。

你可以使用以下方法取得映射中所有的鍵或數值：

public Set keySet()

  這個方法傳回包含映射中所有鍵的 Set。

`public Collection values()`

使用這個方法取得映射中的所有值，傳回的 `Collection` 中可能包含重複元素。

`public Set entrySet()`

這個方法傳回的 `Set` 中包含了所有的鍵 / 值對（也就是 `Map.Entry` 物件）。

`Map` 有個子介面 `SortedMap`，`SortedMap` 將它的鍵 / 值對依鍵值的特定順序排列，它提供的 `subMap()`、`headMap()` 與 `tailMap()` 方法能取得有序映射的子集合。如同 `SortedSet`，它也提供了 `comparator()` 方法傳回決定映射鍵排序的物件，第 211 頁的〈深入 `sort()` 方法〉一節會有更多介紹。Java 7 加入了 `NavigableMap` 提供與 `NavigableSet` 相同的功能，也就是說，它提供了從有序元素中搜尋比指定元素大或小的元素。

最後，要特別澄清一件事，`Map` 實際上並不是 `Collection` 型別（`Map` 並沒有擴展 `Collection` 介面）。讀者可能會好奇這背後的原因，除了 `iterator()` 外，`Collection` 介面中的所有方法出現在 `Map` 中似乎十分合理，而 `Map` 擁有兩組物件：鍵與值，各自有獨立的 iterator，這也是 `Map` 不實作 `Collection` 的原因。如果想要以 `Collection` 式的視角處理 `Map` 的鍵 / 值，可以使用 `entrySet()` 方法。

映射還有另一件事情需要注意：某些實作（包含 Java 標準的 `HashMap`）允許以 `null` 作為鍵或值，但不能兩者同時為 `null`。

型別限制

泛型的目的是抽象，泛型能讓開發人員建立對不同型別物件有相同行為的類別與方法，**泛型**（*generic*）這個詞來自於想讓演算法能夠廣泛地使用在不同型別的物件，而不需要針對各種情況調整程式碼。這並不是新概念，而是物件導向式程式設計本身所推動的。Java 泛型更容易寫出可重複使用的程式碼，除了讓可重複使用的程式碼更易於閱讀之外，並沒有為程式語言增加新的能力。

泛型讓處理的物件**型別**成為泛型程式碼的參數，將重用提昇到新的境界，因此，泛型也常被稱為**參數化型別**（*parameterized types*）。對於泛型類別而言，開發人員在使用這個泛型型別時要指定特定型別作為參數（引數），類別就會依據指定的型別參數化，調整自己的行為。

泛型在其他程式語言裡也被稱為**樣板**（*tempalte*），這個詞比較著重在實作面。樣板像是中介類別，等著指定型別參數後才能夠使用。Java 採取了另一種做法，本章稍後會說明這種做法的優點與缺點。

Java 泛型還有許多內涵，有些小地方乍看之下不太直覺，但請不要灰心，大部分使用到泛型（如使用現有的 List 與 Set 類別）的情況都十分簡單與直覺，如果是自行設計或建立泛型，就需要更深入的了解，再加上一些耐心與調整。

實際上，接下來會從直觀的角度開始介紹，用最有說服力的泛型情境：剛剛介紹過的容器類別與集合。接著會退後一步，看看 Java 泛型的優點、缺點與陷阱，最後再以 Java API 中的幾個實際的泛型類別作總結。

容器：建立更好的捕鼠器

在 Java 這類的物件導向程式語言裡，多型代表的是物件具有一定程度的可交換性，任何子型別物件都能夠扮演父型別的角度，最終，所有的物件都是 java.lang.Object 的後代，也就是物件導向的「夏娃」，因此，Java 的容器自然會選擇最一般化的型別 Object 作為處理的型別，才能夠存放一切。這裡的容器指的是能夠以某種方式持有其他類別實體的物件，前一節介紹的 Java Collections API 就是容器最好的例子，例如 List 就是有序持有 Object 型別元素的集合，而 Map 則是持有鍵 / 值對的集合，其中的鍵與值同樣是最通用的型別 Object。藉助基本型別包裹的一些協助，這樣的設計也能夠共用，但就某方面而言，「任何型別的集合」也等同於「沒有型別的集合」，而使用 Object 則將許多責任推給了容器的使用者（希望不要像在打禪機）。

這有點像是物件的變裝舞會，每個人都戴上相同的面具消失在集合的人群之中，一旦物件披上了 Object 型別，編譯器就無法再看到實際型別，也就失去它們的蹤跡，必須由使用者使用型別轉型，才能夠劃破物件的裝扮，就像是試著拉下舞會參加者的假鬍子，最好是正確的轉型，不然，就會有不太開心的意外：

```
Date date = new Date();
List list = new ArrayList();
list.add( date );
...
Date firstElement = (Date)list.get(0); // 這個轉型對嗎？也許吧
```

List 介面有個能接受任何 Object 的 add() 方法，程式中指派了 ArrayList 的實體，也是 List 介面的實作，並加入 Date 物件。上述程式中的轉型對嗎？這取決於刪節號「...」中發生的事，實際上，Java 編譯器知道這樣的行為十分危險，會對上述程式這樣直接將元素加入 ArrayList 時發出警告。我們可以看看 *jshell* 的測試，從 java.util 與 javax.swing 套件匯入後，試著建立 ArrayList 與加入幾個不同的元素：

```
jshell> import java.util.ArrayList;

jshell> import javax.swing.JLabel;
```

```
jshell> ArrayList things = new ArrayList();
things ==> []

jshell> things.add("Hi there");
|  Warning:
|  unchecked call to add(E) as a member of the raw type java.util.ArrayList
|  things.add("Hi there");
|  ^-------------------^
$3 ==> true

jshell> things.add(new JLabel("Hi there"));
|  Warning:
|  unchecked call to add(E) as a member of the raw type java.util.ArrayList
|  things.add(new JLabel("Hi there"));
|  ^-------------------------------^
$5 ==> true

jshell> things
things ==> [Hi there, javax.swing.JLabel[...,text=Hi there,...]]
```

不論呼叫 add() 使用何種型別的物件，你都會看到相同的警告訊息。最後一步顯示了 things 的內容，String 物件與 JLabel 物件都和氣的放在串列裡，編譯器並不在意使用了不同的型別，只是提供了輔助警告，告知它無法確認 (Date) 這樣的轉型在執行時期是否有用。

能夠修正容器嗎？

會想知道如何能改善這種情況是很正常的。如果知道串列裡只會放 Date 型別會如何？能不能讓串列只能接受 Date 物件，省掉煩人的轉型，同時讓編譯器提供協助？也許會有點讓人意外，答案是否定的，至少你沒辦法用令人滿意的方式做到。

我們的第一個直覺反應是試著在子類別「覆寫」ArrayList 的方法，然而，在子類別重寫 add() 方法實際上並不會覆寫任何東西，而是加入了新的**過載**方法：

```
public void add( Object o ) { ... } // 仍然存在
public void add( Date d ) { ... }   // 過載方法
```

最後的物件仍然可以接受任何種類的物件，只是呼叫不同的方法而已。

接著我們可能會採取比較大的動作，例如，可以自己重寫不擴展 ArrayList，而是將所有方法委派給 ArrayList 的 DateList 實作。在一番麻煩的工作之後，我們總算得到了具有 List 所有能力的物件，但只能存放 Date 物件，且編譯器與執行期環境都理解且能夠加上這些限制，但這種做法其實是拿石頭砸自己的腳，因為新建立的容器不再實作 List，也就沒有互換性，無法使用處理集合的所有工具，如 Collections.sort() 等，也不能透過 Collection.addAll() 方法將自己加入另一個集合。

總括而言，問題不在於改變物件的行為，我們實際上需要的是改變物件與使用者間的合約，我們想要將 API 調整為更特定的型別，但多型並不允許這種做法，看起來我們的集合似乎只能夠繼續使用 Object 了，而這也正是泛型上場的時機。

進入泛型

在前一節介紹型別限制時提過，泛型是對類別語法的強化，能將類別對指定的一個或一組型別特殊化。泛型類別需要一個以上的**型別參數**（*type parameters*），使用泛型類別時必須指定型別參數，泛型類別就會以型別參數調整自己。

例如，你可以看看 List 類別的原始碼或 Javadoc，會看到像這樣的程式碼：

```
public class List< E > {
   ...
   public void add( E element ) { ... }
   public E get( int i ) { ... }
}
```

角括號（< >）中間的 E 識別子就是**型別參數**[1]，這表示 List 是泛型，需要一個 Java 型別的引數才會完整，E 這個名字可以任選，但這是接下來會使用的慣例，在這個例子裡，型別變數 E 表示想要存到串列裡的元素型別，List 類別在自己主體與方法裡使用型別變數就像是個真正的型別一般，等著之後再作替換。型別變數可以用來宣告實體變數、方法引數以及方法的傳回型別。在這個例子裡，E 用來作為元素型別，可以透過 add() 方法加入串列，也會用 get() 方法傳回。接下來介紹使用方式。

使用 List 型別時，同樣要以角括號語法指定型別參數：

```
List<String> listOfStrings;
```

這行程式以泛型型別 List 與型別參數 String 宣告了 listOfStrings 變數，String 代表 String 類別，但也可以使用任何 Java 類別型別來特化 List，如：

```
List<Date> dates;
List<java.math.BigDecimal> decimals;
List<Foo> foos;
```

1 讀者可能也會看到「型別變數」（*type variable*）這個詞彙，Java Language Specification 大都使用「參數」，因此本書也儘可能地使用參數，但兩個詞彙都有人使用。

透過給予型別參數讓型別完整的這個過程稱為**將型別實例化**（*instantiating the type*），有時也稱為**援引型別**（*invoking the type*），類似於呼叫方法並提供引數，在使用一般的 Java 型別時只會直接以名稱參照型別，但泛型型別在使用時一定要給予實例化的型別[2]，這就表示在所有型別會出現的地方都得將型別實例化，不管是作為方法的引數、方法的傳回值、或是使用 new 關鍵字的物件配置表示式都一樣。

再回到 listOfStrings，這實際上是將 List 類別本體裡的型別變數 E 用型別 String 取代後的結果：

```
public class List< String > {
   ...
   public void add( String element ) { ... }
   public String get( int i ) { ... }
}
```

這就將 List 特化為 String 型別的元素，也只能使用 String 型別元素，方法的簽名已無法接受任何的 Object 型別參數了。

List 只是個介面，要使用變數就必須實體化某個真正的實作，如同在一開始的介紹一樣，我們會繼續使用 ArrayList。同樣的，ArrayList 是實作了 List 介面的類別，但這個情況下，List 與 ArrayList 都是泛型類別，因此在使用時需要型別變數建立出實例，當然，必須要建立持有 String 元素的 ArrayList 才能夠與 String 的 List 相符：

```
List<String> listOfStrings = new ArrayList<String>
// Java 7.0 後可簡化為
List<String> listOfStrings = new ArrayList<>();
```

一如以往，new 關鍵字需要 Java 型別以及在小括號裡供類別建構子所需要的引數，對這個例子而言，型別是 ArrayList<String>，也就是以 String 型別建立實例的泛型 ArrayList 型別。

以範例第一行的方式宣告變數有點繁瑣，需要指定泛型參數型別兩次（一次在左邊宣告變數型別的時候，另一次在右邊初始化表示式）。在比較複雜的情況，泛型型別會變得很長，甚至會有巢狀彼此包含的情況，因此自 Java 7 起，編譯器能夠聰明的從變數的型別推導出指派給它的初始化表示式中需要的型別，這稱為**泛型型別推導**（*generic type inference*），簡化後的結果就是能夠在縮短變數宣告的右側，像第二個版本一樣，在角括號中留下空白。

2 也就是說，除非你想要用非泛型的方式使用泛型型別。本章稍後會介紹「原型」（raw）型別。

現在我們可以對特化後的 List 使用字串了，編譯器會禁止在串列裡放入 String（或 String 的子型別）之外的物件，也不需任何轉型就能夠用 get() 方法取得字串：

```
jshell> ArrayList<String> listOfStrings = new ArrayList<>();
listOfStrings ==> []

jshell> listOfStrings.add("Hey!");
$8 ==> true

jshell> listOfStrings.add(new JLabel("Hey there"));
|  Error:
|  incompatible types: javax.swing.JLabel cannot be converted to java.lang.String
|  listOfStrings.add(new JLabel("Hey there"));
|                    ^--------------------^

jshell> String s = strings.get(0);
s ==> "Hey!"
```

接下來看 Collections API 的另一個例子。Map 介面提供了字典般的對應關係，讓鍵物件與值物件互相關聯。鍵與值並不需要是相同型別，泛型 Map 介面有兩個型別參數：一個鍵型別與一個值型別，Javadoc 看起來像這樣：

```
public class Map< K, V > {
    ...
    public V put( K key, V value ) { ... } // 傳回舊值
    public V get( K key ) { ... }
}
```

我們可以透過以下的方式，建立一個依「員工編號」值儲存 Employee 物件的 Map：

```
Map< Integer, Employee > employees = new HashMap< Integer, Employee >();
Integer bobsId = 314; // 自動裝箱萬歲！
Employee bob = new Employee("Bob", ... );

employees.put( bobsId, bob );
Employee employee = employees.get( bobsId );
```

這段程式使用 HashMap，是個實作了 Map 介面的泛型類別，以 Integer 與 Employee 型別參數建立實例，Map 現在只能夠使用 Integer 型別的鍵以及 Employee 型別的值。

以 Integer 作為編號型別的原因在於泛型類別的型別參數一定要是類別型別，不能使用 int 或 boolean 等基本型別作為泛型類別的型別參數，幸好，Java 的基本型別自動裝箱（參看第 136 頁的〈基本型別的外覆〉）讓這種做法看起來就像直接使用基本型別一樣，只是實際上是使用的是外覆型別。

除了集合之外，還有許多 API 利用泛型讓開發人員將它們調整成特定型別，在本書介紹到這些 API 時會一併說明。

談到型別

在進入更重要的東西前，應該先談談描述泛型類別參數化行為的方式，由於最常見也最完整的泛型是容器式的物件，通常會想到泛型型別「持有」參數型別。在先前的例子裡我們將 `List<String>` 稱為「字串的列表」，當然是因為它就是個由字串組成的列表，同樣的，我們可以將員工映射稱為「員工編號到員工物件的映射」，然而，這種描述方式只集中在類別**能做的事**而非型別本身。以另一個單一物件容器 `Trap< E >` 為例，可以用 `Mouse` 型別或 `Bear` 型別建立實例，也就是 `Trap<Mouse>` 或 `Trap<Bear>`，直覺上會將新型別稱為「老鼠的陷阱」（mouse trap）或「熊的陷阱」（bear trap），用相同的方式則可以將字串的列表想成是新型別「字串列表」，或是將員工映射想成新型別「整數員工物件映射」型別，讀者可以使用自己比較喜歡的方式，但後者的描述方式比較集中在將泛型看成是**型別**的概念，也許在稍後介紹泛型型別與型別系統的關係時，有助於讀者維持詞彙的一致，到時候我們會發現容器式的術語反而會比較違反直覺。

接下來的章節會繼續從其他的角度探討 Java 的泛型，我們先前已經看到一些泛型的能耐，接著要談的是它們怎麼做到的。

沒有湯匙

在電影《駭客任務》[3] 裡，尼歐面臨一個選擇，要吞下藍色藥丸留在虛幻的世界裡，還是吞下紅色藥丸看看真實的世界。在 Java 中處理泛型時也面臨類似的困境，在被逼著面對泛型實際的實作方式之前，所有對泛型的討論都有所局限，這是由編譯器創造的虛幻世界。開發人員可以寫出易於接受的程式碼，而真實（雖然不像電影中那麼的反烏托邦）世界是個嚴酷的地方，充滿未知的危險與問題，為什麼轉型與檢查無法在泛型運作正常？為什麼類別不能實作兩個不同的泛型介面？為什麼可以宣告泛型陣列，而實際上 Java 卻無法建立出這樣的陣列？本章會回答這些與其他的問題，不需要等到續集就可以把湯匙弄彎（好吧，是型別），讓我們開始吧。

3 對於想要知道本節標題背景的讀者，以下是一些背景資訊：男孩：不要想把湯匙弄彎，那是不可能的，相反的，只要認識真相。尼歐：什麼真相？男孩：沒有湯匙。尼歐：沒有湯匙？男孩：那麼你就會發現，不是湯匙彎曲，是你自己——華卓斯基姐妹，駭客任務，136 分鐘，華納兄弟出品，1999 年。

Java 泛型的設計目標十分遠大：在語言中加入全新語法以引入參數化型別，又不影響效能，對了，還要向前相容所有既存的 Java 程式碼，也不能對編譯後的類別有任何重大改變。光是滿足這些條件就十分驚人了，不意外的，過程也花了不少時間，但一如以往的需要有所妥協，而妥協總是會帶來問題。

抹除

為了實現這遠大的目標，Java 使用了稱為「**抹除**」(*erasure*) 的技巧，這個思路是，既然大部分對泛型的處理都在編譯時期，泛型資訊就不需要帶到編譯後的類別裡，由編譯器加上強制力的類別泛型特性在編譯後類別裡能夠被「抹除」，就能夠維持與非泛型程式碼的相容性，雖然 Java 的確在編譯後類別裡保留了泛型特性的資訊，但這些資訊主要是由編譯器使用，Java 執行期環境完全不知道泛型。

來看看編譯後的泛型類別：我們的好朋友 `List`，這能夠利用 *javap* 命令輕易做到：

```
% javap java.util.List

public interface java.util.List extends java.util.Collection{
    ...
    public abstract boolean add(java.lang.Object);
    public abstract java.lang.Object get(int);
```

輸出結果與 Java 泛型之前的結果看起來完全相同，讀者可以用較早版本的 JDK 確認，要特別注意的是 `add()` 與 `get()` 方法使用的元素型別都是 `Object`，現在，你可能會認為這只是詭計，等到實際型別被實例化後，Java 就會在內部建立新版本的類別，但並不是這樣，這是唯一一個 `List` 類別，也是 `List<Date>` 與 `List<String>` 與所有參數化 `List` 在執行期使用的真正執行期型別，我們可以確認：

```
List<Date> dateList  = new ArrayList<Date>();
System.out.println( dateList instanceof List ); // true!
```

但依據先前的討論，泛型的 `DateList` 顯然沒有實作 `List` 的方法：

```
dateList.add( new Object() ); // 編譯期錯誤！
```

這在某種程度示範了 Java 泛型精神分裂的特質，編譯器相信泛型，但執行期環境說泛型只是幻影，如果我們做些更明確的事，直接檢查 `dateList` 是不是 `List<Date>`：

```
System.out.println( dateList instanceof List<Date> ); // 編譯期錯誤！
// Illegal, generic type of instanceof（不合法，泛型型別的 instanceof）
```

這次編譯器直接堅決反對，表示「不」，不能在 instanceof 運算檢查泛型型別，由於執行期間，不同參數化的 List 並無實際差異，instanceof 運算子無法區別不同的 List 的實現，所有的泛型安全性都是在編譯時期檢查完畢，到了執行時期只處理唯一實際的 List 型別。

實際上發生的是編譯器抹除了所有的角括號語言，將 List 的型別變數轉換為能夠在執行期運作與允許使用的型別，以這個例子就是 Object。這似乎又回到了一開始的地方，只是編譯器有了足夠的資訊，能夠在編譯時期限制程式對泛型的使用方式，也能夠代開發人員處理轉型，要是反編譯使用 List<Date> 的程式碼（使用 *javap* 命令與 -c 旗標就能夠顯示出 bytecode），你就會看到編譯後的程式碼實際上就包含了轉型為 Date，只是你不用自己寫出這些程式碼。

現在可以回答本節開頭提到的一個問題：「為什麼不能在一個類別裡實作兩個不同的泛型介面？」不能有一個實作了不同泛型 List 實例是因為它們在執行期實際上是相同型別，沒辦法區別彼此：

```
public abstract class DualList implements List<String>, List<Date> { }
// 錯誤：java.util.List 不能繼承不同的引數：
//     <java.lang.String> 與 <java.util.Date>
```

所幸有替代方案，對於這個例子，你可以使用共用的父類別或建立不同的類別。替代方案也許不夠優雅，即使有些冗長，但你幾乎都能得到明確的答案。

原始型別

雖然編譯器在編譯時期將不同參數化的泛型型別視為不同型別（有不同的 API），但我們已經知道在執行期實際上只存在一個型別，例如 List<Date> 與 List<String> 共享了普通的 Java 類別 List，List 被稱為泛型類別的**原始型別**（*raw type*）。每個泛型都有個「原始型別」，這是退化，移除所有泛型型別資訊，並將型別變數以最通用的 Java 型別 Object 取代後得到的「普通」Java 型式[4]。

還是可以直接使用原始型別，就像泛型加入 Java 程式語言之前一樣，唯一的差別是 Java 編譯器會發生警告訊息，表示以「不安全」的方式使用。在 *jshell* 之外，編譯器仍然會注意到這些問題：

4 在 Java 5.0 加入泛型時，很仔細的將所有泛型類別的原始型別安排為與先前非泛型型別有完全相同的行為，所以 Java 5.0 裡 List 的原始型別與打從 JDK 1.2 就存在的老版、非泛型 List 型別完全相同。由於當時大多數既存的 Java 程式碼都沒有使用泛型，因此這樣的型別等價與相容性十分地重要。

```
// 使用原始型別的非泛型 Java 程式碼
List list = new ArrayList(); // 指派成功
list.add("foo"); // 編譯器警告使用原始型別
```

這段程式使用了原始 List 型別，就像 Java 5 之前的老式 Java 程式碼一樣，差別在於，現在的 Java 編譯器會在程式將物件插入串列時，發出**未檢查警告**（*unchecked warning*）。

```
% javac MyClass.java
Note: MyClass.java uses unchecked or unsafe operations.
Note: Recompile with -Xlint:unchecked for details.
```

編譯建議使用 -Xlint:unchecked 取得不安全操作位置更詳細的說明資訊：

```
% javac -Xlint:unchecked MyClass.java
warning: [unchecked] unchecked call to add(E) as a member of the raw type
         java.util.
List:   list.add("foo");
```

請注意，建立與指派原始 ArrayList 並不會產生警告，唯有在使用「不安全」方法（參照到型別變數的方法）才會發出警告。這表示仍然可以使用老式非泛型 Java API 處理原始型別，只有在程式碼做了不安全的事才會得到警告。

在我們繼續之前，關於抹除還要提醒另外一點，在先前的例子裡，型別變數被取代為 Object 型別，表示任何型別都能夠適用於型別變數 E，我們之後會看到並不一定都是如此，我們可以將參數型別加上限制或**邊界**（*bounds*），這麼做的時候，編譯器可以更嚴格地處理型別的抹除，如：

```
class Bounded< E extends Date > {
    public void addElement( E element ) { ... }
}
```

這個參數化型別宣告表示元素型別 E 必須要是 Date 型別的子型別，因此抹除 addElement() 方法型別資訊時可以比 Object 更為限制，編譯器會使用 Date：

```
public void addElement( Date element ) { ... }
```

Date 稱為型別的**上界**（*upper bound*），表示它是物件階層的頂端，只有 Date 與「更低」（延伸）型別能夠用來建立類別實例。

現在我們掌握了泛型型別，可以更深入它們的行為。

參數化型別的關係

現在我們知道參數化型別都共享了原始型別，這也是參數化 List<Date> 在執行期只是 List 的原因。事實上，如果我們願意，我們可以指派任何 List 的類別實例給原始型別：

```
List list = new ArrayList<Date>();
```

甚至可以從另一邊，將原始型別實體指派給泛型型別：

```
List<Date> dates = new ArrayList(); // 未檢查警告
```

這段指令會對指派產生未檢查警告，但之後編譯器仍然相信 list 在指派前只放入了 Date 物件，也可以（但沒什麼意義）對這個指令作轉型，稍後會在第 208 頁的〈轉型〉一節討論泛型型別的轉型。

不論執行期型別為何，編譯器掌握了主導權，不允許程式指派明顯不相容的東西：

```
List<Date> dates = new ArrayList<String>(); // 編譯期錯誤
```

當然，ArrayList<String> 並沒有實作由編譯器虛擬建立的 List<Date> 的方法，所以兩個型別不相容。

但對於更有趣的型別關係又如何？例如 List 介面是更一般化的 Collection 介面的子型別，那麼泛型 List 特例化後的實體能不能指派給某個泛型 Collection 的實例？這會不會跟型別參數與型別參數的關係有關？顯然 List<Date> 不是 Collection<String>，但 List<Date> 是不是一個 Collection<Date>？List<Date> 可以成為 Collection<Object> 嗎？

我們剛剛脫口說出答案了，接著來說明其中的理由。規則是，對於我們到目前所討論的泛型實例後產生的型別，**繼承只適用在「基礎」泛型型別，不適用於參數型別**。不僅如此，可指派性只適用於兩個泛型型別以完全相同的參數型別建立實例的情況，也就是說，仍然以基礎泛型類別的型別，維持單一繼承的結構，但加上了參數型別必須完全相同的額外限制。

例如先前的 List 是一種 Collection 型別，當參數型別完全相同的時候，可以將實例化的 List 指派給實例化的 Collection：

```
Collection<Date> cd;
List<Date> ld = new ArrayList<Date>();
cd = ld; // Ok!
```

這段程式碼表示 List<Date> 是 Collection<Date>，十分直覺，但如果參數型別不同，指派就會失敗：

```
List<Object> lo;
List<Date> ld = new ArrayList<Date>();
lo = ld; // 編譯期錯誤！不相容型別
```

雖然直覺上 List 裡的 Date 都可以幸福快樂地以 Object 型式存在 List 裡頭，但指派會發生錯誤，下一節會更精確的說明原因，目前先記得參數型別必須完全相同以及泛型裡的參數型別並沒有任何繼承關係，這是從型別的角度考慮實例化的助益，而不是從行為的角度考慮，它們並不真的是「日期的串列」與「物件的串列」，而是更接近於 DateList 與 ObjectList，而這兩者間的關係並不是那麼一目瞭然。

試著看看以下範例，試著找出什麼樣的指派可以，什麼樣的指派不行：

```
Collection<Number> cn;
List<Integer> li = new ArrayList<Integer>();
cn = li; // 編譯期錯誤！不相容型別
```

只有在參數型別完全相同的情況下，才能夠將 List 實例指派給 Collection 實例，繼承關係並沒有包含參數型別，上述範例也就無法正確編譯。

還有一件事：先前提到這個規則適用於本章到目前為止討論的實例化簡單型別，其他還有什麼型別？實際上，到目前介紹的實例化都是將真正的 Java 型別作為參數，稱為**實體型別實例化**（*concrete type instantiations*），稍後會介紹**萬用字元實例化**（*wildcard instantiations*），有點像是對型別作數學的集合運算，我們到時候會看到能夠建立更奇特的泛型實例化，其中的型別實際上會依基礎型別與參數化具有二維關係。別擔心：這並不常見，也不像聽起來那麼可怕。

為什麼 List<Date> 不是 List<Object>?

這個問題很合理，即使腦袋裡想的是 DateList 與 ObjectList，卻仍會對兩者無法指派感到好奇，為什麼不能將 List<Date> 指派給 List<Object>，將 Date 元件作為 Object 型別使用？

原因要回到泛型理論的核心，也就是在簡介時提過的：改變 API。在最簡單的情況下，假設 ObjectList 型別擴展出 DateList 型別，DateList 就會擁有 ObjectList 的所有方法，仍然可以插入 Object。你可能會認為泛型會改變 API，也就無法再使用舊的方法，沒錯，但還有更大的問題。如果我們可以把 DateList 指派給 ObjectList 變數，就必須要能夠使用 Object 方法插入 Date 型別之外的元素到串列之中，可以以**別名**（提供更廣泛的型別）的方式將 DateList 視為 ObjectList，再試著騙過它接受其他型別：

```
DateList dateList = new DateList();
ObjectList objectList = dateList; // 不能真的這麼做
objectList.add( new Foo() ); // 應該會有執行期錯誤！
```

我們預期真正的 DateList 實作在收到錯誤型別的物件時會發出執行期錯誤，但這有個問題，Java 泛型並沒有對應的執行期表現，即使這個功能很有用，但依目前 Java 採取的方式沒辦法在執行期知道該怎麼做；另一種看法是這個功能很危險，這種做法允許錯誤在執行期發生，卻無法在編譯期發現，一般都會希望能在編譯時期就抓出型別錯誤。

讀者可能會認為透過不允許這類指派，只要程式編譯時沒有任何未檢查警告，就能夠保證程式碼擁有完全的型別安全，可惜這做不到，但這與泛型無關，問題是出在陣列。如果你覺得似曾相識，是因為我們先前在討論 Java 陣列時有提過，陣列型別有繼承關係，能夠做到類似的別名操作：

```
Date [] dates = new Date[10];
Object [] objects = dates;
objects[0] = "not a date"; // 執行期 ArrayStoreException！
```

然而，陣列在執行期會以不同類別呈現，能夠在執行期檢查，在範例中會拋出 ArrayStoreException，所以，理論上，如果用範例的方式使用陣列，就無法由編譯器確保 Java 程式碼的型別安全。

轉型

接下來要討論泛型型別間的關係以及泛型型別與原始型別間的關係，但我們還沒有真正介紹泛型世界的轉型，用原始型別取代泛型型別時沒有轉型的必要，實際上，還越過了會觸發編譯器未檢查警告的線：

```
List list = new ArrayList<Date>();
List<Date> dl = list;  // 未檢查例外
```

一般來說，在 Java 會對可指派的型別間使用轉型，例如，我們可以將 Object 轉型為 Date，因為 Object 有可能是個 Date 值，轉型會在執行期檢查，看看我們對不對，在不相關的關係間轉型是編譯期錯誤，例如，我們甚至無法將 Integer 轉型為 String，這兩個型別間沒有繼承關係，那麼在相容的泛型型別間轉型會如何？

```
Collection<Date> cd = new ArrayList<Date>();
List<Date> ld = (List<Date>)cd; // Ok!
```

以上是合法的程式碼轉型，從更通用的 Collection<Date> 轉型為 List<Date>，因為 Collection<Date> 可以被指派為 List<Date>，也就是實際上有可能會是 List<Date>；類似的情況，以下轉型則會抓出程式碼的錯誤，因為我們將 TreeSet<Date> 別名為 Collection<Date>，再試著轉型為 List<Date>：

```
Collection<Date> cd = new TreeSet<Date>();
List<Date> ld = (List<Date>)cd; // 執行期 ClassCastException!
ld.add( new Date() );
```

但有個轉型不適用於泛型的情況，也就是依據參數型別區別型別的時候：

```
Object o = new ArrayList<String>();
List<Date> ld = (List<Date>)o; // 未檢查警告，不起作用
Date d = ld.get(0); // 在執行期不安全，轉型可能會失敗
```

程式裡用一般的 Object 作為 ArrayList<String> 的別名，接著再轉型為 List<Date>。不幸的是，Java 無法在執行期辨別 List<String> 與 List<Date>，所以轉型沒有任何效果。編譯器會在轉型的位置發出未檢查警告，我們在稍後使用轉型後物件時應該要小心，可能會發生錯誤，由於抹除以及缺乏型別資訊的關係，對泛型型別轉型在執行期不會有任何作用。

轉換集合與陣列

在集合與陣列間轉換十分容易，為了方便，集合的成員可以透過以下方法，以陣列的型式取得：

```
public Object[] toArray()
public <E> E[] toArray( E[] a )
```

第一個方法會傳回普通的 Object 陣列，第二種型式可以更明確地表示並取得正確的元素型別，如果指定的陣列有足夠大小，就會直接填入數值，萬一指定的陣列太短（例如長度為 0），就會建立一個**相同型別且具有足夠長度**的陣列並回傳，所以你可以直接用這樣的方式傳入有正確型別的空陣列：

```
Collection<String> myCollection = ...;
String [] myStrings = myCollection.toArray( new String[0] );
```

（這個技巧有點麻煩，如果 Java 能讓程式直接用 Class 參考指定型別會更好，但因為某些原因，實際上並不是這樣。）你可以使用 java.util.Arrays 類別的靜態 asList() 方法，將物件的陣列轉換為 List 集合：

```
String [] myStrings = ...;    List list = Arrays.asList( myStrings );
```

Iterator

迭代器（*iterator*）是能讓程式逐個檢視一系列數值的物件，這種操作十分常見，因此有了標準的介面 java.util.Iterator。Iterator 介面只有兩個主要方法：

public E next()

　這個方法會傳回對應集合的下個元素（泛型型別 E 的元素）。

public boolean hasNext()

　如果還沒走完 Collection 的所有元素，這個方法就會傳回 true。也就是說，只有在可以呼叫 next() 取得下個元素時，這個方法才會傳回 true。

以下程式示範用 Iterator 印出集合裡的每個元素：

```
public void printElements(Collection c, PrintStream out) {
    Iterator iterator = c.iterator();
    while ( iterator.hasNext() ) {
        out.println( iterator.next() );
    }
}
```

除了遍歷元素的方法之外，Iterator 也提供了從集合裡移除元素的方法：

public void remove()

　這個方法會從對應的 Collection 移除最近一次從 next() 傳回的元素。

並不是所有的迭代器都會實作 remove()，例如，從唯讀集合裡移除元素並不合理，如果不允許移除元素，這個方法就會拋出 UnsupportedOperationException。如果沒有先呼叫 next() 就直接呼叫 remove()，或是連續呼叫 remove() 兩次，就會得到 IllegalStateException。

對集合的 for 迴圈

第 100 頁的〈for 迴圈〉一節提到 for 迴圈的一種型式能夠作用在所有的 Iterable 型別，這表示它能夠作用在所有的 Collection 型別物件上，因為 Collection 型別擴展了 Iterable，例如，我們可以用以下的方式遍歷 Date 型別的集合：

```
Collection<Date> col = ...
for( Date date : col )
   System.out.println( date );
```

Java 內建 for 迴圈的這項特性稱為「增強」for 迴圈（相對於先前普通、只能使用數值的 for 迴圈），增強 for 迴圈只適用於 Collection 型別集合，不適用於 Map。Map 是另一種類型的東西，實際上包含了兩組不同的物件（鍵與值），所以無法明確的用這種迴圈表示程式的意圖，但由於對映射使用迴圈還算合理，你可以使用 Map 的 keySet() 與 values() 方法（甚至是 entrySet()，如果想把每個鍵 / 值對視為一個實體）從映射取得正確的集合，就能夠對取得的集合使用 for 迴圈。

深入 sort() 方法

從 java.util.Collections 類別可以找到各種處理集合的靜態工具方法，其中包含了這個好東西——靜態泛型 sort() 方法：

```
<T extends Comparable<? super T>> void sort( List<T> list ) { ... }
```

這是另一個值得一探的問題，我們先注意邊界的最後：

```
Comparable<? super T>
```

這是用萬用字元建立的 Comparable 介面實例，把 extends 讀成 implements 可能會比較好懂，Comparable 擁有對參數型別的 compareTo() 方法，Comparable<String> 表示 compareTo() 方法接受 String 型別，因此，Comparable<? super T> 是一組對 T 及其所有父類別的 Comparable 實例，Comparable<T> 夠用，Comparable<Object> 同樣也可以。這在英語裡表示元素必須能與本身的型別或父型別物件作比較，才適用於 sort() 方法，這能夠確保元素能夠彼此比較，但並沒有嚴格限制元素本身都必須實作 compareTo() 方法，某些元素可能從親代繼承了 Comparable 介面，只能夠與 T 的上層型別比較，而這也正是這個寫法允許的情況。

應用：田野裡的樹

本章包含了許多理論，不要害怕理論，理論能幫助你在新的情境裡預測行為，啟發新問題的答案。但實務一樣重要，所以接下來我們要再次回顧第 118 頁的〈類別〉一節建立的遊戲程式，在遊戲中加入集合，這次特別讓每個型別儲存超過一個物件。

在第十一章介紹網路時會加入多個玩家的設定，就會需要儲存多個物理學家；目前，只需要一個能夠一次丟出一個蘋果的物理學家就夠了，但我們可以在田野裡長出許多棵樹，供瞄準練習，牛頓可以報仇了！

先加上六棵樹，範例只用一些迴圈，以便讀者能夠依自己的喜好增加，Field 目前只儲存了一個樹的實體，可以將型別改為串列，接著就能夠有許多加入與移除樹的方法。我們可以在 Field 加入一些處理串列的方法，也許再加上一些遊戲規則的限制（例如控制樹的最大數量），也可以直接使用串列，因為對我們想做的事，List 類別已經提供絕大多數的方法。我們也可以結合這兩種方法：在必要的時候使用特殊的方法，其他情況就直接操作。

由於 Field 的確包含了一些特殊的遊戲規則，我們就先採取第一種做法（但看完範例程式後，你可以想想該怎麼改成直接使用 tree 的串列）。我們先從 addTree() 方法開始，這種做法的優點之一在於能夠同時在方法裡建立 tree 的實例，而不是分別處理建立與操作。以下是在田野裡特定位置加入一棵樹的其中一種做法：

```
public void addTree(int x, int y) {
    Tree tree = new Tree();
    tree.setPosition(x,y);
    trees.add(tree);
}
```

有了這個方法，就可以很快地加入一些樹：

```
Field field = new Field();
...
field.addTree(100,100);
field.addTree(200,100);
```

這兩行程式加入了兩棵樹，接下來寫個迴圈產生我們需要的六棵樹：

```
Field field = new Field();
...
for (int row = 1; row <= 2; row++) {
    for (int col = 1; col <=3; col++) {
        field.addTree(col * 100, row * 100);
    }
}
```

希望讀者可以看出加入八、九棵甚至一百棵樹有多簡單了。先前提過，電腦真的很擅長做重複的工作。

恭喜建立了蘋果投擲標的的森林！但我們省略了一些關鍵細節，最重要的是將森林顯示在螢幕上，這需要升級 **Field** 的描繪方法，讓它知道如何正確使用串列。隨著在遊戲中加入愈來愈多的功能，我們最終會對物理學家與蘋果做類似的事，同時還需要有辦法能夠移除不再活躍的物件，但首先是森林！

```
protected void paintComponent(Graphics g) {
    g.setColor(fieldColor);
    g.fillRect(0,0, getWidth(), getHeight());
    for (Tree t : trees) {
        t.draw(g);
    }
    physicist.draw(g);
    apple.draw(g);
}
```

由於我們已經在儲存 **trees** 的 **Field** 類別當中，沒有必要另外寫函式取得個別的樹再作描繪，我們可以使用簡潔的迴圈結構，很快地在田野上畫出所有的樹，如圖 7-1。漂亮！

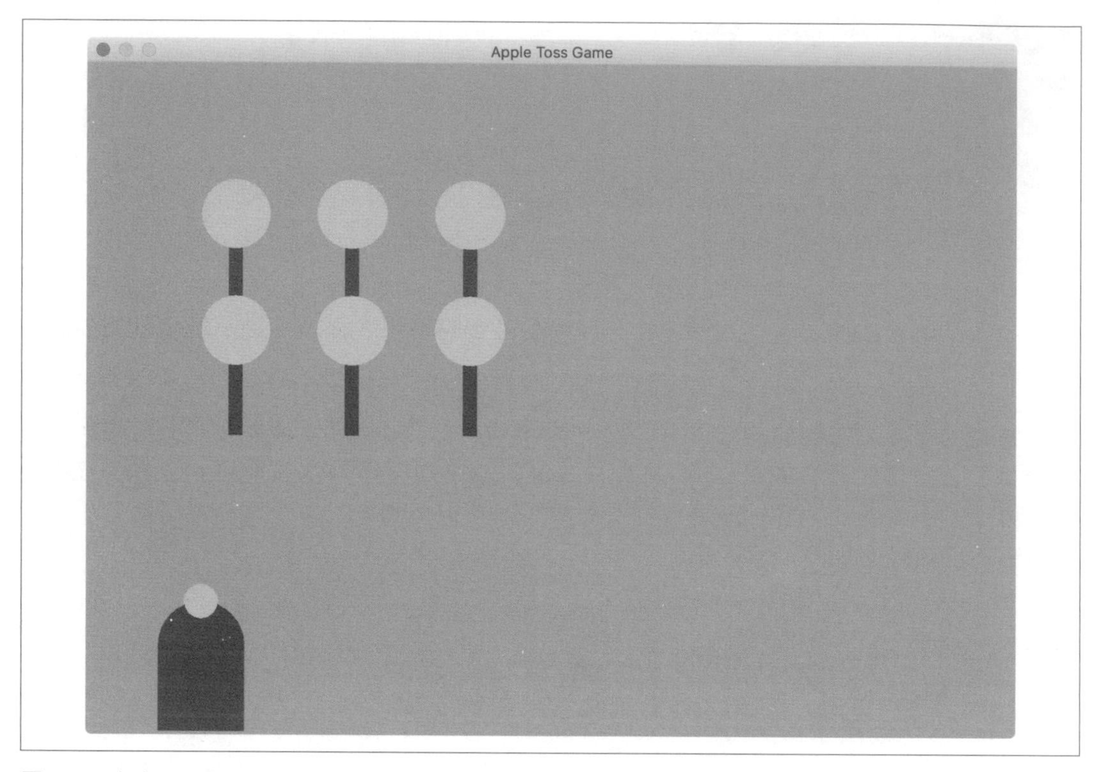

圖 7-1　畫出 List 裡所有的樹

小結

Java 集合與泛型是強大且有用的工具，雖然本章後半段提到的一些深入細節似乎有點令人害怕，但一般使用上很簡單也很令人滿意：泛型讓集合變得更好，隨著讀者撰寫愈來愈多使用泛型的程式，你會發現程式碼變得更容易閱讀也更容易理解，集合是優雅、有效率的儲存工具，泛型則讓以往需要從程式碼自行推論的細節變得顯明。

第八章

文字與核心工具

如果你是依序閱讀本書，那麼你已經讀完所有核心 Java 的程式語言結構了，包含語言的物件導向部分以及執行緒的使用方式，現在是時候轉換重點，開始討論 Java 應用程式介面（application programming interface, API）了，這是所有 Java 實作都一定會提供、組成標準 Java 套件的一組類別。Java 核心套件是它最傑出的特性，許多其他的物件導向式程式語言都有類似特性，但沒有像 Java 一樣提供這麼完整的標準化 API 與工具，這促成了 Java 的成功，是 Java 成功的原因。

字串

先從更深入 Java String 類別開始（或是更精確的說 java.lang.String），由於處理 String 是十分基本的工具，了解它們的實作方式以及允許的操作就十分重要。String 物件封裝了一連串的 Unicode 字元，在內部，這些字元是以一般的 Java 陣列儲存，但 String 物件會嚴格保護內部的陣列，只能夠透過提供的 API 存取。這是為了支援 String 不可變（*immutable*）的概念，一旦建立 String 物件就無法再改變它的值。許多操作看起來會改變 String 物件的字元或長度，但實際上是傳回新的 String 物件，在內部複製或參考到原先需要的字元，Java 實作儘可能讓同一類別相同的字串合併到共享的字串池，儘可能讓 String 共享相同的部分。

原先的目的是為了效能，不可變的字串能夠節省記憶體，也能夠透過 Java VM 對執行速度最佳化；另一方面，程式設計師應該對 String 類別有基礎的認識，以避免建立大量的 String 物件造成效能問題，在以往 VM 速度緩慢又對記憶體處理不佳的年代更是如此。如今，使用字串對一般應用程式而言，大都不會對整體效能有所影響[1]。

建立字串

在原始碼裡是以雙引號定義的文字字串（literal string），可以直接指派給 String 變數：

```
String quote = "To be or not to be";
```

Java 會自動將文字字串轉換為 String 物件，指派給變數。

String 會追蹤本身的長度，所以 Java 的字串並不需要特殊的結束字元，程式可以用 length() 方法取得 String 的長度，也可以用 isEmpty() 檢查是否為長度零的字串：

```
int length = quote.length();
boolean empty = quote.isEmpty();
```

String 可以使用 Java 唯一一個過載運算子（+ 運算子）作字串串接。以下兩行程式碼會產生等價字串：

```
String name = "John " + "Smith";
String name = "John ".concat("Smith");
```

文字字串（還[2]）不能延伸到多行 Java 程式碼，但我們可以利用字串串接達到相同的效果：

```
String poem =
    "'Twas brillig, and the slithy toves\n" +
    "   Did gyre and gimble in the wabe:\n" +
    "All mimsy were the borogoves,\n" +
    "   And the mome raths outgrabe.\n";
```

在原始碼裡包含很長的文字並不常見，在第十一章會介紹從檔案或 URL 載入 String。

除了從文字表示式建立字串之外，我們也可以直接從字元陣列建立 String：

```
char [] data = new char [] { 'L', 'e', 'm', 'm', 'i', 'n', 'g' };
String lemming = new String( data );
```

1 覺得懷疑就量看看！只要操作字串的程式碼簡潔又好懂，就不用重寫，直到有其他人提出證據，但他們很有可能是錯的，不要被相對比較愚弄了，毫秒雖然比微秒慢了 1000 倍，但對應用程式的整體效能來說，仍然是可以忽略的部分。

2 Java 13 提供了多行文字字串的功能預覽：*https://oreil.ly/CIlNB*。

也可以從位元組陣列建立 String：

```
byte [] data = new byte [] { (byte)97, (byte)98, (byte)99 };
String abc = new String(data, "ISO8859_1");
```

在這個例子裡，String 建構子的第二個引數是文字編碼方式的名稱，String 建構子會使用指定的編碼方式將原始的位元組轉換為執行期選用的內部編碼，如果沒有指定字元編碼，就會使用系統的預設編碼[3]。

相反的，String 類別的 charAt() 方法能讓程式用類似陣列的方式存取 String 的字元：

```
String s = "Newton";
for ( int i = 0; i < s.length(); i++ )
    System.out.println( s.charAt( i ) );
```

這段程式會一次印出字串裡的一個字元。

String 代表一連串字串的概念，也反應在 String 類別實作了 java.lang.CharSequence 上，CharSequence 指定了 length() 與 charAt() 作為取得字元子集合的方法。

從各種東西到字串

Java 的物件與基本型別能夠以預設的文字呈現方式轉換為 String，對於數字等基本型別的字串表示方式十分直白，至於物件型別就受到物件本身的控制，我們可以藉由靜態 String.valueOf() 方法取得它們的文字呈現，這個方法提過了許多過載，能接受各種基本型別：

```
String one = String.valueOf( 1 ); // 整數，"1"
String two = String.valueOf( 2.384f );  // 浮點數，"2.384"
String notTrue = String.valueOf( false ); // 布林值，"false"
```

Java 裡所有的物件都有繼承自 Object 類別的 toString() 方法，對許多物件而言，這個方法傳回顯示物件內容的有用結果，例如，java.util.Date 的 toString() 方法的傳回值是將日期格式化為字串，對於沒有提供呈現方式的物件，toString() 的文字結果只是用於偵錯的唯一識別子，用物件呼叫 String.valueOf() 方法時，會呼叫該物件的 toString() 方法，並傳回其結果，唯一的差別在於，傳入 null 物件參考時，會傳回「null」String，而不是產生 NullPointerException。

```
Date date = new Date();
// 相當於 "Fri Dec 19 05:45:34 CST 1969"
```

3 大多數平台的預設編碼都是 UTF-8，你可以在 java.nio.charset.Charset 類別的官方 Javadoc 文裡找到字元組、預設字元組以及 Java 支援的標準字元組等細節（*https://oreil.ly/UarRO*）。

```
String d1 = String.valueOf( date );
String d2 = date.toString();

date = null;
d1 = String.valueOf( date );  // "null"
d2 = date.toString();  // NullPointerException!
```

字串串接在內部使用了 valueOf() 方法，因此，如果使用「加號」運算子（+）加一個物件或基本型別，會得到 String：

```
String today = "Today's date is :" + date;
```

有時你會看到用空字串與加號運算子（+）作為取得物件字串值的簡寫，如：

```
String two = "" + 2.384f;
String today = "" + new Date();
```

比較字串

標準 equals() 方法能夠比較字串的**相等**，表示兩者包含相同的字元與相同的順序，你也可以用另一個方法 equalsIgnoreCase() 不考慮大小寫的方式比較字串是否相等：

```
String one = "FOO";
String two = "foo";

one.equals( two );             // false
one.equalsIgnoreCase( two );   // true
```

初學者在 Java 常見的錯誤是在應該用 equals() 方法的時候用 == 運算子比較字串，要記得 Java 的字串是物件，== 是比較物件的**相同**（*identity*），也就是說，兩個比較的物件是不是同一個物件，在 Java 裡，很容易產生兩個有相同字元、但不是相同字串物件的字串，如：

```
String foo1 = "foo";
String foo2 = String.valueOf( new char [] { 'f', 'o', 'o' }  );

foo1 == foo2         // false!
foo1.equals( foo2 )  // true
```

這種錯誤十分危險，因為對於大多數比較文字字串（直接在程式裡用雙引號宣告）的情況來說，這種做法還是有用，原因在於 Java 透過結合字串的方式，試著用有效率的方式管理字串，在編譯時期，Java 會找到同一類別裡所有的相同字串，只產生一個物件，由於字串不可變的特性，這種做法十分安全，程式可以在執行期間使用 String intern() 方法自行合併，intern() 字串會傳回在整個 VM 裡唯一的等價字串參考。

compareTo() 方法比較字串與另一個字串的詞彙（lexical）值，判斷在依字典順序排序時是在目標字串之前、相同或之後的位置，它會傳回一個小於、相等或大於零的整數值：

```
String abc = "abc";
String def = "def";
String num = "123";

if ( abc.compareTo( def ) < 0 )         // true
if ( abc.compareTo( abc ) == 0 )        // true
if ( abc.compareTo( num ) > 0 )         // true
```

compareTo() 會嚴格依據字元在 Unicode 規格中的位置比較兩個字串，這適用於簡單的文字，但無法對所有的語言都處理得很好。後續討論的 Collator 類別可以用在更複雜的比較。

搜尋

String 類別提供了幾個簡單的方法，能夠在字串裡搜尋固定的子字串。startsWith() 與 endsWith() 方法分別會比較引數字串與原字串的開頭或結尾：

```
String url = "http://foo.bar.com/";
if ( url.startsWith("http:") )  // true
```

indexOf() 方法搜尋第一次出現的字元或子字串，傳回起始字元的位置，如果找不到子字串會傳回 -1：

```
String abcs = "abcdefghijklmnopqrstuvwxyz";
int i = abcs.indexOf( 'p' );     // 15
int i = abcs.indexOf( "def" );   // 3
int I = abcs.indexOf( "Fang" );  // -1
```

同樣的，lastIndexOf() 會由後往前搜尋字元或子字串最後一次出現的位置。

contains() 方法處理的是非常常見的工作——檢查是否包含特定字串：

```
String log = "There is an emergency in sector 7!";
if  ( log.contains("emergency") ) pageSomeone();

// 相當於
if ( log.indexOf("emergency") != -1 ) ...
```

對於更複雜的搜尋，你可以使用能夠搜尋與剖析複雜模式的正則表示式 API（Regular Expression API），本章稍後也會介紹正則表示式。

字串方法摘要

表 8-1 列出了 String 類別提供的方法，其中包含了一些本章沒有提到的方法，以確保讀者知道 String 的能力。請自行在 *jshell* 試試這些方法，或是查看線上文件（*https://oreil.ly/lbM1R*）。

表 8-1　字串方法

方法	功能
charAt()	取得字串中的特定字元
compareTo()	比較字串與另一個字串
concat()	串接字串與另一個字串
contains()	檢查字串是否包含另一個字串
copyValueOf()	傳回等價於指定字元陣列的字串
endsWith()	檢查字串是否以特定字尾結束
equals()	比較字串與另一個字串
equalsIgnoreCase()	比較字串與另一個字串，忽略大小寫
getBytes()	將字元從字串裡複製到位元組陣列
getChars()	將字元從字串裡複製到字元陣列
hashCode(0	傳回字串的雜湊值
indexOf()	在字串中搜尋字元或子字串第一次出現的位置
intern()	從全域共享的字串池取得字串的唯一實體
isBlank()	如果字串長度為零或只有空白字元就傳回 true
isEmpty()	如果字串長度為零就傳回 true
lastIndexOf()	在字串中尋找字元或子字串最後一次出現的位置
length()	傳回字串的長度
lines()	傳回由斷行字元分隔後的行串流（stream of line）
matches()	判斷整個字串是否與正則表示式相符
regionMatches()	檢查是否字串內有區域與另一字串的指定區域相符
repeat()	傳回字串重複指定次數後串接的結果
replace()	將字串中的所有字元都換成另一個字元
replaceAll()	用另一個模式取代所有出現的正則表示式模式
replaceFirst()	用另一個模式取代第一個出現的正則表示式模式
split()	以正則表示式模式作為分隔子，將字串切割為字串陣列
startsWith()	檢測字串是否以指定的字首開頭
strip()	移除字首與字尾的空白字元，空白字元是由 Character.isWhitespace()（*https://oreil.ly/NK1Nl*）定義
stripLeading()	類似上面的 strip()，移除開頭的空白
stripTrailing()	類似上面的 strip()，移除結尾的空白

方法	功能
substring()	傳回子字串
toCharArray()	傳回字串的字元陣列
toLowerCase()	將字串轉換為小寫字元
toString()	傳回物件的字串值
toUpperCase()	將字串轉換為大寫字元
trim()	移除開頭與結尾的空白，這裡的空白字元是定義為字元碼小於等於 32（「空白」字元）的值
valueOf()	傳回字串代表的數值

從字串到各種東西

剖析與格式化是個龐大、無止盡的主題，本章到目前為止只介紹了字串的基本操作：建立、搜尋與將簡單的數值轉換為字串，接下來要進入更結構化的文字。Java 對剖析與列印格式化字串提供了豐富的 API，可以處理數字、日期、時間與幣值，本章會涵蓋這些主題大多數的內容，但會等到第 240 頁的〈本地日期與時間〉再介紹日期與時間的格式化。

接下來先從剖析開始：以字串型式讀取基本數字以及將長字串切割為符記（token），接著會介紹正則表示式（regular expression），這是 Java 提供的最強而有力的文字剖析工具，正則表示式允許你自行定義各種複雜的模式，從文字中搜尋或剖析它們。

剖析基本數值

Java 的數字、字元與布林值都是基本型別（不是物件），但 Java 同時對每個型別定義了**基本外覆**（*primitive wrapper*）類別，更精確的說，java.lang 套件裡包含了以下類別：Byte、Short、Integer、Long、Float、Double、Character 與 Boolean，我們在第 136 頁的〈基本型別的外覆〉一節討論過這些類別，知道從字串剖析出這些類別的方法，每個基本外覆類別都提供了靜態的「parse」方法，能夠讀取 String 傳回對應的基本型別，如：

```
byte b = Byte.parseByte("16");
int n = Integer.parseInt( "42" );
long l = Long.parseLong( "99999999999" );
float f = Float.parseFloat( "4.2" );
double d = Double.parseDouble( "99.99999999" );
boolean b = Boolean.parseBoolean("true");
```

另一方面，java.util.Scanner 提供了單獨的 API，不只能夠從字串剖析各個基本型別，還能夠從符記串流裡讀取。以下程式碼是使用 Scanner 處理外覆類別的方法：

```
byte b = new Scanner("16").nextByte();
int n = new Scanner("42").nextInt();
long l = new Scanner("99999999999").nextLong();
float f = new Scanner("4.2").nextFloat();
double d = new Scanner("99.99999999").nextDouble();
boolean b = new Scanner("true").nextBoolean();
```

文字符記化

剖析文字字串是常見的程式設計工作，用一組空白或逗點等分隔字元將文字字串分隔成獨立的單字或「符記」。第一個例子包含了以一個空白字元分隔的單字，第二個例子是更加真實的問題，包含了用逗號分隔的欄位。

```
Now is the time for all good men (and women)...

Check Number, Description,      Amount
4231,         Java Programming, 1000.00
```

Java 有許多能夠處理這類情況的 API（可惜互有重疊），最強大也最為常用的是 String split() 與 Scanner API，兩者都利用正則表示式允許用任意的樣式切割字元。我們還沒有介紹正則表示式，但為了顯示它的運作方式，這裡只提供必要的說明，細節留待本章稍後解釋，我們同時也會提到舊版的工具 java.util.StringTokenizer，這個類別使用簡單的字元分隔字串，StringTokenizer 並不十分強大，不了解正則表示式也能使用。

String split() 方法接受以正則表示式表示的分隔子，會使用程式提供的分隔子將字串切割為字串陣列：

```
String text = "Now is the time for all good men";
String [] words = text.split("\\s");
// words = "Now", "is", "the", "time", ...

String text = "4231,         Java Programming, 1000.00";
String [] fields = text.split("\\s*,\\s*");
// fields = "4231", "Java Programming", "1000.00"
```

第一個例子使用正則表示式 \\s，對應到空白字元（空白、tab 與換行），split() 傳回有八個字串的陣列；第二個例子使用了更複雜的正則表示式 \\s*,\\s*，會對應到前後有空白的逗號（也可以是沒有空白），能將文字轉換為三個清楚、明確的欄位。

利用新的 Scanner API，第二個例子還可以進一步強化，在萃取欄位時剖析數字：

```
String text = "4231,         Java Programming, 1000.00";
Scanner scanner = new Scanner( text ).useDelimiter("\\s*,\\s*");
int checkNumber = scanner.nextInt(); // 4231
String description = scanner.next(); // "Java Programming"
float amount = scanner.nextFloat();  // 1000.00
```

這段程式告訴 Scanner 使用正則表示式作為分隔子，接著依序呼叫各欄位型別對應的剖析方法。Scanner 十分方便，不只能夠從 String 讀取，也可以直接讀取 InputStream、File 與 Channel 等串流來源（第十一章會更詳細介紹）：

```
Scanner fileScanner = new Scanner( new File("spreadsheet.csv") );
fileScanner.useDelimiter( "\\s*,\\s* );
// ...
```

另一個 Scanner 可以做到的事是利用「hasNext」方法先檢測後續內容，看看是否有相符數值：

```
while( scanner.hasNextInt() ) {
  int n = scanner.nextInt();
  ...
}
```

StringTokenizer

雖然先前說過 StringTokenizer 類別如今已是老舊的東西，但由於它打從 Java 一開始就存在且被用在許多程式碼中，因此還是值得一看。StringTokenizer 能夠指定一組字元作為分隔子，這些字元的任意組合都會被視為符記間的分隔子，以下程式會讀取第一個範例的字串：

```
String text = "Now is the time for all good men (and women)...";
StringTokenizer st = new StringTokenizer( text );

while ( st.hasMoreTokens() )  {
    String word = st.nextToken();
    ...
}
```

我們呼叫 hasMoreTokens() 與 nextToken() 方法，依序取得文字中的各個單字，StringTokenizer 類別預設使用空白字元（換行、返回與 tab）作為分隔子，你也可以在 StringTokenizer 建構子自行指定分隔子，目標字串中指定字元的所有連續組合都會被跳過：

```
String text = "4231,     Java Programming, 1000.00";
StringTokenizer st = new StringTokenizer( text, "," );

while ( st.hasMoreTokens() )  {
   String word = st.nextToken();
   // word = "4231", "     Java Programming", "1000.00"
}
```

這並不像正則表示式範例那麼簡潔，以上我們使用逗號作為分隔子，所以在描述欄位會包含額外的空白，如果在分隔子字串裡加入空白字元，則 `StringTokenizer` 會把描述拆成 Java 與 Programming 兩個單字，這也不是我們想要的結果，解決方式是用 `trim()` 移除每個元素開頭與結尾的空白。

正則表示式

接下來，我們在 Java 的旅程要繞個路，進入**正則表示式**（*regular expression*）的範疇。正則表示式（也稱為 regex）描述了文字模式，許多工具都使用正則表示式，如 `java.util.regex` 套件、文字編輯器以及許多命令稿語言，這些工具利用正則表示式提供進階文字搜尋與操作文字的能力。

如果你已經熟悉正則表示式的概念，也知道在其他程式語言的使用方式，可以直接跳過這節，但仍然需要讀一下本章稍後第 230 的〈java.util.regex API〉一節，介紹了使用正則表示式所需要的 Java 類別。如果你對這個主題完全沒有任何概念，想要知道正則表示式是什麼，那麼請先倒杯喜歡的飲料並做好準備，你接下來要學的是文字操作領域最強大的工具，它本身實際上就是個小型語言，會花上幾頁的篇幅介紹。

Regex 符號

正則表示式描述了文字裡的樣式，樣式指的是所有能從字元文本中識別文字的特性，不考慮文字的意義，這包含了如單詞、詞組、行以及段落、標點、大小寫，以及更一般化、有特定結構的字串或數字，如電話號碼、email 地址或引用等等。透過正則表示式，你可以在字典裡搜尋有字母 q 且不與 u 相鄰的單字，或是開頭與結尾字母相同的單字，一旦建立好模式（pattern），就可以使用簡單的工具在文字裡找出樣式，或判斷特定字串是否與模式（pattern）相符。regex 也可以用來協助拆解與其相符的特定部分文字，並在需要時將相符部份以其他文字取代。

寫一次就可持續使用

繼續之前，我們應該先談一下一般的正則表示式語法。本節一開始約略提到要介紹一個新語言，實際上，正則表示式的確組成了簡單形式的程式語言，稍稍回想一下先前提過的例子，你可以發現即使只是描述像 email 位址這樣形式上有些變化的簡單模式，仍然需要有類似語言的結構才做得到。

考慮到描述能力以及所能做到的事，資訊科學課本會把正則表示式分類在電腦程式語言的最底層，但它仍然有能力做到許多複雜的事，與大多數程式語言相同，正則表示式的構成元素十分簡單，能夠透過組合建立出各種不同的複雜度，這也是事情開始變得困難的地方。

由於 regex 處理的是文字，使用簡潔夠方便插入字元之間的符號會比較方便，但簡潔的符號可能很難懂，而經驗顯示複雜的指令易寫難讀，這也是正則表示式的原罪，你會發現在深夜，藉助咖啡因的力量，可以寫出一個很漂亮的模式，將其他程式簡化到只剩一行，但隔天回頭閱讀這行程式的時候，看起來就像是埃及象形文字一般。簡單一般都比較好，但如果你可以將問題分解，用比較清楚的方式分為幾個步驟處理，也許就該這麼做。

跳脫字元

在你讀完事前警告之後，我們還得再提一件事，讓你有更完善的準備。不只是 regex 的符號讓人害怕，還可能跟一般的 Java 字串混淆，符號裡的重要部分是跳脫字元：前頭有個反斜線的字元，例如 \d 跳脫字元是與任何數字（0-9）相符號樣式的簡寫，但不能直接在 Java 字串裡用 \d，因為 Java 本身也用反斜線表示特別的字元以及特殊的 Unicode 字元序列（\uxxxx）。所幸 Java 提供了替代品：跳脫的反斜線，也就是兩個反斜線（\\），表示真正的反斜線，規則就是，在 regex 裡需要反斜線的時候，你必須加上額外的跳脫符號：

```
"\\d" // Java 字串會得到反斜線 d
```

還有更糟的，因為 regex 符號本身用反斜線標示特殊字元，所以必須再一次的「跳脫」：如果想要真正的反斜線，你就得使用加倍數量的反斜線。所以，如果你想指定代表只有一個反斜線字元的正則表示式，它看起來就像是：

```
"\\\\"  // Java 字串會得到兩個反斜線，regex 會得到一個反斜線
```

本節會看到的大多數「神奇」運算子字元都作用在前一個字元，因此，如果想要使用這些運算子字元本身的文字，同樣也得加上跳脫反斜線，這些特殊字元包含了 `.`、`*`、`+`、大括號 `{}` 以及小括號 `()`。

如果需要建立一個包含許多文字字元的表示式，你可以使用特別的分隔子 `\Q` 或 `\E`，任何出現在 `\Q` 與 `\E` 之間的文字都會自動加上跳脫反斜線（仍然需要 Java `String` 的跳脫——反斜線要使用雙反斜線，但不需要使用四個反斜線）。另外也有 `Pattern.quote()` 靜態方法，提供了相同的功能，傳回輸入字串適當跳脫後的結果。

此外，為了讓讀者在處理接下來的範例時能夠保持頭腦清醒，建議保留兩個副本（一行顯示原始正則表示式的註解，以及一行必須使用兩倍反斜線的 Java 字串）。另外，別忘了 *jshell*！這是測試與調整樣式時十分強大的工具。

字元與字元類別

接下來要深入真正的 regex 語法，正則表示式最簡單的形式就是字元文字，沒有任何特殊意義並直接對應（字元對字元）到輸入字串，這可以是單一字元或多個字元，例如，在以下的字串裡，「s」樣式能夠對應到 `rose` 與 `is` 這兩個單字中的 `s` 字元：

```
"A rose is $1.99."
```

「rose」樣式只能對應到一個單字 `rose`，這沒什麼意思，讓我們提高一個等級，加上特別字元以及字元「類別」的概念。

任何字元：點（.）

特殊字元點（.）會對應到任何字元的單一個字元，「.ose」樣式可以對應到 rose、nose、_ose（空格後面接著 ose），或任何一個字元後面接著 ose 字串的狀態，兩個點可以對應到任何兩個字元（prose、close 等），依此類推。點運算子通常沒有分辨能力，通常只會停在行尾字元（或是也可以告訴它不要停在行尾，這稍後會討論）。我們可以把「.」看成代表群組或所有字元的類別，regex 還定義了其他更有趣的字元類別。

空白或非空白字元：`\s`、`\S`

特殊字元 `\s` 對應於文字空白字元或以下其中一個字元：`\t`（tab 字元）、`\r`（返回字元，carriage return）、`\n`（換行）、`\f`（換頁，formfeed）以及倒退鍵（backspace）。相對的 `\S` 特殊字元則會對應到任何非空白字元。

數字或非數字字元：\d、\D

\d 對應到 0-9 任何一個數字。\D 的行為則相反，會對應到所有數字外的字元。

單字或非單字字元：\w、\W

\w 對應到「單字」字元，包含大、小寫的字母 A-z、a-z，數字 0-9 以及底線字元（_）。\W 則對應到所有其他的字元。

自行定義字元類別

你可以用 [...] 符號自行定義字元類別，例如以下的字元類別會對應到 a、b、c、x、y、z 中的任何字元：

```
[abcxyz]
```

特殊的 x-y 範圍符號可以作為文數字字元的簡寫。以下範例定義了包含所有大寫與小寫字元的字元類別：

```
[A-Za-z]
```

在中括號內以插入號（^）作為第一個字元會反轉字元類別。以下範例會對應到大寫 A-F 之外的所有字元：

```
[^A-F]    //  G, H, I, ... a, b, c, ... 等等
```

巢狀字元類別會直加接入：

```
[A-F[G-Z]\w]   // A-Z 加上空白
```

&& 邏輯 AND 符號可以用來作交集（共通的字元）：

```
[a-p&&[l-z]]  // l, m, n, o, p
[A-Z&&[^P]]  // A 到 Z 但不含 P
```

位置標記

「[Aa] rose」樣式（包含大、小寫 A）會在以下句子裡找到三次相符：

```
"A rose is a rose is a rose"
```

位置字元能夠指定符的相對位置，最重要的是 ^ 與 $，分別代表行首與行尾：

```
^[Aa] rose  // 對應到行首的"A rose"
[Aa] rose$  // 對應到行末的"a rose"
```

更精確的說，^ 與 $ 分別對應到「輸入」的開頭與結尾，通常輸入指的就是一行文字，如果處理的是多行文字，想要符合巨大字串中各行文字的開頭與結尾，可以參考第 229 頁的〈特殊參數〉介紹的方式啟用「多行」模式。

\b 與 \B 位置標記分別對應到單字邊界與非單字邊界，例如，以下樣式會對應到 rose 與 rosemary，但不會對應到 primrose：

```
\brose
```

重複（次數）

單純對應到固定的字元模式能做到的有限，接下來我們要看的運算子會計算字元的出現次數（更一般的說，是模式的次數，參看第 230 頁的〈Pattern〉一節）：

任何（零次以上）：星號（*）

將星號放在字元或字元類別之後表示「允許這類型的字元出現任何次數」，也就是零次以上。例如，以下模式會對應到開頭有任意個零（可能沒有）的數字：

```
0*\d   // 對應到開頭有任意個零的數字
```

一些（一次以上）：加號（+）

加號（+）表示重複「一次以上」，相當於 XX*（樣式緊接著樣式與星號）。例如，以下模式會符合一位以上的數字，開頭可能會有零：

```
0*\d+   // 符合一個數字（一位數以上）開頭可能會有多個零
```

在表示式開頭加上零的對應樣式可能有些累贅，因為 0 本身也是個數字，也被包含在 \d+ 的部分當中，但我們稍後會說明使用 regex 挑選字串內容，取得想要的部分，這時候你可能會想要除非開頭的零，只留下數字部分。

選用（零或一次）：問號（?）

問號運算子（?）允許出現零次或一次。例如，以下模式會對應到信用卡的使用期限，中間可能有也可能沒有斜線：

```
\d\d/?\d\d  // 對應到四位數字，中間可能會包含斜線
```

範圍（介於 *x* 與 *y* 次，包含邊界）：{x, y}

{x,y} 大括號範圍運算子是最常見的重複運算子，這個運算子指定了精確的相符範圍，範圍包含了兩個引數：下界與上界，中間以逗號分開。這個 regex 會對應到任何有五到七個字元的單字，包含五個與七個字元：

```
\b\w{5,7}\b  // 對應至少五個字母至多七個字母的單字
```

至少 *x* 以上（*y* 是無限大）：{x,}

如果省略上界，只留下範圍裡的逗號，上界就會是無限大。這是用來指定最少出現次數，不限最多出現次數的方法。

交替

豎線（|）運算子表示邏輯 OR 運算，也稱為交替或選擇，| 運算子不是運作在個別字元，而是作用在兩側的所有內容，除非被小括號分組所限制，否則會把表示式一分為二，例如以下是剖析日期最直白的方法：

```
\w+, \w+ \d+ \d+|\d\d/\d\d/\d\d  // 模式 1 或模式 2
```

這個表示式左側會對應到如 Fri, Oct12, 2001 這樣的模式，右側則對應於 10/12/2001。

以下 regex 可以用來對應 *net*、*edu* 與 *gov* 這三個網址之一的 email 位址：

```
\w+@[\w.]*\.(net|edu|gov)  // 以 .net, .edu 或 .gov 結尾的 email 位址
```

特殊參數

有幾個會影響 regex 引擎對應行為的特殊參數，這些參數選項會以兩種方式使用：

- 可以在 `Pattern.compile()` 步驟傳入一個以上的旗標（下一節討論）。
- 可以在 regex 裡包含一個特別的區塊。

這裡先介紹第二種做法，這需要將一個以上的旗標放到特別的區塊 (?*x*)，其中 *x* 是想要啟用的特殊參數，一般會在 regex 的開頭做這件事，你可以加上減號表示關閉特殊參數 (?-*x*)，如此就能夠只對樣式的特定部分套用旗標。

可用旗標如下：

不考慮大小寫：(?i)

(?i) 旗標告訴 regex 引擎在對應時忽略大小寫，例如：

```
(?i)yahoo   // 對應 Yahoo, yahoo, yahOO 等
```

點全部：(?s)

(?s) 旗標開啟「點全部」模式，會讓點字元對應到所有的東西，包含行尾（end-of-line）字元，如果要對應的樣式橫跨多行，這個模式就十分有用。s 代表「單行模式」，這個容易誤會的名稱來自於 Perl。

多行：(?m)

預設情況下 ^ 與 $ 不會對應到每一行的開頭與結尾（由返回與換行結合所定義），而是對應到整個輸入文字的開頭與結尾。在許多情況下，「單行」等同於整個輸入內容，如果要處理的是一大區塊的文字，通常會因為其他理由把區塊分為各行，接著再用正則表示式檢查各行的內容，而 ^ 與 $ 的行為就與預期一樣。但如果想要對包含多行（由返回加上換行分隔）的整個輸入字串使用 regex，就可以用 (?m) 開啟多行模式，這時候 ^ 與 $ 就會對應到文字區塊裡每一行的開頭與結尾，以及整個區塊的開頭與結尾；更精確地說，這表示第一個字元之前與最後一個字元之後，以及字串內每行結尾之後。

***Unix* 行：(?d)**

(?d) 旗標將 ^、$ 與 . 等特殊字元的行終止子限制在 Unix 式的換行字元（\n），預設仍然允許返回換行（\r\n）。

java.util.regex API

介紹完建構正則表示式的理論部分後，困難的部分也結束了，剩下的就是研究套用這些表示式的 Java API 了。

Pattern

先前提過，以字串型式呈現的 regex 樣式實際上是個小程式，描述了對應文字的方式。在執行期，Java regex 套件將這些小程式編譯成能夠對目標文字執行的型式，有一些簡單方便的方法能夠直接將字串視為模式使用，但 Java 也提供了更通用的型式，能在程式

中明確的編譯樣式，封裝在 Pattern 物件當中。這是對於重複多次使用的樣式最有效的處理方式，能夠避免重複將字串編譯成模式的過程，程式中使用 Pattern.compile() 靜態方法編譯樣式：

```
Pattern urlPattern = Pattern.compile("\\w+://[\\w/]*");
```

有了 Pattern 之後，你就可以要求它建立 Matcher 物件，這個物件會對應到在目標字串裡的樣式：

```
Matcher matcher = urlPattern.matcher( myText );
```

對應器（matcher）會執行對應邏輯，細節稍後會說明，在此之前我們要介紹 Pattern 提供的一個方便的方法，Pattern.matches() 靜態方法直接接受兩個字串（regex 與目標字串），判斷目標是否與 regex 相符，如果程式只需要做一次快速的檢驗，這是個非常方便的方法，例如：

```
Boolean match = Pattern.matches( "\\d+\\.\\d+f?", myText );
```

這行程式能夠檢查 myText 字串中是否包含如「42.0f」這類 Java 式的浮點數，注意字串必須完全符合指定的模式，如果你想要知道某個小樣式是否包含在較大的字串裡，但不在意其他字串，就必須使用第 233 頁的〈對應器〉一節介紹的 Matcher。

接下來是另一個（簡化的）模式，能夠在我們的遊戲允許多使用者比賽時使用，許多登入系統都以電子郵件作為使用者識別，當然，這樣的系統並不完美，但 email 位址十分符合我們的需求，我們希望使用者輸入 email，但使用前也想要先檢查是否為合法的 email，使用正則表示式就可以快速執行這類的檢驗[4]。

類似於為了解決程式問題所寫的演算法，設計正則表示式需要將樣式對應問題拆解成更小的問題。如果我們考慮的是 email 位址，其中包含了一些明顯的樣式，最明顯的是每個 email 位址中都有 @，依據這個事實，可以建立比較簡單（但總比沒有好）的樣式：

```
String sample = "my.name@some.domain";
Boolean validEmail = Pattern.matches(".*@.*", sample);
```

但這個樣式太寬鬆了，雖然能夠辨識合法的 email 位址，但也會允許許多不合法的值，如 "bad.address@"、"@also.bad" 甚至是 "@@"（可以用 *jshell* 試看看，還可以自己想些不好的例子）。該如何建立更好的樣式？有個比較簡單的調整是把 * 改成 +，改良後的樣式要求 @ 的前、後至少要有一個字元，但我們也都知道 email 位址的其他特例，例如，位

4 email 位址的驗證實際上比這裡介紹的還要複雜，正則表示式能夠包含大多數合法的位址，但如果是在商用或更專業的應用程式裡驗證 email，你也許會需要第三方應用程式，例如 Apache Commons（*https://oreil.ly/JEjEk*）所提供的工具。

址的左半部（名稱）不能包含 @，網域部分也是如此，接下來我們可以利用字元類別作調整：

```
String sample = "my.name@some.domain";
Boolean validEmail = Pattern.matches("[^@]+@[^@]+", sample);
```

這個樣式好多了，但仍然允許一些不合法的位址，如 "still@bad"，因為域名至少是由名稱加上句點（.）再加上最上層域名（TLD）組成，如「oreilly.com」，因此，也許樣式該改成：

```
String sample = "my.name@some.domain";
Boolean validEmail = Pattern.matches("[^@]+@[^@]+\\.(com|org)", sample);
```

這個樣式修改了像 "still@bad" 這類位址的問題，但又太過頭了。TLD 的數量太多太多了，即使我們忽略必須隨著 TLD 增加的維護成本，也沒辦法列出所有的 TLD[5]，所以要稍稍放慢一些，仍然保留域名裡點的部分，但移掉特定的 TLD，只接受文字字元：

```
String sample = "my.name@some.domain";
Boolean validEmail = Pattern.matches("[^@]+@[^@]+\\.[a-z]+", sample);
```

這好多了，因為 email 位址並不考慮大小寫，可以再作一些調整，省去位址大小寫的問題，只需要加上旗標：

```
String sample = "my.name@some.domain";
Boolean validEmail = Pattern.matches("(?i)[^@]+@[^@]+\\.[a-z]+", sample);
```

再次提醒，這並不是完美的 email 驗證式，但是個很好的開始，等程式加上網路功能後，這樣的驗證也足夠簡單的登入系統之用。如果你想要進一步的調整驗證樣式，加上擴充或改善，請記得，只要用鍵盤的方向鍵就可以在 *jshell* 裡「重複使用」先前輸入的內容，向上鍵會取得前一行。實際上，你可以使用向上與向下鍵檢視最近輸入的內容，接著再用左、右鍵移動游標位置，就可以修改輸入的命令，然後只需要按下 Return 鍵即可執行調整後的命令——按 Return 前不需要把游標移到命令的結尾。

```
jshell> Pattern.matches("(?i)[^@]+@[^@]+\\.[a-z]+", "good@some.domain")
$1 ==> true

jshell> Pattern.matches("(?i)[^@]+@[^@]+\\.[a-z]+", "good@oreilly.com")
$2 ==> true

jshell> Pattern.matches("(?i)[^@]+@[^@]+\\.[a-z]+", "oreilly.com")
$3 ==> false
```

5　要是你有一大筆閒錢的話，歡迎申請自己的 TLD（*https://oreil.ly/lMRnm*）。

```
jshell> Pattern.matches("(?i)[^@]+@[^@]+\\.[a-z]+", "bad@oreilly@com")
$4 ==> false

jshell> Pattern.matches("(?i)[^@]+@[^@]+\\.[a-z]+", "me@oreilly.COM")
$5 ==> true

jshell> Pattern.matches("[^@]+@[^@]+\\.[a-z]+", "me@oreilly.COM")
$6 ==> false
```

以上的例子裡，只需要完整的輸入一次 Pattern.matches(...)，後面的五行內容，都只需要按向上鍵，編輯內容後按下 Return 鍵就行了，看得出為什麼最後一次檢查會失敗嗎？

對應器

Matcher 將樣式對應到字串，並提供檢測、搜尋與遍歷與樣式相符的工具，Matcher 擁有狀態，例如，find() 方法每次呼叫時都會尋找下一個相符的位置，但你可以呼叫 reset() 方法並清除 Matcher 既有的狀態，重新來過。

如果你只想知道「是否相符」，也就是只在意字串相符或不相符，可以使用 matches() 或 lookingAt()，這兩個方法約略等同於 String 類別的 equals() 與 startsWith()。matches() 方法檢查字串整體是否與樣式相符（沒有任何遺漏的字元）並傳回 true 或 false，lookingAt() 方法的行為類似，但它只檢查字串是否以指定樣式開始，不在乎是否用完字串的所有字元。

更一般的情況是搜隔整個字串，找到一個以上的相符標的，程式可以使用 find() 方法達到這樣的效果，每次呼叫 find() 都會傳回代表這次搜尋是否有與樣式搜尋相符的 ture 或 false，並在內部記錄相符文字的位置，你可以用 Matcher start() 與 end() 方法取得相符的開始與結束字元位置，也可以直接呼叫 group() 取得相符的字元，例如：

```
import java.util.regex.*;

String text="A horse is a horse, of course of course...";
String pattern="horse|course";

Matcher matcher = Pattern.compile( pattern ).matcher( text );
while ( matcher.find() )
  System.out.println(
    "Matched: '"+matcher.group()+"' at position "+matcher.start() );
```

以上程式碼會印出「horse」與「course」單字的起始位置（總共有四個）：

```
Matched: 'horse' at position 2
Matched: 'horse' at position 13
Matched: 'course' at position 23
Matched: 'course' at position 33
```

取得相符文字的方法稱為 group() 是因為它參考到匹配群組（capture group）零（整個相符），你可以傳入整數引數給 group() 方法以取得其他編號的匹配群組，並使用 groupCount() 方法判斷匹配群組的數量：

```
for (int i=1; i < matcher.groupCount(); i++)
System.out.println( matcher.group(i) );
```

分割與符記化字串

以逗號之類的分隔子將字串剖析為一系列的欄位是十分常見的需求，這類問題常見到 String 類別專為這個問題提供了專屬的方法。split() 方法能接受正則表示式，傳回依樣式分割的子字串陣列，如以下字串與 split() 呼叫：

```
String text = "Foo, bar ,   blah";
String[] badFields = text.split(",");
String[] goodFields = text.split( "\\s*,\\s*" );
```

第一個 split() 會傳回 String 陣列，但很天真的用「,」分割字串，這表示 text 變數裡的空白會與真正有興趣的字元一起保留下來。Foo 如預期的以單字的形式保留下來，但接著得到的是 bar<space>，最後是 <space><space><space>blah。太糟了！第二個 split() 同樣得到了 String 陣列，但這次的結果與預期一樣，得到了 Foo, bar（沒有額外的空白），以及 blah（沒有開頭的空白）。

如果要在程式裡重複使用這樣的操作，應該編譯樣式再使用它的 split() 方法，Pattern 的 split() 方法與 String 的版本完全相同，String split() 方法等同於：

```
Pattern.compile(pattern).split(string);
```

就像先前提過的，正則表示式在 Java 所提供的能力之外，還有許多需要學習的東西。回顧以 *jshell*（第 230 頁的〈Pattern〉一節）試用各種表示式與分割的過程，這的確是個可以從練習中獲益的主題。

數學工具

Java 在語言裡直接支援了整數與浮點數的數學運算，更高階的數學運算則是透過 java.lang.Math 提供支援。讀者現在應該已經知道能利用外覆類別將基本型別視為物件處理，外覆類別也提供了一些基本轉換用的方法。

首先要再提一下 Java 的內建運算，Java 對整數運算錯誤是以拋出 ArithmeticException 的方式處理：

```
int zero = 0;

try {
    int i = 72 / zero;
} catch ( ArithmeticException e ) {
    // 除以零
}
```

為了在範例中產生錯誤，我們建立了中間變數 zero，如果直接用文字 0 作除法，會被詭計多端的編譯器發現我們的意圖。

另一方面，浮點運算表示式不會拋出例外，而是使用了表 8-2 列出的特殊值表示超出範圍。

表 8-2　特殊浮點數值

數值	數學表示
POSITIVE_INFINITY	1.0/0.0
NEGATIVE_INFINITY	-1.0/0.0
NaN	0.0/0.0

以下範例會產生無限大的結果：

```
double zero = 0.0;
double d = 1.0/zero;

if ( d == Double.POSITIVE_INFINITY )
    System.out.println( "Division by zero" );
```

特殊值 NaN（不是數字）表示零除以零的結果，這是值透過特殊的數學方式產生，不會與自己相等（NaN != NaN 會得到 true），要用 Float.isNan() 或 Double.isNaN() 檢查 NaN。

java.lang.Math 類別

java.lang.Math 是 Java 的數學函式庫，它包含了一組 sin()、cos() 與 sqrt() 等常用數學運算的靜態方法。Math 類別並不十分物件導向（你無法建立 Math 的實體），只是個放置靜態方法的地方而已，這些靜態方法實際上更接近於全域函式，我們在第五章看過，可以用靜態匯入的特性匯入這樣的靜態方法與常數，讓這些名稱直接納入類別所在的可見範圍，直接以簡單、未限定的名稱使用這些方法與函式。

表 8-3 簡單說明了 java.lang.Math 擁有的方法。

表 8-3　java.lang.Math 的方法

方法	引數型別	功能
Math.abs(a)	int, long,float,double	絕對值
Math.acos(a)	double	反餘弦
Math.asine(a)	double	反正弦
Math.atan(a)	double	反正切
Math.atan2(a,b)	double	直角坐標轉換為極坐標後的角度部分
Math.ceil(a)	double	大於等於 a 的最小整數
Math.cbrt(a)	double	a 的三次方根
Math.cos(a)	double	餘弦
Math.cosh(a)	double	雙曲餘弦
Math.exp(a)	double	Math.E 的 a 次方
Math.floor(a)	double	小於等於 a 的最大整數
Math.hypot(a,b)	double	sqrt(a2+b2) 的精確計算結果
Math.log(a)	double	a 的自然對數
Math.log10(a)	double	a 以 10 為底的對數
Math.max(a, b)	int, long, float, double	a 或 b 較接近 Long.MAX_VALUE 的值
Math.min(a, b)	int, long, float, double	a 或 b 較接近 Long.MIN_VALUE 的值
Math.pow(a, b)	double	a 的 b 次方
Math.random()	None	亂數產生器
Math.rint(a)	double	將 double 值轉換為 double 格式的整數值
Math.round(a)	float, double	捨入為整數
Math.signum(a)	double,float	依數值的正負號分別傳回 1.0, -1.0 或 0
Math.sin(a)	double	正弦
Math.sinh(a)	double	雙曲正弦
Math.sqrt(a)	double	平方根
Math.tan(a)	double	正切

方法	引數型別	功能
Math.tanh(a)	double	雙曲正切
Math.toDegrees(a)	double	弧度轉為角度
Math.toRadians(a)	double	角度轉為弧度

log()、pow() 與 sqrt() 可能拋出執行期 ArithmeticException，abs()、max() 與 min() 都對所有的純量值 int、long、float 與 double 過載，並傳回對應的型別。Math.round() 版本可以接受 float 或 double，並分別傳回 int 或 long，其他的方法只能使用與傳回 double 值：

```
double irrational = Math.sqrt( 2.0 ); // 1.414...
int bigger = Math.max( 3, 4 );  // 4
long one = Math.round( 1.125798 ); // 1
```

為了強調靜態匯入的方便性，我們可以在 *jshell* 試試這些簡單的函式：

```
jshell> import static java.lang.Math.*

jshell> double irrational = sqrt(2.0)
irrational ==> 1.4142135623730951

jshell> int bigger = max(3,4)
bigger ==> 4

jshell> long one = round(1.125798)
one ==> 1
```

Math 也包含了 static final double 型別的 E 與 PI 值：

```
double circumference = diameter  * Math.PI;
```

使用 Math

我們在第 121 頁的〈存取欄位與方法〉一節已經用過 Math 類別與其靜態方法，我們可以利用這些函式，讓樹出現的位置亂數化，幫遊戲增加一些樂趣。Math.random() 方法傳回大於 0 並小於 1 的亂數 double 值，加上一些計算與捨入之後，就可以建立所需範圍的亂數值，你可以用以下的公式將產生的亂數值轉換到想要的範圍區間：

```
int randomValue = min + (int)(Math.random() * (max - min));
```

試看看！試著在 *jshell* 產生四位數字的亂數，你可以把 `min` 設為 1000，`max` 設為 10000：

```
jshell> int min = 1000
min ==> 1000

jshell> int max = 10000
max ==> 10000

jshell> int fourDigit = min + (int)(Math.random() * (max - min))
fourDigit ==> 9603

jshell> fourDigit = min + (int)(Math.random() * (max - min))
fourDigit ==> 9178

jshell> fourDigit = min + (int)(Math.random() * (max - min))
fourDigit ==> 3789
```

為了放置樹，我們需要 x 與 y 坐標兩個亂數值。我們可以考慮邊界與必要的內邊界（margin）後，設定適當的亂數範圍，讓樹出現在螢幕內。對於 x 坐標，以下是其中一種可能的做法：

```
private int goodX() {
    // 至少要有樹寬度的一半再加上一些像素
    int leftMargin = Field.TREE_WIDTH_IN_PIXELS / 2 + 5;
    // 接著找出介於左、右內邊界的亂數
    int rightMargin = FIELD_WIDTH - leftMargin;

    // 並傳回由左內邊界開始的亂數值
    return leftMargin + (int)(Math.random() * (rightMargin - leftMargin));
}
```

設定類似的方法傳回 y 值後，應該就能產生如圖 8-1 的結果了，甚至可以更進一步使用在第五章介紹的 `isTouching()` 避免樹與物理學家直接接觸。以下是昇級版的樹設定迴圈：

```
for (int i = field.trees.size(); i < Field.MAX_TREES; i++) {
    Tree t = new Tree();
    t.setPosition(goodX(), goodY());
    // 樹可以彼此十分接近或重疊
    // 但不該與物理學家接觸
    while(player1.isTouching(t)) {
        // 接觸到樹，重試一次
        t.setPosition(goodX(), goodY());
        System.err.println("Repositioning an intersecting tree...");
    }
    field.addTree(t);
}
```

試著結束遊戲重新執行，應該會看到每次執行程式時，樹都會出現在不同的位置。

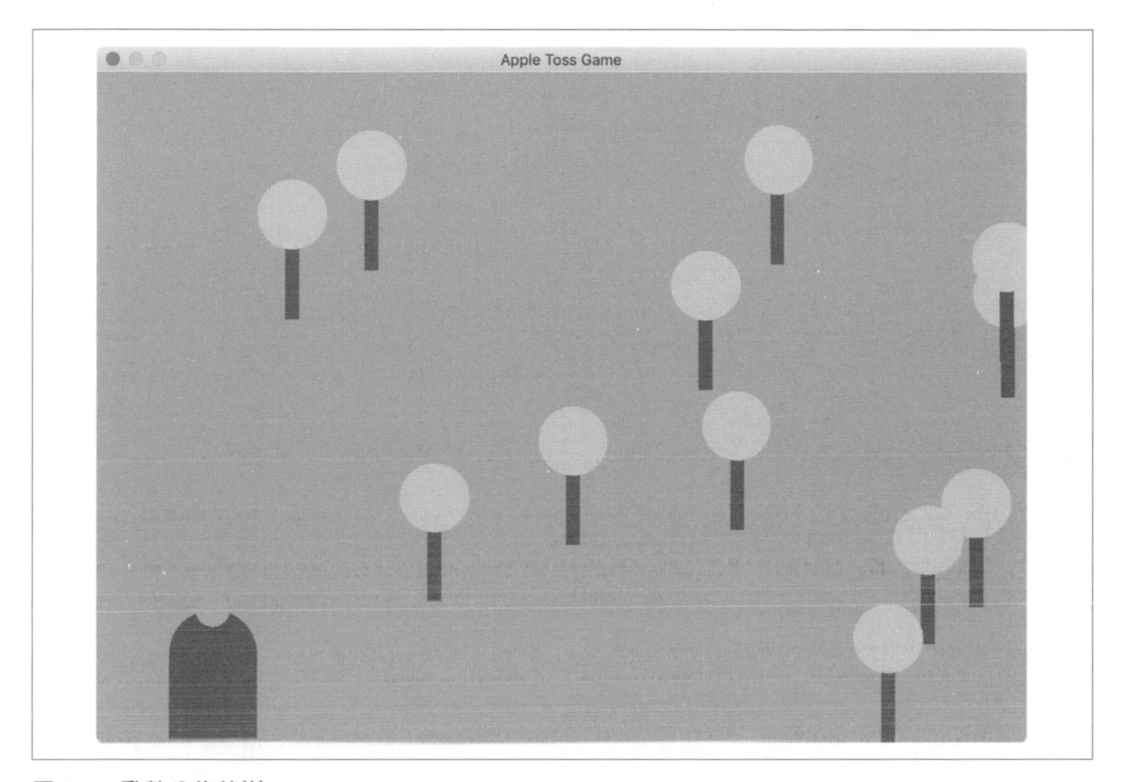

圖 8-1　亂數分佈的樹

大 / 精確數值

如果 long 與 double 型別不夠大或不夠精確，java.math 套件提供了 BigInteger 與 BigDecimal 兩個類別，能支援任意精確度的數字，這兩個全功能類別針對任何精確度的數學運算以及精確控制餘數的捨入提供了許多方法，以下的程式碼使用 BigDecimal 相加兩個十分大的數字，接著再建立小數點下 100 位數的小數：

```
long l1 = 9223372036854775807L; // Long.MAX_VALUE
long l2 = 9223372036854775807L;
System.out.println( l1 + l2 ); // -2 ! Not good.

try {
    BigDecimal bd1 = new BigDecimal( "9223372036854775807" );
    BigDecimal bd2 = new BigDecimal( 9223372036854775807L );
    System.out.println( bd1.add( bd2 ) ); // 18446744073709551614
```

```
    BigDecimal numerator = new BigDecimal(1);
    BigDecimal denominator = new BigDecimal(3);
    BigDecimal fraction =
        numerator.divide( denominator, 100, BigDecimal.ROUND_UP );
    // 100 digit fraction = 0.333333 ... 3334
}
catch (NumberFormatException nfe) { }
catch (ArithmeticException ae) { }
```

對於喜歡實作加密或科學計算演算法的讀者，BigDecimal 十分重要，許多處理貨幣與財務資料的應用程式裡都可以看到 BigDecimal 的身影，至於其他領域大都不太會需要使用這些類別。

日期與時間

少了適當工具，處理日期與時間會十分繁瑣。在 Java 8 之前是透過三個類別處理大多數的工作，java.util.Date 類別封裝了某個時間點；java.util.GregorianCalendar 類別擴充了抽象的 java.util.Calendar，能夠在某點時間與月、日、年等日曆欄位間轉換；最後是 java.text.DateFormat 類別，能夠產生與剖析代表日期與時間的字串，並支援許多不同的語言。

儘管 Date 與 Calendar 類別涵蓋了許多使用情境，但它們的精細度不足也少了許多其他的功能，這導致許多第三方函式庫的出現，它們全都以簡化日期、時間與時段的處理為目標，Java 8 加入的 java.time 套件在這方面改進了許多，接下來會介紹這個新的套件，但你在現實世界仍然會看到許多 Date 與 Calendar 的範例，所以仍然需要知道這些類別的存在。一如以往，線上文件（*https://oreil.ly/Behlk*）是學習本書沒有涵蓋的 API 的重要資源。

本地日期與時間

java.time.LocalDate 類別代表本地不含時間資訊的日期，例如 2019 年 5 月 4 日（May 4, 2019）這樣的節日，同樣的，java.time.LocalTime 代表不含任何日期資訊的時間。也許你的鬧鐘每天早上 7:15 會響，java.time.LocalDateTime 同時儲存了日期與時間，可以儲存你和眼科醫生的預約時間，讓你可以繼續讀 Java 的書，這些類別都提供建立新實體的靜態方法，能夠用 of() 以適當的數值或 parse() 部析字串產生新的實體，我們打開 *jshell* 試看看。

```
jshell> import java.time.*

jshell> LocalDate.of(2019,5,4)
$2 ==> 2019-05-04

jshell> LocalDate.parse("2019-05-04")
$3 ==> 2019-05-04

jshell> LocalTime.of(7,15)
$4 ==> 07:15

jshell> LocalTime.parse("07:15")
$5 ==> 07:15

jshell> LocalDateTime.of(2019,5,4,7,0)
$6 ==> 2019-05-04T07:00

jshell> LocalDateTime.parse("2019-05-04T07:15")
$7 ==> 2019-05-04T07:15
```

now() 是另一個建立這些物件很好的方法，顧名思義，提供了目前的日期、時間或日期與時間：

```
jshell> LocalTime.now()
$8 ==> 15:57:24.052935

jshell> LocalDate.now()
$9 ==> 2019-12-12

jshell> LocalDateTime.now()
$10 ==> 2019-12-12T15:57:37.909038
```

太棒了！匯入 java.time 套件後，我們就能夠建立為特定時間或「現在」建立這些 Local... 類別了。讀者可能會注意到由 now() 建立的物件包含了秒與毫秒，如果程式需要這些欄位，也可以 of() 與 parse() 值指定對應的值。這不太有趣，但有了這些物件，你就可以做許多操作，讓我們繼續看下去！

比較與操作日期與時間

使用 java.time 類別的一大優點是包含了一組能夠比較與改變日期與時間的方法，例如，許多聊天應用程式會顯示訊息是「多久之前」送出，java.time.temporal 子套件就包含需要的一切：ChronoUnit 介面。這個介面包含了 MONTHS、DAYS、MINUTES 等許多日期與時間單位，能用來計算差距，例如，我們可以使用 between() 方法，計算在 *jshell* 裡建立兩個範例日期時間需要花多少時間：

```
jshell> LocalDateTime first = LocalDateTime.now()
first ==> 2019-12-12T16:03:21.875196

jshell> LocalDateTime second = LocalDateTime.now()
second ==> 2019-12-12T16:03:33.175675

jshell> import java.time.temporal.*

jshell> ChronoUnit.SECONDS.between(first, second)
$12 ==> 11
```

可以看到輸入建立 second 變數那行程式所需要的時間大約是 11 秒，ChronoUnit 的文件（*https://oreil.ly/BhCr2*）列出所有可以用的單位，從毫秒到千年的完整範圍，值得一看。

這些單位也有助於用 plus() 與 minus() 方法操作日期與時間，例如，要將 reminder 設為一星期後可以這麼做：

```
jshell> LocalDate today = LocalDate.now()
today ==> 2019-12-12

jshell> LocalDate reminder = today.plus(1, ChronoUnit.WEEKS)
reminder ==> 2019-12-19
```

漂亮！但 reminder 範例引發了另一種可能會經常遇到的操作，你也許會想在 19 號的特定時間提醒，你可以在日期或時間與日期時間之間透過 atDate() 或 atTime() 方法輕鬆地轉換：

```
jshell> LocalDateTime betterReminder = reminder.atTime(LocalTime.of(9,0))
betterReminder ==> 2019-12-19T09:00
```

如此一來，就會在早上九點收到提醒了，只是，要是在亞特蘭大設定提醒後飛到了舊金山會如何？鬧鐘該在什麼時候響？ LocalDateTime 是本地時間！因此，不管在什麼地方執行程式，T09:00 部分仍然是早上九點，但如果要處理共享行事曆或安排會議，就不能忽略時區的差異，所幸 java.time 套件也考慮到了這點。

時區

java.time 套件當然鼓勵你使用本地版本的時間與日期類別，加入時區代表增加應用程式的複雜度，程式應該儘可能地避免這些複雜度，但仍然有許多無法避免時區的情境，這些情境可以使用 ZonedDateTime 與 OffsetDateTime 類別處理「有時區」的日期與時間，時區版本理解時區名稱以及日光時間等調整，offset 版本是個常數，代表從 UTC/Greenwich 起算的差距值。

大多數針對使用者的日期與時間都是使用名稱時區的方式，因此，先從建立有時區的日期時間開始，使用 ZoneId 類別掛上時區，這個類別同樣有建立新實體用的 of() 靜態方法，你可以以 String 指定區域名稱，取得時區值：

```
jshell> LocalDateTime piLocal = LocalDateTime.parse("2019-03-14T01:59")
piLocal ==> 2019-03-14T01:59

jshell> ZonedDateTime piCentral = piLocal.atZone(ZoneId.of("America/Chicago"))
piCentral ==> 2019-03-14T01:59-05:00[America/Chicago]
```

現在你可以用冗長但名稱適當的 withZoneSameInstance() 方法，讓你在巴黎的朋友在正確的時間加入：

```
jshell> ZonedDateTime piAlaMode =
piCentral.withZoneSameInstant(ZoneId.of("Europe/Paris"))
piAlaMode ==> 2019-03-14T07:59+01:00[Europe/Paris]
```

如果你有朋友不是住在主要都會區，但你也希望這些朋友能夠加入，就可以使用 ZoneId 的 systemDefault() 方法以程式的方式取得他們的時區：

```
jshell> ZonedDateTime piOther =
piCentral.withZoneSameInstant(ZoneId.systemDefault())
piOther ==> 2019-03-14T02:59-04:00[America/New_York]
```

這個例子中，*jshell* 是執行在美國的標準東部時區（standard Eastern，不在日光節約時間期間）的筆記型電腦上，piOther 的結果正如預期，systemDefault() zone ID 是能夠將其他時區的日期時間轉換到系統目前的時區最快的方法，系統時區也是使用者的時鐘與行事曆最可能使用的時區。商業應用程式可能會想讓使用者選擇偏好的時區，但 systemDefault() 通常都會是很不錯的答案。

剖析與格式化日期與時間

從字串建立本地或含時區日期時間、或是將本地或含時區日期時間以字串顯示時，都是使用符合 ISO 格式的數值，一般也都適用於日期與時間的顯示與輸入需求，但所有程式設計師都知道「一般」就不是「絕對」，還好可以透過 `java.time.format.DateTimeFormatter` 工具類別，協助剖析輸入與格式化輸出。

`DateTimeFormatter` 的核心是構築在建立格式化字串，同時控制了剖析與格式化，你可以使用表 8-4 列出的元素建立需要的格式，表中只列出了一部分的選項，但應該足夠處理日期與時間的大多數情況，要注意使用表中的字元時，大小寫代表了不同的意義。

表 8-4　常用 DateTimeFormatter 元素

字元	說明	範例
y	年	2004;04
M	月	7;07
L	月	Jul;July;J
d	一個月中的某天	10
E	星期	Tue;Tuesday;T
a	一日的上下午	PM
h	12 小時制的時鐘小時時間 (1-12)	12
K	12 小時制的小時 (0-11)	0
k	24 小時制的時鐘時間	24
H	24 小時制的小時 (0-23)	0
m	分	30
s	秒	55
S	小於秒的部分	033954
z	時區名稱	Pracific Standard Time; PST
Z	時區差異值	+0000;+0800;+08:00

以一般常用的美國短格式為例，可以用 `M`、`d` 與 `y` 字元，你可以使用 `ofPattern()` 方法建立 formatter，接著就可以用 `parse()` 方法剖析所有的日期或時間類別：

```
jshell> import java.time.format.DateTimeFormatter

jshell> DateTimeFormatter shortUS = DateTimeFormatter.ofPattern("MM/dd/yy")
shortUS ==> Value(MonthOfYe ... (YearOfEra,2,2,2000-01-01)

jshell> LocalDate valentines = LocalDate.parse("02/14/19", shortUS)
valentines ==> 2019-02-14
```

```
jshell> LocalDate piDay = LocalDate.parse("03/14/19", shortUS)
piDay ==> 2019-03-14
```

如同之前提過的，formatter 可以作用在兩個方向，只需要使用 `format()` 方法，就可以產生代表日期或時間的文字：

```
jshell> LocalDate today = LocalDate.now()
today ==> 2019-12-14

jshell> shortUS.format(today)
$30 ==> "12/14/19"

jshell> shortUS.format(piDay)
$31 ==> "03/14/19"
```

當然，formatter 也適用於時間與日期時間！

```
jshell> DateTimeFormatter military = DateTimeFormatter.ofPattern("HHmm")
military ==> Value(HourOfDay,2)Value(MinuteOfHour,2)

jshell> LocalTime sunset = LocalTime.parse("2020", military)
sunset ==> 20:20

jshell> DateTimeFormatter basic = DateTimeFormatter.ofPattern("h:mm a")
basic ==> Value(ClockHourOfAmPm)':'Value(MinuteOfHour,2)' 'Text(AmPmOfDay,SHORT)

jshell> basic.format(sunset)
$42 ==> "8:20 PM"

jshell> DateTimeFormatter appointment =
DateTimeFormatter.ofPattern("h:mm a MM/dd/yy z")
appointment ==>
Value(ClockHourOfAmPm)':' ...
0-01-01)' 'ZoneText(SHORT)

jshell> ZonedDateTime dentist =
ZonedDateTime.parse("10:30 AM 11/01/19 EST", appointment)
dentist ==> 2019-11-01T10:30-04:00[America/New_York]

jshell> ZonedDateTime nowEST = ZonedDateTime.now()
nowEST ==> 2019-12-14T09:55:58.493006-05:00[America/New_York]

jshell> appointment.format(nowEST)
$47 ==> "9:55 AM 12/14/19 EST"
```

請注意，上述程式中 ZonedDateTime 的部分的最後加上了時區識別字（z 字元）——這也許與讀者預期的不同！我們想要示範這些格式的威力，你可以針對各種輸入或輸出風格，設計出適當的格式，舊有資料與設計不良的網頁表單都是 DateTimeFormatter 可以提供協助的地方。

剖析錯誤

即使有了這麼強大的剖析工具，仍然可能會出錯。可惜的是例外訊息常常太模糊不清，沒辦法提供真正的協助，例如以下以時、分、秒剖析時間的程式：

```
jshell> DateTimeFormatter withSeconds = DateTimeFormatter.ofPattern("hh:mm:ss")
withSeconds ==>
Value(ClockHourOfAmPm,2)':' ...
Value(SecondOfMinute,2)

jshell> LocalTime.parse("03:14:15", withSeconds)
|  Exception java.time.format.DateTimeParseException:
|  Text '03:14:15' could not be parsed: Unable to obtain
|  LocalTime from TemporalAccessor: {MinuteOfHour=14, MilliOfSecond=0,
|  SecondOfMinute=15, NanoOfSecond=0, HourOfAmPm=3,
|  MicroOfSecond=0},ISO of type java.time.format.Parsed
|        at DateTimeFormatter.createError (DateTimeFormatter.java:2020)
|        at DateTimeFormatter.parse (DateTimeFormatter.java:1955)
|        at LocalTime.parse (LocalTime.java:463)
|        at (#33:1)
|  Caused by: java.time.DateTimeException:
   Unable to obtain LocalTime from ...
|        at LocalTime.from (LocalTime.java:431)
|        at Parsed.query (Parsed.java:235)
|        at DateTimeFormatter.parse (DateTimeFormatter.java:1951)
|        ...
```

哎呀！只要無法剖析輸入值就會拋出 DateTimeParseException，即使是像上述例子，能夠從字串中正確剖析出各個欄位，但資訊不足以建立 LocalTime，一樣也會拋出例外。範例中的問題看起來並不明顯，但時間「3:14:15」可能是中午過後或是一大清早，原因出在樣式裡用了 hh。我們可以改用不會造成誤會的 24 小時制樣式，或是明確的加上 AM/PM 資訊：

```
jshell> DateTimeFormatter valid1 = DateTimeFormatter.ofPattern("hh:mm:ss a")
valid1 ==> Value(ClockHourOfAmPm,
2)':'Value(MinuteOfHour,2)' ... 2)' 'Text(AmPmOfDay,SHORT)
```

```
jshell> DateTimeFormatter valid2 = DateTimeFormatter.ofPattern("HH:mm:ss")
valid2 ==> Value(HourOfDay,2)':'Value(MinuteOfHour,2)':'Value(SecondOfMinute,2)

jshell> LocalTime piDay1 = LocalTime.parse("03:14:15 PM", valid1)
piDay1 ==> 15:14:15

jshell> LocalTime piDay2 = LocalTime.parse("03:14:15", valid2)
piDay2 ==> 03:14:15
```

因此，如果遇到 `DateTimeParseException` 但輸入值看起來又符合格式，要再次檢查格式是否包含建立日期或時間所需要的一切。最後針對這些例外特別提醒：剖析年的時候可能會需要使用 u 字元。

`DateTimeFormatter` 有許許多多的細節，遠多於大多數的工具類別，很值得花點時間讀讀線上文件（*https://oreil.ly/rhosl*）。

時間戳記

`java.time` 認識的另一個常用日期時間概念是時間戳記（timestamp），在需要追蹤資訊流的時候，會記錄資訊產生或修改的確切時間。你仍然會遇到使用 `java.util.Date` 儲存時間戳記的情況，但 `java.time.Instant` 類別包含了時間戳記所需要的一切，並提供 `java.time` 套件其他類別的所有好處：

```
jshell> Instant time1 = Instant.now()
time1 ==> 2019-12-14T15:38:29.033954Z

jshell> Instant time2 = Instant.now()
time2 ==> 2019-12-14T15:38:46.095633Z

jshell> time1.isAfter(time2)
$54 ==> false

jshell> time1.plus(3, ChronoUnit.DAYS)
$55 ==> 2019-12-17T15:38:29.033954Z
```

如果程式裡需要日期或時間，那麼 `java.time` 套件就是 Java 令人喜愛的擴充。現在你有了更成熟、設計完善的工具能夠處理這些資料，不再需要第三方函式庫了！

其他有用的工具

本章介紹了一些 Java 的基本組成區塊，包含字串與數字以及代表字串與數字最常見的組合（日期）的 LocalDate 與 LocalTime 類別。透過這些工具，讀者能夠對於 Java 處理簡單與常見元素的方式有所認識，在解決真實問題時很容易會遇到這些元素，請一定要讀讀 java.util、java.text 以及 java.time 套件的文件，裡頭包含許多方便的工具，例如，你可以看看如圖 8-1 使用 java.util.Random 產生樹的隨機坐標。另外要提醒有些工具的運作方式十分複雜，需要特別考慮細節，你通常都可以在網路上找到範例程式，甚至是其他開發人員寫好的完整函式庫，這有助於加快你的開發速度。

接下來要從這些基礎概念發展。Java 除了支援基礎之外，還支援了許多更進階的技術，使得 Java 持續受到歡迎，其中一個扮演重要角色的進階技巧就是 Java 很早就提供了「執行緒」的功能。執行緒能讓程式設計師更妥善的運用現代、強大的系統，即使是處理許多複雜工作的同時，仍然可以保持效率，接下來我們要深入探討利用這個獨特功能的方法。

第九章

執行緒

現代電腦系統能夠管理許多應用程式，作業系統（operating system, OS）能夠並行工作，讓一切看起來就像是所有軟體同時執行一般，大多數人對這種情況都習以為常，今日大多數系統都有多個處理器，至少也會有多個核心，能夠達到很不錯的平行程度。從較高的層級來看，OS 仍然輪流執行各個應用程式，只是轉換速度快到讓應用程式看起來是同時執行。

以往這類系統的平行單位是應用程式或**程序**（*process*），對 OS 而言，程序算是能夠決定自己該做些什麼的黑盒子，如果應用程式需要更高度的並行，只能透過執行多個程序在程序間通訊，但這是十分重量級的做法，不是很優雅；之後引進了**執行緒**（*thread*）的概念，執行緒在應用程式控制的程序內提供了粒度較小的並行，執行緒已經存在很長的時間了，但以往都不容易使用，Java 在程式語言內建支援了執行緒，簡化了執行緒的使用，Java 並行工具（Java concurrency utility）解決了多緒應用程式常見的模式與實作，將這些做法提昇到伸手可及的 Java API 的層次，總括來說，這表示 Java 是個對執行緒同時提供了原生支援與高階支援的程式語言，也表示 Java API 完全利用了多緒的好處，因此，在學習 Java 的初期就了解這些概念十分重要，並非所有的開發人員都需要開發明確的使用執行緒或並行的應用程式，但大多數開發人員都會用到受多緒影響的特性。

許多 Java API 的設計都考慮了執行緒，特別是用戶端應用程式、圖形與聲音，例如，在本書稍後談到 GUI 程式設計時，你會看到應用程式並不會直接呼叫元件的 `paint()` 方法，而是由 Java 執行期系統的獨立渲染執行緒呼叫，任何時間都有許多的背景執行緒在應用程式裡平行地執行，Java 在伺服器端同樣也使用執行緒服務每個請求與執行應用程式元件，了解如何讓自己的程式碼融入這樣的環境十分重要。

本章討論開發建立與使用執行緒的應用程式，我們會先介紹 Java 程式語言內建的低階執行緒，接著在本章結束前深入討論 java.util.concurrent 執行緒工具套件。

執行緒簡介

概念上**執行緒**（*thread*）是程式內的控制流，執行緒與一般人熟悉的**程序**（*process*）類似，只是執行緒存在相同應用程序之內，彼此有更緊密的關係並共享大多數的狀態。這有點像是高爾夫球場上，許多球員同時使用場地一樣，執行緒互相配合共享相同的工作區域，可以存取應用程式內相同的物件（包含靜態與實體變數），就像是球員共享高爾夫球場但使用各自的球桿和球一樣。

應用程式裡的執行緒與高爾夫球員有相同的問題，也就是同步的問題，就如同沒辦法讓兩組球員同時在相同的果嶺打球一樣，你也沒辦法讓幾個執行緒不經某種型式的協調就存取相同的變數，有人會受到傷害。執行緒可以在工作完成前保留著物件的使用權，就像是高爾夫球員在打完前對果嶺有完全的專屬使用權一般，而較重要的執行緒可以提高優先權，優先執行自己的工作。

當然，魔鬼都藏在細節裡，以往這些細節造成執行緒難以使用，所幸，Java 將這些概念整合到程式語言當中，簡化了執行緒的建立、控制與協同合作。

剛開始使用執行緒時，因為會一次用到許多新學到的 Java 技巧，很容易犯錯。避免問題的方法是記得在使用執行緒時包含了兩個角色：Java 語言代表執行緒本身的 Thread 物件，以及包含了要執行的方法的標的物件。之後你會學到將兩者結合為一的技巧，但這種特殊情況只會改變打包的方式，不會影響物件的關係。

Thread 類別與 Runnable 介面

從 Java VM 啟動應用程式的「主」（main）執行緒開始，Java 一切的執行都與 Thread 物件有關，程式建立新的 java.lang.Thread 類別實體就會產生新的執行緒，Thread 物件代表了 Java 直譯器裡的一個真正的執行緒，是控制與協調執行的介面，我們可以透過這個物件啟動執行緒、等待執行完畢、讓它休眠一段時間或中斷它的活動。Thread 類別的建構子可以接受執行緒應該開始執行的相關資訊，概念上只需要告訴執行緒需要執行的方法就夠了，這可以透過許多方式做到，例如 Java 8 的方法參照（method reference）就可以做得到，這裡我們要稍微繞個路，用 java.lang.Runnable 介面建立或讓物件擁有「可執行」（runnable）的方法，Runnable 定義了一個通用的 run() 方法：

```
public interface Runnable {
     abstract public void run();
}
```

執行緒的生命從執行 Runnable 物件的 run() 方法開始，Runnable 物件就是傳入 Thread 建構子的「目標物件」， run() 方法裡可以包含任何程式碼，但一定要是 public、沒有任何引數、沒有傳回值且不會拋出任何受檢例外。

任何宣告了適當 run() 方法的類別都可以宣告自己實作了 Runnable 介面，接著這個類別的實體就是個可以作為新執行緒標的的可執行物件。如果不想直接在物件裡宣告 run() 方法（通常都是如此），可以建立轉接類別作為 Runnable 的標的，讓轉接類別的 run() 方法呼叫想要執行緒執行的方法，稍後我們會看到這些做法的範例。

建立與啟動執行緒

新生的執行緒處於閒置狀態，程式必須呼叫 start() 方法讓執行緒動起來，接著執行緒會醒過來執行目標物件的 run() 方法。執行緒的一生只能夠呼叫 start() 一次，一旦執行緒啟動就會持續執行直到目標物件的 run() 方法結束（或拋出某個未受檢例外）。start() 方法有個邪惡的雙生子 stop() 方法，它會永遠的殺掉執行緒，但這個方法已經被停用且不該再使用了。本章稍後會說明並提供停止執行緒更好的做法，同時也會介紹一些在執行緒執行期間可以用來控制執行緒進度的其他方法。

接下來先看一個例子。以下的 Animator 類別實作了 run() 方法，用來更新遊戲 Field 的渲染迴圈：

```
class Animator implements Runnable {
    boolean animating = true;

    public void run() {
        while ( animating ) {
            // 將蘋果移動一個「frame」
            // 重繪場地
            // 暫停
            ...
        }
    }
}
```

要使用這個類別，得先建立 Thread 物件，傳入 Animator 的實體作為目標物件，接著呼叫 Thread 物件的 start() 方法。步驟詳列如下：

```
Animator myAnimator = new Animator();
Thread myThread = new Thread(myAnimator);
myThread.start();
```

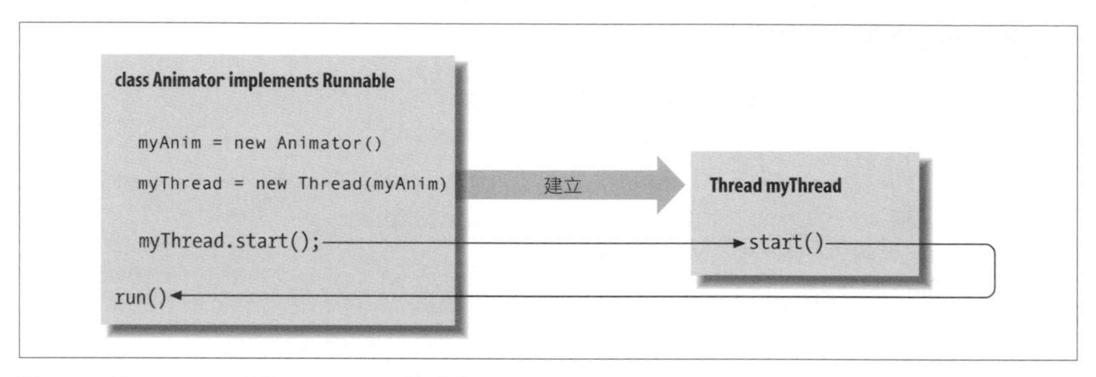

圖 9-1 以 Animator 作為 Runnable 的實作

程式建立 Animator 的實體作為引數傳入 myThread 的建構子，如圖 9-1，當我們呼叫 start() 方法時，myThread 會開始執行 Animator 的 run() 方法，拉開布幕！

自然產生的執行緒

如同前一個例子，任何物件都能夠透過 Runnable 物件成為執行緒的目標，這是 Thread 物件最重要也最常見的用途，在大多數需要執行緒的情況都會建立實作了 Runnable 介面的類別（也許是簡單的轉接器類別）。

如果沒有示範另一個建立執行緒的技巧，那就是筆者的疏失了。另一種設計方式是讓目標物件作為已經是 Runnable 的型別的子類別，實際上 Thread 類別本身就已經實作了 Runnable 介面，可以依我們的需要覆寫它的 run() 方法：

```
class Animator extends Thread {
    boolean animating = true;

    public void run() {
        while ( animating ) {
            // 渲染 frame
            ...
        }
    }
}
```

Animator 類別的骨架看起來與前一個例子十分相似，唯一的不同是類別變成 Thread 的子類別。在這種架構下，Thread 類別的預設建構子會將自己本身作為目標——也就是說，在預設狀況下，Thread 會在程式呼叫 start() 方法時執行自己本身的 run() 方法，如圖 9-2。如此一來，子類別可以直接覆寫在 Thread 類別的 run() 方法（Thread 本身定義了一個空的 run() 方法）。

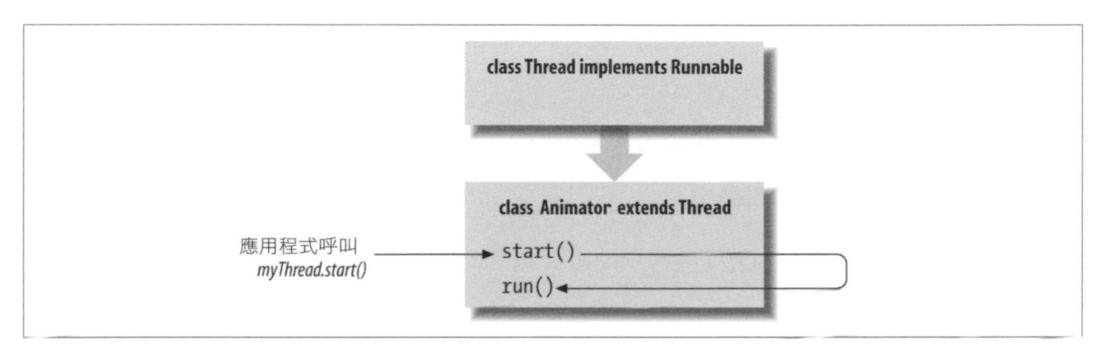

圖 9-2　Animator 作為 Thread 的子類別

接下來我們只需要建立 Animator 的實體，呼叫它的 start() 方法（同樣繼承自 Thread）：

```
Animator bouncy = new Animator();
bouncy.start();
```

另一種方式是讓 Animator 物件在建立後就啟動自己的執行緒：

```
class Animator extends Thread {

    Animator () {
        start();
    }
    ...
}
```

這段程式裡，Animator 物件在實體被建立後直接呼叫自己的 start() 方法（在物件建立後明確地啟動、停止也許是比較好的做法，而不是讓啟動執行緒變成建立物件的隱藏副作用，但這只是個例子）。

建立 Thread 子類別似乎是個結合執行緒與目標 run() 方法很方便的做法，但這個做法通常不是最好的設計方式。如果以建立 Thread 子類別的方式實作執行緒，代表需要一種新型別的物件，且這個物件是種 Thread，這會暴露出 Thread 類別的所有公用 API。雖然讓主要目的是執行某項工作的物件成為 Thread 是可以接受的事，但實際上會需要建立

Thread 子類別的情況並不常見，大多數的情況下，依據程式的需要設計類別架構，再透過 Runnable 連結程式的執行與邏輯會更加自然。

控制執行緒

先前提過用來啟動執行新執行緒的 start() 方法，此外還有許多能夠控制執行緒執行的實體方法：

- 靜態 Thread.sleep() 方法會讓目前執行中的執行緒等待指定長度的時間（時間長度或有增減），而不耗用太多（甚至完全不耗用）CPU 時間。
- wait() 與 join() 方法能協調兩個以上的執行緒，稍後在介紹執行緒同步的時候會說明相關細節。
- interrupt() 方法會喚醒在 sleep() 或 wait() 運算中休眠、或其他因長時間 I/O 運算阻塞的執行緒[1]。

已停用方法

應該也要提一下三個已經停用的執行緒控制方法：stop()、suspend() 與 resume()。stop() 方法與 start() 相反，會終止執行緒，start() 與已停用的 stop() 在執行緒的生命週期裡只能夠呼叫一次。相對的，已停用的 suspend() 與 resume() 方法則是用在任意暫停或重新啟動執行緒的執行。

雖然這些方法仍然存在於最新版本的 Java（可能會繼續存在下去），但新開發的程式碼不該使用它們，stop() 與 suspend() 的問題在於這兩個方法以未協調的方式粗暴地奪取執行緒執行的控制權，這會讓程式設計變得更加困難，要求應用程式在任意執行位置都要預期到中斷並能夠正確的復原並不容易。此外，當執行緒使用這些方法奪取控制權時，Java 執行期環境必須釋放所有用於執行緒同步的內部鎖，這可能會造成非預期行為，至於不會釋放內部鎖的 suspend() 則很容易導致死鎖。

影響執行緒執行比較好（但需要多花一些功夫）的方式是在執行緒程式碼裡加入一些監控變數的簡單邏輯（如果是 boolean 變數，也許你可以想成是「旗標」），也許可以結合 interrupt() 方法，這個方法能夠喚醒休眠中的執行緒。換句話說，程式應該要友善地停止自己的執行緒或繼續執行，而不是突然粗暴地拉開毯子，本書的執行緒範例都使用了這類的做法。

1 綜觀過去，interrupt() 在所有 Java 實作上的行為並不一致。

sleep() 方法

經常會需要讓執行緒閒置（idle）或「休眠」一段固定的時間，當執行緒休眠或因為某些輸入阻塞（blocked）的時候，不會耗用任何 CPU 時間，也不會與其他執行緒競爭執行的機會；對於這種需求，我們可以呼叫 Thread.sleep() 靜態方法，這個方法會影響目前執行中的執行緒，呼叫後會讓執行緒進入閒置狀態指定的毫秒數：

```
try {
    // 目前的執行緒
    Thread.sleep( 1000 );
} catch ( InterruptedException e ) {
    // 有人喚醒我們
}
```

如果其他執行緒透過 interrupt() 方法中斷了執行緒，sleep() 方法會拋出 InterruptedException（後面會詳細說明）。如你在前面的程式碼所見，執行緒可以捕捉這個例外並藉機採取一些行動（例如檢查變數判斷是否應該跳出），也可以作些清理工作後再進入休眠。

join() 方法

最後，如果你需要等待其他執行緒完成工作後再繼續執行，可以使用 join() 方法，呼叫執行緒的 join() 方法會讓呼叫端被阻塞，直到目標執行緒完成後再繼續執行，你也可以在呼叫 join() 時指定等待的毫秒數，持續的輪詢，這是非常粗略的執行緒同步。Java 為協調執行緒活動提供了更通用也更強大的機制，包含了 wait() 與 notify() 方法，以及 java.util.concurrent 套件裡更高階的 API，其中許多部分都得留待讀者自行探索，但值得一提的是，Java 程式語言讓撰寫多緒程式碼比以往更加的簡化。

interrupt() 方法

先前提過 interrupt() 方法能夠喚醒因為 sleep()、wait() 或長時間 I/O 操作而閒置的執行緒，任何沒有持續執行（不是處在「硬迴圈」）的執行緒都必須定期進入這種狀態，這是執行緒能夠標記為停止的地方。當執行緒被中斷時，不論執行緒是否閒置，都會設定其**中斷狀態**（*interrupt status*）旗標，執行緒可以透過 isInterrupted() 方法檢測旗標值；另一個型式 isInterrupted(boolean) 能接受一個表示是否清除中斷狀態的布林值，透過這種方式，執行緒就可以使用中斷狀態作為旗標與訊號（signal）。

這實際上規定了方法的功能，但從歷史上看來這一直是個弱點，Java 的實作一直沒辦法讓它在所有情況下都運作正常。早期的 Java VM（1.1 版之前），interrupt() 完全沒有作用，比較近新的版本在中斷 I/O 呼叫時仍然有問題，這裡的 I/O 呼叫指的是應用程式在 read() 或 write() 方法裡阻塞，在檔案或網路等來源間搬移位元組。在這種情況下，Java 應該在呼叫 interrupt() 時拋出 InterruptedIOException，但這一直無法在所有的 Java 實作中有一致的結果。New I/O framework（java.nio）是在 Java 1.4 時引進，目的之一就是處理這個問題，當 NIO 操作對應的執行緒被中斷時，執行緒會被喚醒，I/O 串流（稱為「通道」（channel））會自動關閉（參看十一章對 NIO 套件的討論）。

用執行緒實作動畫效果

本章開頭提過管理動畫是圖形介面常見的工作，有時這些動畫只是細部的調整，有時候這些動畫則是應用程式的重點，例如本章的丟蘋果遊戲。實作動畫有很多不同的方法，接下來會介紹用執行緒搭配 sleep() 函式以及使用計時器，將這些做法搭配某種型式的步進或「下一幀」函式也是十分常見的做法，同時也很容易理解，我們會使用這兩個技巧呈現蘋果移動的動畫效果。

我們可以用類似第 251 頁的〈建立與啟動執行緒〉一節的執行緒產生實際的動畫效果，基本概念是畫或移動所有要移動的物件，暫停，將物體移到下個位置，如此週而復始。接著我們先來看看在不加入任何動畫效果的情況下，如何在遊戲場地上畫出一些東西：

```
// 在 Field 類別 ...
    protected void paintComponent(Graphics g) {
        g.setColor(fieldColor);
        g.fillRect(0,0, getWidth(), getHeight());
        physicist.draw(g);
        for (Tree t : trees) {
            t.draw(g);
        }
        for (Apple a : apples) {
            a.draw(g);
        }
    }

// 在 Apple 類別 ...
    public void draw(Graphics g) {
        // 讓所有蘋果都呈現紅色，畫出來
        g.setColor(Color.RED);
        g.fillOval(x, y, scaledLength, scaledLength);
    }
```

十分簡單。先畫出背景場景，接著是物理學家，然後是樹，最後是所有的蘋果，這能確保蘋果總是會顯示在其他元素的「上方」。Field 類別覆寫了 paintComponent() 方法，Java Swing 中所有能夠自行渲染邏輯的圖形元素，都具有這個中階方法，其他細節留待第十章說明。

現在如果考慮遊玩時畫面的變化，實際上會有兩個「可移動」物件：物理學家在塔上瞄準時的蘋果，以及丟出來後的蘋果，我們知道瞄準「動畫」只是隨著滑桿的移動更新物理學家，不需要額外的動畫，所以只需要專心處理拋出的蘋果就行了，這表示遊戲的步進（step）函式應該依據重力的規則移動每個蘋果。以下是兩個處理這項工作的方法，先在 toss() 方法依據物理學家瞄準的值以及滑動的力量設定初始條件，接著在 step() 方法處理蘋果的一次動作：

```
// 摘自 Apple 類別 ...

    public void toss(float angle, float velocity) {
        lastStep = System.currentTimeMillis();
        double radians = angle / 180 * Math.PI;
        velocityX = (float)(velocity * Math.cos(radians) / mass);
        // 因為向上代表較小的 y 值，所以初始速度是負值
        velocityY = (float)(-velocity * Math.sin(radians) / mass);
    }

    public void step() {
        // 用移動所有 lastStep 記錄作為控管條件
        if (lastStep > 0) {
            // 先加上重力效果
            long now = System.currentTimeMillis();
            float slice = (now - lastStep) / 1000.0f;
            velocityY = velocityY + (slice * Field.GRAVITY);
            int newX = (int)(centerX + velocityX);
            int newY = (int)(centerY + velocityY);
            setPosition(newX, newY);
        }
    }
```

現在我們知道該怎麼更新蘋果的位置，把相關邏輯放在動畫迴圈裡，就能夠執行更新計算、重畫場地，暫停、重複一次：

```
public static final int STEP = 40;   // 動畫一幀的週期 ( 毫秒 )

// ...

class Animator implements Runnable {
    public void run() {
```

```
            // animating 是全域變數，能用在沒有任何需要移動的蘋果時
            // 停止動畫效果，節省資源
            while (animating) {
                System.out.println("Stepping " + apples.size() + " apples");
                for (Apple a : apples) {
                    a.step();
                    detectCollisions(a);
                }
                Field.this.repaint();
                cullFallenApples();
                try {
                    Thread.sleep((int)(STEP * 1000));
                } catch (InterruptedException ie) {
                    System.err.println("Animation interrupted");
                    animating = false;
                }
            }
        }
    }
```

我們在一個簡單的執行緒裡使用這個 Runnable，Field 類別會保有一個執行緒的實體，以及簡單的啟動方法：

```
        Thread animationThread;

        // ...

        void startAnimation() {
            animationThread = new Thread(new Animator());
            animationThread.start();
        }
```

透過我們即將在第 309 頁的〈事件〉一節學到的 UI 事件，我們可以在收到命令時丟出蘋果，暫時先直接在程式啟動時拋出第一顆蘋果，雖然圖 9-3 看起來只是個靜態的畫面截圖，但相信我們，效果很好的。:)

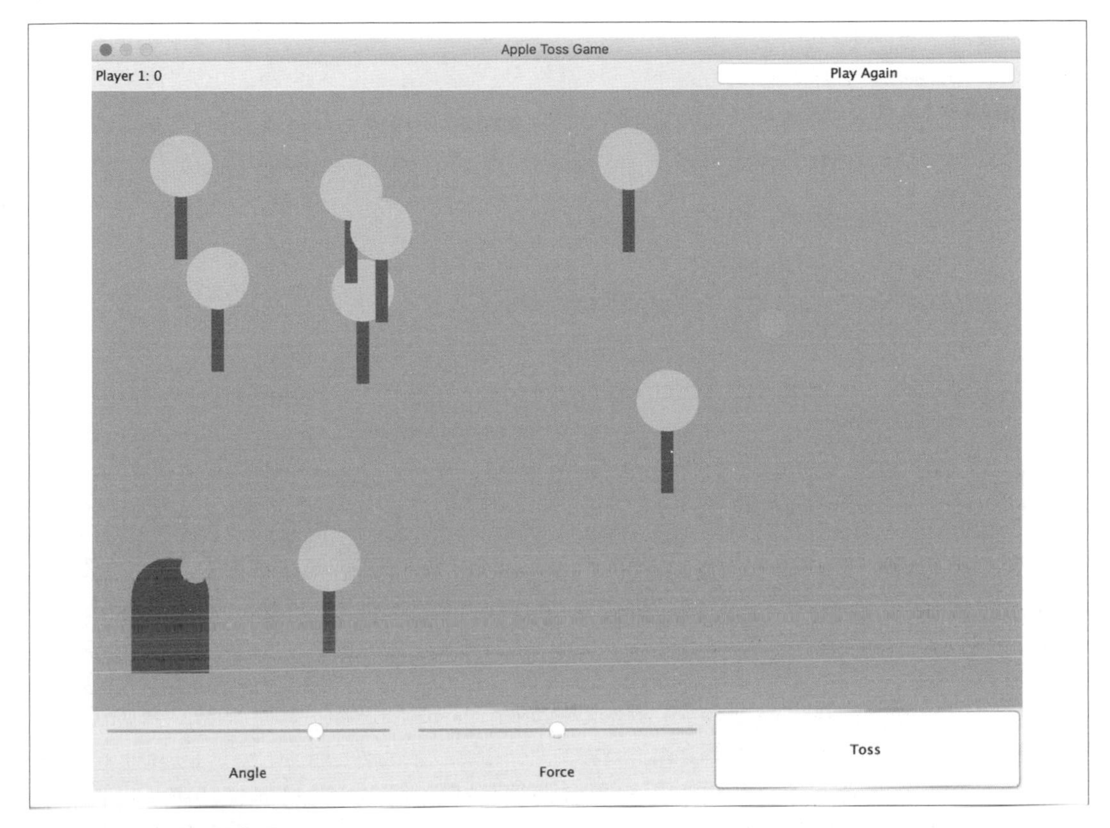

圖 9-3　丟出蘋果的效果

執行緒之死

執行緒會持續執行直到發生以下任何一個情況：

- 從目標 `run()` 方法回傳
- 遇到沒有被捕捉的執行期例外
- 邪惡且已停用的 `stop()` 方法被呼叫

如果沒有遇到這些情況，且執行緒的 `run()` 方法也一直沒有結束又會如何？答案是執行緒會繼續活下去，即使表面上建立執行緒的應用程式已經都執行完畢，執行緒仍會存活。這表示我們必須要知道執行緒最終結束的方式，否則應用程式就會留下無主執行緒，持續耗用不必要的資源，或是應用程式在應該結束後還持續存活下去。

在許多情況下，我們的確想要建立在背景的執行緒，在應用程式裡執行一些簡單週期性的工作。setDaemon() 可以將執行緒標記為常駐執行緒（daemon thread），在沒有其他非常駐應用程式存留時應該被終止或忽略，一般 Java 直譯器會持續執行直到所有執行緒結束，但當常駐執行緒是僅存的執行緒時，直譯器就會結束。

以下是使用常駐執行緒的邪惡範例：

```
class Devil extends Thread {
    Devil() {
        setDaemon( true );
        start();
    }
    public void run() {
        // 做些壞事
    }
}
```

這個例子裡，Devil 執行緒在建立時設定了自己的常駐狀態。如果在應用程式其他部分都結束的時候 Devil 執行緒還在，執行期系統會為我們終止這些執行緒，不需要擔心事後清除。

常駐執行緒主要用在獨立的 Java 應用程式以及實作伺服器框架上，而不是元件應用程式（這類程式是執行在更大程式裡的部分程式），由於這些元件執行在另一個 Java 應用程式當中，它們所建立的所有常駐執行緒都會持續存在直到主控應用程式結束（這也許不是想要的效果）。這類應用程式能夠使用 ThreadGroup 集合所有子系統或元件建立的執行緒，並在必要的時候加以清除。

最後對於優雅地清除執行緒還有一點需要提醒，程式無法結束是新手開發人員在初次使用 Swing 元件建立應用程式時常會遇到的問題，在一切結束後 Java VM 似乎無止盡的當機。在使用圖形時，Java 必須建立處理輸入與渲染事件的 UI 執行緒，UI 執行緒並不是常駐執行緒，不會在其他應用程式結束後自動終止，開發人員必須自行呼叫 System.exit()（仔細思考後你會發現這很合理，因為大多數的 GUI 應用程式都採用事件導向的做法，等待使用者的輸入，否則程式會在啟動程式執行完畢後就隨之終止）。

同步

每個執行緒都有自己的想法，執行自己的業務邏輯，不考慮應用程式裡其他執行緒的行為。執行緒也可以依時間分隔（time-sliced），這表示它能夠依 OS 的指示以任意的間歇間隔執行。在多處理器或多核心系統上，甚至可以有許多不同執行緒同時在不同的 CPU 上執行。本節要介紹協調兩個以上執行緒活動的方法，讓執行緒間能夠互相合作，不會因為使用了相同的變數或方法就互相阻礙（協調在高爾夫球場上的上場順序）。

Java 為同步（synchronize）執行緒活動提供了一些簡單的結構，這些結構是建立在監測 monitor 這個十分常見的同步方式，使用 monitor 並不需要知道它的運作細節，但了解細節有助於理解全貌。

monitor 基本上是個鎖，鎖會綁定在某個資源上，這個資源需要被多個執行緒使用，但同一時間只能被一個執行緒存取。這十分類似有鎖的廁所，沒人使用時，任何人都可以進去，把門鎖上使用，如果資源沒有人使用，執行緒可以取得鎖並存取資源，當執行緒使用完畢，就把鎖放開，就像離開廁所後把門開著，讓下個人可以使用一樣。但如果有執行緒鎖定了資源，其他執行緒就必須等目前的執行緒使用完畢，釋放鎖後才能使用，這就像是廁所已經有其他人使用，你只能等到使用的人開門之後才能夠使用一樣。

所幸，Java 讓同步資源存取的過程變得十分容易，程式語言處理了設定與取得鎖的細節，程式只需要指定需要同步的資源就行了。

循序存取方法

Java 裡對執行緒同步最常見的需求是循序存取某些資源（某個物件），也就是確保一次只有一個執行緒能夠操作物件或變數[2]。Java 所有的物件都有對應的鎖，更精確的說，每個類別與每個類別的實體都有自己的鎖，`syntronized` 關鍵字標記了執行緒必須取得鎖才能繼續執行的位置。

例如，假設我們在實作 `SpeechSynthesizer` 類別的 `say()` 方法，我們不想讓多個執行緒同時呼叫 `say()` 方法，因為這會讓人無法理解說了什麼，所以我們將 `say()` 方法標為 `syntronized`，這表示必須先鎖定 `SpeechSynthesizer` 物件才能夠說話：

```
class SpeechSynthesizer {
    synchronized void say( String words ) {
        // 說話
    }
}
```

2　不要把這裡的循序（*serialize*）與 Java 物件的序列化（*serialization*）弄混了，序列化是指讓物件存續（persistent）的機制，但兩個詞的確有相同的意義（將東西依序放置），對物件作序列化是指以特定順序，逐個位元組排列物件的資料。

由於 say() 是實體方法，執行緒在呼叫 say() 方法前必須先鎖定 SpeechSynthesizer 實體，當 say() 結束後，會釋放鎖，允許下一個等待的執行緒鎖定並執行方法。執行緒是屬於 SpeechSynthesizer 本身或其他物件並不重要，每個執行緒都必須取得同一個鎖，也就是 SpeechSynthesizer 實體的鎖，如果 say() 是個類別（靜態）方法而不是實體方法，仍然可以標記為 synchronized，只是在這種情況下，由於沒有指定任何物件，就必須鎖定類別本身。

通常你會想要同步同一個類別裡的多個方法，讓一次只有一個方法能夠修改或檢查類別的特定部分，類別裡的所有靜態同步（static synchronized）方法都共用同一個類別鎖。同樣的道理，類別裡所有的實體方法都使用同一個實體物件鎖，透過這樣的方式，Java 能夠保證一組同步的方法裡一次只會有一個方法能夠執行，例如，SpreadSheet 類別可能會有一些代表的實體變數以及一些操作各自欄位的方法：

```
class SpreadSheet {
    int cellA1, cellA2, cellA3;

    synchronized int sumRow() {
        return cellA1 + cellA2 + cellA3;
    }

    synchronized void setRow( int a1, int a2, int a3 ) {
        cellA1 = a1;
        cellA2 = a2;
        cellA3 = a3;
    }
    ...
}
```

這個例子裡，setRow() 與 sumRow() 兩個方法都使用了欄位值，你可以看到問題可能發生在一個執行緒使用 setRow() 改變變數值，同時間有另一個執行緒用 sumRow() 讀取數值的時候。為了避免這樣的問題，我們必須將兩個方法標記為 synchronized，執行緒同步時，只會一次執行一個執行緒，如果一個執行緒正在執行 setRow() 的時候，另一個執行緒呼叫了 sumRow()，第二個執行緒就必須等到第一個執行緒執行完 setRow()，才會開始執行 sumRow()。這樣的同步能讓程式保持 SpreadSheet 的一致性，最棒的地方是這些鎖定與等待都是由 Java 處理，程式設計師完全看不到這些細節。

除了同步整個方法外，synchronized 關鍵字也能夠用在特定結構，控管任意程式碼區塊。使用這種型式需要明確的指定鎖定的標的物件：

```
synchronized ( myObject ) {
    // 需要獨立存取資源的功能
}
```

這樣的程式碼區塊能夠出現在任何方法，程式要進入區塊前，執行緒會先鎖定 myObject 後再繼續執行。透過這種方式，我們就能夠以同步相同類別方法的方式，同步不同類別中的方法（或方法的部分邏輯）。

因此，同步的實體方法等同於方法中以指令鎖定當前物件的方法，也就是：

```
synchronized void myMethod () {
    ...
}
```

等同於：

```
void myMethod () {
    synchronized ( this ) {
        ...
    }
}
```

我們可以用「生產者 / 消費者」情境示範基本的同步，生產者產生新資源，消費者則會取得並使用相同的資源，用網路爬蟲下載線上的圖片就是很好的例了。「生產者」指的是讀取與剖析網頁內容，尋找圖片與其 URL 的執行緒（或多個執行緒），這些 URL 會被放到共同的佇列裡。「消費者」執行緒（們）會從佇列中取得下一個 URL，將圖片下載到檔案系統或資料庫裡，我們並不會真的呈現所有的 I/O 細節（第十一章會更詳細介紹檔案與網路），但可以輕易地設定生產者與消費者執行緒，觀察同步的運作方式。

同步存取 URL 佇列

先看看儲存 URL 的佇列，這部分不需要太花俏，就只是個能夠加入 URL（或字串）到尾端並從頭端取出的串列，這裡使用與第七章介紹的 ArrayList 類似的 LinkedList，這個結構是依序佇列的需求，針對存取與操作效率所設計：

```
package ch09;

import java.util.LinkedList;

public class URLQueue {
    LinkedList<String> urlQueue = new LinkedList<>();

    public synchronized void addURL(String url) {
        urlQueue.add(url);
    }

    public synchronized String getURL() {
        if (!urlQueue.isEmpty()) {
```

```
            return urlQueue.removeFirst();
        }
        return null;
    }

    public boolean isEmpty() {
        return urlQueue.isEmpty();
    }
}
```

請注意，並非所有的方法都是 synchronized！我們允許執行緒詢問佇列是否為空但不阻擋其他執行緒同時間的加入或移除，這**的確**表示可能回報錯誤的答案（如果不同執行緒的執行時機的確不對），但系統有一定程度的容錯能力，因此採用只檢查佇列大小，不作鎖定這種效率較高的方式，而非更完美的設計[3]。

確定了存放與取得 URL 的方式，就能夠建立生產者與消費者類別。生產者會以簡單的迴圈產生假的 URL，在字首加上生產者的 ID，再存放到佇列中。以下是 URLProducer 的 run() 方法：

```
    public void run() {
        for (int i = 1; i <= urlCount; i++) {
            String url = "https://some.url/at/path/" + i;
            queue.addURL(producerID + " " + url);
            System.out.println(producerID + " produced " + url);
            try {
                Thread.sleep(delay.nextInt(500));
            } catch (InterruptedException ie) {
                System.err.println("Producer " + producerID + " interrupted. Quitting.");
                break;
            }
        }
    }
```

實際上消費者類別也十分相似，差別只在於從佇列中取出 URL。程式會取出 URL，加上消費者 ID 為字首，再重新開始直到生產者不再生產且佇列為空：

```
public void run() {
    while (keepWorking || !queue.isEmpty()) {
        String url = queue.getURL();
        if (url != null) {
```

3 即使具備容錯能力，現代多核心系統仍然可能對設計不完善的系統造成巨大的災害，而要做到完善並不難！如果想要在真實世界使用執行，Brian Goetz 所著的《*Java Concurrency In Practice*》（*https://jcip.net*）絕對是必讀之作。

```
                System.out.println(consumerID + " consumed " + url);
            } else {
                System.out.println(consumerID + " skipped empty queue");
            }
            try {
                Thread.sleep(delay.nextInt(1000));
            } catch (InterruptedException ie) {
                System.err.println("Consumer " + consumerID + " interrupted.
                  Quitting.");
                break;
            }
        }
    }
```

我們可以先用很小的數值執行模擬程式：兩個生產者與兩個消費者，其中每個生產者只會產生三個 URL。

```
package ch09;

public class URLDemo {
    public static void main(String args[]) {
        URLQueue queue = new URLQueue();
        URLProducer p1 = new URLProducer("P1", 3, queue);
        URLProducer p2 = new URLProducer("P2", 3, queue);
        URLConsumer c1 = new URLConsumer("C1", queue);
        URLConsumer c2 = new URLConsumer("C2", queue);
        System.out.println("Starting...");
        p1.start();
        p2.start();
        c1.start();
        c2.start();
        try {
            // 等待生產者產生所有的 URL
            p1.join();
            p2.join();
        } catch (InterruptedException ie) {
            System.err.println("Interrupted waiting for producers to finish");
        }
        c1.setKeepWorking(false);
        c2.setKeepWorking(false);
        try {
            // 現在等待工作者清空佇列
            c1.join();
            c2.join();
        } catch (InterruptedException ie) {
            System.err.println("Interrupted waiting for consumers to finish");
        }
```

```
            System.out.println("Done");
        }
    }
```

即使使用了這麼小的數字，我們仍然可以看出使用多緒執行緒運作的效果：

```
Starting...
C1 skipped empty queue
C2 skipped empty queue
P2 produced https://some.url/at/path/1
P1 produced https://some.url/at/path/1
P1 produced https://some.url/at/path/2
P2 produced https://some.url/at/path/2
C2 consumed P2 https://some.url/at/path/1
P2 produced https://some.url/at/path/3
P1 produced https://some.url/at/path/3
C1 consumed P1 https://some.url/at/path/1
C1 consumed P1 https://some.url/at/path/2
C2 consumed P2 https://some.url/at/path/2
C1 consumed P2 https://some.url/at/path/3
C1 consumed P1 https://some.url/at/path/3
Done
```

注意執行緒並不是以完美的循環（round-robin）執行，但每個執行緒都有獲得執行的機會，你也可以看到消費者與生產者間也沒有固定的關係。再次提醒，重點在於有效使用有限的資源。生產者可以持續加入工作，不需要擔心工作實際執行所需的時間，也不需要在意由誰執行。消費者可以直接獲取工作，不受其他消費者影響，如果消費者拿到簡單的工作，在其他消費者取得工作前就執行完畢，也可以立刻再索取新的工作。

試著執行範例程式並將數字加大，當 URL 數超過一百後會如何？如果有上百個生產者或消費者又會如何？數量放大後幾乎總會需要這種型式的多工，大規模的程式幾乎都會使用執行緒處理一部分工作。實際上，我們從 Java 本身的圖形套件 Swing 就可以看出，不論程式有多小，都需要使用額外的執行緒才能維持 UI 的回應性與正確性。

多緒存取類別與實體變數

在 `SpreadSheet` 例子裡，我們使用 `synchronized` 方法控管對一組實體變數的存取，避免在改變變數的同時被其他人讀取。我們協調各種操作，但個別變數型別呢？需要同步嗎？一般來說答案是否定的。Java 裡幾乎所有對基本與物件參考型別的操作都具有**基元性**（*atomically*）：也就是它們是由 VM 在一個步驟裡完成，沒有機會讓多個執行緒發生衝突，這避免了執行緒在處理參考的同時，有其他執行緒讀取參考值。

但要注意，我們說的是**幾乎**，如果仔細研究 Java VM 規格，你會看到 double 與 long 基本元素並沒有保證會以基元操作的方式處理。這兩個型別都是 64 位元數值，問題出在 Java VM 堆疊的處理方式，這項規格也許會在未來強化，但目前嚴格來說，你應該要透過存取方法同步對 double 與 long 實體變數的操作，或是使用 volatile 關鍵字或接下來會介紹的基元外覆類別。

另一個與數值基元性無關的問題是，VM 裡不同的執行緒會快取數值一段時間，也就是即使一個執行緒改變了數值，VM 可能不會呈現改變後的數值，必須等到稱為「記憶體邊界」（memory barrier）的特定狀態後才會呈現數值。你可以為變數加上 volatile 關鍵字開始處理這個問題，這個關鍵字告知 VM 變數值可能會被外部執行緒改變，實際上會自動同步對變數的存取，我們用了「開始處理」是因為多核系統會造成更多不一致、有問題的行為。如果你有打算開發商用的多緒程式，第 273 頁的〈並行工具〉一節提供了一些很好的閱讀清單。

最後，java.util.concurrent.atomic 套件對所有基本型別與參考提供了同步化的外覆類別，這些外覆不只對數值提供簡單的 set() 與 get() 操作，還提供了特殊的「連續」（combo）操作（如 compareAndSet()）。這些有基元性的連續操作可以用來建立高階的同步應用程式元件，這個套件裡的類別被設計為在許多情況下都能夠對應到硬體層的功能，可以非常有效率。

排程與優先權

Java 對執行緒的排程沒有提供太多保證，幾乎所有的 Java 執行緒排程都留給 Java 實作決定，以及在某些程度上由應用程式決定。要是 Java 的開發人員選定了某種排程演算法也很合理（當然也會讓許多開發人員更為滿意），這種演算法並不一定適合 Java 扮演的所有角色，因此，Java 的設計者將責任交付到各位開發人員身上，要求開發人員寫出能適用所有排程演算法的強健程式，讓執行期環境的實作選擇最適當的排序演算法[4]。

接下來要介紹在 Java 語言規範有著嚴謹說明的優先權規則，是執行緒排序的通用準則。（統計上來說）程式應該能夠依賴優先權規則指定的行為，但讓程式必須靠著排程器的特定功能才能正常運作並不是好事，應該使用本章介紹的控制與同步工具協調執行緒間的運作[5]。

---

4 即時 Java 規範最明顯的不同在於，針對特定類型的應用程式定義了特殊的執緒行為。這是在 Java community process 下建立的，你可以在 *https://oreil.ly/F0_qn* 找到全文。

5 Scott Oaks 與 Henry Wong 合著的《*Java Threads*》（歐萊禮出版）包含了同步、排程與其他執行緒相關主題的詳細說明。

每個執行緒都有個優先權值，一般而言，任何時候，一個優先權比目前執行中的執行緒還高的執行緒都會變成可執行（啟動、停止休眠或被通知），它會搶先低優先權執行緒並開始執行。預設情況下，相同優先權的執行緒會輪流執行（round-robin），這表示一旦執行緒開始執行，就會持續執行下去直到發生以下狀況：

- 休眠，透過呼叫 `Thread.sleep()` 或 `wait()`
- 等待被鎖定的資源以進行 `synchronized` 方法
- 被 I/O 阻塞，例如在 `read()` 或 `accept()` 呼叫當中
- 自行釋放控制權，透過呼叫 `yield()`
- 終止，目標方法執行完畢[6]

情況看起來類似圖 9-4。

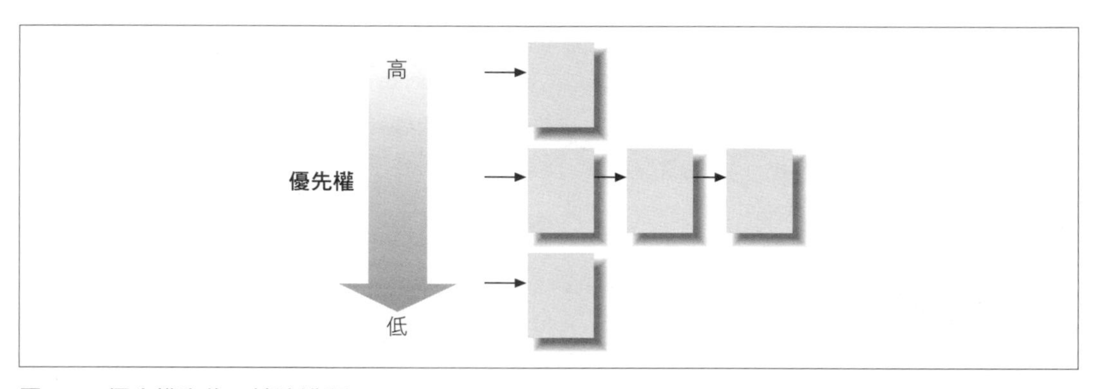

圖 9-4　優先權先佔，輪流排程

執行緒狀態

執行緒的生命週期與活動包含了五種狀態，執行緒在任何時間都會處於其中一種狀態，這些狀態定義在 `Thread.State` 列舉，可以透過 `Thread` 類別的 `getState()` 方法查詢當前狀態：

`NEW`

　執行緒已建立但尚未啟動

6 技術上來說，執行緒也可以被已停用的 `stop()` 呼叫（*https://oreil.ly/AbbQk*）終止，但正如我們在本章開頭所提醒的，有許多理由不該這麼做。

RUNNABLE

執行中的執行緒的正常活躍狀態，包含執行緒因為讀取或寫或網路連線而阻塞在 I/O 運算當中。

BLOCKED

執行緒被阻塞，等待進入同步的方法或程式碼區塊。這包含了執行緒在 wait() 後被 notify() 喚醒，試著取得鎖的時間。

WAITING、TIMED_WAITING

執行緒透過呼叫 wait() 或 join() 等待另一個執行緒，在 TIMED_WAITING 狀態時表示呼叫時有指定時限。

TERMINATED

執行緒因為返回、例外或被停止而結束。

我們現在可以用以下的程式碼，在 Java 中顯示（當前執行緒群組）所有執行緒的狀態：

```
Thread [] threads = new Thread [ 64 ]; // 最大顯示數量
int num = Thread.enumerate( threads );
for( int i = 0; i < num; i++ )
   System.out.println( threads[i] +":"+ threads[i].getState() );
```

一般程式可能不會用到這個 API，但它在實驗與學習 Java 執行緒時是個有趣也很有用的工具。

分時

除了依優先權外，所有現代系統（除了某些嵌入式以及「micro」Java 環境之外）都實作了分時（time-slice）執行緒。在分時系統裡，執行緒的處理過程被切成小段，每個執行緒執行一小段時間後就切換到下一個執行緒，如圖 9-5。

這種做法裡，高優先權執行緒會搶先低優先權執行緒，相同優先權的執行緒間會混用分時排程。在多處理器主機上，執行緒甚至可以同時執行，這可能對沒有適當同步執行緒的應用程式產生不同的行為。

嚴格來說，Java 並沒有保證分時排程，因此你不該讓程式依賴這類排程機制，所有的軟體都應該在循環排程下運作。如果想知道所使用的 Java 實作的排程做法，你可以試試以下的實驗：

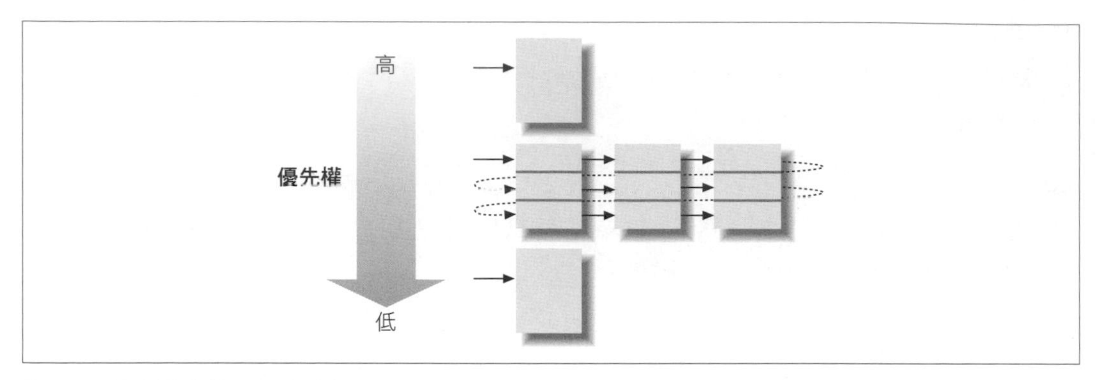

圖 9-5　優先權先佔，分時排程

```
public class Thready {
    public static void main( String args [] ) {
        new ShowThread("Foo").start();
        new ShowThread("Bar").start();
    }

    static class ShowThread extends Thread {
        String message;

        ShowThread( String message ) {
            this.message = message;
        }
        public void run() {
            while ( true )
                System.out.println( message );
        }
    }
}
```

Thready 類別啟動兩個 ShowThread 物件，分別執行執行硬迴圈（很糟的型式）並在迴圈中印出文字，由於沒有提供兩個執行緒的優先權，執行緒會繼承建立者的優先權，也就是兩者有相同的優先權。執行範例時會看到 Java 實作排程的行為，如果是循環式就只會顯示 Foo，完全不會出現 Bar，分時實作應該會看到 Foo 與 Bar 訊息交互出現。

優先權

先前提過，執行緒的優先權是實作用來配置時間給互相競爭執行緒的指引，不幸的是，由於 Java 執行緒與底層執行緒實作的複雜對應關係，程式無法依賴優先權的數值意義，只該將優先權視為對 VM 的建議。

接下來試著調整執行緒的優先權：

```
class Thready {
    public static void main( String args [] ) {
        Thread foo = new ShowThread("Foo");
        foo.setPriority( Thread.MIN_PRIORITY );
        Thread bar = new ShowThread("Bar");
        bar.setPriority( Thread.MAX_PRIORITY );

        foo.start();
        bar.start();
    }
}
```

可以想見透過對 Thready 類別的調整，Bar 執行緒會取得完全的控制，如果用舊的 Solaris Java 5.0 實作就會產生這樣的結果，但在 Windows 或更早的 Java 版本就不是如此。同樣的，如果將優先權數值調整為最小或最大之外的其他數值，可能會看不出差異，優先權與效能間細微的差異，與 Java 執行緒與優先權跟 OS 實體執行緒間的對應方式有關，因此，執行優先權應該保留給系統或框架開發時使用。

讓出

當執行緒休眠、等待或因 I/O 阻塞時，會放棄自己的時間區段，讓另一個執行緒能夠排程執行，只要它沒有寫出使用硬迴圈的方法，所有的執行緒應該都有機會執行。但執行緒也可以呼叫 yield()，在任何時間發出自己願意放棄執行時段的訊號，我們可以修改先前的例子，在每次循環時加入 yield()：

```
...
static class ShowThread extends Thread {
    ...
    public void run() {
        while ( true ) {
            System.out.println( message );
            yield();
        }
    }
}
```

執行時應該可以看到 Foo 與 Bar 訊息輪流出現，如果執行緒需要執行大量計算或其他消耗大量 CPU 時間的運作，你也許會想要找些偶爾能夠釋出控制權的位置，或是降低大量計算執行緒的優先權，讓更重要的處理可以有機會執行。

不幸的是，Java 程式語言規範對 yield() 並沒有太多強制的規定，這也是另一個應該視為最佳化建議，而不是有所保證的行為，在最差的狀況下，執行期系統可以直接忽略對 yield() 的呼叫。

執行緒效能

應用程式使用執行緒的方式、以及伴隨的成本與好處對許多 Java API 的設計有重大的影響，我們會在其他章節會更深入的討論相關議題，但值得簡單說明執行緒效能的特色，以及介紹執行緒對幾個新近 Java 套件的型式與功能的影響。

同步的成本

用鎖定同步執行緒需要時間，即使沒有競爭也會花費時間。在較早期的 Java 實作，鎖定的時間十分可觀；在較新的 VM 裡，鎖定時間幾乎可以忽略，但不必要的低階同步仍然可能因為阻塞了可以合法並行存取的執行緒而減慢應用程式的速度，因此，Java Collections API 與 Swing GUI API 這兩個重要的 API 特別設計成將同步交由開發人員控制，以避免不必要的同步。

java.util Collections API 取代了先前較簡單的 Java 聚合型別，也就是 Vector 與 Hashtable，提供更全面的功能，更重要的是提供了非同步型別（List 與 Map）。Collections API 將同步存取延後到應用程式，並提供「快速失敗」（fail fast）的功能協助識別並行存取並抛出例外，同時也提供同步的「外覆」，能夠以舊式風格提供安全存取介面。java.util.concurrent 套件也包含對並行存取友善的特殊 Map 與 Queue 實作，這些實作更進一步，採用了不需使用者同步就能夠提供高度並行存取的方式。

Java Swing GUI 以另一種方式提供速度與安全性，Swing 決定所有元件的更動（除了少數例外）都必須在單一執行緒裡進行：主要事件佇列，Swing 以單一個超級執行緒控制 GUI 的方式解決了效能問題以及決定事件順序的難題，應用程式能夠以簡單的介面將命令送入佇列，以間接的型式存取事件佇列執行緒。我們會在第十章討論這個主題，並在第十一章將這項知識應用到更一般性的問題——回應外部經網路傳送的訊息。

執行緒資源耗用

Java 常見的模式是開啟許多執行緒處理非同步的外部資源，例如 socket 連線，為了最大化效能，網頁伺服器會試著為每個用戶連線建立個別的執行緒，讓每個用戶端有對應的執行緒，I/O 操作就可以依需要阻塞或重啟。雖然這種做法在通量（throughput）上有很高的效率，對伺服器資源的使用卻非常沒有效率，執行緒會耗用記憶體，每個執行緒都有各自存放區域變數的「堆疊」，而切換執行中的執行緒（環境切換，context switch）會增加 CPU 的負載，雖然執行緒是相對輕量（理論上可以執行數百甚至數千個執行緒在大型伺服器上），但當執行緒到達特定的數量，執行緒本身所耗用的資源會超過產生更多執行緒所帶來的好處，通常，只需要數十個執行緒就會到達這個轉折點，為每個用戶端建立執行緒在處理大規模問題上並不總是可行的做法。

另一個做法是建立「執行緒池」（thread pool），用固定數量的執行緒從佇列中取得工作，待處理完畢後傳回結果。這種重複利用執行緒的方式更適合大規模的解決方案，但由於串流 I/O（對 socket 之類）並沒有完全支援無阻塞操作，傳統上很難在 Java 伺服器有效率地實作，NIO 套件提供的非同步 I/O 通道：非阻塞讀取與寫入加上能夠「選擇」（select）或檢測串流是否有待移動資料的能力。通道也能夠以非同步的方式關閉，能夠讓執行緒優雅地使用，透過 NIO 套件就能夠以更成熟、更有擴縮性的執行緒模式建立伺服器。

執行緒池以及任務「執行器」（executor）服務被編寫成 `java.util.concurrent` 套件裡的工具，開發人員不再需要自行撰寫這些模式，以下簡單列出 Java 中並行工具的摘要說明。

並行工具

本章到目前為止示範了以 Java 程式語言的基本指令，低階建立與同步執行緒的做法。在 Java 5.0 引進的 `java.util.concurrent` 套件及其子套件就是建立在這些低階功能之上，這些套件提供了重要的執行緒工具，透過標準實作提供了一些常用的設計模式，依通用性大略列出如下：

考慮執行緒的容器實作

`java.util.conccurent` 套件擴充了第七章介紹的 Java Collections API，為特定的執行緒模型提供了幾個實作，包含了具時限的等待與阻塞的 `Queue` 介面實作，以及非阻塞、對並行存取最佳化的 `Queue` 與 `Map` 介面實作。套件同時也加入了「寫入時複製」（copy on write）的 `List` 與 `Set` 實作，能夠對「幾乎只有唯讀」的情境達到高度最佳化。這些聽起來十分複雜，但實際上也包含一些十分簡單的情境。

執行器

Executor 執行任務（task）（包含 Runnable）並為使用者提供了執行緒建立與池化的抽象層，執行器是個高階結構，目的是取代常見的建立執行緒服務一系列工作（job），搭配 Executor，也引進了 Callable 與 Future 介面，這兩個介面擴展了 Runnable，在管理、傳回數值與例外處理上都有所強化。

低階同步結構

java.util.concurrent.locks 套件有一系列類別，包含 Lock 與 Condition，這些類別平行於 Java 程式語言層的同步基本結構，將結構提升為完整的 API，locks 套件也加入了非互斥讀取 / 寫入鎖（nonexclusive reader/writer lock），在同步資料存取上有更高的並行性。

高階同步結構

包含 CyclicBarrier、CountDownLatch、Semaphore 以及 Exchanger，這些類別實作了其他程式語言與系統裡常見的同步模式，能夠作為開發高階工具的基礎。

基元操作（聽起來很 *007* 對吧？）

java.util.concurrent.atomic 套件提供基元（atomic）的外覆與工具，對基本型別與參考提供「全有全無」操作，包含簡單基元操作的組合，將設定前先檢測數值以及讀取並遞增數值合併為一個操作。

除了 Java VM 對 atomic 操作套件的最佳化之外，所有的工具都以純 Java 實作，建立在 Java 程式語言同步結構之上，它們只是方便的工具，沒有為語言增加新的能力，這些工具的主要角色是為 Java 多緒程式設計提供標準模式與用法，讓多緒程式更安全，使用上也更有效率。Executor 工具就是很好的例子，使用者在預先定義好的執行緒模型裡管理一組任務，完全不需自行建立執行緒，這些高階 API 不僅簡化了程式撰寫，也能夠為常見的情境提供更好的最佳化。

雖然本章沒有深入介紹這些套件，但要是讀者對並行感到興趣或是這類問題有助於日常工作，可以繼續深入，在第 263 頁〈同步存取 URL 佇列〉註腳裡提到的 Brain Goetz 的著作《*Java Concurrency In Practice*》（*https://jcip.net*）是開發實際專案時的必讀作品，我們也要向 Doug Lea 致意，他是《*Concurrent Programming in Java*》（Addison-Wesley 出版）的作者，他帶領了一群開發人員將這些套件加入 Java，並負責主要的開發工作。

本書到目前為止多次提到 Java Swing 框架，連在討論執行緒效能時也會提到，接下來總算輪到要深入這個框架的時候了。

第十章

桌面應用程式

Java 因為 applet 的力量獲得名聲，applet 是網頁上神奇的互動元件；如今這聽起來沒什麼，但在當時可是令人感到驚奇的創舉，而且 Java 還留有一招跨平台支援，能夠在 Windows、Unix 與 macOS 系統上執行相同的程式碼。早期 JDK 有個稱為 Abstract Window Toolkit（AWT）的基本圖形介面元素組，AWT 裡的 abstract 來自於和原生實作使用相同的類別（Button、Window 等）。使用抽象、跨平台的程式碼開發 AWT 應用程式，電腦可以執行應用程式，提供實際上的原生元件。

不幸的是，抽象與原生間巧妙的組合也帶來一些嚴重的限制，在抽象領域會遇到「最小公分母」（lowest common denominator）設計，只能夠提供所有 Java 支援平台上共有的功能；在原生實作方面，即使是隨處可見的功能，螢幕上的呈現效果也會有明顯的差異，許多早期使用 Java 的桌面開發人員笑稱「一次編寫，到處執行」（write once, run everywhere），實際上是「一次編寫，到處除錯」（write once, debug everywhere）。Java Swing 套件就是為了改善這個糟糕的情況，雖然它沒有解決所有跨平台派送的問題，但的確讓 Java 能夠開發出正規的桌面應用程式。讀者可以找到許多以 Swing 開發的開放源碼專案，甚至是商用軟體，實際上，附錄 A 介紹的 IDE 工具 IntelliJ IDEA 就是個 Swing 應用程式！在效能與可用性各方面都能與原生 IDE 互爭長短 [1]。

1 如果你對這個主題感興趣，想看看其他商用的 Java 應用程式，JetBrains 有發佈社群版的原始碼（*https://oreil.ly/YleE5*）。

如果打開 javax.swing[2] 套件的文件，你會看到大量類別，以及一些原先 java.awt 的輔助，針對 AWT（《*Java AWT Reference*》（*https://oreil.ly/_92UF*），Zukowski 著，歐萊禮出版）與 Swing（《*Java Swing, 2nd Edition*》（*https://oreil.ly/bO7g6*），Loy 等著，歐萊禮出版），甚至是 2D graphics 子套件（《*Java 2D Graphics*》（*https://oreil.ly/o3YxN*），Knudsen 著，歐萊禮出版）都有個別的專書，本章只會介紹一些常用元件，如按鈕、文字欄位等，還會介紹在應用程式視窗裡安排元件位置以及與元件互動的方式，你也許會對只需些簡單的入門介紹，就能夠建立十分成熟的應用程式感到驚訝，如果讀完本書後想要更深入桌面應用程式開發，你也會對 Java 圖形使用介面（GUI 或是 UI）能夠找到資料的豐富感到意外。我們希望能夠引起各位的興趣，但也承認還有許多針對使用者介面的內容必須留給讀者自行研究，話不多說，讓我們開始這簡短的旅程吧！

按鈕、滑桿與文字欄位，天啊！

該怎麼開始呢？這是個雞生蛋蛋生雞的問題，我們需要介紹放在螢幕上的「東西」，像是第 38 頁的〈Hello Java〉一節用過的 Jlabel 物件，也需要討論放置這些東西的位置，由於放置的方式並不簡單，需要特別的說明，這就形成了雞生蛋蛋生雞的困境。倒杯咖啡或氣泡酒，我們馬上就要開始了，我們會先介紹常用元件（那些「東西」），接著是它們的容器，最後才是將東西放到容器的排版方式，一旦你能夠完善地將元件放置到螢幕上，我們就可以討論與元件的互動，以及多緒世界裡 UI 的處理方式。

元件階層架構

先前的章節裡提過，Java 類別是以階層架構的方式設計與擴充，JComponent 與 JContainer 位於 Swing 類別階層架構的頂端，如圖 10-1。我們並不會太詳細的介紹這兩個類別，但請記住它們的名字，在讀 Swing 文件時你會發現一些來自這兩個類別的共通屬性與方法。隨著程式設計能力提昇，你到了某個時候會需要自行建立自己的元件，JComponent 就是很好的起點，我們在蘋果遊戲範例裡就是這麼做的。

2 javax 套件字首早期是由 Sun 引進，用於放置一些與 Java 一起散佈、但不屬於「核心」的套件。這個決定有些爭議，但 javax 被留了下來，也被用在其他的套件。

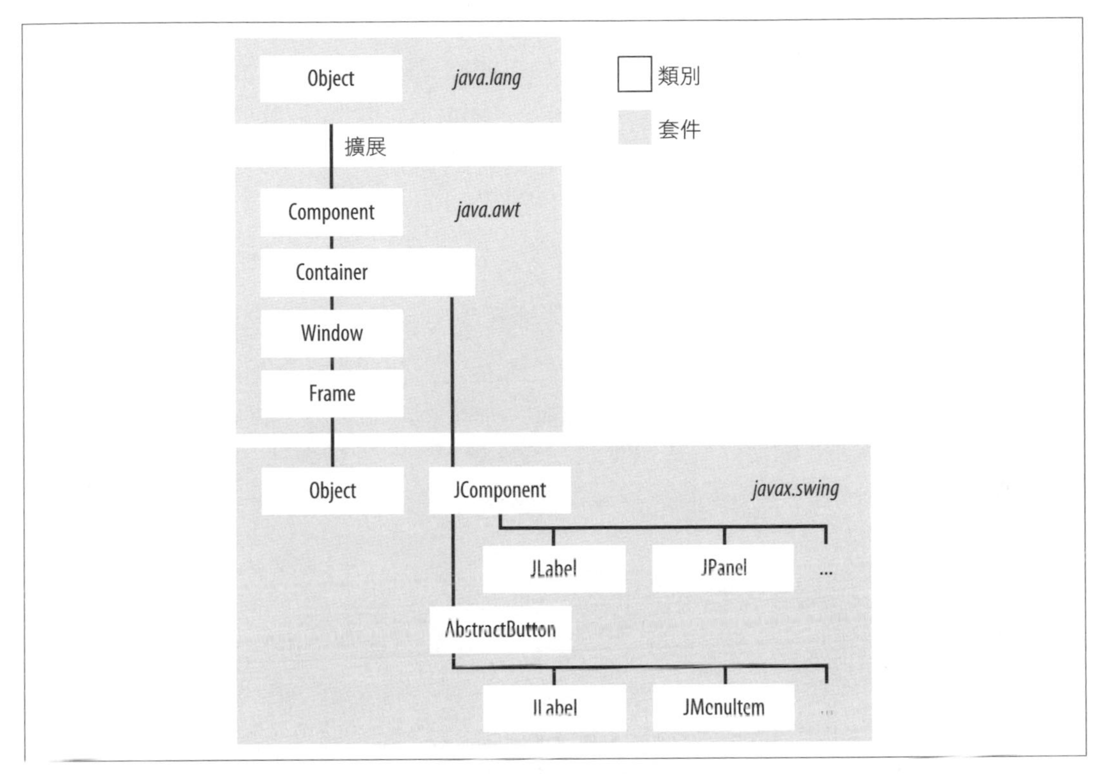

圖 10-1　部分（非常小部分）Swing 類別階層架構

我們會介紹以上簡略版階層架構中絕大多數的類別，但你一定會想要查看線上文件（*https://oreil.ly/H7KhT*），看看其他沒有介紹的元件。

Model View Controller 架構

Swing 裡的「東西」的概念基礎是稱為「MVC」（Model View Controller）的設計模式，Swing 套件的作者們儘可能一致的套用這個模式，讓使用者在遇到新元件時，能夠對元件的行為與使用方式感到熟悉。MVC 架構的目的是區隔開所見（view）與背景狀態（model），以及造成各部分變化的互動行為（controller），分離關注（separation of concern）能讓開發人員專心把每個部分做對，網路通訊可以在背景更新 model，view 可以定期更新，讓使用者使用順暢與快速地回應。MVC 提供強大又易於管理的框架，能夠用於建立任何桌上型應用程式。

在介紹這些特別挑選的元件時，我們會特別說明 model 與 view 元素，接著會在第 309 頁的〈事件〉一節深入 controller 的細節，如果對程式設計的模式有興趣，《**物件導向設計模式－可再利用物件導向軟體之要素**》（Gamma、Helm、Johnson 與 Vlissides 合著，知名的四人幫）是影響深選的著作。如果想對 Swing 的 MVC 模式有更深入的了解，可以參看 Loy 等人的《*Java Swing, 2nd Edition*》的介紹章節。

標籤與按鈕

最簡單的 UI 元件不意外的就是最常使用的元件，幾乎所有的地方都會用標籤（Label）標示功能、顯示狀態或吸引注意，我們在第二章的第一個圖形應用程式也使用了標籤，在建立其他有趣程式時還會用到更多。`JLabel` 元件是多功能工具，我們先透過一些簡單的例子一起看看 `JLabel` 的使用方式並調整它的各種屬性，先從調整「Hello, Java」程式作為暖身開始：

```
package ch10;

import javax.swing.*;
import java.awt.*;

public class Labels {

    public static void main( String[] args ) {
        JFrame frame = new JFrame( "JLabel Examples" );
        frame.setLayout(new FlowLayout()); ❶
        frame.setDefaultCloseOperation(JFrame.EXIT_ON_CLOSE); ❷
        frame.setSize( 300, 300 );

        JLabel basic = new JLabel("Default Label"); ❸

        frame.add(basic);

        frame.setVisible( true );
    }
}
```

簡單地說，有趣的部分是：

❶ 設定 frame 使用的佈局管理器（layout manaer）。

❷ 設定使用作業系統的「關閉」鈕（以這個例子就是視窗左上角的紅點）行為，程式中選擇的行為是結束應用程式。

❸ 建立簡單的標籤。

可以看到宣告與初始化標籤後，將標籤加入 frame 中。希望你對這段程式碼感到熟悉，使用 FlowLayout 實體的部分可能是新的，這行程式協助產生圖 10-2 的截圖。

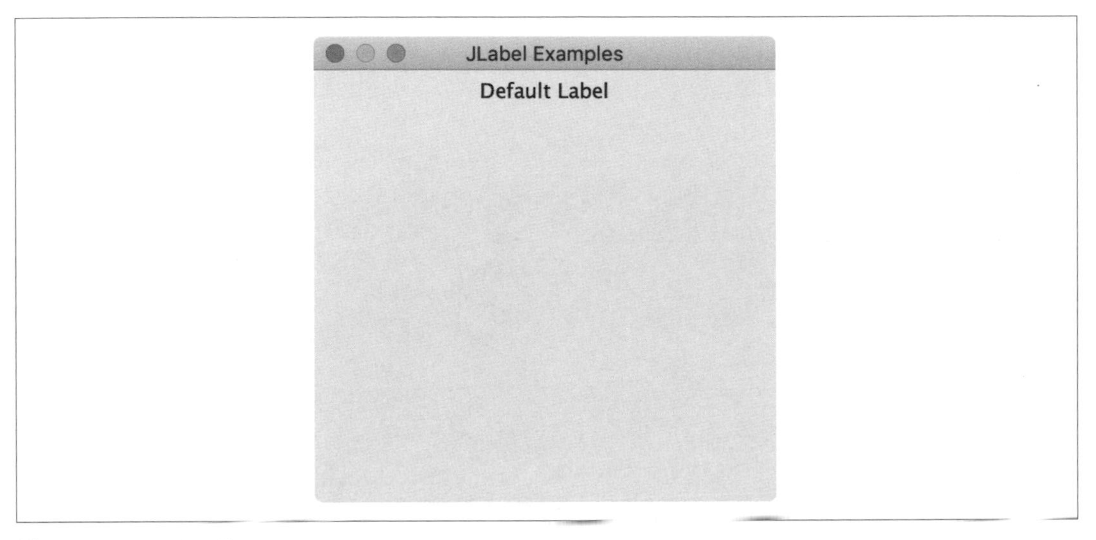

圖 10-2　一個簡單的 JLabel

在第 296 頁的〈容器與佈局〉一節會更詳細介紹佈局管理器，但需要先有個東西，讓程式能把多個元件加到同一個容器，才能夠開始。FlowLayout 類別會以靠著上方水平置中的方式填滿容器，由左而右直到該「列」（row）沒有空間，接著會從下方的下一列繼續。這種排列方式對較大型的應用程式用處不大，但很適合快速的在螢幕上呈現結果。

接下來多加入幾個標籤確認真正的行為。只需要增加幾個標籤的宣告，將標籤都加進 frame，接著驗證結果如圖 10-3：

```
public class Labels {

    public static void main( String[] args ) {
        JFrame frame = new JFrame( "JLabel Examples" );
        frame.setLayout(new GridLayout(0,1));
        frame.setDefaultCloseOperation(JFrame.EXIT_ON_CLOSE);
        frame.setSize( 300, 300 );

        JLabel basic = new JLabel("Default Label");
        JLabel another = new JLabel("Another Label");
        JLabel simple = new JLabel("A Simple Label");
        JLabel standard = new JLabel("A Standard Label");

        frame.add(basic);
```

```
            frame.add(another);
            frame.add(simple);
            frame.add(standard);

            frame.setVisible( true );
        }
    }
```

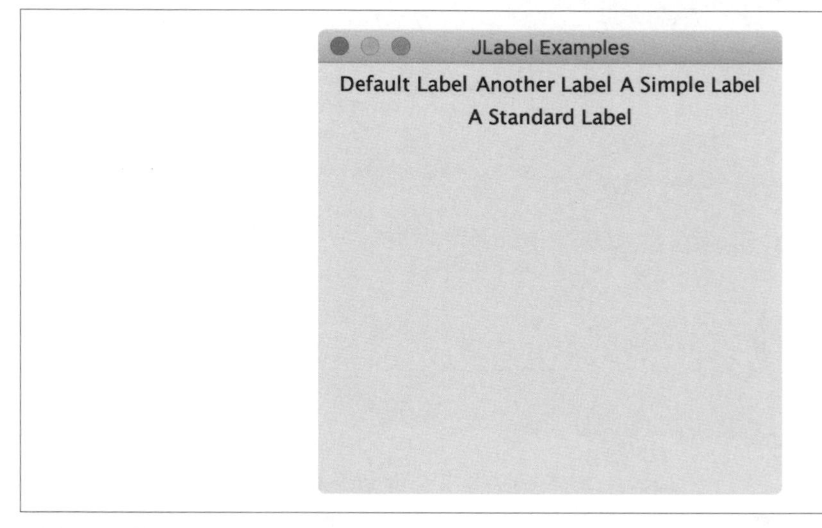

圖 10-3　幾個基本 JLabel 物件

很妙，對吧？再次提醒，這種簡單佈局並不會用在大多數產品級的應用程式，但的確很適合用來起步。對於佈局還有另一點要說明，這在稍後介紹佈局時也會談到：FlowLayout 也會影響標籤的大小，這可能很難在範例中發現，因為標籤預設是透明背景，如果引用 java.awt.Color 類別，就可以利用這個類別讓標籤變成不透明，給予不用的背景顏色：

```
        // ...
            JLabel basic = new JLabel("Default Label");
            basic.setOpaque(true);
            basic.setBackgroundColor(Color.YELLOW);
            JLabel another = new JLabel("Another Label");
            another.setOpaque(true);
            another.setBackgroundColor(Color.GREEN);

            frame.add(basic);
            frame.add(another);
        // ...
```

如果我們對所有標籤都作類似的處理，就可以看出真正的大小以及彼此之間的間隙，如圖 10-4。但如果可以控制標籤的背景顏色，我們還可以做些什麼？可以改變前景顏色嗎？（可以）可以改變字型嗎？（可以）可以改變對齊方式嗎？（可以）可以加入圖示嗎？（可以）可以建立有自我意識的標籤，最終成為天網，帶來人類的終結嗎？（也許，但也許不行，還好這並不容易）。圖 10-5 是可能的調整後的結果。

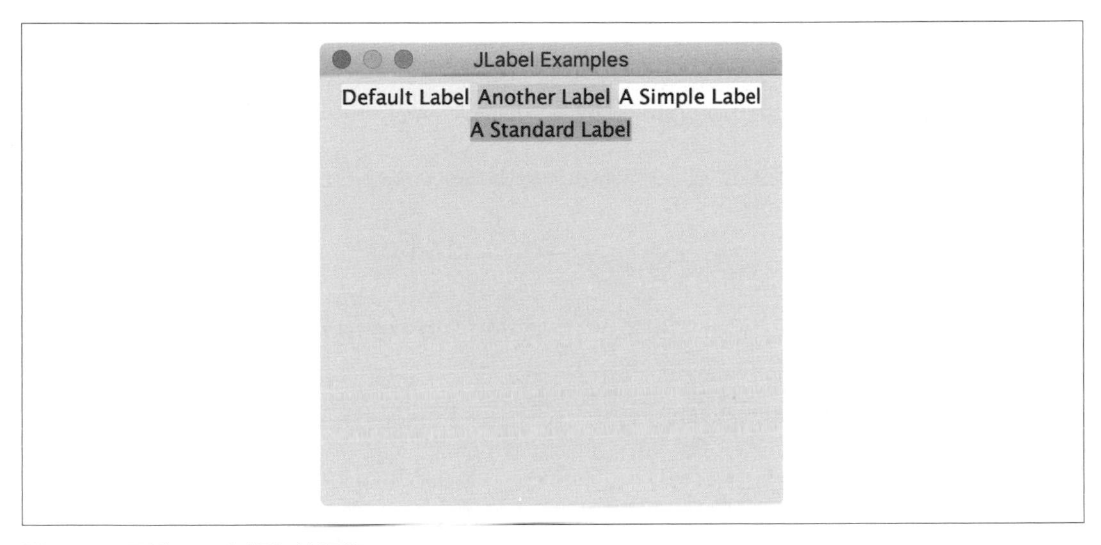

圖 10-4　不透明，有顏色的標籤

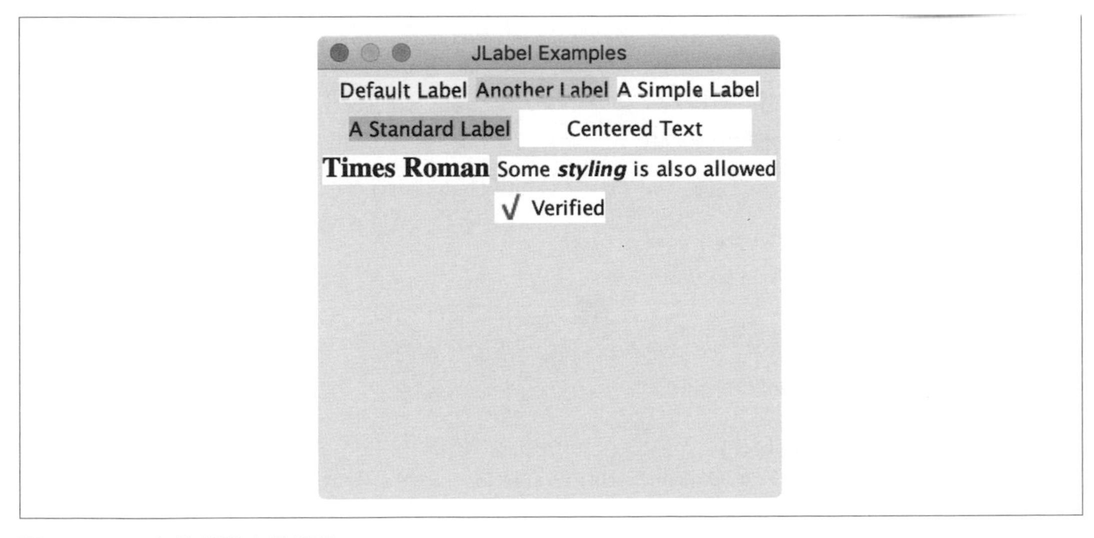

圖 10-5　更多特殊設定的標籤

以下是產生這些變化對應部分的程式碼：

```
    // ...
    JLabel centered = new JLabel("Centered Text", JLabel.CENTER);
    centered.setPreferredSize(new Dimension(150, 24));
    centered.setOpaque(true);
    centered.setBackground(Color.WHITE);

    JLabel times = new JLabel("Times Roman");
    times.setOpaque(true);
    times.setBackground(Color.WHITE);
    times.setFont(new Font("TimesRoman", Font.BOLD, 18));

    JLabel styled = new JLabel("<html>Some <b><i>styling</i></b>" +
  " is also allowed</html>");
    styled.setOpaque(true);
    styled.setBackground(Color.WHITE);

    JLabel icon = new JLabel("Verified", new ImageIcon("ch10/check.png"),
  JLabel.LEFT);
    icon.setOpaque(true);
    icon.setBackground(Color.WHITE);

    // ...
    frame.add(centered);
    frame.add(times);
    frame.add(styled);
    frame.add(icon);

    // ...
```

程式使用了一些其他的類別完成需要的工作，如 `java.awt.Font` 與 `javax.swing.ImageIcon`，還有許多其他的方式，但需要使用另外一些元件。如果你想要再多玩玩標籤，可以試試 Java 文件上的其他設定，試著從 *jshell* 引用其他的輔助類別，試試看產生的效果[3]。以下幾行程式的結果在圖 10-6。

```
jshell> import javax.swing.*

jshell> import java.awt.*

jshell> import ch10.Widget

jshell> Widget w = new Widget()
w ==> ch10.Widget[frame0,0,23,300x300,layout=java.awt.B ... abled=true]
```

3 必須在包含編譯後 class 檔案的目錄啟動 *jshell*。如果使用 IntelliJ IDEA，可以啟動 IDE 裡的終端機，用 `*cd out/production/LearningJava5e*` 切換目錄，再啟動 *jshell*。

```
jshell> JLabel label1 = new JLabel("Green")
label1 ==> javax.swing.JLabel[,0,0,0x0,invalid,alignmentX=0. ... ion=CENTER]

jshell> label1.setOpaque(true)

jshell> label1.setBackground(Color.GREEN)

jshell> w.add(label1)
$8 ==> javax.swing.JLabel[,0,0,0x0,...]

jshell> w.add(new JLabel("Quick test"))
$9 ==> javax.swing.JLabel[,0,0,0x0,...]
```

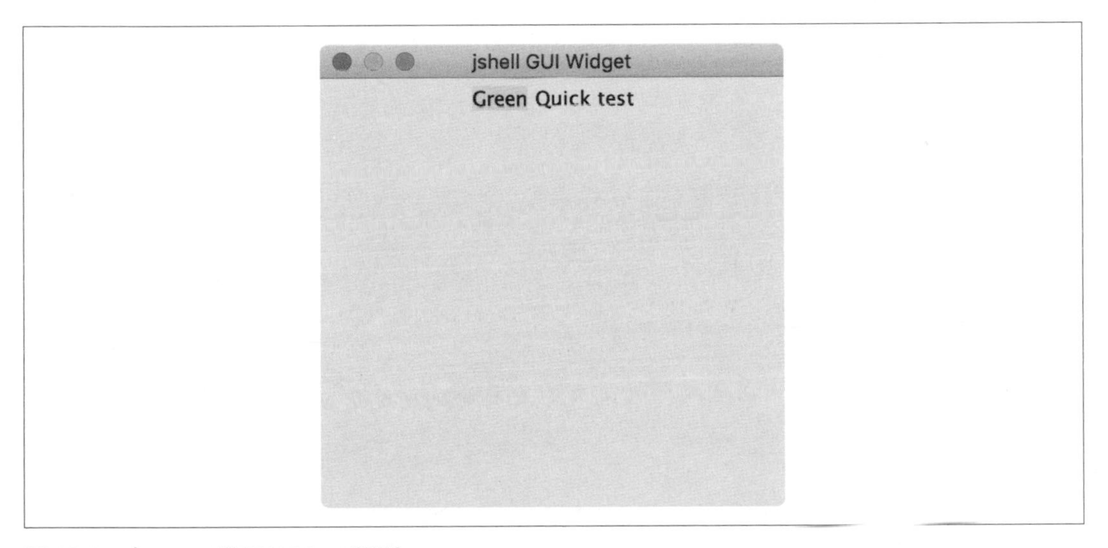

圖 10-6　在 jshell 使用 Widget 類別

希望讀者可以體會用互動的方式建立標籤（或其他元件，如接下來要介紹的按鈕）與調整元件參數有多麼容易，這是讓自己逐步熟悉很好的方式，也能夠用來了解建立 Java 桌面應用時需要的元件。如果你經常使用 `Widget` 元件，會發現它的 `reset()` 方法十分方便，能夠移除目前所有的元件，並重整畫面讓你可以很快地重新來過。

按鈕

另一個幾乎所有圖形應用程式都會用到的元件是按鈕，`JButton` 是 Swing 裡按鈕的首選（在文件裡還會看到其他常用的按鈕類型，如 `JCheckbox` 與 `JToggleButton` 等）。建立按鈕的方式與建立標籤十分類似，如圖 10-7。

```
package ch10;

import javax.swing.*;
import java.awt.*;

public class Buttons {
    public static void main( String[] args ) {
        JFrame frame = new JFrame( "JButton Examples" );
        frame.setLayout(new FlowLayout());
        frame.setDefaultCloseOperation(JFrame.EXIT_ON_CLOSE);
        frame.setSize( 300, 200 );

        JButton basic = new JButton("Try me!");
        frame.add(basic);

        frame.setVisible( true );
    }
}
```

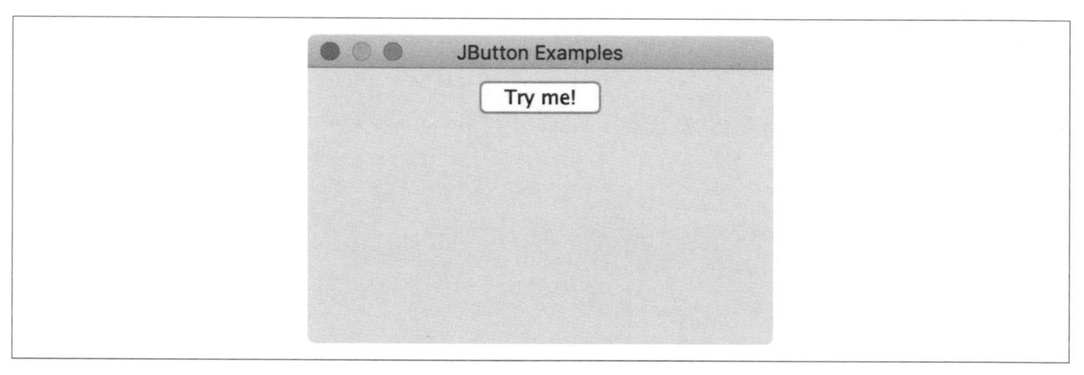

圖 10-7　一個簡單的按鈕

程式可以控制按鈕的顏色、對齊方式、字型等等，方法與標籤相同，當然，兩者的差別在於你可以按下按鈕，在程式裡回應按下的動作，而標籤大多數則都是靜態呈現。試著執行範例並按下按鈕，應該會改變顏色，呈現出「按下」的效果，但還不會執行程式的其他功能。希望讀者都有用過軟體或網頁，對按鈕的行為有一定的認識，在介紹「回應」按下按鈕的方式（以 Swing 的說法是「事件」）前，我們還要再介紹幾個元件，心急的讀者可以先跳到第 309 頁的〈事件〉一節。

文字元件

緊接著按鈕與標籤之後，最受歡迎的元件就是文字欄位，這些輸入元件能讓使用者自由輸入資訊，幾乎在所有的線上表單都可以看見它們的身影。程式可以取得姓名、email 位址、電話號碼或信用卡號碼，也可以接受任何語言的文字，還有些可以從右向左讀取，無法想像有任何桌面或網頁系統可以不需要任何的文字輸入。Swing 有三個主要的文字元件：JTextField、JTextArea 以及 JTextPane，全都擴展自共同的親代 —— JTextComponent。JTextField 是典型的文字欄位，作為單字或單行的輸入，JTextArea 允許多行的大量輸入，JTextPane 則是專為編輯多樣化文字所設計的元件。本章並不會用到 JTextPane，但有點值得一提，不需要使用第三方函式庫就可以在 Swing 裡找到許多有趣的元件。

文字欄位

先用相同的範例程式試試每個元件，我們將標籤與對應的文字欄位配對，應該是目前最常見的兩個輸入元件：

```
package ch10;

import javax.swing.*;
import java.awt.*;

public class TextInputs {
    public static void main( String[] args ) {
        JFrame frame = new JFrame( "JTextField Examples" );
        frame.setLayout(new FlowLayout());
        frame.setDefaultCloseOperation(JFrame.EXIT_ON_CLOSE);
        frame.setSize( 400, 200 );

        JLabel nameLabel = new JLabel("Name:");
        JTextField nameField = new JTextField(10);
        JLabel emailLabel = new JLabel("Email:");
        JTextField emailField = new JTextField(24);

        frame.add(nameLabel);
        frame.add(nameField);
        frame.add(emailLabel);
        frame.add(emailField);

        frame.setVisible( true );
    }
}
```

注意在圖 10-8 裡，文字欄位的大小是由建構子指定的行（column）數控制，這並不是初始化文字欄位唯一的方式，但是在不用其他佈局機制控制欄位寬度時最有用的做法（這裡 `FlowLayout` 有點令人失望，Email: 標籤沒有和 email 文字欄位放在同一行，但沒關係，馬上就會介紹佈局了）。試試輸入點東西！一如預期的能夠在輸入欄位輸入與刪除文字、剪下、複製或貼上，也可以用滑鼠標記欄位中的內容。

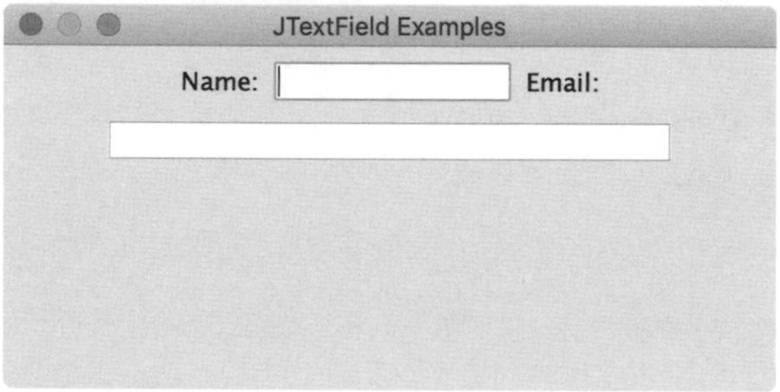

圖 10-8　簡單的標籤與 JTextField

我們仍然需要想辦法回應輸入，同樣會在第 309 頁的〈事件〉一節說明，但如果在 *jshell* 裡幫示範程式加上文字欄位，如圖 10-9，則可以呼叫它的 `getText()` 方法，驗證的確能夠取得欄位內容。

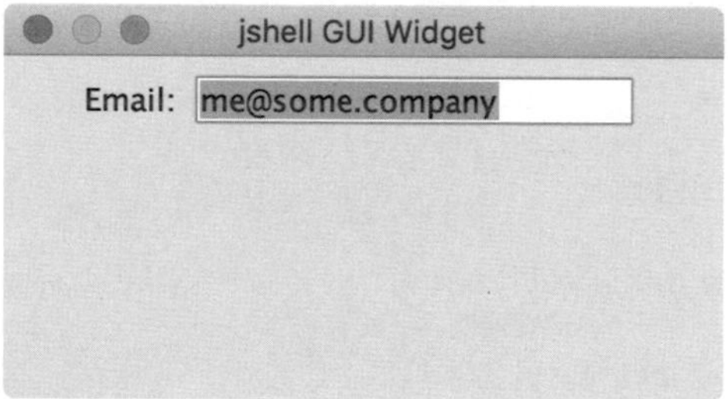

圖 10-9　取得 JTextField 內容

```
jshell> w.reset()

jshell> JTextField emailField = new JTextField(15)
emailField ==> javax.swing.JTextField[,0,0,0x0, ... lignment=LEADING]

jshell> w.add(new JLabel("Email:"))
$12 ==> javax.swing.JLabel[,0,0,0x0, ... sition=CENTER]
```

```
jshell> w.add(emailField)
$13 ==> javax.swing.JTextField[,0,0,0x0, ... lignment=LEADING]

// 輸入 email 位址，圖中輸入了 "me@some.company"

jshell> emailField.getText()
$14 ==> "me@some.company"
```

請注意 text 是讀寫屬性，程式可以呼叫文字欄位的 setText() 改變文字欄位的內容，這很適合用來設定預設值、自動格式化電話號碼等內容，或先填入一些從網路上取得的資訊，在 *jshell* 裡試試吧。

文字區塊

當簡單文字或長 URL 輸入不夠時，你可能會想換成 JTextArea 提供使用者足夠的空間。我們可以用先前建立 JTextField 類似的建構子建立空的文字區塊，這次要除了行數外還需要指定列數，以下程式碼在先前的文字輸入範例中增加了一個文字區塊，結果如圖 10-10：

```
JLabel bodyLabel = new JLabel("Body:");
JTextArea bodyArea = new JTextArea(10,30);

frame.add(bodyLabel);
frame.add(bodyArea);
```

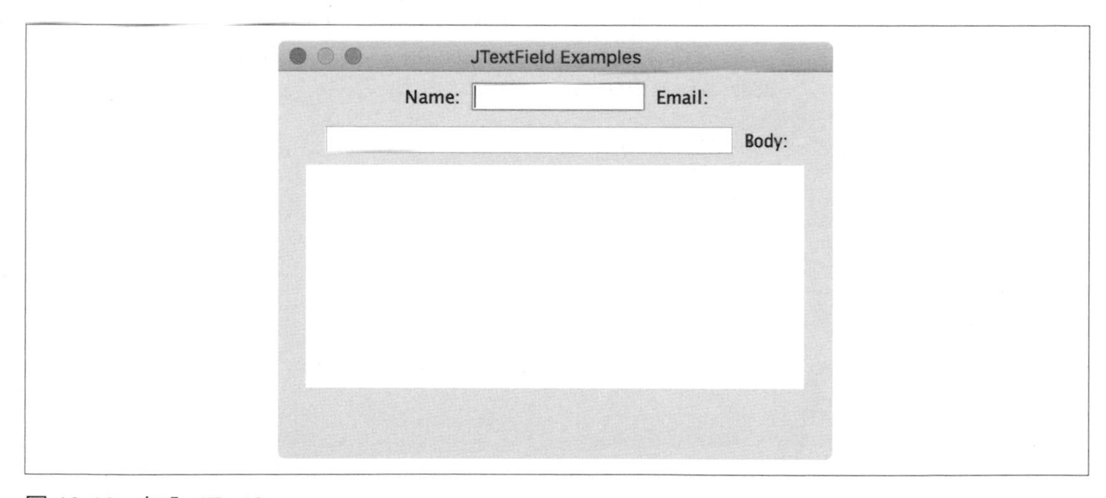

圖 10-10　加入 JTextArea

一眼就能看出空間足夠容納多行文字，請親自執行這個新版本試看看有何不同。如果在行尾繼續輸入會如何？如果按下 Return 鍵又會如何？希望讀者們都能得到熟悉的回應。接下來要看看調整這些行為的方法，但要提醒一點，你可以用與文字欄位相同的方式取得文字內容。

在 *jshell* 裡把文字區塊加到 widget：

```
jshell> w.reset()

jshell> w.add(new JLabel("Body:"))
$16 ==> javax.swing.JLabel[,0,0,0x0, ... ition=CENTER]

jshell> JTextArea bodyArea = new JTextArea(5,20)
bodyArea ==> javax.swing.JTextArea[,0,0,0x0, ... word=false,wrap=false]

jshell> w.add(bodyArea)
$18 ==> javax.swing.JTextArea[,0,0,0x0, ... lse,wrap=false]

jshell> bodyArea.getText()
$19 ==> "This is the first line.\nThis should be the second.\nAnd the third..."
```

太棒了！你可以在圖 10-11 看到輸入的 Return 鍵產生三行的結果，在取得的字串裡則是編碼為 `\n` 字元。

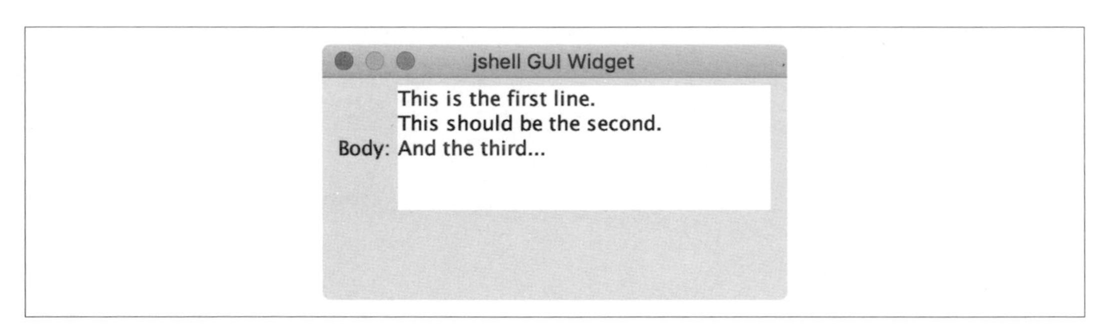

圖 10-11　取得 JTextArea 的內容

要是輸入超過行尾邊界的內容，持續打字會如何？你也許會得到大小延伸到視窗之外的怪異文字區塊，如圖 10-12。

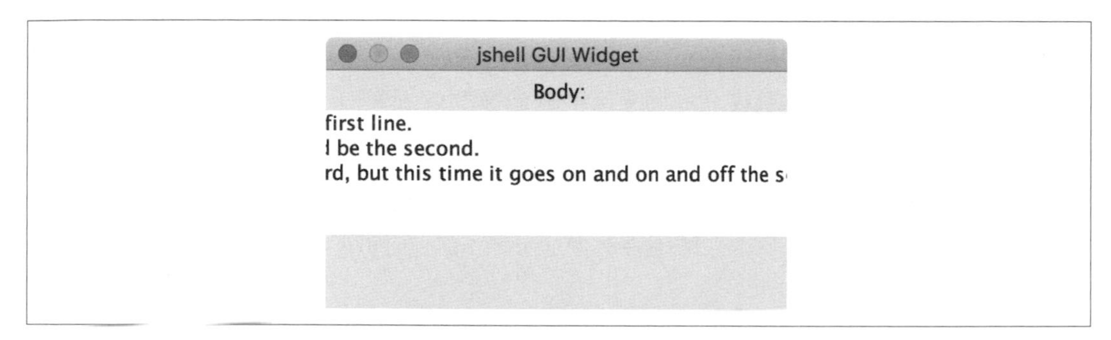

圖 10-12　在簡單的 JTextArea 裡呈現太長的文字

我們可以利用表 10-1 列出的兩個 JTextArea 屬性，修正這個錯誤的調整大小的行為。

表 10-1　JTextArea 的折行屬性

屬性	預設值	說明
lineWrap	false	比表格長的行應不應該折行
wrapStyleWord	false	如果折行，折行位置應該在單字還是字元的邊界

重頭來過，啟用在單字位置折行。我們可以使用 setLineWrap(true) 確保文字會折行，但這可能還不夠，還得再加上 setWrapStyleWord(true) 才能讓文字區塊不會在單字中間折行，這樣的設定應該能夠產生圖 10-13 的結果。

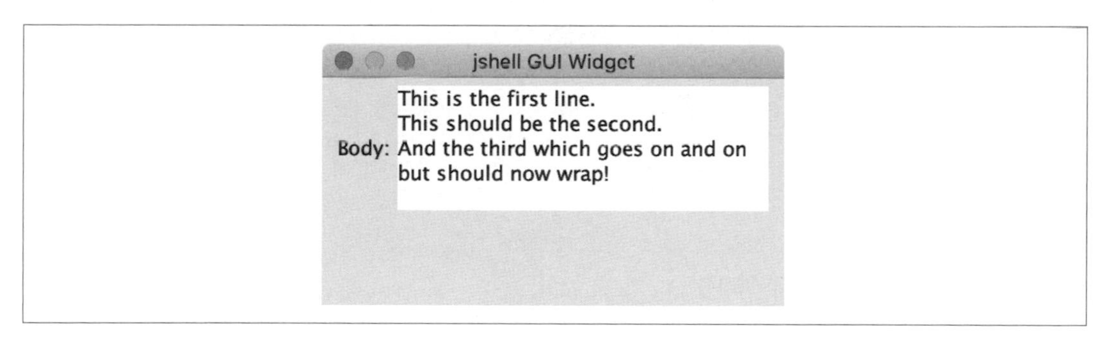

圖 10-13　JTextArea 的折行效果

讀者可以在 *jshell* 或是自己的程式裡試看看，能不能讓第三行也產生折行，程式中 bodyArea 物件取得文字時，應該也**不會**在第三行的 on 與 but 之間看到折行字元（\n）。

文字捲動

修正了一列文字過多的情況後，對於文字列數過多的情況又該如何處理？JTextArea 本身使用「成長到極限」的做法，如圖 10-14。

要解決這個問題，需要尋求標準 Swing 輔助元件 JScrollPane 的協助，這個通用容器能夠輕易的在受限的區域裡呈現龐大的元件，為了示範這有多簡單，就讓我們修正文字區塊的問題[4]：

```
jshell> w.remove(bodyArea); // 這樣就可以從新的文字區塊開始

jshell> bodyArea = new JTextArea(5,20)
bodyArea ==> javax.swing.JTextArea[,0,0,0x0,inval... word=false,wrap=false]

jshell> w.add(new JScrollPane(bodyArea))
$17 ==> javax.swing.JScrollPane[,47,5,244x84, ... ortBorder=]
```

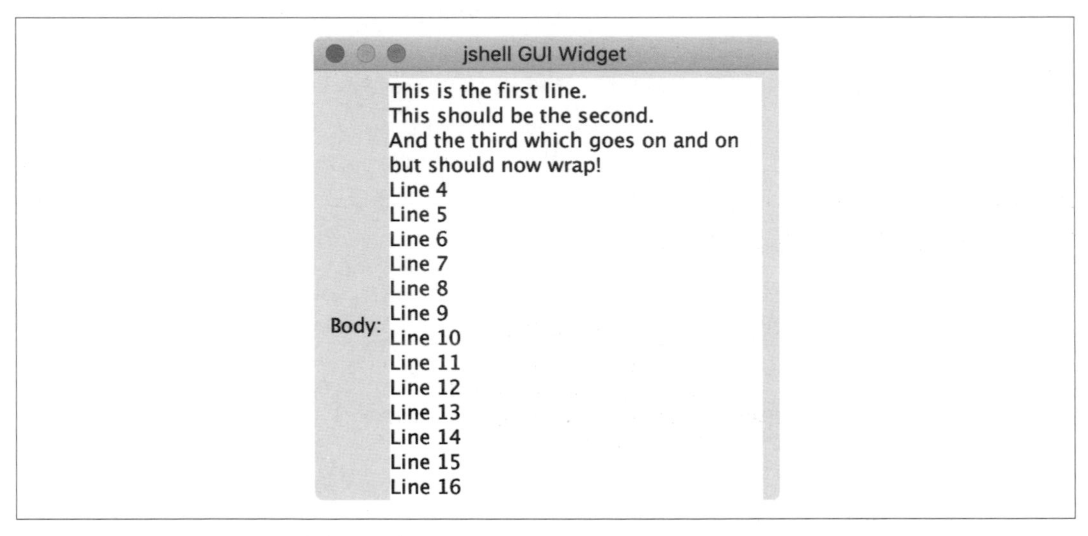

圖 10-14　JTextArea 呈現太多行內容

4　在這些從 *jshell* 建立 Swing 元件的例子裡，我們省略了許多輸出結果，每個元件 *jshell* 都會印出**許多**資訊，資料過多時會用刪節號表示。如果你在測試時看到元件其他的屬性，不用太緊張，那是正常結果，本書只是為了保持文字內容的簡潔，選擇性的省略了一些與主題無關的輸出結果。

可以從圖 10-15 看到文字已經不會成長到超過外框的範圍，也可以在側邊與下方看到標準的捲軸（scroll bar），如果只需簡單的捲動，那就完成了！但 JScrollPane 與其他 Swing 元件一樣有許多可以依需要調整的細節，這裡不多作介紹，但我們確實想要示範一些常用的文字區塊設定：折行（在單字間折行）搭配縱向捲動——也就是沒有水平捲動。

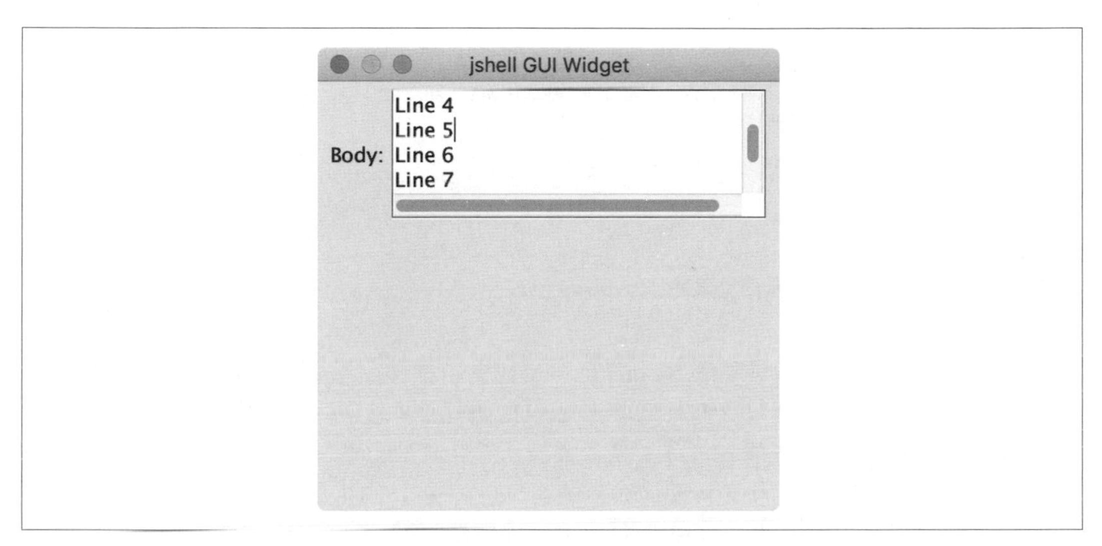

圖 10-15　在 JScrollPane 內嵌的 JTextArea 中呈現太多列的資料

應該會產生如圖 10-16 的效果。

```
    JLabel bodyLabel = new JLabel("Body:");
    JTextArea bodyArea = new JTextArea(10,30);
    bodyArea.setLineWrap(true);
    bodyArea.setWrapStyleWord(true);
    JScrollPane bodyScroller = new JScrollPane(bodyArea);
    bodyScroller.setHorizontalScrollBarPolicy(
  JScrollPane.HORIZONTAL_SCROLLBAR_NEVER);
    bodyScroller.setVerticalScrollBarPolicy(
  JScrollPane.VERTICAL_SCROLLBAR_ALWAYS);

    frame.add(bodyLabel);
    // 注意，加入的不是 bodyArea，bodyArea 已經放到 bodyScroller 了
frame.add(bodyScroller);
```

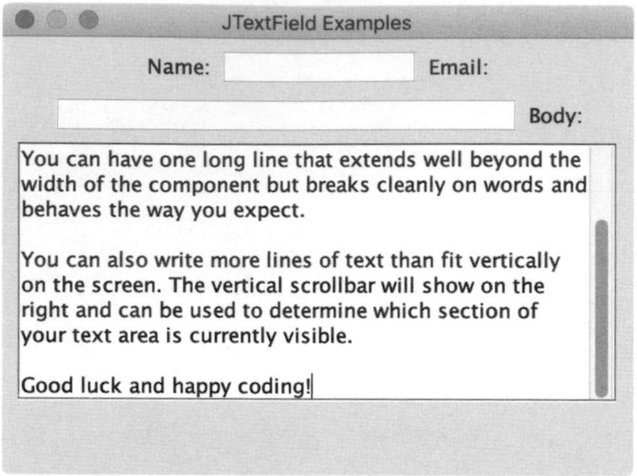

圖 10-16　在 JSrollPane 裡良好呈現的 JTextArea

萬歲！現在你已經用過最常見的 Swing 元件，包含了標籤、按鈕與文字欄位，但我們實際上真的只對這些元件做了皮毛的介紹而已，這些元件都有許多不同的屬性，程式能夠輕易的調整，調整方式與第 278 頁〈標籤與按鈕〉中使用 `Jabel` 的 `setBackground()` 相同，可以在 *jshell* 或是練習用的小程式試試各個屬性的交果，如果讀者想在工作上建立桌面應用，亦或只是建立與朋友共享的桌面應用，強烈建議讀一下 Java 文件，但沒有什麼比你實際花時間在鍵盤建立應用程式和修正所有一定會發生的錯誤更重要了。

其他元件

如果你已經看過 `javax.swing` 套件的文件，就會知道還有許多能夠用在應用程式裡的元件，在這龐大的清裡，我挑出了一些特別介紹[5]。

JSlider

滑桿（slider）是簡潔、高效率的輸入元件，適合用來輸入有限範圍的數值，一般常見的滑桿有字型大小選擇器、顏色選擇器（想想紅、綠與黃色的範圍）、縮放選擇器等。事實上，滑桿是丟蘋果遊戲中，角度與力量值最適合的元件，我們的角度範圍介於 0 到 180 之間，力量值則介於 0 到 20（任意挑選的最大值）。圖 10-17 是滑桿實際呈現的截圖（請先忽略實際建立這個佈局的過程）。

5　另外要提醒的是，有許多開放源碼專案提供了許多功能豐富的元件，包含了在文字提供語法標示、各種選取協助，以及結合了日期與時間選取的複合輸入元件。

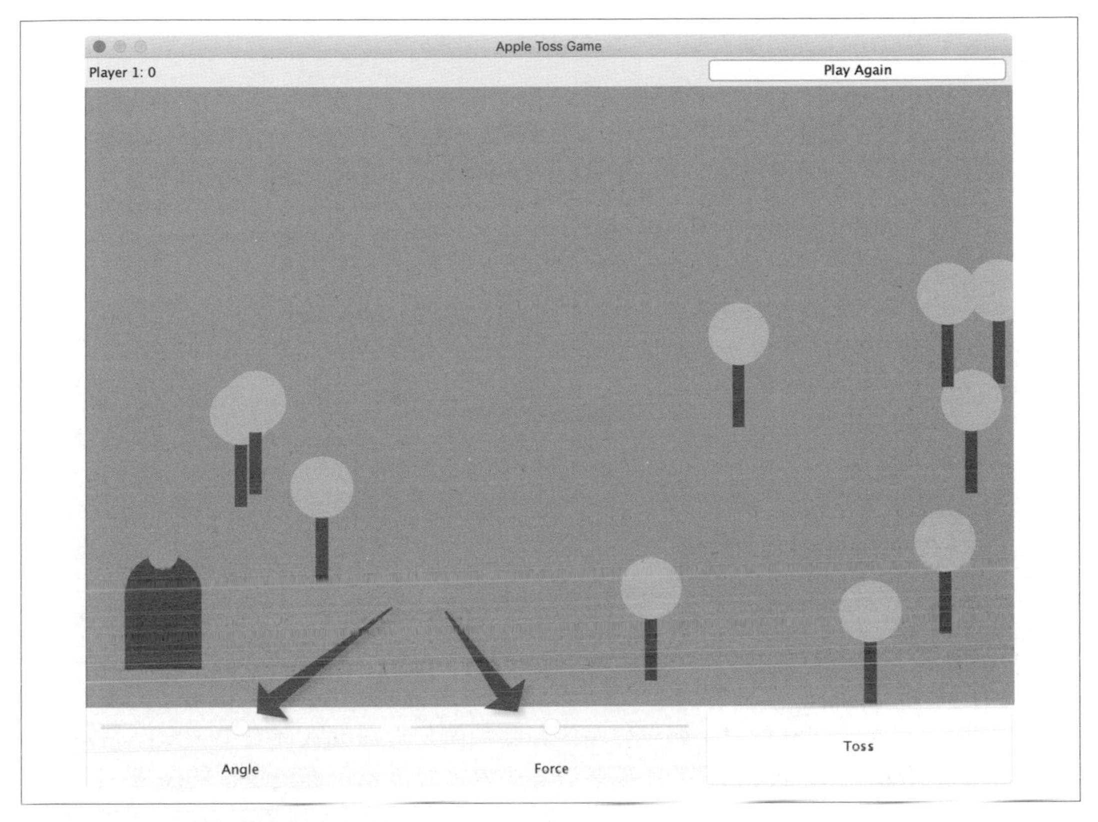

圖 10-17　在丟蘋果遊戲裡使用 JSlider

一般是以三個值建立新滑桿：最小值（角度滑桿使用 0）、最大值（180）以及初始值（遊戲從中間值 90 開始）。我們可以像以下程式一樣，在 *jshell* 裡加入滑桿：

```
jshell> w.reset()

jshell> JSlider slider = new JSlider(0, 180, 90);
slider ==> javax.swing.JSlider[,0,0,0x0, ... ks=false,snapToValue=true]

jshell> w.add(slider)
$20 ==> javax.swing.JSlider[,0,0,0x0, ... alue=true]
```

像圖 10-18 一樣移動滑桿位置，接著就可以用 getValue() 方法取得滑桿當前的數值：

```
jshell> slider.getValue()
$21 ==> 112
```

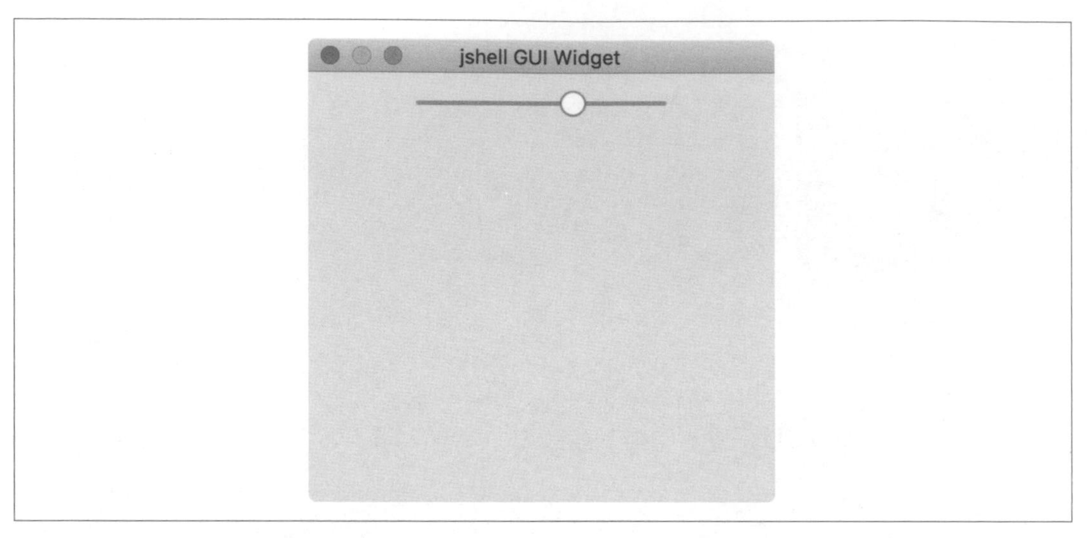

圖 10-18　jshell 裡建立的簡單 JSlider

我們會在第 309 頁的〈事件〉一節看到如何即時收到使用者改變的數值。

如果你仔細檢查 JSlider 建構子的文件，會注意到最大與最小值都是整數值，同時也會發現 getValue() 同樣傳回整數值。如果你需要非整數值，責任就在你身上了，例如範例遊戲裡的力量滑桿，如果能夠支援 21 個離散等級會更好，為了滿足這樣的需求，我們可以用更大的範圍（通常會大上許多），再將當前的數值反除回來得到範圍內適當的數。

```
jshell> JSlider force = new JSlider(0, 200, 100)
force ==> javax.swing.JSlider[,0,0,0x0, ... ks=false,snapToValue=true]

jshell> w.add(force)
$23 ==> javax.swing.JSlider[,0,0,0x0,invalid ... alue=true]

jshell> force.getValue()
$24 ==> 68

jshell> float myForce = force.getValue() / 10.0f;
myForce ==> 6.8
```

JList

對於有限範圍，但數值並非單純、連續整數的情況，「列表」UI 元件是很好的選擇。`JList` 是 Swing 對這類輸入類型的實作，可以設定成單選或多選，如果你更深入 Swing 功能，可以自行定義 view，讓列表中的項目顯示額外資訊或細節（如建立圖示、圖示加文字或多行文字等形式的清單）。

不同於先前介紹的其他元件，建立 `JList` 時需要較多的資訊，為了產生有用的列表元件，你需要能夠在建構子指定資料內容。最簡單的建構子接受 `Object` 陣列，當程式傳入由奇怪的物件組成的陣列時，`JList` 的預設行為是將物件 `toString()` 方法的輸出顯示在列表中。使用 `String` 陣列是十分常見的用法，能夠產生符合預期的結果，圖 10-19 顯示了城市名稱的簡單列表。

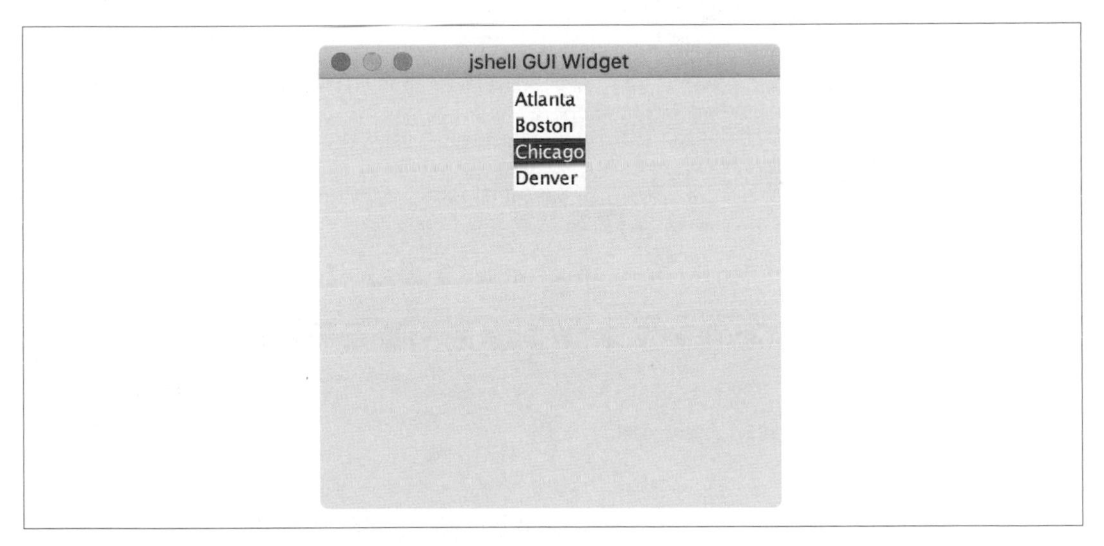

圖 10-19　透過 jshell 建立有四個城市的 JList

```
jshell> w.reset()

jshell> String[] cities = new String[] { "Atlanta", "Boston", "Chicago",
  "Denver" };
cities ==> String[4] { "Atlanta", "Boston", "Chicago", "Denver" }

jshell> JList cityList = new JList<String>(cities);
cityList ==> javax.swing.JList[,0,0,0x0, ... ,layoutOrientation=0]

jshell> w.add(cityList)
$29 ==> javax.swing.JList[,0,0,0x0,invalid ... ation=0]
```

請注意，我們在建構子用了與建立 ArrayList 等集合物件相同的 <String> 型別資訊（參看第 196 頁的〈型別限制〉一節），由於 Swing 的加入早於泛型，你也許會在網路或書上看到沒有使用型別資訊的範例。與集合類別的情況相同，這並不會妨礙程式碼的編譯或執行，只是同樣會在編譯時收到 unchecked 警告訊息。

如同滑桿取得目前數值的方式，你可以使用以下四個方法取得當前選取的單個或多個項目：

- getSelectedIndex() 用於單選列表，傳回 int 值
- getSelectedIndices() 用於多選列表，傳回 int 陣列
- getSelectedValue() 用於單選列表，傳回物件
- getSelectedValues() 用於多選列表，傳回物件的陣列

顯然選擇項目（多個項目）的索引或實際值對程式較為有用。在 *jshell* 裡使用我們的城市列表，可以用以下的方式取得選取的城市：

```
jshell> cityList.getSelectedIndex()
$31 ==> 2

jshell> cityList.getSelectedIndices()
$32 ==> int[1] { 2 }

jshell> cityList.getSelectedValue()
$33 ==> "Chicago"

jshell> cities[cityList.getSelectedIndex()]
$34 ==> "Chicago"
```

要注意的是對於較大的列表，你也許會需要加上捲軸，Swing 本身的程式碼十分要求可重用性，所以不意外的，你可以使用與第 290 頁的〈文字捲動〉一節對文字區塊相同的做法，將 JScrollPane 搭配 JList 使用。

容器與佈局

這些元件還真不少！實際上這只是圖形應用程式可以使用的元件的一小部份，其他的元件就等到讀者更熟悉 Java、需要設計解決特定問題的程式時，再自行探索。本節重點在於將上述元件以有用的方式安排在畫面上，這些放置的過程都發生在容器（*container*）當中，本節就先看看最常見的容器。

Frame 與視窗

每個桌面應用程式都至少有一個**視窗**（*window*），這個詞遠早於 Swing，三大主流作業系統提供的大多數圖形介面也都這麼用，有必要的話，Swing 也提供了低階的 JSwing 類別，但大部份的應用程式都是以 JFrame 建立，其實我們在第二章的第一個圖形介面應用程式就用了 JFrame。圖 10-20 呈現了 JFrame 的階層架構，我們會著重在 JFrame 的基本特性，但隨著應用程式功能成長，你也許會需要自行建立視窗，使用階層架構中更高層的元素。

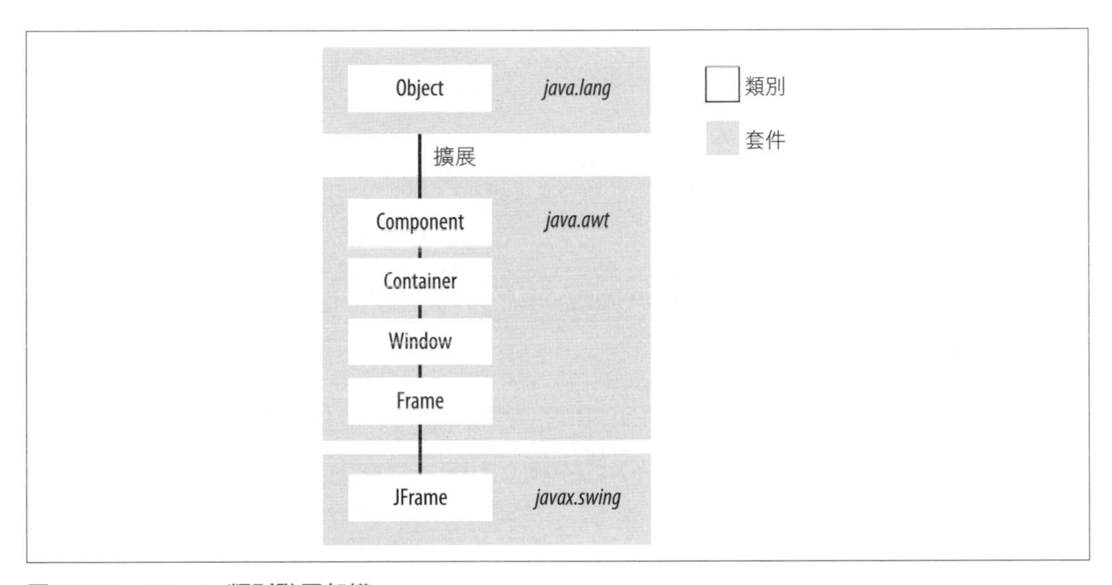

圖 10-20 JFrame 類別階層架構

再看一次本書第一個圖形介面應用程式，這次把重點放在建立 JFrame 物件的過程：

```
import javax.swing.*;

public class HelloJavaAgain {
  public static void main( String[] args ) {
    JFrame frame = new JFrame( "Hello, Java!" );
    frame.setDefaultCloseOperation(JFrame.EXIT_ON_CLOSE);
    frame.setSize( 300, 300 );

    JLabel label = new JLabel("Hello, Java!", JLabel.CENTER );
    frame.add(label);
```

```
    frame.setVisible( true );
  }
}
```

我們傳入 JFrame 建構子的字串成為視窗的標題，接著設定了物件的一些屬性，確保使用者關閉視窗時會結束程式（這可能很直覺，但較複雜的應用程式可能會有許多個視窗，例如工具列或支援多個文件，這時關閉視窗可能就不是「結束」程式）。接著設定視窗的初始大小並加入實際的標籤元件，frame（會將標籤放在它的**內容區**（*content pane*），後面我們馬上會說明），加入元件後，將視窗設為可見，結果就如圖 10-21。

圖 10-21　加入標籤後的 JFrame

這是所有 Swing 應用程式的基本程序，應用程式有趣的部分來自於在內容區的處理方式，但內容區又是什麼？實際上 frame 使用了自己的元件／容器（一個 JPanel 的實體，下一節會詳細介紹 JPanel）。如果你仔細研讀 JFrame 文件，也許會注意到自 java.awt.Container 以下的所有物件都可以設定自己的內容區，但我們目前先維持預設狀態。讀者也許注意到先前的程式以縮寫的方式加入標籤，JFrame 版的 add() 方法會呼叫內容區的 add()，例如可以寫成這樣：

```
JLabel label = new JLabel("Hello, Java!", JLabel.CENTER );
frame.getContentPane().add(label);
```

JFrame 並沒有對內容區的所有操作都提供縮寫，請查看文件，使用 JFrame 提供的縮寫。如果沒有提供縮寫，就直接透過 getContentPane() 取得參考，依需要設定與調整。

JPanel

JPanel 類別是 Swing 裡經常使用到的元件，本身與 JButton、JLabel 一樣是個元件，因此 JPanel 可以包含其他的 JPanel。在安排應用程式版面時，這類巢狀結構扮演了重要的角色，例如，你可以建立 JPanel 放置文字編輯器的格式化工具按鈕作為「工具列」，可以輕易地依據使用者的偏好移動工具列的位置。

JPanel 提供了在螢幕上加入與移除元件的能力（更正確的來說，這些 add/remove 方式是由 Container 類別繼承而來，但使用時是透過 JPanel 物件），在有所變化或是想要更新 UI 時，也可以呼叫 JPanel 的 repaint()。圖 10-22 可以看到以下在 *jshell* 嘗試 add() 與 remove() 方法的結果：

```
jshell> Widget w = new Widget()
w ==> ch10.Widget[frame0,0,23,300x300, ... tPaneCheckingEnabled=true]

jshell> JLabel emailLabel = new JLabel("Email:")
emailLabel ==> javax.swing.JLabel[,0,0,0x0, ... extPosition=CENTER]

jshell> JTextField emailField = new JTextField(12)
emailField ==> javax.swing.JTextField[,0,0,0x0, ... talAlignment=LEADING]

jshell> JButton submitButton = new JButton("Submit")
submitButton ==> javax.swing.JButton[,0,0,0x0, ... aultCapable=true]

jshell> w.add(emailLabel);
$8 ==> javax.swing.JLabel[,0,0,0x0, ... ition=CENTER]
// 左側截圖

jshell> w.add(emailField)
$9 ==> javax.swing.JTextField[,0,0,0x0, ... nment=LEADING]

jshell> w.add(submitButton)
$10 ==> javax.swing.JButton[,0,0,0x0, ... pable=true]
// 現在有了中間的截圖

jshell> w.remove(emailLabel)
// 最後就有了右側的截圖
```

自己試看看！但大多數的應用程式都不會毫無目的的加入或移除元件，建立介面的方式是加入需要的元件，接著就不要管它，你也許會在執行過程中啟用或停用某些按鈕，但不會想要讓介面突然消失或出現，這會讓使用者一直感到意外。

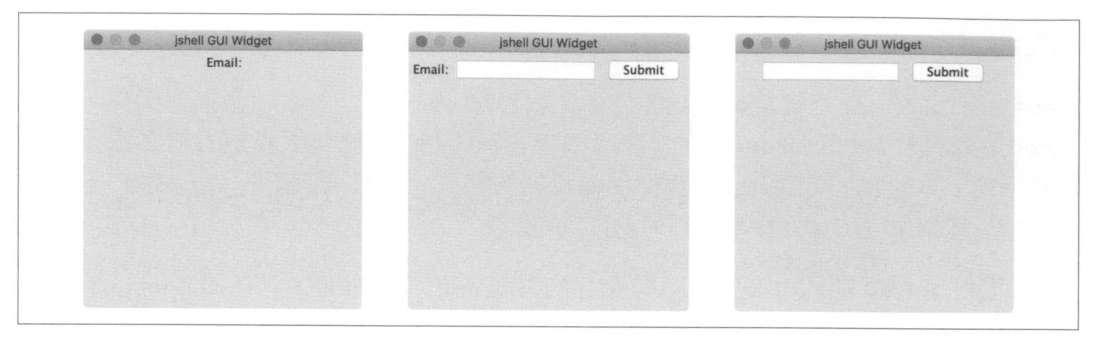

圖 10-22　在 JPanel 加入與移除元件

佈局管理員

JPanel 在 Swing（實際上是 Container 之下的所有類別）的另一大特性是加入容器中元件所在的位置與大小，以 UI 的說法就是指容器器的「佈局」，Java 提供了幾個**佈局管理員**（*layout manager*），能幫助程式達成想要的結果。

BorderLayout

先前我們看過 FlowLayout 的使用狀況（至少在水平方向的使用，它的一個建構子可以建立元件的行），同時也在不知情的情況下使用過另一個佈局管理員。JFrame 的內容器預設是使用 BorderLayout，圖 10-23 顯示了 BorderLayout 的五個區域及各個區域的名稱，請注意 NORTH 與 SOUTH 這兩個區域與應用程式視窗有相同的寬度，但高度則只會與其中的標籤相同。類似的情況，EAST 與 WEST 區域會填滿 SOUTH 與 NORTH 之間的垂直間距，但寬度只會與需要的寬度相同，餘下區域則是會同時填滿垂直與水平方向的 CENTER 區域。

```
import java.awt.*;
import javax.swing.*;

public class BorderLayoutDemo {
    public static void main( String[] args ) {
        JFrame frame = new JFrame("BorderLayout Demo");
        frame.setDefaultCloseOperation(JFrame.EXIT_ON_CLOSE);
        frame.setSize(400, 200);

        JLabel northLabel = new JLabel("Top - North", JLabel.CENTER);
        JLabel southLabel = new JLabel("Bottom - South", JLabel.CENTER);
        JLabel eastLabel = new JLabel("Right - East", JLabel.CENTER);
        JLabel westLabel = new JLabel("Left - West", JLabel.CENTER);
        JLabel centerLabel = new JLabel("Center (everything else)",
```

```
JLabel.CENTER);

        // 將標籤著色，突顯出各標籤的邊界
        northLabel.setOpaque(true);
        northLabel.setBackground(Color.GREEN);
        southLabel.setOpaque(true);
        southLabel.setBackground(Color.GREEN);
        eastLabel.setOpaque(true);
        eastLabel.setBackground(Color.RED);
        westLabel.setOpaque(true);
        westLabel.setBackground(Color.RED);
        centerLabel.setOpaque(true);
        centerLabel.setBackground(Color.YELLOW);

        frame.add(northLabel, BorderLayout.NORTH);
        frame.add(southLabel, BorderLayout.SOUTH);
        frame.add(eastLabel, BorderLayout.EAST);
        frame.add(westLabel, BorderLayout.WEST);
        frame.add(centerLabel, BorderLayout.CENTER);

        frame.setVisible(true);
    }
}
```

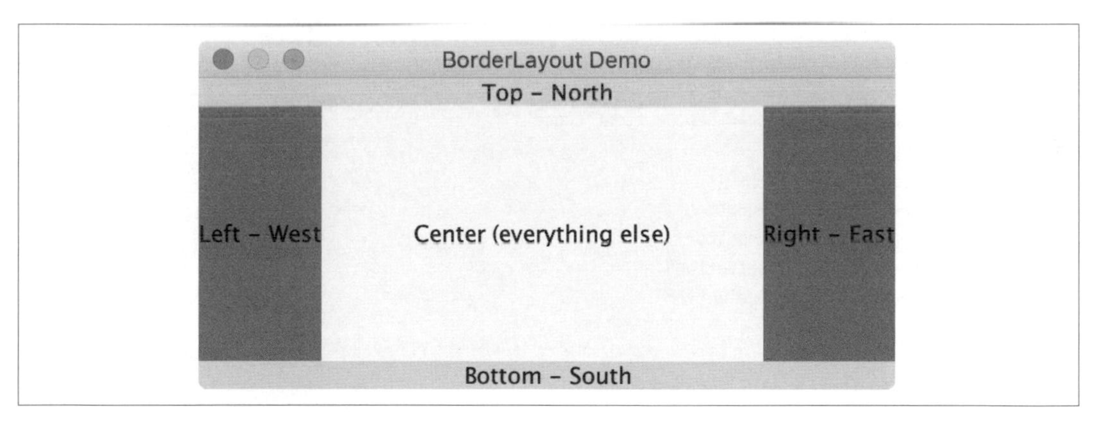

圖 10-23　BorderLayout 提供的區域

注意範例中所有的 `add()` 方法都加上額外的引數，這個額外的引數會傳給佈局管理員。我們從 `FlowLayout` 的例子可以知道，並不是所有的佈局管理員都需要額外的引數。

巢狀 JPanel 結構可以帶來許多方便性，例如將主程式放在 JPanel 的中央區域，工具列放在 JPanel 上方，狀態列在 JPanel 下方，專案管理員在 JPanel 側邊，BorderLayout 以指南針的方向定義各個區域。圖 10-24 就是這類巢狀結構的簡單例子，範例中在中央以文字區域顯示大量訊息，接著在下方加入一些動作按鈕；同樣的，由於範例中並沒有包含下一節才會介紹的事件處理，因此這些按鈕都不會有任何動作，這個例子是為了示範多個容器的處理方式，你還可以依實際需要加入更多層的巢狀，但千萬要保持巢狀結構的可讀性，有時候良好的最上層佈局能讓程式更容易維護，也有更好的效能。

```
public class NestedPanelDemo {
    public static void main( String[] args ) {
        JFrame frame = new JFrame("Nested Panel Demo");
        frame.setDefaultCloseOperation(JFrame.EXIT_ON_CLOSE);
        frame.setSize(400, 200);

        // 建立文字區塊將區塊加到中央區域
        JTextArea messageArea = new JTextArea();
        frame.add(messageArea, BorderLayout.CENTER);

        // 建立按鈕容器
        JPanel buttonPanel = new JPanel(new FlowLayout());

        // 建立按鈕
        JButton sendButton = new JButton("Send");
        JButton saveButton = new JButton("Save");
        JButton resetButton = new JButton("Reset");
        JButton cancelButton = new JButton("Cancel");

        // 將按鈕加入自己的容器
        buttonPanel.add(sendButton);
        buttonPanel.add(saveButton);
        buttonPanel.add(resetButton);
        buttonPanel.add(cancelButton);

        // 最後，將按鈕容器加到應用程式的下方
        frame.add(buttonPanel, BorderLayout.SOUTH);

        frame.setVisible(true);
    }
}
```

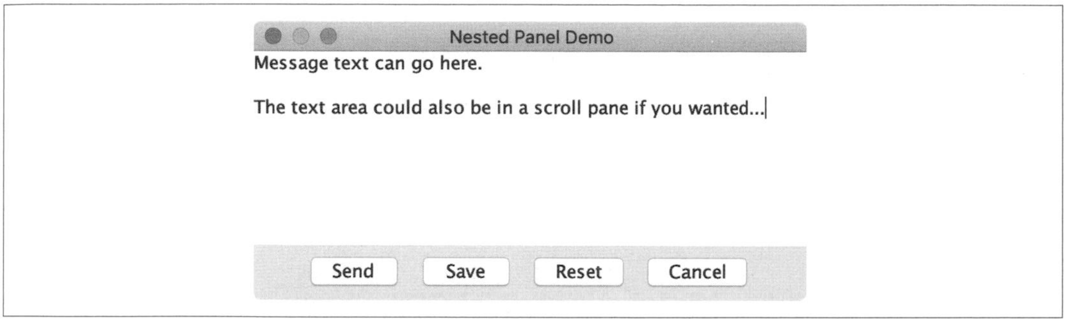

圖 10-24　簡單的巢狀容器範例

範例中有兩點要特別說明。首先，讀者可能會發現程式中並沒有指明 JTextArea 物件的行數與列數，不同於 FlowLayout，BorderLayout 會儘可能地設定其元件的大小，對於上方與下方區域，這表示與 FlowLayout 一樣使用元件本身的高度，但會將元件的寬度設定為填滿 frame，側邊區域則會使用元件的寬度，但會設定高度，而像範例中放在中央區域的元件，則會被 BorderLayout 設定寬與高。

第二點可能比較明顯，但我們希望能提醒讀者注意。在將 messageArea 與 buttonPanel 物件加入 frame 時，我們在呼叫的 add() 方法指定了額外的引數，但是將按鈕加入 buttonPanel 時使用的是只需要元件引數的簡單版 add() 方法，這些不同的 add() 呼叫與被呼叫的容器對象有關，會將引數適當的轉遞給容器的佈局管理員，因此，即使 buttonPanel 是在 frame 的 SOUTH 區域，savebutton 等元件並不會知道，也不在乎這些細節。

GridLayout

你經常會需要（或想要）元件或標籤佔據對稱的空間，例如確認對話框的是、否與取消鈕（Swing 能夠建立這些對話框，第 317 頁的〈Modal 與彈出視窗〉一節有更深入的介紹）。GridLayout 類別是能建立均分空間的初始佈局管理員，接下來會用 GridLayout 排列先前範例中的按鈕位，一切只需要修改一行程式就能夠做到：

```
// 建立按鈕容器
// 舊版：JPanel buttonPanel = new JPanel(new FlowLayout());
JPanel buttonPanel = new JPanel(new GridLayout(1,0));
```

呼叫 add() 部分仍然維持不變，不需要額外的限制引數。程式結果如圖 10-25。

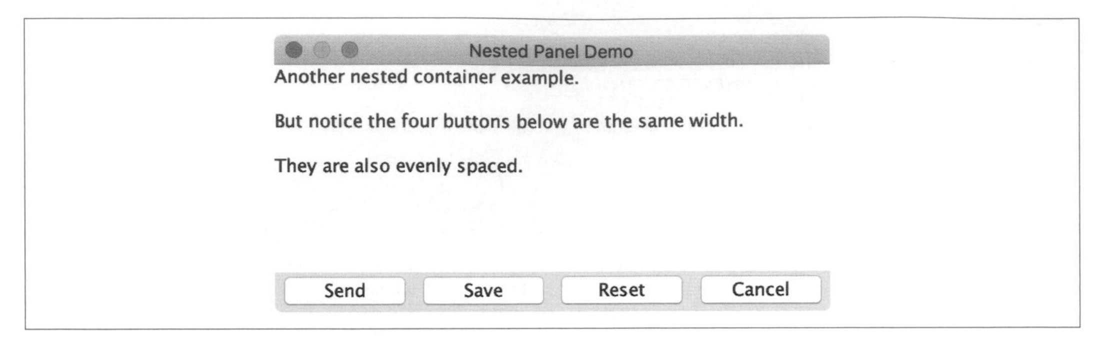

圖 10-25　用 GridLayout 排列一列按鈕

從圖 10-25 可以看到，即使 Cancel 的文字比其他文字稍長，GridLayout 版本的按鈕都有相同的大小，建立佈局管理員時，程式明確指定只要一列，不限制行數（引數值為「0」）。由引數的名稱可以看到，網格（grid）可以支援二維結構，程式只需要指定想要的列與行數就行了，圖 10-26 是傳統的撥號鍵佈局。

```
public class PhoneGridDemo {
    public static void main( String[] args ) {
        JFrame frame = new JFrame("Nested Panel Demo");
        frame.setDefaultCloseOperation(JFrame.EXIT_ON_CLOSE);
        frame.setSize(200, 300);

        // 建立撥號鍵容器
        JPanel phonePad = new JPanel(new GridLayout(4,3));

        // 建立並加入 12 個按鈕，由左上到右下
        phonePad.add(new JButton("1"));
        phonePad.add(new JButton("2"));
        phonePad.add(new JButton("3"));

        phonePad.add(new JButton("4"));
        phonePad.add(new JButton("5"));
        phonePad.add(new JButton("6"));

        phonePad.add(new JButton("7"));
        phonePad.add(new JButton("8"));
        phonePad.add(new JButton("9"));

        phonePad.add(new JButton("*"));
        phonePad.add(new JButton("0"));
        phonePad.add(new JButton("#"));

        // 最後，將按鈕放到程式的中央
```

```
        frame.add(phonePad, BorderLayout.CENTER);

        frame.setVisible(true);
    }
}
```

以左到右、上到下的順序加入按鈕，就能讓程式產生圖 10-26 的結果。

如果需要完全對稱的元素，這種做法既方便又容易，但萬一你需要的是**大部分**對稱呢？常見的網頁表單大都由左側一行標籤與右側的一行文字欄位構成，`GridLayout` 絕對能夠處理像這類的情況，但很多時候標籤部分比較短也比較簡單，且為了讓使用者輸入更多文字，文字欄位大都較寬，該怎麼讓畫面以這種型式排列？

圖 10-26　二維 GridLayout 建立的電話按鍵

GridBagLayout

如果你需要更有趣的佈局又不想用太多巢狀結構，可以透過 `GridBagLayout` 做到，這個佈局管理員設定上較為複雜，但能夠建立出複雜佈局，又像 `BorderLayout` 一般，能良好的對齊元素並維持適當的大小，程式可以透過額外的引數加入元件，只是 `GridBagLayout` 需要的額外引數是 `GridBagConstraints` 物件，而不是簡單的 `String`。

GridBagLayout 名稱中的 Grid 部分指的就是將矩形容器切割為列與行，Bag 部分則來自於能夠由列與行形成的小格所建立的概念，列與行可以有各自的高度與寬度，而元件能夠佔有細胞格形成的矩形集合。我們可以利用這樣的彈性，只用一個 JPanel 就建立出遊戲介面，完全不需要巢狀的結構。圖 10-27 是其中一種分隔方式，將螢幕切割成四列與三行，接著再放置元件。

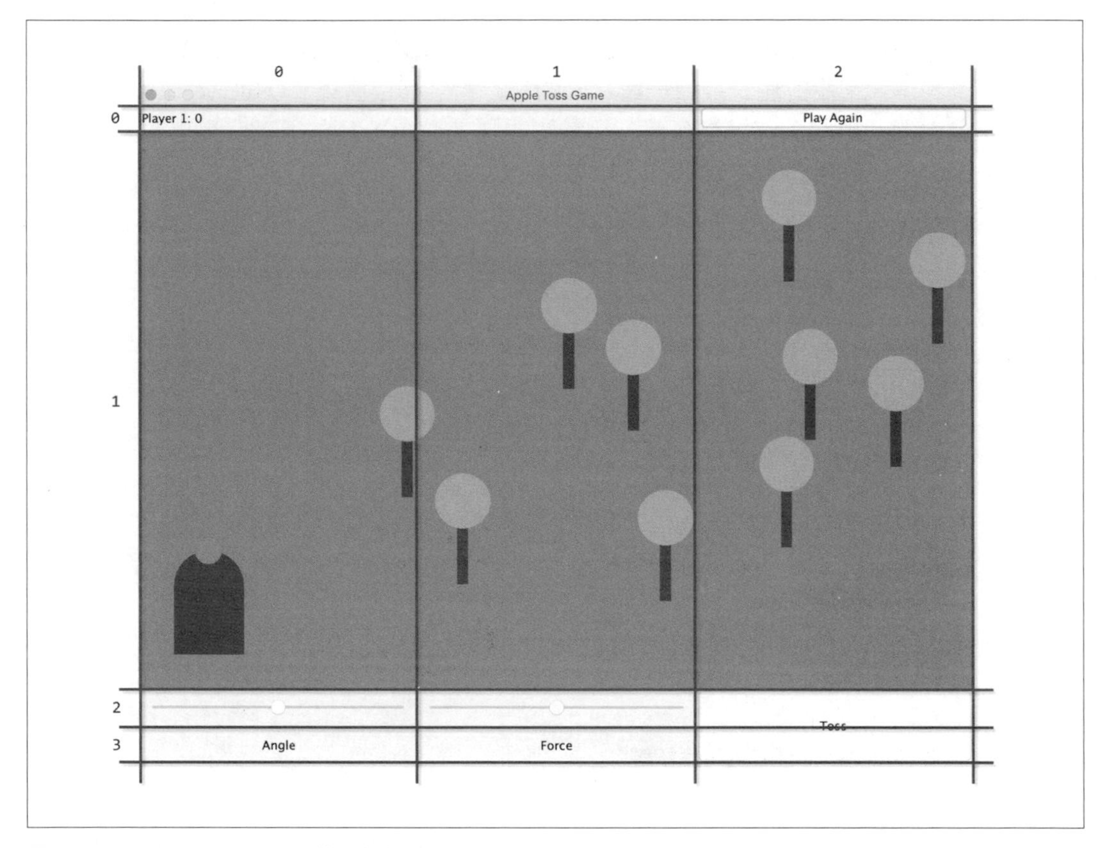

圖 10-27 用 GridBagLayout 的範例網格

你可以看到有不同的列高與行寬，要注意有些元件佔據了多個格子，這類排列方式並不適用於所有的應用程式，但對許多較為複雜的介面都十分強大也有用。

為了用 GridBagLayout 建立應用程式，你在加入元件時需要持有一些參考，以下先看看設定網格的部分：

```
public static final int SCORE_HEIGHT = 30;
public static final int CONTROL_WIDTH = 300;
public static final int CONTROL_HEIGHT = 40;
public static final int FIELD_WIDTH = 3 * CONTROL_WIDTH;
public static final int FIELD_HEIGHT = 2 * CONTROL_WIDTH;
public static final float FORCE_SCALE = 0.7f;

GridBagLayout gameLayout = new GridBagLayout();

gameLayout.columnWidths = new int[]
    { CONTROL_WIDTH, CONTROL_WIDTH, CONTROL_WIDTH };
gameLayout.rowHeights = new int[]
    { SCORE_HEIGHT, FIELD_HEIGHT, CONTROL_HEIGHT, CONTROL_HEIGHT };

JPanel gamePane = new JPanel(gameLayout);
```

很好，這個步驟程式需要開發人員事先規畫，但是把元件顯示到螢幕後再作調整總是比較容易，要加入元件，需要建立與設定 GridBagConstraints 物件，所幸所有的元件可以使同一個 GridBagConstraints 物件——只需要在加入元件前重複設定的部分就行了。以下是設定上遊戲場元件的範例程式：

```
GridBagConstraints gameConstraints = new GridBagConstraints();

gameConstraints.fill = GridBagConstraints.BOTH;
gameConstraints.gridy = 1;
gameConstraints.gridx = 0;
gameConstraints.gridheight = 1;
gameConstraints.gridwidth = 3;

Field field = new Field();
gamePane.add(field, gameConstraints);
```

請注意我們程式設定 field 佔據格子的方式，這是設定 GridBagConstraints 的核心，程式也可以調整元件填滿格子的、各元件間的留白等等事項，我們先維持填滿所佔據格子的所有空間（包含水平填滿與垂直填滿），讀者可以參考文件中 GridBagConstraints 的設定項目說明。

接下來是上方的計分板標籤：

```
gameConstraints.fill = GridBagConstraints.BOTH;
gameConstraints.gridy = 0;
gameConstraints.gridx = 0;
gameConstraints.gridheight = 1;
gameConstraints.gridwidth = 1;
```

```
JLabel scoreLabel = new JLabel(" Player 1: 0");
gamePane.add(scoreLabel, gameConstraints);
```

有發現第二個元件的設定方式，與我們先前處理主遊戲場的方式十分類似嗎？只要看到像這樣類似的程式，你就應該將相同的步驟抽出成為可重複使用的函式，我們就這麼做：

```
private GridBagConstraints buildConstraints(int row, int col,
    int rowspan, int colspan)
{
    // 使用全域的 gameConstraints 物件參考
    gameConstraints.fill = GridBagConstraints.BOTH;
    gameConstraints.gridy = row;
    gameConstraints.gridx = col;
    gameConstraints.gridheight = rowspan;
    gameConstraints.gridwidth = colspan;
    return gameConstraints;
}
```

接著重寫先前處理計分標籤與遊戲場的程式區塊如下：

```
GridBagConstraints gameConstraints = new GridBagConstraints();

JLabel scoreLabel = new JLabel(" Player 1: 0");
Field field = new Field();
gamePane.add(scoreLabel, buildConstraints(0,0,1,1));
gamePane.add(field, buildConstraints(1,0,1,3));
```

有了這個函式，我們可以快速加入其需要的元件，完成遊戲介面。例如，圖 10-27 右下角的 toss 鈕可以設定如下：

```
JLabel tossButton = new JButton("Toss");
gamePane.add(tossButton, buildConstraints(2,2,2,1));
```

程式乾淨多了！接下來我們只需要建立元件，再將它們放置到正確的列與行並設定正確的延伸（span），最後就可以得到一個放置在容器裡的、合理又有趣的介面。

如同本章的其他小節，我們沒有足夠的時間涵蓋所有的佈局管理員，對於提到的佈局管理員也無法介紹所有的特性，請一定要查看 Java 文件，並試著建立簡單的程式試試各個佈局管理員。作為開始，`BoxLayout` 是對網格概念很好的升級，`GroupLayout` 很適合用來對齊表單的輸入資料，但接下來要「串連」所有的元件，開始回應所有的輸入、點選以下按下按鈕等行為，這所有的行為在 Java 中都編碼為**事件**（*event*）。

事件

在考慮 MVC 架構時，很容易可以看出 model 與 view 元件，我們已經看過幾個 Swing 元件並稍稍提到對應的 view，以及如 JList 元件等擁有更有趣 model 的元件（標籤與按鈕都有各自的 model，只是不太複雜）。有了這些背景知識之後，接下來就可以進入 controller 的功能了。在 Swing（更一般的說是 Java），使用者與元件間是透過事件溝通，事件包含了一般資訊（如發生時間），以及事件型別的特定資訊（如點下滑鼠時游標在螢幕上的坐標位置），**傾聽器**（*listener*，也稱為**處理器**（*handler*））接收訊息，可以以有用的方式回應。

在練習接下來的範例時，你會看到其中部分事件與傾聽器屬於 javax.swing.event 套件，其他部分則存在於 java.awt.event。這反應出 Swing 接續了 AWT 的事實，AWT 的部分仍然存留下來繼續使用，但 Swing 加入的新內容，為函式庫提供並擴充了新的功能。

滑鼠事件

最簡單的方式是產生與處理事件，先回到最初的 HelloJava 應用程式（更新為 HelloMouse！）並加入處理滑鼠事件的傾聽器，當使用者按下滑鼠按鈕，程式會以點擊事件決定 JLabel 的位置（順道一提，這需要移除佈局管理員，我們需要手動設定標籤的坐標）。以下是新的互動應用程式的程式碼：

```
package ch10;

import java.awt.*;
import javax.swing.*;
import java.awt.event.MouseEvent;
import java.awt.event.MouseListener;

public class HelloMouse extends JFrame implements MouseListener { ❶
    JLabel label;

    public HelloMouse() {
        super("MouseEvent Demo");
        setDefaultCloseOperation(JFrame.EXIT_ON_CLOSE);
        setLayout(null);
        setSize( 300, 100 );

        label = new JLabel("Hello, Mouse!", JLabel.CENTER );
        label.setOpaque(true);
        label.setBackground(Color.YELLOW);
```

```
        label.setSize(100,20);
        label.setLocation(100,100);
        add(label);

        getContentPane().addMouseListener(this); ❹
    }

    public void mouseClicked(MouseEvent e) { ❷
        label.setLocation(e.getX(), e.getY());
    }

    public void mousePressed(MouseEvent e) { } ❸
    public void mouseReleased(MouseEvent e) { }
    public void mouseEntered(MouseEvent e) { }
    public void mouseExited(MouseEvent e) { }

    public static void main( String[] args ) {
        HelloMouse frame = new HelloMouse();
        frame.setVisible( true );
    }
}
```

執行程式玩看看，你會看到熟悉的 Hello, World 圖形應用程式，如圖 10-28。這個友善的訊息應該會在點擊滑鼠鍵時跟著移動位置。

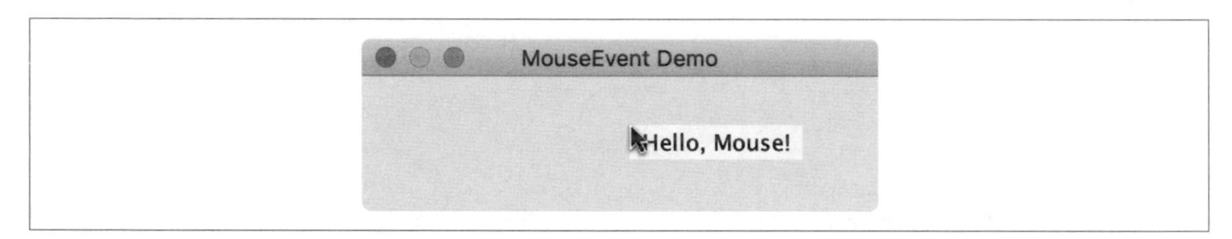

圖 10-28　利用 MouseEvent 放置標籤

在閱讀範例程式碼時，要注意幾個特別的地方：

❶ 點擊滑鼠鍵時，電腦會產生由 JVM 處理的低階事件，接著才由程式碼的傾聽器處理。在 Java 裡，傾聽器是個介面，可以建立實作介面的專屬類別，也可以像範例一樣讓應用程式類別實作傾聽器介面，處理事件的位置實際上取決於需要回應什麼樣的動作，兩種做法都可以在本書找到一些範例。

❷ 除了擴展 JFrame 外，我們還實作了 MouseListener 介面，程式必須提供 MouseListener 介面所有方法的實體，但實際上只在 mouseClicked() 有所動作，其中會看到從 event 物件取得點擊的坐標，接著用坐標改變標籤的位置，MouseEvent 類別包含事件許多的資訊，發生時間、對應元件、按下的滑鼠按鈕、事件發生的坐標值等等，試著在 mouseDown() 等其他沒有實作的方法裡印出這些訊息。

❸ 你可能會注意到我們為其他沒有用到的滑鼠事件加入了一些方法，這對滑鼠與鍵盤等低階事件是十分常見的情況，傾聽者的介面則是設計作為取得許多相關事件的中心，你只需要回應自己在意的特定事件，將其他方法留空就行了。

❹ 新程式碼裡的另一個關鍵是對內容區呼叫了 addMouseListener()，語法看起來有點奇怪，但它是合理的做法。左側的 getContentPane() 表示「這是會產生事件的地方」，而使用 this 作為引數表示「這是事件會送達的地方」。以範例而言，來自事件 frame 內容區的事件會被送回相同的類別，也就是有處理滑鼠事件程式碼的地方。

滑鼠轉接器

如果要用輔助類別的做法，就需要在檔案裡增加另一個獨立類別，讓類別實作 MouseListener 介面，但如果選擇建立個別的類別，我們可以利用 Swing 對許多傾聽器提供的捷徑。MouseAdapter 是 MouseListener 的簡單、空白實作，對介面每個類型事件都提供了空白的方法，extend 這個類別時，可以只覆寫想要處理的方法，這能讓處理器的程式碼更為簡潔。

```
package ch10;

import java.awt.*;
import java.awt.event.MouseEvent;
import java.awt.event.MouseAdapter;
import javax.swing.*;

public class HelloMouseHelper {
    public static void main( String[] args ) {
        JFrame frame = new JFrame( "MouseEvent Demo" );
        frame.setDefaultCloseOperation(JFrame.EXIT_ON_CLOSE);
        frame.setLayout(null);
        frame.setSize( 300, 300 );

        JLabel label = new JLabel("Hello, Mouse!", JLabel.CENTER );
        label.setOpaque(true);
        label.setBackground(Color.YELLOW);
        label.setSize(100,20);
        label.setLocation(100,100);
```

```
        frame.add(label);

        LabelMover mover = new LabelMover(label);
        frame.getContentPane().addMouseListener(mover);
        frame.setVisible( true );
    }
}

/**
 * 當滑鼠點擊時移動標籤位置的輔助類別
 */
class LabelMover extends MouseAdapter {
    JLabel labelToMove;

    public LabelMover(JLabel label) {
        labelToMove = label;
    }

    public void mouseClicked(MouseEvent e) {
        labelToMove.setLocation(e.getX(), e.getY());
    }
}
```

關於輔助類別要記得的重要一點是，它們需要處理所需的所有物件的參考。範例程式在建構子傳入了標籤，這是建立必要連結的常見做法，你當然也可以加入必要的存取子——只要處理器在收到事件前可以建立互動所需的所有連結就行了。

動作事件

雖然所有的 Swing 元件都能夠處理滑鼠與鍵盤事件，但這些事件太過繁瑣，UI 函式庫大都提供了易於思考的高階事件，Swing 也不例外，例如 JButton 就提供了 ActionEvent 事件，能讓程式知道按鈕是否有被按下，大多數程式只想知道按鈕是否按下，但如果需要其他的特殊行為，仍然可以使用滑鼠事件回應按下不同滑鼠按鍵，或是區別觸控螢幕的長按或短按等行為。

示範按下按鈕的一種常見方式，是建立如圖 10-29 的簡單計數器，每按一次按鍵就會更新標籤內容，這個簡單的概念驗證程式表示能夠加入許多按鈕與許多回應，接下來就看看示範程式碼：

```
package ch10;

import javax.swing.*;
import java.awt.*;
```

```
import java.awt.event.ActionEvent;
import java.awt.event.ActionListener;

public class ActionDemo1 extends JFrame implements ActionListener {
    int counterValue = 0;
    JLabel counterLabel;

    public ActionDemo1() {
        super( "ActionEvent Counter Demo" );
        setDefaultCloseOperation(JFrame.EXIT_ON_CLOSE);
        setLayout(new FlowLayout());
        setSize( 300, 180 );

        counterLabel = new JLabel("Count: 0", JLabel.CENTER );
        add(counterLabel);

        JButton incrementer = new JButton("Increment");
        incrementer.addActionListener(this);
        add(incrementer);
    }

    public void actionPerformed(ActionEvent e) {
        counterValue++;
        counterLabel.setText("Count: " + counterValue);
    }

    public static void main( String[] args ) {
        ActionDemo1 demo = new ActionDemo1();
        demo.setVisible(true);
    }
}
```

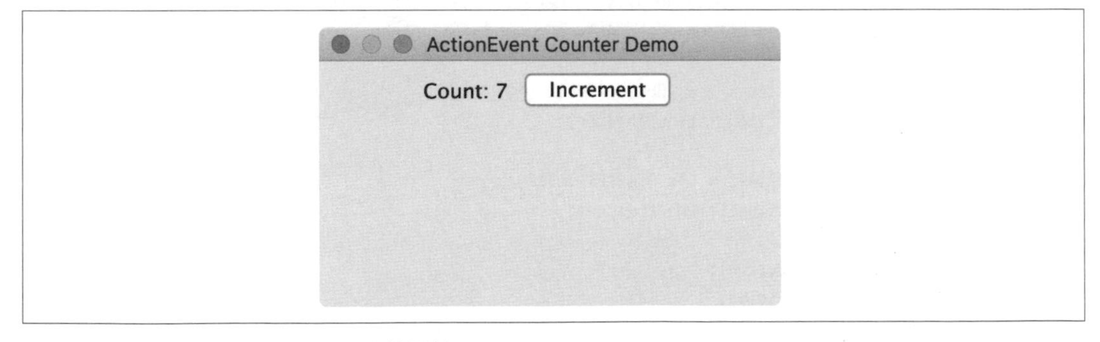

圖 10-29 使用 ActionEvent 增加計數器值

不算太差，程式在 actionPerformed() 方法更新計數器值並顯示結果，actionPerformed() 方法就是 ActionListener 物件收到事件的位置，範例程式使用直接實作傾聽器介面的做法，但也可以像第 309 頁〈滑鼠事件〉一節中的第一個範例一樣，輕易的建立輔助類別。

動作事件十分簡單，不像滑鼠事件包含了許多細節，但它們包含了「command」屬性，這是個能夠自行定義的屬性，但對按鈕而言，預設值是傳回按鈕標籤的文字，JTextField 類別也能夠在輸入文字按下 Return 鍵時產生動件事件，在這個情況下，command 會傳回當前欄位的文字，圖 10-30 是同時將按鈕與文字欄位掛載到標籤的簡單範例。

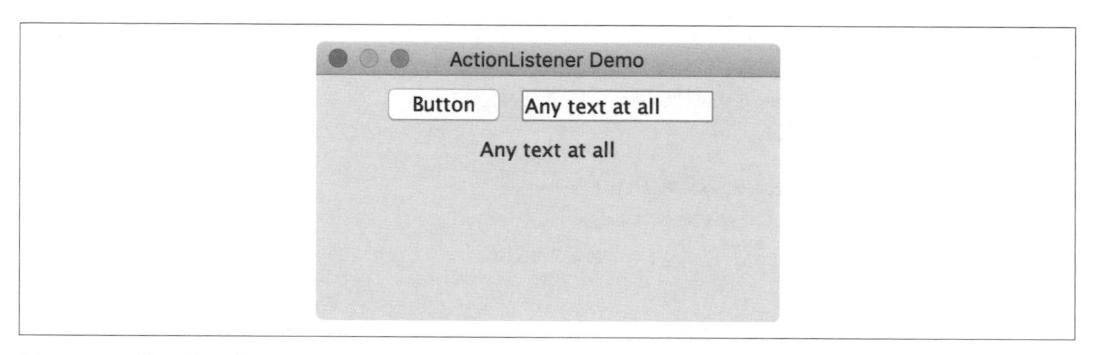

圖 10-30　使用不同來源的 ActionEvent

```
public class ActionDemo2 {
    public static void main( String[] args ) {
        JFrame frame = new JFrame( "ActionListener Demo" );
        frame.setDefaultCloseOperation(JFrame.EXIT_ON_CLOSE);
        frame.setLayout(new FlowLayout());
        frame.setSize( 300, 180 );

        JLabel label = new JLabel("Results go here", JLabel.CENTER );
        ActionCommandHelper helper = new ActionCommandHelper(label);

        JButton simpleButton = new JButton("Button");
        simpleButton.addActionListener(helper);

        JTextField simpleField = new JTextField(10);
        simpleField.addActionListener(helper);

        frame.add(simpleButton);
        frame.add(simpleField);
        frame.add(label);

        frame.setVisible( true );
    }
```

```
    }

    /**
     * 將 ActionEvent 的 command 值顯示在指定的標籤
     */
    class ActionCommandHelper implements ActionListener {
        JLabel resultLabel;

        public ActionCommandHelper(JLabel label) {
            resultLabel = label;
        }

        public void actionPerformed(ActionEvent ae) {
            resultLabel.setText(ae.getActionCommand());
        }
    }
```

注意程式中有個非常有趣的地方：程式用同一個 ActionListner 物件**同時**處理來自按鈕與文字欄位的事件，這是 Swing 採用傾聽器處理事件的良好特性，任何能夠產生特定事件類別的元件都能夠回報給任何能接受該類別事件的傾聽器，有時會使用唯一的事件處理器，有時則會對每個元件建立不同的處理器，但許多應用程式都提供多種能夠完成這項工作的做法，你可以用一個傾聽器處理不同的輸入，而程式碼愈少，出錯的機會就愈低！

變動事件

另一個許多 Swing 元件支援的事件型別是 ChangeEvent，這個事件能讓程式知道有所「變動」，JSlider 類別就透過這個事件回報滑桿的位置變動。ChangeEvent 類別有個參考，指向發生變動的元件（事件的來源），但沒有元件內可能變動的細節資訊，必須由程式向元件詢問相關細節。「傾聽後查詢」的過程似乎很繁瑣，但這種方式能夠有效率的通知需要更新，而不用為所有可能的變動建立上百個類別與上千個方法。

我們不打算重新列出整個應用程式，只節錄丟蘋果遊戲使用 ChangeListener 將瞄準滑桿對應到物理學家的過程：

```
        gamePane.add(buildAngleControl(), buildConstraints(2, 0, 1, 1));

        // ...

        private JSlider buildAngleControl() {
            // 瞄準範圍介於 0 到 180 度
            JSlider slider = new JSlider(0,180);
```

```
        // 三角函數的 0 在右側，而不是左側
        slider.setInverted(true);

        // 現在，只要滑桿值變動，就需要更新
        slider.addChangeListener(new ChangeListener() {
            public void stateChanged(ChangeEvent e) {
                player1.setAimingAngle((float)slider.getValue());
                field.repaint();
            }
        });
        return slider;
    }
```

這段程式裡使用 factory 模式建立滑桿後傳回，供 gamePane 容器的 add() 方法使用。程式中建立了一個簡單的匿名內部類別，改變瞄準滑桿只會產生一個效果，也只有一種方式能夠瞄準蘋果，由於不可能重複使用這個類別，因此很適合使用匿名內部類別，建立完整的輔助類別後傳入 player1 與 field 元素作為建構子的引數或初始方法並沒有什麼錯誤，但你會發現上述程式中的用法十分常見，雖然一開始看起來可能有些奇怪，但當你熟悉這個模式後就變得十分容易，這個模式會變成具有文件效果，而且你可以相信它沒有隱藏的副作用。對程式設計師而言，「所見即所得」是十分完美的情況。

我們的 Widget 並不太適合在 *jshell* 裡試用事件，當然讀者可以從命令列寫出像上面 ChangeListener 的匿名內部類別，這種做法十分麻煩也很容易出錯，也很難從命令列修正錯誤。比較好的做法是寫個小型、單一目的的示範程式，我們雖然很鼓勵你啟動丟蘋果遊戲，試試上述程式中滑桿的執行效果，但你也應該自己寫些原生的程式。

其他事件

java.awt.event 與 javax.swing.event 還提供了許多其他的事件與傾聽器，值得你花時間看看文件，熟悉一下可能遇到的其他事件型別。表 10-2 列出與介紹過的元件有關以及一些更深入 Swing 時值得一試的事件與傾聽器，同樣的，這不是完整的清單，但足以協助讀者使用這些基本的元件，使你有自信能夠探索其他元件與事件。

表 10-2　Swing 與 AWT 事件及相關傾聽器

S/A	事件類別	傾聽器介面	產生事件的元件
A	ActionEvent	ActionListener	JButton, JMenuItem, JTextField
S	ChangeEvent	ChangeListener	JSlider
A	ItemEvent	ItemListener	JCheckBox,JRadioButton
A	KeyEvent	KeyListener	Component 以下的所有類別

S/A	事件類別	傾聽器介面	產生事件的元件
S	ListSelectionEvent	ListSelectionListener	JList
A	MouseEvent	MouseListener	Component 以下的所有類別
A	MouseMotionEvent	MouseMotionListener	Component 以下的所有類別
AWT 事件（A）來自 java.awt.event，Swing 事件（S）來自 javax.swing.event			

如果你不確定元件支援了哪些事件，可以查查文件，看看是否有 addXYZListener() 之類的方法，其中的「XYZ」型別就是下一步查看文件的直接線索，一旦找到傾聽器的文件，試著實作傾聽器的所有方法，印出事件回報的資訊。這需要慢慢嘗試，但可以透過這種方式學到各種 Swing 元件處理鍵盤與滑鼠事件的方法。

Modal 與彈出視窗

事件讓使用者獲取程式注意，至少是應用程式裡某個方法的注意，如果程式需要使用者注意該如何？一般用來完成這項工作的 UI 機制是彈出視窗，通常會稱為「modal」或「dialog」（對話框）或「modal dialog」，使用對話框是因為這些彈出提供使用者一些資訊，並預期或要求使用者回應，也許不像《會飲篇》（Socratic symposium）那麼崇高。modal 這個名稱代表其中一些對話框會關閉應用程式的其他部分，直到使用者提供必要的回應，你可能在其他的桌面應用程式遇到這類對話框，例如要是軟體要求維持在最新版本，也許會以「灰色」顯示應用程式表示無法使用，再以 modal 對話框呈現啟動更新程序的按鈕，你必須指示後續處理方式，否則就會一直處於受限模式。

「彈出」（pop up）是較一般的用詞，當然可以以 modal 的方式彈出，但也可以是不會阻擋應用程式其他部份的一般對話框（也稱為「modeless」對話框，只是這個術語愈來愈少用了），例如文字處理程式的搜尋對話框，使用者可以不理會搜尋對話框，繼續使用文字編輯程式的其他功能。

訊息對話框

Swing 提供了基本的 JDialog 類別，能夠用來建立自行定義的對話框視窗，但如果是需要與使用者互動的制式對話框，那麼 JOptionPane 類別已經提供了一些十分方便的捷徑。

讓使用者（隱約）知道應用程式有所異常的「有東西壞掉了」對話框也許是最令人討厭的彈出視窗了，這類彈出視窗顯示了簡單的訊息以及一個可以關閉對話框的 OK 鈕，這類對話框的作用是暫停應用程式的運作，直到使用者回應他們看到了訊息。圖 10-31 是個很基本的範例，呈現了按下按鈕後顯示的訊息對話框。

圖 10-31　簡單的 JOptionPane modal 彈出視窗

```
package ch10;

import javax.swing.*;
import java.awt.*;
import java.awt.event.ActionEvent;
import java.awt.event.ActionListener;

public class ModalDemo extends JFrame implements ActionListener {

    JLabel modalLabel;

    public ModalDemo() {
        super( "Modal Dialog Demo" );
        setDefaultCloseOperation(JFrame.EXIT_ON_CLOSE);
        setLayout(new FlowLayout());
        setSize( 300, 180 );

        modalLabel = new JLabel("Press 'Go' to show the popup!", JLabel.CENTER );
        add(modalLabel);

        JButton goButton = new JButton("Go");
```

```
        goButton.addActionListener(this);
        add(goButton);
    }

    public void actionPerformed(ActionEvent ae) {
        JOptionPane.showMessageDialog(this, "We're going!", "Alert",
            JOptionPane.INFORMATION_MESSAGE);
        modalLabel.setText("Go pressed! Press again if you like.");
    }

    public static void main(String args[]) {
        ModalDemo demo = new ModalDemo();
        demo.setVisible(true);
    }
}
```

希望讀者有認出連結 goButton 與 this 傾聽器的程式碼，這與第一個 ActionEvent 範例使用了相同的模式。新增部分是我們對事件的處理，程式顯示訊息對話框，接著更新標籤表示成功顯示了對話框。

呼叫 showMessageDialog() 需要四個引數，在第一個引數看到的 this 是「擁有」彈出視窗的 frame 或視窗，對話框會試著將自己放在擁有者的中央。我們指定應用程式本身作為擁有者，第二與第三個引數分別表示對話框的訊息與標題，最後一個引數表示彈出視窗的「類型」，主要影響使用者看到的圖示，有幾種可用的類型：

- ERROR_MESSAGE，紅色禁止圖示
- INFORMATION_MESSAGE，Java 的 Duke[6] 圖示
- WARNING_MESSAGE，黃色三角圖示
- QUESTION_MESSAGE，Java 的 Duke 圖示
- PLAIN_MESSAGE，沒有圖示

如果想要試試這些彈出視窗，可以回到 *jshell*，用 Widget 物件作為擁有者，或是指定 null 表示沒有特定的 frame 或視窗擁有對話框，但彈出視窗應該暫停整個應用程式，將自己呈現在螢幕的中央，像這樣：

```
jshell> import javax.swing.*

jshell> JOptionPane.showMessageDialog(null, "Hi there", "jshell Alert",
JOptionPane.ERROR_MESSAGE)
```

6 Duke 是 Java 官方吉祥物，可參看 *https://oreil.ly/H7KhT* 的詳細介紹。

圖 10-32　從 jshell 啟動 JOptionPane

你可能得執行 ModalDemo 幾次，要注意 modalLabel 物件顯示的文字，文字只會在關閉彈出視窗**後**才會變化。千萬要記得 modal 對話框會暫停應用程式，這也正是在發生錯誤或其他需要使用者輸入時想要達到的效果，但這種行為也許不適合用於狀態更新。

讀者也許可以想到其他更有價值的方式能夠使用這類警示，或是應用程式中真的遇到「異常」的情況，希望能夠提供適當的錯誤訊息協助使用者修正問題。還記得第 230 頁的〈Pattern〉一節的 email 驗證嗎？你可以將 ActionListener 掛載到文字欄位，當使用者按下 Return 時，檢查欄位內容是否符合 email 位址的格式，在不符合格式時跳出錯誤視窗。

確認對話框

確認使用者意圖是另一個經常使用彈出視窗的情境，許多應用程式會詢問使用者是否要離開、刪除或一些可能無法復原的動作，像是戴著嵌滿無限寶石的手套彈指。JOptionPane 幫你考慮到了，我們可以在 *jshell* 用以下程式試試這個新的對話框：

```
jshell> JOptionPane.showConfirmDialog(null, "Are you sure?")
$18 ==> 0
```

應該會產生有 Yes、No 與 Cancel 鈕的彈出視窗，如圖 10-33，程式可以透過 showConfirmDialog() 方法的傳回值（int 值）判斷使用者按下的按鈕（作者寫作本章時是按下 Yes 鈕，也就是先前程式中 *jshell* 顯示的函式傳回值 0），接下來修改呼叫方式，儲存使用者選取的答案（我們將再次按下 Yes）：

```
jshell> int answer = JOptionPane.showConfirmDialog(null, "Are you sure?")
answer ==> 0
```

```
jshell> answer == JOptionPane.YES_OPTION ? "They said yes!" :
"They said no or canceled. :("
$20 ==> "They said yes!"
```

圖 10-33　用 JOptionPane 確認

還有其他的標準驗證對話框能夠以額外的引數顯示：表示對話框標題的 String 值以及以下其中一個選項類型：

- YES_NO_OPTION
- YES_NO_CANCEL_OPTION
- OK_CANCEL_OPTION

讀者也許會發現範例程式沒有指定額外的引數，所以顯示的對話框使用預設的標題「Select an Option」與 YES_NO_CANCEL_OPTION 常數的選項類型。在大多數情況下，同時呈現 No 與 Cancel 會造成使用者誤解，建議使用如「Yes No」、「OK Cancel」或只有「OK」的類型，不要使用「Yes No Cancel」，使用者總是能夠使用標準視窗的「關閉」控制項關閉視窗，不需要按下任何對話框中的按鈕，程式可以用 JOptionPane.CLOSED_OPTION 選項驗證傳回結果。

我們不會在這裡介紹這個常數值，但如果你需要建立類似的確認對話框，又想使用其他的按鈕組合，同樣可以使用 showOptionDialog()。一如以往，JDK 文件是各位的好幫手！

輸入對話框

最後但同樣重要的彈出是快速取得一些簡單的輸入資訊，你可以使用 showInputDialog() 方法問問題，讓使用者輸入答案，使用者輸入的答案（字串）可以用類似儲存確認對話框選擇結果的方式儲存，讓我們在範例程式再加入一個產生彈出視窗的按鈕，如圖 10-34。

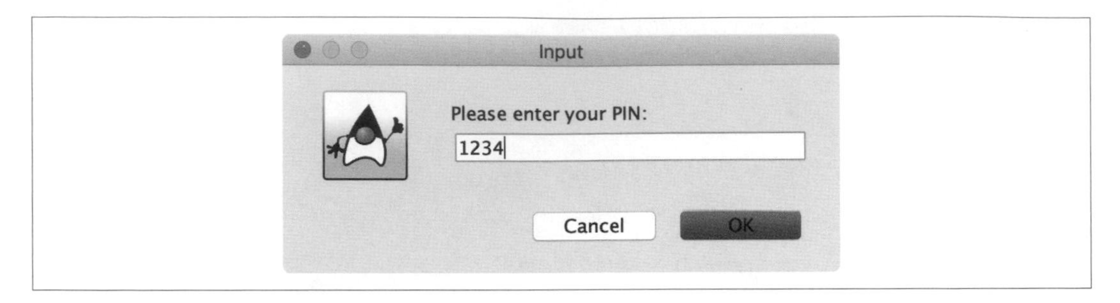

圖 10-34　「輸入」JOptionPane

```
jshell> String pin = JOptionPane.showInputDialog(null, "Please enter your PIN:")

pin ==> "1234"
```

這很適合用在一次性的問題，但如果你有一連串的問題要詢問使用者，那就不適合了。只把 modal 用在快速確認的情況，這樣的介面會中斷使用者的操作，有時這的確是程式想要的行為，濫用這些提示很可能會惹火使用者，他們會直接忽略應用程式的所有彈出視窗。

多緒考量

如果讀者在閱讀本章內容時參考過任何 Swing 的 JDK 文件，也許會讀到 Swing 元件並不具備多緒安全性的警語，還記得在第九章提過，Java 支援多執行緒執行，以利用現代電腦的處理效能嗎？多緒應用程式需要考慮的問題之一是兩個執行緒可能在同一時間爭取相同的資源、或更新同一個變數為不同數值，無法確定資料正確性可能嚴重影響偵錯能力，甚至無法相信輸出結果，對 Swing 元件而言，這個警語是提醒開發人員 UI 元件可能受到這些破壞。

為了協助維持 UI 的一致性，Swing 鼓勵開發人員在 AWT **事件分派執行緒**（*event dispatch thread*）更新元件，這是用來處理如按下按鈕等的執行緒，如果你在回應事件時更新元件（如先前第 312 頁的〈動作事件〉一節中更新計數器的範例），那就安全了，這個概念是如果應用程式其他的執行緒都將 UI 更新送到事件分派執行緒，就沒有任何元件會被即時、可能彼此衝突的更動所傷害。

多緒對圖形應用程式重要的常見例子是「長時間執行工作」，例如從雲端下載檔案的時候，畫面上會有個旋轉的動畫讓使用者不會無聊，要是使用者失去耐心該怎麼辦？要是看起來下載失敗了，但畫面仍在轉動該怎麼辦？如果長時間執行工作處於事件分派執行緒，使用者就沒辦法按下 Cancel 鈕或採取任何行動。長時間執行工作應該由在背景執行的獨立執行緒處理，使應用程式能夠繼續回應使用者的操作，但背景執行緒完成時該如何更新 UI？Swing 為這個工作提供了輔助工具。

SwingUtilities 與元件更新

你可以在任何執行緒使用 SwingUtilities 類別，用安全、穩定的方式更新 UI 元件。這個類別有兩個可以與 UI 溝通的方法：

- invokeAndWait()
- invokeLater()

顧名思義，第一個方法會執行一些更新 UI 的程式碼，讓當前執行緒等到更新程式碼執行完畢後再繼續；第二個方法會送出一些 UI 更新程式碼到事件分派執行緒，接著繼續執行當前執行緒。該使用哪個方法取決於背景執行緒繼續執行時是否需要知道 UI 的狀態而定，例如，要是在介面加上新的按鈕，你也許會想要使用 invokeAndWait()，以確保背景執行緒繼續執行時，有個能夠更新的按鈕在那裡。

如果你不在意 UI 更新的時間，只要最後有被分派執行緒安全的處理完就行了，invokeLater() 就十分合適，想想在下載大檔案時的進度條，程式也許會送出幾個下載愈來愈接近完成的更新，背景執行緒不需要等待圖形更新完畢再繼續執行，如果進度條的更新延遲了或兩次更新時間十分接近，也不會有任何實質的傷害，但你不會希望被繁忙的圖形介面中斷下載，特別是伺服器對暫停反應敏感時更是如此。

我們在下一章會看到幾個這類網路／UI 互動類型的例子，先用假造的網路通訊更新小標籤示範 SwingUtilities 的使用方式，我們可以設定 Start 鈕更新狀態標籤顯示百分比，並啟動背景執行緒，背景執行緒會休眠一秒接著增加進度，每次喚醒執行緒時，就會用 invokeLater() 將標籤更新為正確的進度值，以下是範例的設定程式碼：

```
public class ProgressDemo {
    public static void main( String[] args ) {
        JFrame frame = new JFrame( "SwingUtilities 'invoke' Demo" );
        frame.setDefaultCloseOperation(JFrame.EXIT_ON_CLOSE);
        frame.setLayout(new FlowLayout());
        frame.setSize( 300, 180 );
```

```
        JLabel label = new JLabel("Download Progress Goes Here!",
                JLabel.CENTER );
        Thread pretender = new Thread(new ProgressPretender(label));

        JButton simpleButton = new JButton("Start");
        simpleButton.addActionListener(new ActionListener() {
            public void actionPerformed(ActionEvent e) {
                simpleButton.setEnabled(false);
                pretender.start();
            }
        });

        JLabel checkLabel = new JLabel("Can you still type?");
        JTextField checkField = new JTextField(10);

        frame.add(label);
        frame.add(simpleButton);
        frame.add(checkLabel);
        frame.add(checkField);
        frame.setVisible( true );
    }
}
```

希望你覺得大部分的程式都看起來很熟悉，但我想指出一些有趣的細節。首先，注意建立執行緒的方式，我們將 `new ProgressPretender` 呼叫作為引數傳入 `Thread` 的建構子，可以將這行程式拆為幾個部份，由於不需要再次參考 `ProgressPretender` 物件，所以我們可以維持這種簡潔的做法，但程式**的確**需要參考執行緒本身，所以為執行緒準備了適當的變數。接著我們可以在按鈕的 `ActionListener` 裡啟動執行緒，請注意這個傾聽器裡也停用了 Start 鈕，我們不希望使用者在背景執行緒執行的時候再次啟動另一個執行緒！

我想指出的另一點是，範例加入了一個文字欄位供使用者輸入，當進度條在更新的時候，程式應該要繼續回應鍵盤等使用者輸入，試看看！當然，這個文字欄位沒有連結到任何東西，但在進度條計數器慢慢爬升的過程中，使用者應該能夠輸入與刪除文字，如圖 10-35。

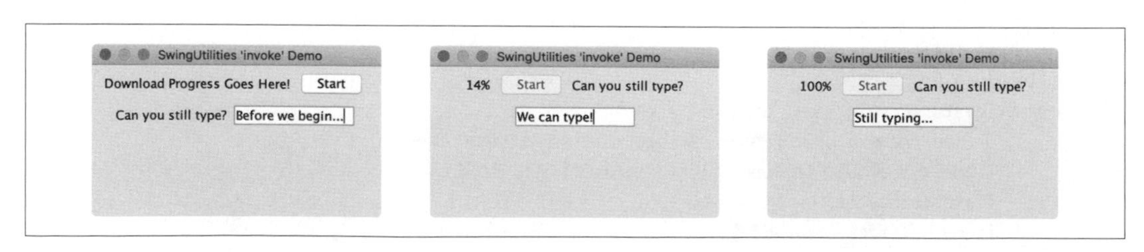

圖 10-35　多緒安全地更新進度標籤

該怎麼在不鎖住應用程式的情況下更新標籤？接著來看看 ProgressPretender 類別的 run() 方法：

```
class ProgressPretender implements Runnable {
    JLabel label;
    int progress;

    public ProgressPretender(JLabel label) {
        this.label = label;
        progress = 0;
    }

    public void run() {
        while (progress <= 100) {
            SwingUtilities.invokeLater(new Runnable() {
                public void run() {
                    label.setText(progress + "%");
                }
            });
            try {
                Thread.sleep(1000);
            } catch (InterruptedException ie) {
                System.err.println("Someone interrupted us. Skipping download.");
                break;
            }
            progress++;
        }
    }
}
```

這個類別儲存了傳入建構子的標籤，這樣我們才能夠知道更新進度顯示的位置。run() 方法有三個基本步驟：1) 更新標籤，2) 休眠 1000 毫秒，最後是 3) 增加 progress 值。

在步驟 1，要注意傳入 invokeLater() 的複雜引數，這看起來十分類似類別定義，就像第九章介紹的一樣以 Runnable 介面為基礎，這是另一個在 Java 使用匿名內部類別的例子，還有其他建立 Runnable 物件的方法，但就像用匿名傾聽器一般，這個執行緒模式十分常見，巢狀 Runnable 引數用當前的 progress 值更新標籤（同樣是透過事件分派執行緒更新）。這就是即使「進度」執行緒大多處於休眠，文字欄位仍然能夠回應使用者操作的魔法。

步驟 2 是標準的執行緒休眠，還記得 sleep() 方法知道自己能被中斷，編譯器會確保程式像範例一樣加上必要的 try/catch 區塊。還有許多處理中斷的方式，針對這個情況，我們選擇最簡單的 break 跳出迴圈。

最後，增加 progress 計數器，再重新執行迴圈的下一個循環，一旦數值達到 100，就會結束迴圈而進度標籤也應該不再變動，如果讀者耐心地等待，就會看到最後的數值，但這個程式本身仍然活著，你依然可以在文字欄位輸入文字，下載完成，一切都十分美好！

計時器

Swing 函式庫也包含針對 UI 環境運作設計的計時器（timer），javax.swing.Timer 類別十分單純，它等待一段時間後發出動作事件，可以只發出一次或重複發出。在圖形應用程式使用計時器的原因有很多，除了動畫迴圈之外，你也可能想要自動取消一些動作，例如載入網路資料花了太久的時間，或相對的可以放個小小的「請等待」圖示或訊息，讓使用者知道還在持續動作中，你也許想在使用者在一段時間後仍然沒有回應 modal 對話框時關閉對話框，這些情況都很適合使用一次性的計時器，Swing 的 Timer 可以處理這所有的情況。

動畫與 Timer

我們再次回到第 256 頁的〈用執行緒實作動畫效果〉一節中的蘋果飛翔動畫，試著改用 Timer 實作，實際上我們略過使用標準執行緒時透過 invokeLater() 等正確的工具方法，安全地重繪遊戲的部分，Timer 類別幫我們處理了這些細節，我們仍然可以開心地使用來自第一版動畫中的 Apple 類別的 step() 方法，只需要改變啟動方法，讓計時器能夠接觸到適當的變數就行了：

```
public static final int STEP = 40;  // 以毫秒計算的 frame 週期
Timer animationTimer;

// ...

void startAnimation() {
    if (animationTimer == null) {
        animationTimer = new Timer(STEP, this);
        animationTimer.setActionCommand("repaint");
        animationTimer.setRepeats(true);
        animationTimer.start();
    } else if (!animationTimer.isRunning()) {
        animationTimer.restart();
    }
}

// ...
```

```
public void actionPerformed(ActionEvent event) {
    if (animating && event.getActionCommand().equals("repaint")) {
        System.out.println("Timer stepping " + apples.size() + " apples");
        for (Apple a : apples) {
            a.step();
            detectCollisions(a);
        }
        repaint();
        cullFallenApples();
    }
}
```

這個做法有兩個優點。首先，它讀起來容易得多，程式不需要處理每次動作間的暫停，以事件間隔與接收事件的 ActionListener 實體（也就是 Field 類別）作引數建立 Timer 實體，我們給予計時器一個很好的動作命令，將它設定為重複計時器，然後啟動它！在本節開頭提過，另一個優點與 Swing 及圖形應用程式有關：javax.swing.Timer 會將動作事件送到**事件分派執行緒**，不需要用 invokeAndWait() 或 invokeLater() 包裹任何東西，只要把跟時間有關的程式碼放到傾聽器的 actionPerformed() 方法就沒問題了！

由於先前看過許多元件都會產生 ActionEvent，範例程式作了額外的預防措施，透過設定計時器的 actionCommand 屬性避免名稱衝突，這個步驟在我們的例子中不是絕對必要，但它能夠保留 Field 類別後續處理其他事件的空間，避免因為增加了處理的事件而影響動畫。

計時器其他用途

在本節開頭提過，成熟、精巧的應用程式包含了各式各樣的小動作，都可以透過一次性計時器完成。相較於商業應用程式或游戲，本書的蘋果遊戲十分簡單，但即使如此我們也能利用計時器讓遊戲更加「真實」：在丟出蘋果後，遊戲讓物理學家暫停一段時間後才能丟出另一個蘋果，物理學家必須先彎下身從籃子裡拿出另一顆蘋果，才能再次瞄準或投擲，這類延遲同樣也是使用 Timer 的絕佳機會。

我們可以在 Field 類別裡的丟蘋果程式碼中，加入一些產生停頓的程式碼：

```
public void startTossFromPlayer(Physicist physicist) {
    if (!animating) {
        System.out.println("Starting animation!");
        animating = true;
        startAnimation();
    }
    if (animating) {
        // 檢查，確保有蘋果可以丟
```

```
            if (physicist.aimingApple != null) {
                Apple apple = physicist.takeApple();
                apple.toss(physicist.aimingAngle, physicist.aimingForce);
                apples.add(apple);
                Timer appleLoader = new Timer(800, physicist);
                appleLoader.setActionCommand("New Apple");
                appleLoader.setRepeats(false);
                appleLoader.start();
            }
        }
    }
```

注意這次程式透過 setRepeats(false) 將計時器設定為只執行一次，這表示在少於一秒的時間內，會有單一個事件發送給物理學家。接著 Physicist 類別需要在類別定義加上 implements ActionListener，以及適當的 actionPerformed() 函式，如：

```
    public void actionPerformed(ActionEvent e) {
        if (e.getActionCommand().equals("New Apple")) {
            getNewApple();
            if (field != null) {
                field.repaint();
            }
        }
    }
```

同樣的，Timer 不是完成這類工作的唯一一種方法，在 Swing 裡，計時器結合了高效率的時間式事件以及自動使用事件分派執行緒的特色，使它成為值得考慮的解決方案，如果沒有其他的需要，這是很適合作為原型（prototype）程式的機制，開發人員隨時可以在必要時重構程式使用自行定義的多緒程式碼。

下一步

本章開頭提過，在 Java 圖形應用程式領域有許多值得討論與探索的主題，這要留給讀者自行探索，但在最後我們要再為想要開發桌面應用程式的讀者介紹另一個重要主題。

選單

技術上雖非必要，但大多數桌面應用程式都提供了應用程式選單，提供儲存更動後檔案或設定個人偏好，以及特定功能如試算表應用程式能夠依特定行（column）的資料排序或選取等常見工作。JMenu、JMenuBar 與 JMenuItem 類別能將這些功能加入 Swing 應用程式，選單（Menu）放在選單列（menu bar）中，選單項目（menu item）則放在選單

（menu）中。Swing 提供了三個預先定義好的選單項目類別：JMenuItem 是基本的選單項目，JCheckboxMenuItem 是可選擇的項目，JRadioButtonMenuItem 則是一組的選單項目，一般常見於選取字型或顏色主題的選項。JMenu 類別本身也是個合法的選單項目，也就是能夠建立出巢狀選單。JMenuItem 的行為與按鈕類似（其他的同類也一樣），因此你可以用相同的傾聽器取得選單事件。

圖 10-36 是選單列加上一些選單與項目的例子。

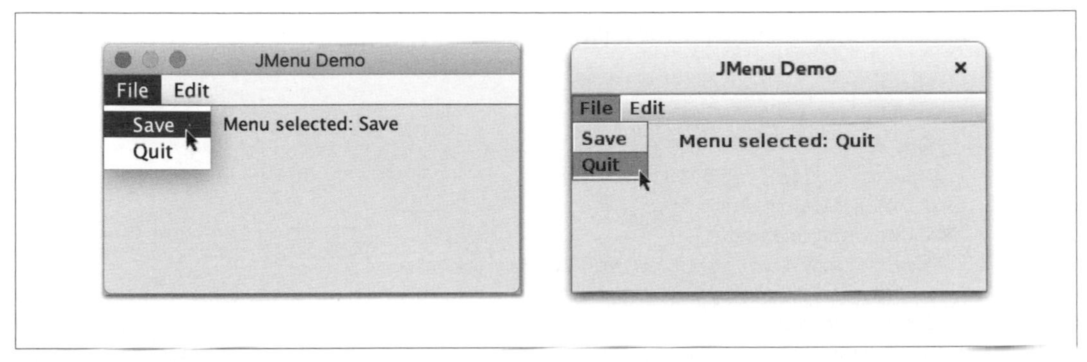

圖 10-36　在 macOS 與 Linux 上的 JMenu 與 JMenuItem

注意 macOS 應用程式與 Linux 版本稍有不同，Swing（與 Java）仍然會反應出執行它們的原生環境特色，這裡有個明顯的差異，在 macOS 上應用程式一般都採用顯示在主視窗上方的全域選列，待讀者更熟悉程式設計，想要與其他人共享程式碼或是散佈自己開發的應用程式時，可以再加上平台專屬的特性，像是使用 macOS 選單或設定應用程式的圖示，但目前我們仍然將 macOS 選單放在應用程式的視窗裡。

```
package ch10;

import javax.swing.*;
import java.awt.*;
import java.awt.event.ActionEvent;
import java.awt.event.ActionListener;

public class MenuDemo extends JFrame implements ActionListener {
    JLabel resultsLabel;

    public MenuDemo() {
        super( "JMenu Demo" );
        setDefaultCloseOperation(JFrame.EXIT_ON_CLOSE);
        setLayout(new FlowLayout());
```

```
        setSize( 300, 180 );

        resultsLabel = new JLabel("Click a menu item!" );
        add(resultsLabel);

        // 接著建立一些選單並加入一些項目
        JMenu fileMenu = new JMenu("File");
        JMenuItem saveItem = new JMenuItem("Save");
        saveItem.addActionListener(this);
        fileMenu.add(saveItem);
        JMenuItem quitItem = new JMenuItem("Quit");
        quitItem.addActionListener(this);
        fileMenu.add(quitItem);

        JMenu editMenu = new JMenu("Edit");
        JMenuItem cutItem = new JMenuItem("Cut");
        cutItem.addActionListener(this);
        editMenu.add(cutItem);
        JMenuItem copyItem = new JMenuItem("Copy");
        copyItem.addActionListener(this);
        editMenu.add(copyItem);
        JMenuItem pasteItem = new JMenuItem("Paste");
        pasteItem.addActionListener(this);
        editMenu.add(pasteItem);

        // 最後建立應用程式的選單列
        JMenuBar mainBar = new JMenuBar();
        mainBar.add(fileMenu);
        mainBar.add(editMenu);
        setJMenuBar(mainBar);
    }

    public void actionPerformed(ActionEvent event) {
        resultsLabel.setText("Menu selected: " + event.getActionCommand());
    }

    public static void main(String args[]) {
        MenuDemo demo = new MenuDemo();
        demo.setVisible(true);
    }
}
```

這段程式顯然沒有對選單動作有太多處理，但我們想要呈現建立選單的方式，以及對專業應用程式該有的期待。

使用者偏好

Java Preferences API 同時提供系統與個別使用者設定資料的儲存能力，能夠存續到下次執行的 Java VM，Java Preferences API 類似可攜版的 Windows 登錄，是能夠用來儲存少量資訊，讓所有應用程式共同存取的迷你資料庫，它以鍵 / 值對的方式儲存每個項目，數值部分包含大多數基本型別，包含字串、數字、布林值，甚至還可以使用位元組陣列（還記得前面提過少量資料嗎），在建立更多有趣的桌面應用程式時，必然會遇到使用者可以自行設定的元素，Java Preferences API 是儲存這類資訊絕佳的方式，能夠輕易的跨平台使用並改善使用者體驗。

你可以在 Oracle 的線上 Preferences 技術文件（*https://oreil.ly/Vrbfz*）讀到更詳細的說明。

自行定義元件與 Java2D

我們用遊戲的 `Field` 類別簡單介紹了自行定義元件，程式定義了 `paintCompoennt()` 方法畫出蘋果、樹與物理學家，這是個開始，你還可以加入更多（更多）功能。你可以捕捉低階滑鼠與鍵盤事件，將這些事件對應到更豐富的視覺介面，可以產生自行定義的事件，可以建立自己的布局管理員，也可以建立能夠影響 Swing 函式庫中所有元件的整個外觀（look and feel）！這驚人的擴充能力需要對 Swing 與 Java 有更深入的知識，正等著各位的探索。

對於繪圖方面，你可以看看 Java 2D API（參看 Oracle 的線上摘要（*https://oreil.ly/Bprke*）），這個 API 對 AWT 套件的渲染與影像能力提供了許多良好的升級，如果你對 Java 2D 圖形能力有興趣，可以看看 Jonathan Knudsen 撰寫的《*Java 2D Graphics*》（*https://oreil.ly/4xYdN*），以及 Loy 等人合著的《*Java Swing, 2nd Edition*》（*https://oreil.ly/M6kQg*），這本著作對 Swing 的一切作了深入的介紹。

JavaFX

另一個值得一探的 API 是 JavaFX，這組套件原先是為了取代 Swing 而設計，包含豐富的多媒體能力，如影片與高精確度的音訊，它與 Swing 十分不同，使得兩個函式庫同時成為 JDK 的一份子，目前也沒有明確的計畫停用或移除 Swing，到了 Java 11（也就是目前的長期支援版本），OpenJDK 以 OpenJFX 專案的型式獲得 JavaFX 的支援，你可以在 *https://openjfx.io* 找到更多資訊。

使用者介面與使用者體驗

本章很快地介紹了建立桌面應用程式時最常使用的元件，涵蓋了 `JButton`、`JLabel` 與 `JTextField` 等幾乎所有圖形介面應用程式都一定會使用的元件，也討論了在容器排列元件的方式，以及建立複雜的容器與元件組合，以呈現更有趣的效果，另外還介紹了一些其他的元件，希望這些工具能幫你打造出擁有良好的使用者體驗（UX）的應用程式。

如今，桌面應用程式只是故事的一部分，許多應用程式是在線上協同其他的應用程式一同運作，接下來的兩章會涵蓋基本網路並介紹 Java 的網頁程式設計能力。

第十一章

網路與 I/O

本章要繼續探索 Java API，介紹 java.io 與 javax.nio 套件裡的許多類別，這些套件提供豐富的基本 I/O（輸入／輸出）工具與框架，Java 所有的檔案與網路通訊都是以這個框架為基礎。圖 11-1 是這些套件的類別階層架構，本章只會介紹階層架構中特定的一部分，但你可以從圖中看到階層架構涵蓋了很廣的範圍，能夠處理本機檔案 I/O 之後，就會加入 java.net 套件，介紹基本網路概念（第十二章會介紹最流行的網路環境——網頁）。

我們會介紹 java.io 中的串流（stream）類別，也就是基本 InputStream、OutputStream、Reader 與 Writer 類別的子類別，接著會談到 File 類別，介紹使用 java.io 中的類別讀取與寫入檔案的方法，同時也會簡單的談到資料壓縮與序列化（serialization）。過程中還會介紹 java.nio 套件，NIO 套件（或 new I/O）增加了許多針對高效能服務的功能，在某些部分則只是對 java.io 的功能提供了更新、更好的 API[1]。

串流

Java 裡大多數的基本 I/O 都是建立在串流之上，**串流**（*stream*）代表資料流（至少在概念上），資料流的一頭是**寫入器**（*writer*），另一頭則是**讀取器**（*reader*），使用 java.io 套件處理終端機的輸入與輸出、讀取或寫入檔案，或是在 Java 裡作 socket 通訊，使用的都是各種類型的串流。本章稍後會介紹 NIO 套件，引進了稱為**通道**（*channel*）的類似概念，兩者間的差別是串流的資料是以位元組與字元為中心，通道則是以包含資料型別的「緩衝區」（buffer）為中心，但兩者基本上是做相同的工作，接下來就簡單介紹幾個類型的串流：

1 雖然 NIO 是在 Java 1.4 引進（所以也不算太新了），但跟原先的基本套件相比還是比較新，所以名字就留了下來。

InputStream、OutputStream

抽象類別，定義了沒有結構化位元組的讀取或寫入的基本功能，其他位元組串流都是建立在基本的 InputStream 與 OutputStream 之上。

Reader、Writer

抽象類別，定義了對字元資料序列的基本讀取與寫入能力，支援 Unicode，其他的字元串流都是建立在 Reader 與 Writer 上之。

InputStreamReader、InputSteamWriter

介紹位元組與字串串流的類別，會依據指定的字元編碼方式轉換資料。（要記得：在 Unicode 裡，每個字元並不一定只有一個位元組！）

DataInputStream、DataOutputStream

特殊的串流過濾器（filter），增加讀取與寫入多位元組資料型別的能力，包含基本數值以及通用格式的 String 物件。

ObjectInputStraem、ObjectOutputStream

特殊的串流過濾器，增加了寫入整個序列化後的 Java 物件以及重建它們的能力。

BufferedInputStream、BuffererOutputStream、BufferedReader、BufferedWriter

特殊的串流過濾器，為了提高效率增加了緩衝區，現實中的 I/O 程式幾乎一定都會用到這些類別。

PrintStream、PrintWriter

簡化列印文字的特殊串流。

PipedInputStream、PipedOutputStream、PipedReader、PipedWriter

「回送」（loopback）串流，成對使用能夠在應用程式間搬移資料，寫進 PipedOutputStream 或 PipedWriter 的資料可以從對應的 PipedInputStream 與 PipedReader 讀取。

FileInputStream、FileOutputStream、FileReader、FileWriter

InputStream、OutputStream、Reader 與 Writer 的實作類別，能夠對本機檔案系統讀取與寫入。

Java 的串流是單行道，java.io 輸入與輸出類別代表了串流的一端，如圖 11-1，雙向對話就需要兩種類型的串流各用一個。

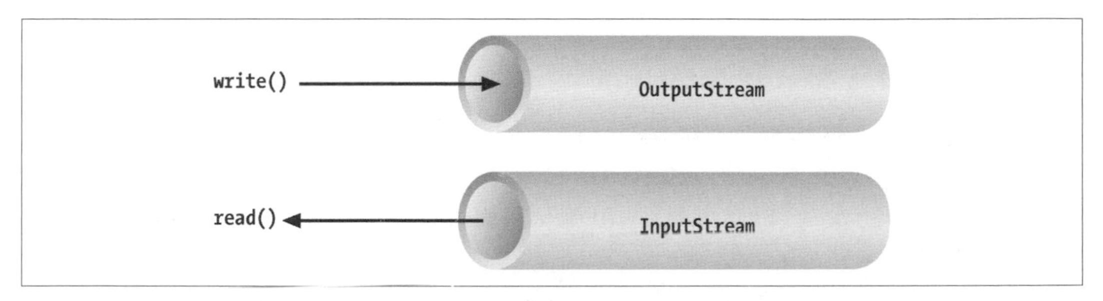

圖 11-1　基本輸入與輸出串流功能

InputStream 與 OutputStream 是**抽象**類別，定義了所有位元組串流的低階介面，包含了讀取或寫入無結構的位元組級資料流的方法，由於這些類別都宣告為 abstract，程式無法建立通用的輸入與輸出串流，Java 對檔案或 socket 通訊實作了讀取與寫入的子類別，由於所有位元組串流都繼承了 InputStream 與 OutputStream，這些不同種類的位元組串流就能夠互相替換使用，使用 InputStream 引數的方法可以接受任何 InputStream 的子類別，特殊類型的串流也可以套疊或包裹基本串流，加上緩衝、過濾或處理高階資料型別等功能。

Reader 與 Writer 和 InputStraem 與 OutputStream 十分類似，差別在於處理的對象是字元而非位元組，這些類別是真正的字元串流，能夠正確的處理 Unicode 字元，位元組串流則一定能夠正確處理 Unicode 字元，通常，在字元串流與磁碟或網路等實體設備的位元組串流間需要橋接，InputStreamReader 與 OutputStreamWriter 這兩個特別的類別能夠使用**字元編碼方式**（*character-encoding scheme*）轉換字元與位元組串流。

本節介紹了 FileInputStream、FileOutputStream、FileReader 與 FileWriter 之外所有有趣的串流，檔案串流會留到下一節與 Java 存取檔案系統的方式一起介紹。

基本 I/O

使用 InputSteram 物件的簡單範例是 Java 的**基本輸入**應用程式，與 C 的 stdin 及 C++ 的 cin 相同，都是命令列（非 GUI）程式的輸入來源，這是環境的輸入串流（通常是終端機視窗，也可能是另一個命令的輸出）。java.lang.System 類別（系統相關資源的通用放置區）以 System.in 靜態變數提供了標準輸入串流的參考，也以 out 與 err 變數分別提供了標準輸出串流（*standard output stream*）與標準錯誤串流（*standard error stream*）[2]，以下範例分別使用了這些變數：

```
InputStream stdin = System.in;
OutputStream stdout = System.out;
OutputStream stderr = System.err;
```

這段程式隱藏了一個事實——System.out 與 System.err 實際上並不是單純的 OutputStream 物件，而是更特化有用的 PrintStream 物件，我們在第 342 頁的〈PrintWriter 與 PrintStream〉一節會更詳細介紹這些串流，目前可以把 out 與 err 視為 OutputStream 參照，它們都是擴展自 OutputStream。

程式可以用 InputStraem 的 read() 方法從標準輸入讀取一個位元組，仔細研讀 API 你會發現基礎 InputStream 的 read() 方法是個 abstract 方法，隱藏在 System.in 之下的是 InputStraem 的特殊實作，提供了真正的 read() 行為：

```
try {
    int val = System.in.read();
} catch ( IOException e ) {
    ...
}
```

雖然說 read() 方法讀取的是位元組值，但上述程式中的傳回型別是 int 而非 byte，這是因為 Java 基礎輸入串流的 read() 方法與 C 語言一樣，是用特殊值表示串流結尾。資料位元會以介於 0 到 255 間的無號整數傳回，而特殊的 -1 則用來表示到達串流結尾，使用 read() 方法時需要檢查這種情況，接著就可以依需要將數值轉換為 byte，以下範例會逐個位元組讀取串流，並印出讀取的位元組值：

```
try {
    int val;
    while( (val=System.in.read()) != -1 )
        System.out.println((byte)val);
} catch ( IOException e ) { ... }
```

範例中可以看到，當讀取底層串流來源發生錯誤時，read() 方法也會拋出 IOException 例外，不同的 IOException 子類別能夠表示檔案或網路連線等來源發生錯誤。此外，能夠讀取比單個位元組更複雜資料型別的高階串流則可能會拋出 EOFException（end of file，檔案結尾），表示串流未預期或過早結束。

2 標準錯誤是指通常保留給錯誤相關訊息使用的串流，會顯示給命令列程式的使用者，這個串流與標準輸出不同，通常可能會被重導向到檔案或另一個應用程式，不會被使用者看到。

另一個過載型式的 read() 方法會儘可能的填滿指定的位元組陣列，並傳回讀取的位元組數量：

```
byte [] buff = new byte [1024];
int got = System.in.read( buff );
```

我們也可以在指定的時間用 available() 檢查 InputStream 可供讀取的位元組數量，有了這項資訊，就可以建立大小剛好的陣列：

```
int waiting = System.in.available();
if ( waiting > 0 ) {
    byte [] data = new byte [ waiting ];
    System.in.read( data );
    ...
}
```

這個技巧的可靠度取決於底層串流實作是否有能力判斷可讀取的資料量，通常對檔案有用，但不是所有類型的串流都會有用。

這些 read() 方法會阻塞直到讀完一些資料（至少一個位元組），程式一般必須檢查傳回值，確認讀取到的資料量以及是否需要繼續讀取（本章稍後會介紹非阻塞 I/O）。InputStream 的 skip() 方法提供了跳過指定數量位元組的方式，依據串流實作的不同，跳過位元組可能比讀取位元組更有效率。

close() 方法會關閉串流並釋放對應的系統資源，對大多數的串流類型，使用完畢後一定要記得關閉串流，這對程式效能非常重要，在少數情況下串流可能會在物件被垃圾收集時自動關閉，但依賴這個行為並不是好做法。Java 7 引進了 *try-with-resources* 語言特性，簡化了自動關閉串流與其他可關閉的實體，在第 347 頁的〈檔案串流〉一節會看到一些範例，所有類型的串流及相關能夠關閉的工具類別都標上了旗標介面 java.io.Closeable。

最後應該要提一下的是，除了 System.in 與 System.out 標準串流之外，Java 透過 System.console() 提供了 java.io.Console API，程式可以用 Console 讀取密碼而不會顯示在螢幕上。

字元串流

在早期的 Java 版本，某些 InputStream 與 OutputStream 型別包含了讀取與寫入字串的方法，但這些方法運作時大都假設串流中的 8 位元位元組資料是等價的 16 位元 Unicode 字元，這種運作方式只適用於 Latin-1（ISO 8859-1）字元，並不適用於其他語言使用的其他編碼方式。第八章曾經提過 java.lang.String 類別有個接受位元組陣列的建構子以及對應接受字元編碼為引數的 getBytes() 方法，理論上我們可以使用這些方法為工具，在位元組陣列與 Unicode 字元間雙向轉換，就能夠處理以任何編碼方式呈現字元資料的位元組串流，所幸我們不需要這麼做，因為 Java 串流已經處理了這些工作。

java.io.Reader 與 Writer 字元串流類別是專為處理字元資料串流而引進，使用這些類別時，你是以字元與字串資料的角度考慮，由底層實作處理位元組與特定字元編碼間的轉換，你可以看到 Reader 與 Writer 存在一些直接的實作，能夠讀取與寫入檔案，但更常見的是，InputStreamReader 與 OutputStreamWriter 這兩個特殊的類別連接了字元串流與位元組串流這兩個世界，它們分別是包裹了底層串流的 Reader 與 Writer，將底層串流轉換為字元串流，並透過指定的編碼方式將可能的多位元組轉換為 Java Unicode 字元，編碼方式可以在 InputStreamReader 與 OutputStreamWriter 的建構子以編碼名稱指定，為了方便，預設建構子會使用系統預設的編碼方式。

接下來我們試著將來自標準輸入中的、人類可理解的字串剖析為整數，範例假設位元組來自 System.in 並使用系統預設的編碼：

```
try {
    InputStream in = System.in;
    InputStreamReader charsIn = new InputStreamReader( in );
    BufferedReader bufferedCharsIn = new BufferedReader( inReader );

    String line = bufferedCharsIn.readLine();
    int i = NumberFormat.getInstance().parse( line ).intValue();
} catch ( IOException e ) {
} catch ( ParseException pe ) { }
```

首先，在 System.in 外包上 InputStreamReader，這個讀取器會將 System.in 轉入的位元組以預設編碼轉換為字元，接著在 InputStreamReader 外再包裹上 BufferedReader，BufferedReader 增加了 readLine() 方法，能夠取得整行文字（持續讀取直到平台特定的換行字元組合）的字串，然後利用第八章介紹的技巧，將讀到的字串剖析為整數。

要特別提醒的是，範例程式將以位元組為中心的輸入串流 System.in 安全地轉換為讀取字元用的 Reader，如果想要使用不同於預設編碼方式的其他編碼，可以在 InputStreamReader 的建構子指定，如：

```
InputStreamReader reader = new InputStreamReader( System.in, "UTF-8" );
```

對每個從讀取器讀到的字元，InputStreamReader 會讀取一個以上的位元組，轉換為 Unicode 字元。

我們介紹 java.nio.charset API 時會再次討論字元編碼，這個套件能讓程式查詢與指定緩衝區字元與位元組使用的編碼器及解碼器，InputStreamReader 與 OutputStreamWriter 兩者都能夠接受 Charset 編碼物件以及字元編碼名稱。

串流包裹

如果除了讀取位元組或字元序列外，還想做其他更多事情該怎麼辦？可以使用「篩選器」（filter）串流，這是能夠包裹其他串流，增加功能的 InputStream、OutputStream、Reader 或 Writer。篩選器串流的建構子引數需要目標串流，在執行完本身的額外處理後，會將方法呼叫委派（delegate）到目標串流，例如我們可以用以下方式建立包裹系統標準輸入的 BufferedInputStream：

```
InputStream bufferedIn = new BufferedInputStream( System.in );
```

BufferedInputStream 是種篩選器串流，會先將一定數量的資料讀入緩衝區，BufferedInputStream 在底層串流之外包裹了一層新的功能。圖 11-2 畫的是 DataInputStream 的安排方式，DataInputStream 是能夠讀取 Java 基本型別與字串等高階資料型別的串流型別。

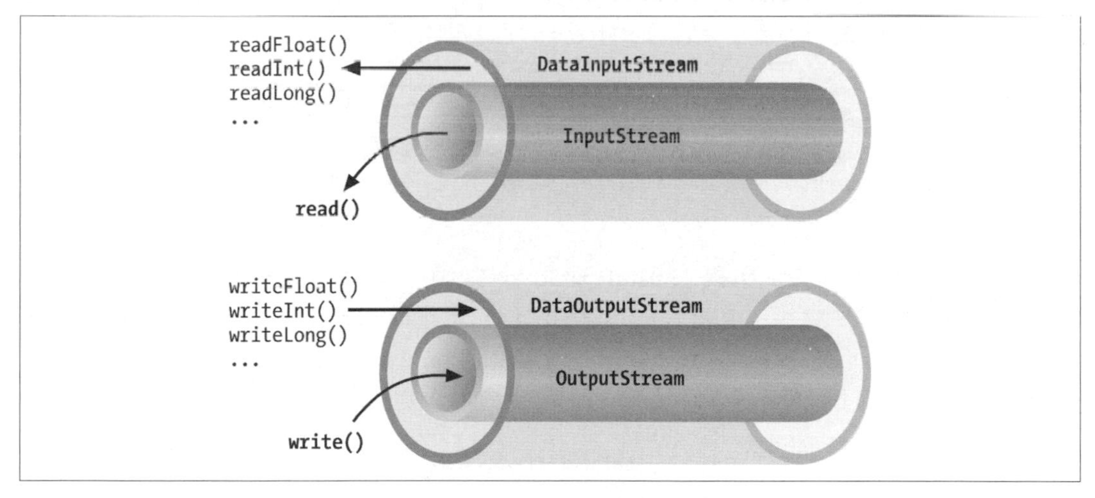

圖 11-2　套疊的串流

你可以從以上的程式碼看到 BufferedInputStream 是個 InputStream 型別，由於篩選器本身也是基本串流型別的子型別，篩選器也可以作為引數傳入其他篩選器的建構子，這能讓篩選器層層套疊提供不同的功能組合，例如先在 System.in 外包上 BufferedInputStream，接著在 BufferedInputStream 之外再包上 DataInputStream，就能夠以緩衝的方式讀取特殊的資料型別。

Java 提供了建立串流型別用的基礎型別：FilterInputStream、FilterOutputStream、FilterReader 與 FilterWriter，這些子類別提供了「無動作」（no op）篩選器的基本機制（也就是一個不做任何事的篩選器），將所有的呼叫都委派給底層串流。真正的篩選器串流子會建立這些類別的子類別，覆寫各個方法加入額外的處理，本章稍後會有個篩選器串流的例子。

資料串流

DataInputStream 與 DataOutputStream 是篩選器串流，能讀取與寫入由字串和基本資料型別組成的多位元組資料型別。DataInputStream 與 DataOutputStream 分別實作了 DataInput 與 DataOutput 介面，這兩個介面定義了讀取或寫入字串以及所有 Java 基本型別的方法，包含了數字與布林值。DataOutputStream 將數值以與主機無關的方式編碼，接著將編碼後的數值寫入底層的位元組串流，DataInputStream 的行為則相反。

程式可以從 InputStream 建立 DataInputStream，接著使用如 readDouble() 等方法讀取基本資料型別：

```
DataInputStream dis = new DataInputStream( System.in );
double d = dis.readDouble();
```

這個例子將標準輸入串流包裹在 DataInputStream 當中，使用 DataInputStream 讀取 double 值，readDouble() 方法會從串流讀取位元並利用位元組建構出 double。DataInputStream 預期數值資料型別的位元組依**網路位元組順序**（*network byte order*）傳送，這個標準要求必須先傳送高位元組（也稱為「big endian」，稍後會再作介紹）。

DataOutputStream 類別提供了對應於 DataInputStream 讀取方法的寫入方法，例如 writeInt() 會以二進位模式將整數寫入底層的輸出串流。

DataInputStream 與 DataOutputStream 的 readUTF() 與 writeUTF() 方法能讀取 / 寫入使用 UTF-8「transformation format」字元編碼的 Java Unicode 字元 String，UTF-8 是廣為使用的、與 ASCII 相容的 Unicode 字元編碼，並非所有的編碼都保證會保留所有的 Unicode 字元，但 UTF-8 可以。你也可以指定 UTF-8 編碼名稱，將 UTF-8 與 Reader 與 Writer 串流一起使用。

緩衝串流

BufferedInputStream、BufferedOutputStream、BufferedReader 與 BufferedWriter 類別對串流傳輸路徑增加了特定大小的資料緩衝區，透過減少 read() 與 write() 實際讀取與寫入次數提高效率，你可以用適當的輸入或輸出串流以及緩衝區大小建立緩衝串流（也可以用其他串流包裹緩衝串流，讓其他串流得到緩衝的好處）。以下是個簡單的緩衝串流 bis：

```
BufferedInputStream bis = new BufferedInputStream(myInputStream, 32768);
...
bis.read();
```

範例中指定緩衝區為 32 KB，如果不指定緩衝區的大小，系統會選擇一個合理數值（目前的預設值是 8KB）。在第一次呼叫 read() 時，bis 會試著讀取填滿 32 KB 緩衝區的資料，後續呼叫 read() 則會從緩衝區取得資料，直到需要再次填滿緩衝區。

BufferedOutputStream 也以類似的方式運作，呼叫 write() 會將資料存到緩衝區，只有在填滿緩衝區時才會將資料真正的寫入串流，程式可以透過 flush() 方法將 BufferedOutputStream 的內容寫出，flush() 實際上是 OutputStream 本身的方法，這個方法十分重要，它能讓你確保所有底層串流與篩選器串流的資料都被送出（例如，在等待回應之前）。

BufferedInputStream 等輸入串流能夠標記資料的位置，並在稍後重設串流回到先前標記的位置。mark() 方法設定串流的回復點，需要一個整數值指定串流放棄並忘掉這個標記前可以讀取的位元組數量。reset() 方法會讓串流回到先前標記的位置，所有呼叫 mark() 後讀取過的資料都會再次被讀取。

這個功能在剖析器讀取串流時十分有用，程式偶爾會無法剖析結構，必須試些其他的做法，這類情況可以讓剖析器發出錯誤，接著將串流重設為先前開始剖析結構的位置：

```
BufferedInputStream input;
...
try {
    input.mark( MAX_DATA_STRUCTURE_SIZE );
    return( parseDataStructure( input ) );
}
catch ( ParseException e ) {
    input.reset();
    ...
}
```

BufferedReader 與 BufferedWriter 除了處理的是字元而非位元組外，與位元組版本的運作方式相同。

PrintWriter 與 PrintStream

另一個有用的包裹串流是 java.io.PrintWriter，這個類別提供一組過載 print() 方法，能將引數轉換為字串後送到串流。另一組補充的 println() 輔助方法會在字串最後加上換行，如果是要格式化文字，printf() 與功能相同的 format() 方法能讓程式用 printf 式的做法格式化串流文字。

PrintWriter 是特別的字元串流，能夠包裹 OutputStream 或另一個 Writer，PrintWriter 是舊版 PrinterStream 位元組串流功能更強大的大哥，System.out 與 System.err 串流是 PrintStream 物件，本書先前的許多範例程式都有用到 PrintStream：

```
System.out.print("Hello, world...\n");
System.out.println("Hello, world...");
System.out.printf("The answer is %d", 17 );
System.out.println( 3.14 );
```

早期版本的 Java 並沒有 Reader 與 Writer 類別，必須使用 PrintStream，對位元組與字元的轉換也是直接假設文字編碼。新程式的開發應該要使用 PrintWriter。

建立 PrintWriter 物件時，你可以傳入額外的 Boolean 值給建構子，指定是否應該「自動清除緩衝」，設定為 true，則 PrintWriter 在每次送出換行字元時，都會自動呼叫底下 OutputStream 或 Writer 的 flush()：

```
PrintWriter pw = new PrintWriter( myOutputStream, true /*autoFlush*/ );
pw.println("Hello!"); // 串流會因為換行自動清空
```

當這個技巧用在緩衝輸出串流時，對應的是終端機逐行送出資料的行為。

PrintStream 與 PrintWriter 相對於一般字元串流的另一大優點是能夠遮蔽底下串流拋出的例外，不同於其他的串流類別，PrintWriter 與 PrintStream 的方法並不會拋出 IOException，而是提供檢查錯誤的方法，讓程式依需要使用。這能大幅簡化文字輸出等常見的操作，你可以用 checkError() 方法檢查錯誤：

```
System.out.println( reallyLongString );
if ( System.out.checkError() ){ ...  // 噢噢
```

java.io.File 類別

java.io.File 類別封裝了檔案與目錄資訊的存取，能夠取得檔案屬性資訊、列出目錄內容以及執行基本檔案系統操作，例如刪除檔案或建立目錄等。雖然 File 物件能夠處理這些「後設」（meta）操作，但沒有提供讀取與寫入檔案資料的 API，讀取與寫入是檔案串流的工作。

File 建構子

你可以從路徑名稱 String 建立 File：

```
File fooFile = new File( "/tmp/foo.txt" );
File barDir = new File( "/tmp/bar" );
```

也可以用相對路徑建立 File 物件：

```
File f = new File( "foo" );
```

這種情況下，Java 的動作是相對於 Java 直譯器「目前的工作路徑」，程式可以讀取 System Properties 清單中的 user.dir 屬性值取得目前工作目錄：

```
System.getProperty("user.dir"); // e.g.,"/Users/pat"
```

File 建構子還有另一個過載版本，讓你能夠用 String 物件指定目錄路徑與檔名：

```
File fooFile = new File( "/tmp", "foo.txt" );
```

還有另一個不同的版本，你可以用 File 物件表示目錄，再透過 String 指定檔名：

```
File tmpDir = new File( "/tmp" ); // 代表 /tmp 目錄的 File
File fooFile = new File ( tmpDir, "foo.txt" );
```

這些 File 建構子都沒有真正建立檔案或目錄，建立不存在檔案的 File 物件也沒有任何錯誤，File 物件只是檔案或目錄的識別子（handle），你可以透過這個識別子讀取、寫入或檢測，例如可以用 exists() 實體方法得知檔案或目錄是否存在。

路徑本機化

在 Java 處理檔案的問題之一在於路徑被期待會符合本機檔案系統的慣例，兩種差異在於 Windows 檔案系統使用「根目錄」（root）或磁碟代號（如 C:），以及用反斜線（\）分隔目錄名稱，而不是其他系統使用的斜線（/）。

Java 試著弭平兩者間的差異，例如，在 Windows 平台上，Java 能夠接受用斜線或反斜線表示的路徑（但在其他系統則只能接受斜線）。

最好的做法是遵守主機上檔案系統使用的檔名原則，如果你的應用程式有能夠依使用者要求開啟與儲存檔案的 GUI，你應該能夠透過 Swing 的 JFileChooser 類別達成這項功能。這個類別封裝了選取檔案的對話框，JFileChooser 的方法能夠處理系統相關的檔名特性。

如果你的應用程式需要自行處理檔案，那情況就會變得有點複雜。File 類別包含了一些 static 變數讓工作得以完成，File.separator 定義了代表本機檔案分隔子的 String（例如 Unix 與 macOS 系統上是 /，在 Windows 系統上則是 \），File.separatorChar 則是以 char 型別提供了相同的資訊。

你可以透過幾種方式使用這個系統相關的資訊。本機化路徑最簡單的方式也許是直接使用內部的慣例，如斜線（/），然後用 String 的 replace() 方法替換為本機的字元：

```
// 程式以斜線作為標準示法
String path = "mail/2004/june/merle";
path = path.replace('/', File.separatorChar);
File mailbox = new File( path );
```

或是也可以用各個路徑名稱建立出程式需要的本機路徑：

```
String [] path = { "mail", "2004", "june", "merle" };

StringBuffer sb = new StringBuffer(path[0]);
for (int i=1; i< path.length; i++) {
    sb.append( File.separator + path[i] );
}
File mailbox = new File( sb.toString() );
```

切記，以字串表示時，Java 將原始碼中的反斜線文字（\）視為跳脫字元，必須用 \\ 才能夠在 String 中取得反斜線。

為了對抗檔案系統多重「根目錄」的問題（如 Windows 上的 C:\），File 類別提供了靜態方法 listRoots()，能傳回對應到檔案系統根目錄的 File 物件陣列。再次提醒，GUI 應用程式可以透過圖形化檔案選擇工具完全避免這類問題。

檔案操作

一旦有了 File 物件，我們就可以用它取得檔案或目錄的資訊並進行標準操作。程式能透過許多方法查詢 File 資訊，當 File 代表一般檔案時，isFile() 會傳回 true；若 File 是目錄，則 isDirectory() 會傳回 true。isAbsolute() 能判斷 File 封裝的是**絕對路徑**或**相對路徑**資訊，絕對路徑是與系統相依的概念，代表目錄並不受到應用程式的工作目錄或任何工作根目錄或目錄的影響（例如，在 Windows 平台，完整路徑會包含磁碟代號：*c:\\Users\pat\foo.txt*）。

File 路徑的組成可以透過 getName()、getPath()、getAbsolutePath() 與 getParent() 方法取得。getName() 傳回不含任何目錄資訊的檔名 String。如果 File 有絕對路徑資訊，getAbsolutePath() 就會傳回該資訊，否則傳回當前工作目錄再加上相對路徑資訊後的結果（試著產生絕對路徑）。getParent() 傳回檔案或目錄的上層目錄。

getPath() 或 getAbsolutePath() 傳回的字串並不一定會符合底層檔案系統的大小寫慣例，程式可以透過 getCanonicalPath() 取得檔案系統正則（canonical）檔案路徑資訊，例如你可以在 Widnows 平台建立 getAbsolutePath() 值為 *C:\Autoexec.bat*、但 getCanonicalPath() 為 *C:\AUTOEXEC.BAT* 的 File 物件，兩個值都正確的指向相同的檔案，這在比較檔案大小寫可能不同或顯示資訊給使用者時十分有用。

你可以透過 lastModified() 與 setLastModified() 方法取得與設定檔案或目錄的修改時間，數值是 *epoch*（Jan 1, 1970, 00:00:00 GMT）後毫秒數的 long 值，也可以透過 length() 取得檔案大小（單位是 byte）。

以下程式碼會印出檔案的一些資訊：

```
File fooFile = new File( "/tmp/boofa" );

String type = fooFile.isFile() ? "File " : "Directory ";
String name = fooFile.getName();
long len = fooFile.length();
System.out.println( type + name + ", " + len + " bytes " );
```

如果 File 物件對應到目錄，就可以用 list() 或 listFiles() 方法列出目錄裡的檔案：

```
File tmpDir = new File("/tmp" );
String [] fileNames = tmpDir.list();
File [] files = tmpDir.listFiles();
```

list() 傳回字串物件的陣列，其中的字串表示檔名，listFiles() 傳回 File 物件的陣列。要注意兩個方法都不保證列出的內容會依特定方式排序（例如依檔名順序），程式可以用 Collections API 將字串依字母順序排序，如：

```
List list = Arrays.asList( fileNames );
Collections.sort(list);
```

如果 File 表示了不存在的目錄，我們可以透過 mkdir() 或 mkdirs() 方法建立目錄。mkdir() 方法最多建立一層目錄結構，所有路徑中間層的目錄都必須先存在，mkdirs() 會建立 File 規格中完整路徑所需的所有目錄層級，這兩個方法在無法建立目錄時都會傳回 false；你可以用 renameTo() 重新命名檔案或目錄，或透過 delete() 刪除檔案或目錄。

雖然可以使用 File 物件建立目錄，但這並不是最常用來建立檔案的做法，一般都是在 FileOutputStream 或 FileWriter 寫入資料時自動建立，稍後會詳細說明。但 createNewFile() 是個例外，這個方法的有用之處在於其操作相較於其他在檔案系統建立檔案的操作而言，是個「基元」（atomic）操作，createNewFile() 傳回代表檔案是否建立的 Boolean 值，有時可作為基本的鎖定功能：先建立檔案的「勝出」（稍後會看到 NIO 套件支援真正的檔案鎖定）。這個方法在結合 deleteOnExit() 時很有用，能夠讓旗標檔案在 Java VM 結束時自動刪除，這兩個方法的組合能保證資料或確保程式一次只能執行一個實體。另一個與 File 類別本身有關的建立方法是 createTempFile() 靜態方法，會在指定的位置用自動產生的唯一名稱建立檔案，同樣的很適合與 deleteOnExit() 一同使用。

toURL() 方法將檔案路徑轉換為 file: URL 物件，URL 是能夠指向網路上任何類型物件的抽象概念，將 File 參考轉換為 URL 的用處是對於針對 URL 設計的通用工具較有一致性，NIO File API 也大量使用了檔案 URL，能夠透過檔案 URL 參考直接由 Java 程式實作的新型態的檔案系統。

表 11-1 是 File 類別提供的方法摘要。

表 11-1　File 方法

方法	傳回型別	描述
canExecute()	Boolean	檔案是否可執行？
canRead()	Boolean	檔案（或目錄）是否可讀取？
canWrite()	Boolean	檔案（或目錄）是否可寫入？
createNewFile()	Boolean	建立新檔案
createTempFile (String *pfx*, String *sfx*)	File	建立新檔案的靜態方法，能夠指定檔名的字首與字尾，預設會建在 temp 檔案目錄
delete()	Boolean	刪除檔案（或目錄）
deleteOnExit()	void	如果存在，Java 執行期環境會刪除檔案
exits()	Boolean	檔案（或目錄）是否存在？
getAbsolutePath()	String	傳回檔案（或目錄）的絕對路徑
getCanonicalPath()	String	傳回檔案（或目錄）大小寫正確且解析完所有相對元素的絕對路徑
getFreeSpace()	long	傳回包含物件路徑的分割區（partition）未配置空間的位元組數量，如果路徑不合法則傳回 0
getName()	String	傳回檔案（或目錄）的名稱
getParent()	String	傳回檔案（或目錄）上層目錄的名稱
getPath()	String	傳回檔案（或目錄）的路徑（不要跟 toPath() 混淆了）
getTotalSpace()	long	取得包含檔案路徑分割區的大小，單位是位元組，如果檔案不合法則傳回 0

方法	傳回型別	描述
getUsableSpace()	long	取得包含本目錄分割區上，使用者可存取的未配置空間位元組數量，如果目錄不合法則傳回 0，這個方法會試著考慮使用者的寫入權限
isAbsolute()	boolean	檔名（或目錄名）是右為絕對路徑？
isDirectory()	boolean	本項目是否對應到目錄？
isFile()	boolean	本項目是否為檔案？
isHidden()	boolean	本項目是否為隱藏（與系統有關）
lastModified()	long	傳回檔案（或目錄）上次修改時間
length()	long	傳回檔案長度
list()	String []	傳回目錄中的檔案列表
listFiles()	File[]	以 File 物件陣列的方式傳回目錄的內容
listRoots()	File[]	如果有的話，傳回根目錄系統的陣列（如 C:/、D:/）
mkdir()	boolean	建立目錄
mkdirs()	boolean	建立路徑中所有的目錄
renameTo(File *dest*)	boolean	重新命名檔案（或目錄）
setExecutable()	boolean	設定檔案的可執行權限
setLastModified()	boolean	設定檔案（或目錄）的上次修改時間
setReadable()	boolean	設定檔案的可讀取權限
setReadOnly()	boolean	設定檔案的唯讀狀態
setWriteable()	boolean	設定檔案的可寫入權限
toPath()	java.nio.file.PAth	將 File 轉換為 NIO 檔案路徑（參看 NIO File API）（不要跟 getPath() 混淆了）
toURL()	java.net.URL	產生檔案（或目錄）的 URL 物件

檔案串流

好吧，你可能不想再聽到檔案了，我們到現在還沒有寫出任何一個位元組的資料呢！有趣的部分現在才要開始，Java 提供了兩個基本串流，能夠讀取與寫入檔案：FileInputStream 與 FileOutputStream，這兩個串流將 InputStream 與 OutputStream 的位元導向式功能套用到檔案的讀取與寫入，如同其他的串流，這兩個串流也可以與先前介紹過的篩選器串流結合。

程式可以用 String 路徑名或 File 物件建立 FileInputStream：

```
FileInputStream in = new FileInputStream( "/etc/passwd" );
```

建立 FileInputStream 時，Java 執行期系統會開啟指定的檔案，FileInputStream 建構子會在指定檔案不存在時拋出 FileNotFoundException，或是發生其他 I/O 錯誤時拋出 IOException。你可以在程式碼裡捕捉這些例外，情況允許時儘可能使用 Java 7 的 try-with-resource 結構，能夠在用完檔案後自動關閉檔案：

```
try ( FileInputStream fin = new FileInputStream( "/etc/passwd" ) ) {
    ....
    // 離開 try 語句時，會自動關閉 fin
}
```

一開始建立串流時，available() 方法及 File 物件的 length() 方法應該傳回相同的數值。

要用 Reader 讀取檔案中的字元，可以用 InputStreamReader 包裹 FileInputStream，也可以使用 FileReader 類別，這個類別只是為了方便開發人員，它本身就是把 FileInputStream 包裹到 InputStreamReader 再加一些預設值的結果。

以下的類別 ListIt，是個把檔案或目錄內容送到標準輸出的小工具：

```
//file: ListIt.java
import java.io.*;

class ListIt {
    public static void main ( String args[] ) throws Exception {
        File file =  new File( args[0] );

        if ( !file.exists() || !file.canRead() ) {
            System.out.println( "Can't read " + file );
            return;
        }

        if ( file.isDirectory() ) {
            String [] files = file.list();
            for ( String file : files )
                System.out.println( file );
        } else
            try {
                Reader ir = new InputStreamReader(
                    new FileInputStream( file ) );

                BufferedReader in = new BufferedReader( ir );
                String line;
                while ((line = in.readLine()) != null)
                    System.out.println(line);
            }
```

```
                catch ( FileNotFoundException e ) {
                    System.out.println( "File Disappeared" );
                }
        }
    }
```

ListIt 用第一個命令列參數建立 File 物件，建構 File 是否存在與可讀取，如果 File 是目錄，ListIt 會輸出目錄中的檔名，否則 ListIt 會逐行讀取並輸出檔案內容。

寫入檔案時，可以從 String 路徑名或 File 物件建立 FileOutputStream，FileOutputStream 建構子與 FileInputStream 不同，不會拋出 FileNotFoundException。FileOutputStream 會在檔案不存在時建立檔案，程式仍然需要處理 FileOutputStream 在其他 I/O 錯誤時拋出的 IOException。

如果指定的檔案存在，FileOutputStream 會開啟檔案寫入，程式呼叫 write() 方法時，新資料會覆蓋過檔案原有的內容，如果需要在原檔案後增補資料，可以使用接受額外 append 布林旗標的建構子：

```
FileInputStream fooOut =
    new FileOutputStream( fooFile ); // 覆寫 fooFile
FileInputStream pwdOut =
    new FileOutputStream( "/etc/passwd", true ); // 增補
```

另一種增補資料到檔案的方式是使用 RandomAccessFile，馬上就會介紹。

與讀取相同，要將字元（而非位元組）寫到檔案，你可以用 OutputStreadWriter 包裹 FileOutputStram，如果想要使用預設的文字編碼，也可以直接使用較為方便的 FileWriter。

以下範例從標準輸入讀取一行資料，將資料寫到 */tmp/foo.txt*：

```
String s = new BufferedReader(
    new InputStreamReader( System.in ) ).readLine();
File out = new File( "/tmp/foo.txt" );
FileWriter fw = new FileWriter ( out );
PrintWriter pw = new PrintWriter( fw )
pw.println( s );pw.close();
```

注意範例是如何將 FileWriter 包裹在 PrintWriter 裡後再寫入資料。此外，為了扮演良好的檔案系統公民，我們也在使用完 FileWriter 後呼叫了 close() 方法，此處關閉 PrintWriter 也會關閉底層的其他 Writer。我們當然也可以使用 try-with-resource 結構。

RandomAccessFile

java.io.RandomAccessFile 提供了在檔案指定位置讀取與寫入資料的能力，RandomAccessFile 同時實作了 DataInput 與 DataOutput 介面，可以用來在檔案的指定位置讀取與寫入字串與基本型式，就像是 DataInputStream 與 DataOutputStraem 一般，因為這個類別提供的是隨機存取而非循序存取檔案資料，不是 InputStream 與 OutputStream 的子類別。

你可以用 String 路徑名或 File 物件建立 RandomAccessFile，建構子需要第二個 String 引數指定檔案的模式，r 代表唯讀檔案，rw 則代表讀取／寫入檔案。

```
try {
    RandomAccessFile users = new RandomAccessFile( "Users", "rw" )
 } catch (IOException e) { ... }
```

以唯讀模式建立 RandomAccessFile 時，Java 會試著開啟指定的檔案，在檔案不存在時拋出 IOException。以讀取／寫入模式建立 RandomAccessFile 時，則會在檔案不存在時建立檔案，程式仍然要處理建構子因其他 I/O 錯誤所拋出的 IOException。

建立 RandomAccessFile 之後，可以使用與 DataInputStream 與 DataOutputStream 相同的方式呼叫任何讀取與寫入的方法，對唯讀檔案寫入則會拋出 IOException。

RandomAccessFile 的特殊之處是 seek() 方法，這個方法需要一個 long 值，設定對檔案讀取與寫入的位移位置，你可以透過 getFilePointer() 取得目前的位置，如果需要在檔案尾端增補，可以用 length() 判斷尾端的位置，接著 seek() 到尾端，也可以寫入到檔案尾端之後的位置，但不能從檔案尾端之後的地方讀取，這麼做會讓 read() 方法拋出 EOFException。

以下範例是對簡單的資料庫檔案寫入資料：

```
users.seek( userNum * RECORDSIZE );
users.writeUTF( userName );
users.writeInt( userID );
...
```

程式中假設 userName 及其後所有資料的字串長度能符合指定的記錄大小。

NIO File API

接下來要離開「傳統」Java File API，進入 Java 7 引進的新 NIO File API。先前提過 NIO File API 可以視為傳統 API 的替代或補助方案，新的 API 在 NIO 套件當中，名義上是 Java 邁向更高效能、更有彈性的 I/O 風格的努力，支援了**可選**（*selectable*）與非同步可中斷**通道**（*channel*），對於檔案的處理，新 API 的威力在於提供了「檔案系統」完整的抽象層。

除了對現有、真實存在的檔案系統類型有更好的支援之外（首次包含能夠複製與搬移檔案、管理連結以及取得所有者、權限等檔案屬性細節），新的 File API 還允許完全由 Java 直接實作的新檔案系統類型。最好的例子就是新的 ZIP 檔案系統提供器，能夠將 ZIP 壓縮檔「掛載」為檔案系統，與其他檔案系統一樣，直接用標準 API 處理壓縮檔中的項目；此外，NIO File 套件提供了一些工具，能夠省下多年來 Java 開發人員一再重複撰寫的程式碼，包含目錄樹變動監控、檔案系統遍歷（使用 visitor 模式）、檔案名稱「抓取」以及將整個檔案直接讀進記憶體等方便的方法。

本節會介紹 NIO File API 的基礎，接著在本章結束前回到緩衝區與通道，我們會特別介紹 `ByteChannel` 與 `FileChannel`，這兩個通道可以看成以緩衝區為基礎，用來讀取與寫入檔案或其他類型資料的另一種方式。

FileSystem 與 Path

`java.nio.file` 套件的主角是 `FileSystem`，代表底層儲存機制並作為 `Path` 物件的 factory；`Path` 代表檔案系統裡的檔案或目錄，`Files` 工具則包含豐富的靜態方法，能夠操作 `Path` 物件執行所有的基本檔案操作，就像傳統 API 一般。

`FileSystems`（複數形）類別是程式的起點，是 `FileSystem` 物件的 factory：

```
// 預設本機電腦檔案系統
FileSystem fs = FileSystems.getDefault();

// 以 ZIP 檔案自行定義的檔案系統，不含特殊屬性
Map<String,String> props = new HashMap<>();
URI zipURI = URI.create("jar:file:/Users/pat/tmp/MyArchive.zip");
FileSystem zipfs = FileSystems.newFileSystem( zipURI, props ) );
```

從以上程式可以看到，我們先取得預設檔案系統，以類似傳統 API 的方式操作主機電腦上的檔案系統，但 `FileSystems` 類別也可以透過參考到自行定義檔案類型的 URI（類似 URL 的特殊識別子）建立 `FileSystem`，上述程式中使用 `jar:file` 作為 URI 的協定，表示要處理的是 JAR 或 ZIP 檔案。

FileSystem 實作了 Closeable，關閉 FileSystem 時，所有對應的已開啟檔案通道或其他串流物件都會一併關閉，後續的讀取或寫入會拋出例外。請注意預設檔案系統（對應到主機）不能被關閉。

有了 FileSystem 之後，可以用它作為 Path 的 factory，Path 代表檔案或目錄。與傳統 API 相同，Path 可以由字串表示建立，接著搭配 Files 工具的方法建立、讀取、寫入或刪除：

```
Path fooPath = fs.getPath( "/tmp/foo.txt" );
OutputStream out = Files.newOutputStream( fooPath );
```

上述程式開啟 OutputStream 寫入檔案 *foo.txt*，預設條件下，檔案不存在時會建立檔案，要是檔案存在，會截短（將長度設為 0）後再寫入新資料，你可以透過選項改變行為，下一節會介紹 Files 的方法。

Path 物件實作了 java.lang.Iterable 介面，能夠對路徑各部分組成（例如先前例子裡的 tmp 與 foo.txt）迭代，如果你想要遍歷路徑找尋其他的檔案或目錄，可能會想使用稍後介紹的 DirectoryStream 與 FileVisitor。Path 也實作了 java.nio.file.Watchable 介面，這個介面能夠用來監控異動，我們在下一節也會討論監控檔案樹的異動。

Path 提供了方便的方法，能夠對檔案或目錄解析相對路徑：

```
Path patPath =  fs.getPath( "/User/pat/" );

Path patTmp = patPath.resolve("tmp" ); // "/User/pat/tmp"

// 同上，使用 Path
Path tmpPath = fs.getPath( "tmp" );
Path patTmp = patPath.resolve( tmpPath ); // "/User/pat/tmp"

// 對任何路徑解析絕對路徑只會得到指定的絕對路徑
Path absPath = patPath.resolve( "/tmp" ); // "/tmp"

// 解析 Path 的同儕（相同上層目錄）
Path danPath = patPath.resolveSibling( "dan" ); // "/Users/dan"
```

以上程式示範透過 Path 的 resolve() 與 resolveSibling() 找到相對於指定 Path 物件的檔案或目錄，resolve() 方法一般用來對代表目錄的 Path 擴展相對路徑，對 resolve() 方法指定絕對路徑引數，只會得到絕對路徑（行為類似 Unix 或 Dos 的 cd 命令）。resolveSibling() 的運作方式相同，但相對的是目標 Path 的上層目錄，通常用來描述 move() 運算的標的。

Path 與傳統檔案間的轉換

為了在新舊 API 轉換，java.io.File 與 java.nio.file.Path 分別加入了 toPath() 與 toFile() 方法，能夠在兩者間互相轉換，當然，能夠從 File 產生的唯一一種 Path 是代表主機檔案系統的檔案或目錄的 Path。

```
Path tmpPath = fs.getPath( "/tmp" );
File file = tmpPath.toFile();
File tmpFile = new File( "/tmp" );
Path path = tmpFile.toPath();
```

NIO 檔案操作

有了 Path 就可以透過 Files 的靜態方法操作，將 path 建立為檔案或目錄、讀取或寫入，或是查詢與設定屬性。接下來我們先列出一堆方法，在後文特別說明比較重要的部分。

表 11-2 是 java.nio.file.Files 類別的方法摘要說明，可以想見，Files 類別處理了所有的檔案操作，會包含大量的方法。為了讓表格更容易閱讀，我們省略了相同方法的過載型式（接受不同種類引數的部分），並依照相關性分組。

表 11-2　NIO Files 方法

方法	回傳型別	說明
copy()	long 或 Path	複製串流到檔案 path、檔案 Path 到串流，或是 path 到 path。傳回複製的位元組數或目標 Path，如果目標檔案存在，可以設定是否取代（預設行為是失敗），複製目錄會以標的產生空目錄（不會複製目錄內容），複製 symbolic link 會複製連結的檔案資料（產生一般的檔案複製效果）。
createDirectory(), createDirectories()	Path	在指定的 path 裡建立一個或多個目錄，目標目錄存在時，createDirectory() 會拋出例外，createDirectories() 則是略過已存在的目錄，只建立需要建立的目錄。
createFile()	Path	建立一個空檔案，是個基元操作，只有在檔案不存在的時候才會成功（這個特性可以用來建立旗標檔，控管資源）。
createTempDirecotyr(), createTempFile()	Path	用指定的字首建立暫時性、名稱唯一的檔案或目錄，可以自行選擇將暫存檔案 / 目錄建立在系統預設暫存目錄外的其他位置。
delete(), deleteIfExists()	void	刪除檔案或空目錄，如果檔案不存在，deleteIfExists() 不會拋出例外。

方法	回傳型別	說明
exists(), notExists()	boolean	檢驗檔案是否存在（notExists() 只是傳回相反結果），可以額外指定是否應該跟著 link 進一步確認（預設為是）。
exists(), isDirectory(), isExecutable(), isHidden(), isReadable(), isRegularFile(), isWriteable()	boolean	檢查基本檔案特性：路徑是否存在、是否為目錄及其他基本屬性。
createLink(), createSymbolicLink(), isSymbolicLink(), readSymbolikLink(), createLink()	boolean 或 Path	建立 hard link 或 symbolic link，檢查檔案是否為 symbolic link，或讀取 symbolic link 指向的目標檔案。symbolic link 是參照到其他檔案的檔案，一般（hard）link 是檔案的低階鏡像，讓兩個檔名指向相同的底層資料，如果不知道該使用哪一個，就用 symbolic link。
getAttribute(), setAttribute(), getFileAttributeView(), readAttributes()	Object, Map 或 FileAttributeView	取得或設定檔案系統特有的檔案屬性，如存取或更新時間、詳細權限以及使用者資訊，使用時必須搭配實作特有的屬性名稱。
getFileStore()	FileStore	取得對應到 Path 所在的設備、volumn 或檔案系統的其他分割類型的 FileStore 物件。
getLastModifiedTime(), setLastModifiedTime()	FileTime 或 Path	取得或設定檔案／目錄的最近修改時間。
getOwner(),setOwner()	UserPrincipal	取得或設定代表檔案所有者的 UserPrincipal 物件，可以進一步透過 toString() 或 getName() 取得使用者名稱的字串。
getPosixFilePermissions(), setPosixFilePermissions()	Set 或 Path	取得或設定 path 完整的 POSIX user-group-other 式的讀取／寫入權限，設定時是使用 PosixFilePermission 列舉值的 set。
isSameFile()	boolean	檢測兩個 path 是否參照到相同檔案（即使 path 不完全相同也可能會是 true）。
move()	Path	以重新命名或複製的方式搬移檔案／目錄，可以額外指定是否取代原有存在的標的，預設會使用重新命名的方式，但對跨 FileStore 或檔案系統的搬移則需要複製，目錄只有在能夠直接重新命名或空目錄的條件下才能夠使用這個方法搬移，如果搬移目錄時需要跨 FileStore 或檔案系統複製檔案，會拋出 IOException（這種情況下必須自行複製檔案，參看 walkFileTree()）。
newBufferedReader(), newBufferedWriter()	BufferedReader 或 BufferedWriter	開啟檔案透過 BufferedReader 讀取，或建立並開啟檔案透過 BufferedWriter 寫入，兩種情況下都必須指定文字編碼。
newByteChannel()	SeekableByteChannel	建立新檔或開啟現有檔案作為可搜尋（seekable）位元組通道（參看本章稍後對 NIO 的完整介紹），應該考慮使用 FileChannelopen()。

方法	回傳型別	說明
newDirectoryStream()	DirectoryStream	傳回 DirectoryStream 供對目錄階層迭代，可以額外指定 glob 模式或篩選器物件選取檔案。
newInputStream(), newOutputStream()	InputStream 或 OutputStream	開啟檔案透過 InputStram 讀取，或建立／開啟檔案透過 OutputStream 寫入，輸出串流可額外指定是否截切，預設會截切。
probeContentType()	String	能透過安裝的 FileTypeDetector 服務判斷檔案的 MIME 類型，未知型別則傳回 null。
readAllBytes(), readAllLines()	byte[] 或 List<String>	以 byte [ ] 讀取檔案中的所有資料，或以指定的字元編碼，以字串串列的方式讀取檔案的所有字元。
size()	long	取得指定路徑檔案以位元組計算的大小。
walkFileTree()	Path	對指定的目錄樹套用 FileVisitor，可以額外指定是否跟隨 link 以及最大遍歷深度。
write()	Path	將位元組陣列或字串集合（與指定的字元編碼）寫到指定 path 的檔案並關閉檔案，可額外指定附加或截切行為，預設是截切檔案並寫入資料。

透過這些方法，我們可以取得特定檔案的輸出／輸入串流、緩衝讀取器或寫入器，也可以將路徑建立為檔案或目錄，並迭代檔案階層，下一節將會討論目錄操作。

特別提醒，Path 的 resolve() 與 resolveSibling() 方法很適合用來建立 copy() 與 move() 操作的目標：

```
// 將檔案 /tmp/foo.txt 搬移到 /tmp/bar.txt
Path foo = fs.getPath("/tmp/foo.txt" );
Files.move( foo, foo.resolveSibling("bar.txt") );
```

對於不透過串流快速讀取與寫入內容，可以使用各種 readAll... 與 write 方法，一次操作就能將位元組陣列與字串移進／移出檔案，很適合能夠放進記憶體的檔案。

```
// 讀取與寫入 String 集合（如多行文字）
Charset asciiCharset = Charset.forName("US-ASCII");
List<String> csvData = Files.readAllLines( csvPath, asciiCharset );
Files.write( newCSVPath, csvData, asciiCharset );

// 讀取與寫入位元組
byte [] data = Files.readAllBytes( dataPath );
Files.write( newDataPath, data );
```

NIO 套件

接下來回到 `java.nio` 套件，完成對核心 Java I/O 機制的介紹。先前提過，NIO 的名稱是「New I/O」，稍早介紹 `java.nio.file` 時也提過，NIO 的部分目的是更新與強化原有 `java.io` 套件的功能，一般的 NIO 功能的確有許多與原有 API 重疊，但 NIO 剛引進的時候，是為了處理大型系統擴展性等特殊的問題，特別是網路化應用程式。接下來各節會概要說明 NIO 的基本元素，也就是以處理**緩衝區**（*buffer*）與**通道**（*channel*）為中心。

非同步 I/O

NIO 套件的大多數需求都源自於需要增加**非阻塞**（*noblocking*）與**可選**（*selectable*）I/O，NIO 以前，Java 大多數的讀取 / 寫入操作都會與執行緒連結，必須阻塞一段不確定的時間，雖然 Socket（第 368 頁的〈Sockets〉一節再作介紹）等特定 API 提供了能夠限制 I/O 時間的特殊機制，但只是因為缺少通用機制的權宜做法，在許多程式語言，即使沒有提供多緒能力，仍然可以透過將 I/O 串流設定為非阻塞模式以及檢測是否可以送出 / 接收資料，提供高效率的 I/O 能力。在非阻塞模式，讀取 / 寫入只會做到立即可以完成的工作（填緩衝區後回傳），結合檢測串流資料狀態的能力，就能夠讓單執行緒應用程式有效率的服務許多通道，主執行緒「選取」可以操作的串流，處理到阻塞為止，接著切換到下一個可操作串流，在單處理系統上，這基本上相當於使用多執行緒。實際上這種做法有很好的擴充優勢，甚至可以使用執行緒池（而不是單一個執行緒），我們在第十二章討論 web 程式設計和介紹建構能夠同時處理許多用戶的伺服器時，會再討論相關細節。

除了非阻塞與可選 I/O 外，NIO 套件還提供了非同步關閉中斷 I/O 操作的能力，第九章曾經提過，在 NIO 之前並沒有可靠的方式能夠停止 / 喚醒被 I/O 操作阻塞的執行緒，有了 NIO，被 I/O 操作阻塞的執行緒都能夠在中斷或通道關閉時被喚醒。此外，如果中斷一個 NIO 操作阻塞的執行緒，會自動關閉通道（因為執行緒被中斷就關閉通道似乎太過強烈，但通常這是正確的做法，讓通道維持在開啟狀態可能會導致非預期行為或受到不想要的操作）。

效能

通道 I/O 是圍繞著**緩衝區**（*buffer*）的概念設計，緩衝區是比較進階的陣列，並針對通訊需求調整，NIO 支援**直接緩衝區**（*direct buffer*）的概念（記憶體放置在 Java VM 之外，在主機作業系統裡維護的緩衝區），由於所有的 I/O 操作最終都必須與主機 OS 作業，透過在主機作業系統維護緩衝區，可以大幅提升某些運算的效能，在多個外部端點搬移資料時可以直接搬移，不需先將資料複製進 Java 再移出。

映射與鎖定檔案

NIO 有兩個 java.io 缺少的通用檔案功能：記憶體映射檔案（memory-mapped）與檔案鎖定，稍後會介紹記憶體映射檔案，簡單的說，這能讓程式處理檔案資料時，彷彿所有資料都神奇的放在記憶體裡一樣，檔案鎖定能在檔案階層提供共享與互斥鎖定，很適合用於多應用程式並行存取的情境。

通道

在 java.io 處理的是串流，到了 java.nio 處理的則是通道，**通道**（*channel*）是通訊的端點，雖然實際上通道與串流十分類似，但通道的底層概念更為抽象也更為基礎。java.io 串流是以輸入或輸出定義，具備讀取與寫入位元組的方法，基本通道介面完全沒有提到通訊發生的方式，只有透過 isOpen() 與 close() 等方法提供開啟或關閉的概念，針對檔案、網路 socket 或其他設備的通道實作再個別加入操作所需的方法，如讀取、寫入或轉輸資料。以下是 NIO 提供的通道：

- FileChannel
- Pipe.SinkChannel, Pipe.SourceChannel
- SocketChannel, ServerSocketChannel, DatagrameChannel

本章會介紹 FileChannel，Pipe 通道則提供了相當於 java.io Pipe 的機制，此外，Java 7 也為檔案 socket 通道提供了非同步版本：AsynchronousFileChannel、AsynchronousSocketChannel、AsynchronousServerSocketChannel 以及 AsynchronousDatagrameChannel，這些非同步版本基本上會透過執行緒池緩衝所有操作，以非同步 API 回報執行結果，本章稍後也會介紹非同步檔案通道。

這些基本通道都實作 ByteChannel 介面，專為像 I/O 串流一樣有讀取、寫入方法的通道設計，但 ByteChannel 讀取／寫入的對象是 ByteBuffer 而不是普通的位元組陣列。

除了這些通道實作外，你也可以橋接 java.io I/O 串流及寫入器、讀取器，然而，混合使用這些功能時，可能無法得到 NIO 套件所提供的所有好處與效能。

緩衝區

java.io 與 java.net 套件的大多數工具都是運作在位元組陣列之上，NIO 套件的對應工具則是建立在 ByteBuffer（字元則使用以字元為基礎的 CharBuffer）。位元組陣列很簡單，為什麼還需要緩衝區？有以下幾點理由：

- **正規化緩衝資料的使用模式**，提供唯讀緩衝區等機制，能夠記錄讀取 / 寫入位置，將操作限制在一個巨大的緩衝空間裡，也提供與 java.io.BufferedInputStream 類似的標記 / 重設機制。
- **為處理原始資料提供額外的 API**，你可以建立將位元組資料「視為」一系列較大的基本資料的緩衝區，如 short、int 或 float。ByteBuffer 是最通用的資料緩衝區，與 DataOutputStream 一樣提供了讀取與寫入所有基本型別的方法。
- **抽象底層資料儲存**，讓 Java 提供特殊的最佳化，更明確的說，緩衝區可以配置為直接緩衝區，使用主機作業系統的原生緩衝區而不透過 Java 的記憶體，NIO Channel 機制能夠自動辨識出直接緩衝區，試著最佳化 I/O。例如，讀取檔案通道裡的資料到 Java 位元組陣列，一般會需要 Java 將從主機作業系統讀取的資料複製到 Java 的記憶體，透過直接緩衝區，資料可以保留在主機作業系統，放置在 Java 一般的記憶體空間之外，直到有其他需要。

緩衝區操作

緩衝區是 java.nio.Buffer 子類別的物件，基礎 Buffer 類別類似有狀態的陣列，沒有指定儲存的元素型別（由子類別決定），但定義了所有資料緩衝區共通的功能。Buffer 有固定的大小，稱為**容量**（*capacity*），雖然所有標準 Buffer 都能夠「隨機存取」內容，通常 Buffer 會預期以循序的方式讀取 / 寫入，因此，Buffer 保有**位置**（*position*）的概念，記錄下一個讀取 / 寫入的元素。除了位置之外，Buffer 也保有其他兩種狀態資訊：**極限**（*limit*），是讀取 / 寫入位置的「軟」極限，以及**標記**（*mark*），能夠用來記住先前的位置供後續使用。

Buffer 的實作會加入特定、具型別的取得 / 放入方法，讀寫緩衝區內容，例如 ByteBuffer 是位元組緩衝區，有讀寫位元組與位元組陣列的 get() 與 put() 方法（以及許多我們稍後會介紹的方法），從 Buffer 取得與放入資料會改變位置標記，也就是 Buffer 以類似串流的方式記錄本身的內容，讀寫超過限制的位置會分別產生 BufferUnderflowException 或 BufferOverflowException。

mark、position、limit 與 capacity 值一定會符合以下公式：

```
mark <= position <= limit <= capacity
```

Buffer 讀寫的位置（position）一定會在 mark 與 limit 之間，mark 作為下界，limit 則是作為上界，capacity 是緩衝區空間的實體範圍。

你可以透過 position() 與 limit() 方法設定 position 與 limit 標記的位置，還有幾個針對常用模式設計的輔助方法，reset() 方法將 position 設定回 mark 的位置，如果沒有設定 mark 會拋出 InvalidMarkException 例外；clear() 方法會將 position 重設為 0，同時將 limit 作為 capacity，準備作為新資料的緩衝區（忽略 mark 值）。注意 clear() 方法實際上並沒有對緩衝區裡的資料作任何更動，只改變了位置標記。

flip() 方法用於將資料寫入緩衝區後讀出這個常見的模式，flip 可以將目前的 position 設為 limit，接著再將目前的 position 設為 0（丟棄任何 mark），省下記錄讀取多數資料的工作，另一個方法 rewind() 則是直接將 position 設為 0，維持 limit 不變，你可以再次寫入相同大小的資料。以下程式利用這些方法從通道讀取資料後，寫入另外兩個通路：

```
ByteBuffer buff = ...
while ( inChannel.read( buff ) > 0 ) { // position = ?
    buff.flip();    // limit = position; position = 0;
    outChannel.write( buff );
    buff.rewind();  // position = 0
    outChannel2.write( buff );
    buff.clear();   // position = 0; limit = capacity
}
```

第一次看到這樣的程式可能會覺得有點難懂，從 Channel 讀取的資料實際上是寫到 Buffer，反向也是相同，由於範例寫出所有資料直到 limit 的位置，flip() 與 rewind() 兩個方法的效果相同。

Buffer 類型

先前提過，不同類型的 buffer 會為讀寫特定的資料型別加入不同的 get 與 put 方法，Java 的每個基本型別都有對應的緩衝區型別：ByteBuffer、CharBuffer、ShortBuffer、IntBuffer、LongBuffer、FloatBuffer 以及 DoubleBuffer，各自提供讀寫自己的型別與型別陣列的 get 與 put 方法，其中 ByteBuffer 的彈性最大，它的粒度是所有 Buffer 中最小的，因此擁有全套的 get 與 put 方法，能夠讀寫所有其他的資料型別以及 byte。以下列出了一些 ByteBuffer 的方法：

```
byte get()
char getChar()
short getShort()
int getInt()
long getLong()
float getFloat()
double getDouble()

void put(byte b)
void put(ByteBuffer src)
void put(byte[] src, int offset, int length)
void put(byte[] src)
void putChar(char value)
void putShort(short value)
void putInt(int value)
void putLong(long value)
void putFloat(float value)
void putDouble(double value)
```

先前提過，所有的標準緩衝區都支援隨機存取，先前提到 ByteBuffer 所有的方法，都有另一個可以指定索引位置的型式，例如：

```
getLong( int index )
putLong( int index, long value )
```

不只如此，ByteBuffer 也為粒度更大的型別提供了自身的 view，例如，你可以透過 ByteBuffer 的 asShortBuffer() 方法取得 ShortBuffer view。ShowBuffer view 是以 ByteBuffer 實現，這表示兩者處理的是相同的資料，改變其中一個會影響另一個的結果。view buffer 的範圍從 ByteBuffer 目前的位置開始，容量是個函數，將剩餘的位元組數量除以新型別的大小（例如每個 short 需要兩個位元組、float 是四個位元組，而 long 與 double 則需要八個位元組），view buffer 很適合在 ByteBuffer 中讀寫相同型別的連續大區塊資料。

CharBuffer 同樣十分有趣，主要是因為它與 String 的整合，CharBuffer 與 String 都實作了 java.lang.CharSequence 介面，這個介面提供了標準 charAt() 與 length() 方法，因此，較新的 API（如 java.util.regex 套件）能夠交互使用 CharBuffer 與 String，這種情況下，CharBuffer 的行為類似可修改的 String，並具有可由使用者設定的邏輯上的起點與終點。

位元組順序

討論到讀寫比位元組還大的型別時，自然會產生一個問題：多位元組數值（如 short 與 int）的每個位元組是以何種順序寫入？世界上有兩個主要陣營：「大在前」（big endian）與「小在前」（little endian）[3]，大在前表示最重要的位元組放在前面，小在前則相反，如果是寫入供其他原生應用程式使用的二進制資料，順序就十分重要，Intel 相容的電腦使用小在前，而許多執行 Unix 的工作站則使用大在前。ByteOrder 類別封裝了位元組序的設定，你可以使用 ByteBuffer order() 方法指定使用的位元組順序，指定時使用 ByteOrder.BIG_ENDIAN 與 ByteOrder.LITTLE_ENDIAN 這兩個識別字，如：

```
byteArray.order( ByteOrder.BIG_ENDIAN );
```

可以使用靜態 ByteOrder.nativeOrder() 方法取得電腦平台上的原生順序（我們知道你很好奇）。

配置緩衝區

你可以透過 allocate() 方法配置，或是包裹現有 Java 陣列型別兩種方式建立緩衝區，每個緩衝區型別都提供需要指定容量（大小）靜態 allocate() 方法，以及需要現有陣列的 wrap() 方法：

```
CharBuffer cbuf = CharBuffer.allocate( 64*1024 );
ByteBuffer bbuf = ByteBuffer.wrap( someExistingArray );
```

直接緩衝區也可以透過相同的方式配置，使用的方法是 allocateDirect()：

```
ByteBuffer bbuf2 = ByteBuffer.allocateDirect( 64*1024 );
```

先前提過，直接緩衝區能夠使用針對某類 I/O 操作最佳化的作業系統記憶體結構，代價則是配置直接緩衝區比一般緩衝區來得稍慢，操作上也較重量級，因此你應該將直接緩衝區用於長期緩衝區。

3 大在前與小在前這兩個詞來自於 Jonathan Swift 的小說《格列佛遊記》，代表小人國中的兩個陣營：吃蛋時從大的一端先吃以及從小的一端先吃。

字元編碼器與解碼器

字元編碼器（encoder）與解碼器（decoder）分別將字元轉換為原始位元組或反向轉換，從 Unicode 標準對應到特定的編碼體系。編碼器與解碼器在 Java 中的歷史十分久遠，用在 Reader 與 Writer 串流以及 String 類別處理位元組陣列的方法，然而，早期沒有 API 能夠直接處理編碼，必須以 String 的型式指定需要的編碼器／解碼器名稱，java.nio.charset 套件透過 Charset 類別明確地定義 Unicode 字元集編碼的概念。

Charset 類別是 Charset 實體的 factory，知道將字元緩衝區編碼為位元組緩衝區，以及將位元組緩衝區解碼為字元緩衝區的方法，程式可以使用 Charset.forName() 靜態方法，以字元集名稱查找對應的 Charset 物件，再以查找到的物件進行轉換：

```
Charset charset = Charset.forName("US-ASCII");
CharBuffer charBuff = charset.decode( byteBuff );  // 轉換為 ascii
ByteBuffer byteBuff = charset.encode( charBuff );  // 反向轉換
```

程式也可以用 Charset.isSupported() 靜態方法檢查是否存在特定編碼。

以下是一定會支援的字元集：

- US-ASCII
- ISO-8859-1
- UTF-8
- UTF-16BE
- UTF-16LE
- UTF-16

可以使用 availableCharsets() 靜態方法列出平台上所有可用的編碼器：

```
Map map = Charset.availableCharsets();
Iterator it = map.keySet().iterator();
while ( it.hasNext() )
    System.out.println( it.next() );
```

由於字元集可能有「別名」，會有多個以上的名稱，使得 availableCharsets() 的結果是 map。

除了 java.nio 套件裡的緩衝區導向類別之外，java.io 套件的橋接類別 InputStreamReader 與 OutputStreamWriter 也有所更新，加入對 Charset 的支援，程式可以透過 Charset 物件或名稱的方式指定編碼。

CharsetEncoder 與 CharsetDecoder

你可以用 Charset 的 newEncoder() 與 newDecoder() 方法建立 CharsetEncoder 或 CharsetDecoder（一種 codec），進一步控制編碼與解碼程序。在先前的例子裡，我們預設所有資料只來自於同一個緩衝區，然而，更多時候我們必須處理接續而來的資料區塊。編碼器 / 解碼器 API 提供了更通用的 encode() 與 decode() 方法，這兩個方法需要指定是否有更多資料的旗標，由於資料結束時，codec 可能只處理了多位元字元的一部分，所以需要額外的旗標判斷表示是否還有其他資料，才不會在不完全的轉換拋出例外。以下的程式片段使用解碼器讀取 ByteBuffer bbuff，將字元資料逐個塞到 CharBuff cbuff：

```
CharsetDecoder decoder = Charset.forName("US-ASCII").newDecoder();

boolean done = false;
while ( !done ) {
    bbuff.clear();
    done = ( in.read( bbuff ) == -1 );
    bbuff.flip();
    decoder.decode( bbuff, cbuff, done );
}
cbuff.flip();
// 使用 cbuff
```

上述程式中依據 in 通道是否結束設定了 done 旗標，請注意，我們利用 ByteBuffer 的 flip() 方法，快速地設定讀取資料數量的上限並重設 position 值，一次操作就完成解碼的準備。encode() 與 decode() 方法也會傳回結果物件 CoderResult，用來判斷編碼進度（程式裡沒有用到這部分）。CoderResult 的 isError()、isUnderflow() 與 isOverflow() 指出解碼停止的原因：分別代表錯誤、輸入緩衝區中缺少位元組，或是輸出緩衝區已塞滿。

FileChannel

介紹完基本通道與緩衝區後，接下來要看看真實的通道型別。FileChannel 相當於 NIO 裡的 java.io.RandomAccessFile，除了效能最佳化之外還提供了一些新特性，在檔案鎖定、記憶體映射檔案存取、或是在檔案間或檔案與網路間高度最佳化的傳輸等方面，都需要用 FileChannel 取代原有的 java.io 檔案串流。

FileChannel 可以透過 FileChannel.open() 靜態方法由 Path 建立：

```
FileSystem fs = FileSystems.getDefault();
Path p = fs.getPath( "/tmp/foo.txt" );

// 以預設值開啟讀取
try ( FileChannel channel = FileChannel.open( p ) {
```

```
    ...
}

// 以特殊設定值開啟寫入
import static java.nio.file.StandardOpenOption.*;

try ( FileChannel channel = FileChannel.open( p, WRITE, APPEND, ... ) ) {
    ...
}
```

open() 預設會為檔案建立唯讀通道，我們可以透過額外的選項值開啟寫入／附加通道，或控制其他更進階特性，如基元建立與資料同步，實際上的做法如前面範例的第二部分，表 11-3 是選項值的意義。

表 11-3　java.nio.file.StandardOpenOption

選項	說明
READ, WRITE	以唯讀／唯寫（預設是唯讀）開啟檔案，同時使用則可讀寫
APPEND	開啟檔案供寫入，寫入位置從檔案結尾開始
CREATE	用 WRITE 開啟檔案並在必要時建立檔案
CREATE_NEW	以基元操作的方法用 WRITE 開啟檔案，若檔案已存在則操作失敗
DELETE_ON_CLOSE	試著在關閉時刪除檔案，若檔案未關閉則在離開 VM 時刪除檔案
SYNC,DSYNC	情況許可時能夠保證寫入操作會阻塞到所有資料都寫入儲存媒體，SYNC 對資料與後設（屬性）的變化都能做到，DSYNC 則只要求對檔案的資料內容做到
SPARSE	建新檔案時使用，要求建立稀疏檔案，在能夠支援的檔案系統上，稀疏檔案能處理非常大、但大多數內容都是空白的檔案，不會對空白部分配置實際的儲存空間
TRUNCATE_EXISTING	以 WRITE 開啟既存檔案，開啟檔案時將檔案長度設為 0

FileChannel 也可以從傳統的 FileInputStream、FileOutputStream 或 RandomAccessFile 建立：

```
FileChannel readOnlyFc = new FileInputStream("file.txt").getChannel();
FileChannel readWriteFc = new RandomAccessFile("file.txt", "rw")
    .getChannel();
```

從這些檔案輸入、輸出串流建立的 FileChannel 分別是唯讀與唯寫，必須像先前的範例一樣，用 read/write 選項建立 RandomAccessFile，才能夠取得可讀寫的 FileChannel。

FileChannel 的使用如同 RandomAccessFile，只是操作對象是 ByteBuffer 而非位元組陣列：

```
ByteBuffer bbuf = ByteBuffer.allocate( ... );
bbuf.clear();
readOnlyFc.position( index );
```

```
readOnlyFc.read( bbuf );
bbuf.flip();
readWriteFc.write( bbuf );
```

程式可以透過設定緩衝區 position 與 limit 標記、或其他需要指定緩衝區開始位置與長度的方法來控制讀取或寫入的資料量，也可以在讀／寫方法指定位置，對任意位置讀取／寫入：

```
readWriteFc.read( bbuf, index )
readWriteFc.write( bbuf, index2 );
```

這兩種做法實際讀取／寫入的位元組數量取決於幾個要素，運算會試著讀寫到緩衝區的 limit 值，這是本機檔案存取最常見的情況。運算保證只會阻塞到最後一個位元組處理完畢，一定會傳回處理的位元數量，並依此更改緩衝區的 position 值，讓程式可以繼續讀取直到讀取完畢，這是使用緩衝區的優點，可以自行管理數量，與標準串流相同，`read()` 會在到達結尾時傳回 `-1`。

可以用 `size()` 取得檔案的大小，這個值可能因為程式寫入超出檔案結尾的位置而變化，相對的，程式也可以透過 `truncate()` 將檔案截切到指定長度。

並行存取

`FileChannel` 能夠安全的被多個執行緒使用，並且保證相同 VM 裡所有的執行緒「看到」的資料都一致，除非你指定 `SYNC` 或 `DSYNC`，否則無法保證寫入操作傳遞到儲存機制所需的時間，如果你只是斷斷續續地需要確保資料安全後再繼續執行，可以使用 `force()` 將所有更動沖到檔案裡，這個方法需要一個布林值引數，表示是否需寫入檔案的後設資料（包含時間戳記以及權限，sync 或 dsync），某些系統會追蹤檔案的讀取與寫入，將旗標設為 `false` 表示不在意是否立即同步資料，就可以省下大量更新的時間。

如同其他的 `Channel`，`FileChannel` 可以被任何執行緒關閉，關閉後所有的讀寫以及與位置相關的方法都會抛出 `ClosedChannelException`。

檔案鎖定

`FileChannel` 透過 `lock()` 支援對檔案區域的互斥與共享鎖定：

```
FileLock fileLock = fileChannel.lock();
int start = 0, len = fileChannel2.size();
FileLock readLock = fileChannel2.lock( start, len, true );
```

鎖定時可指定共享或互斥，**互斥**鎖定會禁止其他人以任何型式鎖定該檔案或檔案區域，**共享**鎖定允許其他人重疊但非互斥鎖定相同檔案，它們分別用於寫入與讀寫鎖定，程式寫入時，你會希望在完成前沒有其他人寫入相同檔案，但讀寫時，只需要禁止其他人寫入，不需禁止並行讀取。

前面範例中的無引數 `lock()` 方法試著非互斥鎖定整個檔案，第二個型式需要起點與長度參數以及代表是否共享（或互斥）的旗標，`lock()` 傳回的 `FileLock` 物件能用來解除鎖定：

```
fileLock.release();
```

要注意的是檔案鎖定只保證是**協同** API，不一定能避免其他程式讀取 / 寫入鎖定的檔案內容，一般而言，唯一能夠保證鎖定有效的方式是雙方都試著鎖定後再使用檔案，因此，在某些系統上並不會實作共享鎖定，也就是所有的鎖定都是互斥鎖定，你可以透過 `isShared()` 方法檢查是否為共享鎖定。

鎖定 `FileChannel` 會持續直到通道關閉或中斷，因此在 try-with-resource 指令裡鎖定，能夠以更穩固的方式解除鎖定：

```
try ( FileChannel channel = FileChannel.open( p, WRITE ) ) {
    channel.lock();
    ...
}
```

網路程式設計

網路是 Java 的靈魂，大多數對 Java 的興趣都集中在能夠建立動態、支援網路的應用程式。隨著 Java 網路 API 的成熟，Java 成為實作傳統 client/server 應用程式與服務的主要程式語言，本節要開始討論 `java.net` 套件，包含了通訊與處理網路化資源的基礎類，但網路是很大的主題！第十二章會介紹更多網路相關的內容，主要集中在網際網路方面。

`java.net` 的類別分為兩大類：處理低階網際網路協定的 Sockets API，以及處理 Uniform Resource Locators（URLs）的高階、web 式 API。圖 11-3 畫出了 `java.net` 套件的內容。

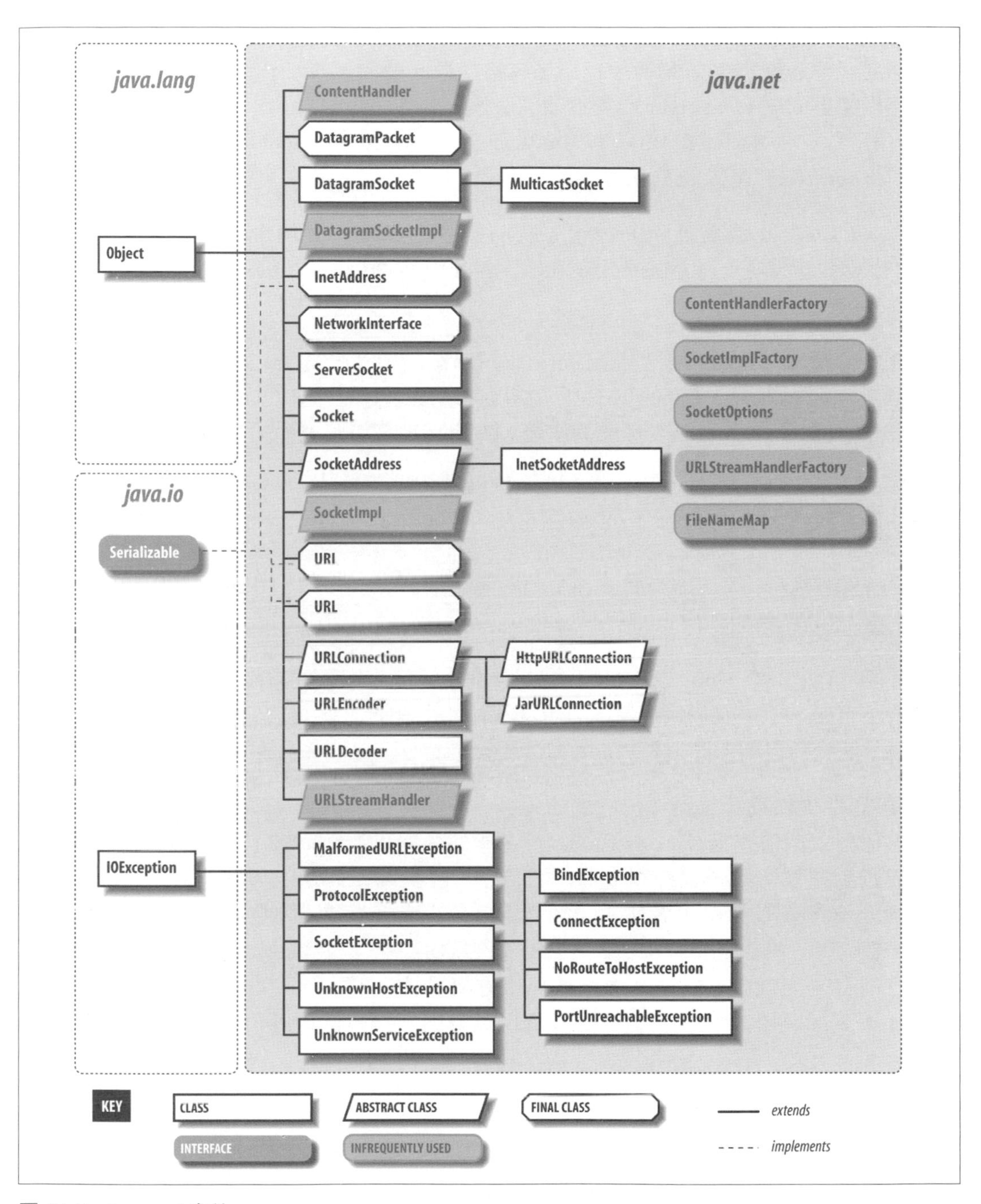

圖 11-3 java.net 套件

Java 的 Sockets API 透過主機與網際網路間的通訊使用標準網路協定，Sockets 是所有可攜網路通訊的底層機制，是通用網路工具集裡最底層的工具——你可以使用 sockets 實現任何網路上 client 與 server 或主機間應用程式的通訊，但必須自行實作應用層協定，處理與解譯資料。較高階的工具，如遠端方法呼叫（remote method invocation）、HTTP 以及 web service 都是以 sockets 實作。

如今，*web services* 是更通用的技術，能以與平台無關、鬆耦合的方式，以 HTTP 與 JSON 等 web 標準呼叫遠端主機上的服務，第十二章提到 web 相關的程式設計時會一併介紹 web services。

本章會提供簡單、實用的範例，用 sockets 示範高階與低階的 Java 網路程式設計，在第十二章會介紹 `java.net` 套件的另一半，讓用戶端透過 URL 處理 web 伺服器與服務，同時也會介紹 Java servlets 及其他能夠開發 web 應用程式與服務的工具。

Sockets

Sockets 是網路通訊的低階程式介面，能在應用程式間送出資料串流，應用程式可以在相同主機，也可以位於不同主機。

Sockets 源自於 BSD Unix，在某些程式語言裡是複雜、麻煩的東西，有許多可能傷害到兒童的小東西，原因在於大多數 socket API 能夠用在幾乎所有的低層通訊協定上，由於在網路上傳輸資料的通訊協定可能有許多不同的特性，socket 介面就變得十分複雜[4]。

`java.net` 套件提供簡化、物件導向式的 socket 介面，大幅簡化了網路通訊，如果讀者曾經在其他程式語言作過 sockets 程式設計，應該會對以物件封裝了血淋淋的細節後的美好世界感到興奮。第一次接觸 socket 的讀者，會發現在網路上與其他應用程式通訊就像是讀取檔案或取得使用者輸入一樣簡單，包含大多數網路 I/O 在內，Java 裡大多數的 I/O 都使用了第 333 頁〈串流〉一節介紹的類別，串流提供了一致的 I/O 介面，使得對網際網路寫入或讀取就像是讀取或寫入本機系統一般。除了串流式介面外，Java 網路 API 也可以使用 NIO 緩衝區式 API 實現具有高度擴充性的應用程式，本章兩者都會介紹。

4 對於通用 sockets 的介紹，可以參看《UNIX 網路程式設計》（W. Richard Stevens 著，台灣培生出版）。

Java 提供的 sockets 支援了三種不同的底層協定：Socket、DatagramSocket 以及 MulticastSocket，本節會介紹基本的 Socket 類別，這個類別使用了**連接導向**（*connection-oriented*）與**可靠**（*reliable*）協定。連結導向協定提供類似電話對話的功能，建立連結後應用程式可以互相傳送資料串流，同時確保沒有資料丟失（會在必要時重送資料），送出的資料會以相同的順序到達接收端。

使用**無連接**（*connectionless*）、**不可靠**（*unreliable*）協定的 DatagrameSocket 得留給讀者自行探索（可以參考《*Java Network Programming*》（*https://oreil.ly/M6kQg*），Elliotte Rusty Harold 著，歐萊禮出版）。無連結協定類似郵政服務，應用程式送給另一端簡短的訊息，但不需先行建立點對點連線，也不需要維持訊息到達的順序，甚至也不保證訊息是否送達。MulticastSocket 是 DatagramSocket 的變形，送出多播（multicast）訊息——同時將資料送給多個接收端，處理多播 socket 與處理資料包（datagram）sockets 十分相似。

理論上 socket 層之下可以使用任何通訊協定（老學究們可能還記得 Novell 的 IPX、Apple 的 AppleTalk 等），但實務上網際網路上只剩下唯一一個重要的通訊協定，也是 Java 唯一支援的通訊協定：Internet Protocol（IP）。Socket 類別以 TCP 的方法對話，連接導向協定傾向使用 IP，而 DatagramScoket 類別則使用無連接的 UDP 協定對話。

客戶端與伺服器

開發網路應用時經常會提到客戶端（client）與伺服器（server），兩者的差異愈來愈模糊，但通常把發起對話的一方視為**用戶端**，接受請求的一方則大都視為**伺服器**，在兩個對等應用程式以 socket 溝通的情境下，這個定義並不重要，但為了簡化說明，以下會沿用這樣的定義。

為了說明方便，客戶端與伺服器最重要的差異在於客戶端可以在任何時間建立 socket，發起與伺服器應用程式的對話，伺服器則需要事前準備，傾聽對話的請求。java.net.Socket 類別代表了客戶端與伺服器連接兩端的個別 socket，此外，伺服器是使用 java.net.ServerSocket 類別傾聽來自客戶端的新連線，大多數情況下，具伺服器行為的應用程式會建立 ServerSocket 物件並等待，阻塞在 accept() 方法，直到收到連線。收到連線時，accept() 方法會建立 Socket 物件，伺服器會使用這個物件與用戶端對話，伺服器可以同時與多個客戶端對話，這種情況下仍然只有一個 ServerSocket，但會有多個 Socket 物件，分別對應到每個客戶端，如圖 11-4。

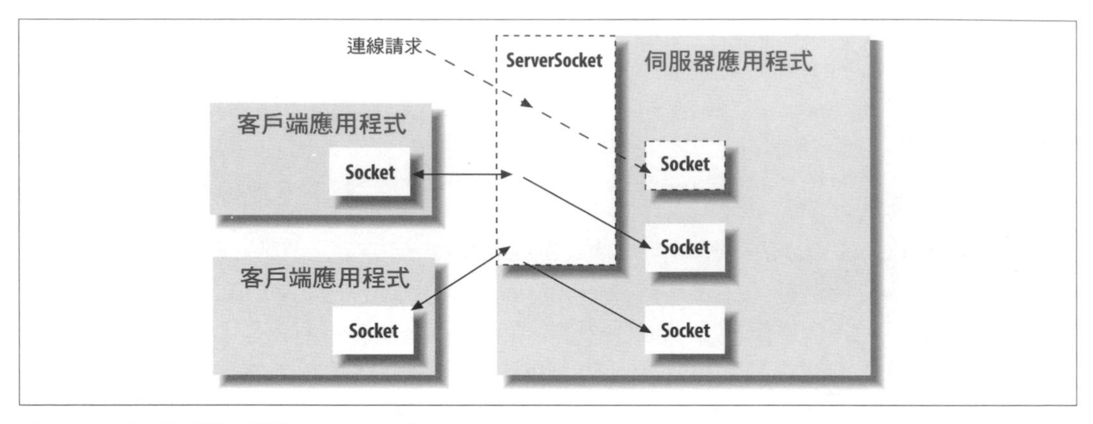

圖 11-4　客戶端與伺服器，Sockets 與 ServerSockets

在 socket 層，客戶端需要兩種資訊才能夠定位與連線到網際網路上的伺服器：**主機名稱**（*hostname*，用來找出主機電腦的網路位址）以及**連接埠號**（*port number*）。連接埠號是識別同一主機上的多個客戶端或伺服器的識別字，伺服器應用程式在等待連線時會傾聽預先決定好的連接埠號，客戶端想要存取時得使用指派給服務的連接埠號。如果將主機電腦想像成是飯店，把應用程式看成是房客，那麼連接埠號就相當於房客的房號，如果有人想要打電話給另一個人，就得知道對方的飯店名稱與房間號碼。

客戶端

客戶端應用程式透過伺服器的主機名稱與連接埠號的方式建立 Socket，連接到伺服器：

```
try {
    Socket sock = new Socket("wupost.wustl.edu", 25);
} catch ( UnknownHostException e ) {
    System.out.println("Can't find host.");
} catch ( IOException e ) {
    System.out.println("Error connecting to host.");
}
```

這段程式試著用 Socket 連接到 *wupost.wustl.edu* 主機上的 25 連接埠（SMTP 郵件服務），客戶端處理了可能無法解析主機名稱（UnknownHostException）以及可能無法連線（IOException）等情況。在先前的例子裡，Java 使用 DNS（標準 Domain Name Service）將主機名稱解析為 IP 位址，建構子也可以使用原始 IP 位址的字串：

```
Socket sock = new Socket("22.66.89.167", 25);
```

建立連線後，可以透過 Socket 的 getInputStream() 與 getOutputStream() 方法取得輸入與輸出串流。以下這段簡單的程式示範透過串流傳送與接收資料的方法：

```
try {
    Socket server = new Socket("foo.bar.com", 1234);
    InputStream in = server.getInputStream();
    OutputStream out = server.getOutputStream();

    // 寫出一個位元組
    out.write(42);

    // 寫出換行或返回結尾的字串
    PrintWriter pout = new PrintWriter( out, true );
    pout.println("Hello!");

    // 讀取一個位元組
    byte back = (byte)in.read();

    // 讀取換行或返回結尾的字串
    BufferedReader bin =
      new BufferedReader( new InputStreamReader( in ) );
    String response = bin.readLine();

    server.close();
}
catch (IOException e ) { ... }
```

這段對話中，客戶端先建立與伺服器溝通的 Socket，Socket 建構子指定了伺服器的主機名稱（*foo.bar.com*）與事先約定好的連接埠號（1234），一旦連接成功，客戶端使用 OutputStream 的 write() 方法向伺服器送出一個位元組的資料；送出文字字串就更簡單了，只需要用 PrintWriter 包裹住 OutputStream 即可，接著程式執行另一方的操作：先使用 InputStream 的 read() 方法讀回一位位元組的資料，接著建立 BufferedReader，再藉此取得完整的文字字串，客戶端接著透過 close() 方法結束連接，以上操作都有可能產生 IOException，所以程式使用 catch 述句處理潛在的例外。

伺服器

建立連接後，伺服器應用程式使用相同的 Socket 物件處理另一端的通訊，然而，要能夠接受來自客戶端的連接，首先必須建立 ServerSocket，連結到正確的連接埠。接著我們來建立能夠與先前範例對話的伺服器程式：

```
// 同一時間，在 foo.bar.com ...
try {
    ServerSocket listener = new ServerSocket( 1234 );

    while ( !finished ) {
        Socket client = listener.accept();  // 等待連接

        InputStream in = client.getInputStream();
        OutputStream out = client.getOutputStream();

        // 讀取一個位元組
        byte someByte = (byte)in.read();

        // 讀取換行或返回終止的字串
        BufferedReader bin =
          new BufferedReader( new InputStreamReader( in ) );
        String someString = bin.readLine();

        // 寫出一個位元組
        out.write(43);

        // 說再見
        PrintWriter pout = new PrintWriter( out, true );
        pout.println("Goodbye!");

        client.close();
    }

    listener.close();
}
catch (IOException e ) { ... }
```

首先，伺服器建立掛載在連接埠 1234 的 ServerSocket，在某些系統上應用程式能夠使用的連接埠有限制，小於 1024 的連接埠號是保留給系統程序以及標準、**常用的**服務，因此我們使用限制範圍之外的連接埠號，ServerSocket 只會建立一次，可以接受任意數量的新連線。

接下來進入迴圈，在 ServerSocket 的 accept() 方法等待，這個方法在收到客戶端連線時會傳回作用中的 Socket，連接建立後，程式就可以執行伺服器端的對話，接著關閉連接，回到迴圈上方等待下一個連線。最後，當伺服器程式想要完全停止傾聽連線時，就呼叫 ServerSocket 的 close() 方法。

這是個單執行緒伺服器程式，一次只能處理一個連線，必須等到處理完目前的客戶端連接後才能夠再次呼叫 `accept()` 傾聽新的連接。更有實用性的伺服器會用迴圈接收連線，將連接交給各自的執行緒作後續處理，或使用非阻塞的 `ServerSocketChannel`。

Socket 安全性

先前的例子假定客戶端有權限連接到伺服器，且伺服器端也被允許能夠傾聽指定的 socket，如果讀者開發的是一般、獨立的應用程式，這也是大多數的情況（也許可以跳過本節內容），然而，未被信任的應用程式執行時會受到安全性規則（security policy）的限制，能夠指定允許 / 不允許對話的主機或是否能夠傾聽連線。

要是想讓應用程式在安全性管理員（security manager）的管控下執行，就必須知道預設的安全性管理員不允許所有的網路通訊。為了連接網路，你必須修改自已的原則設定檔案，給予程式碼適當的權限（參看第三章有更詳細的說明），以下這段權限檔的內容設定了 socket 的權限，允許對任意主機非保留連接埠的連出 / 連出：

```
grant {
  permission java.net.SocketPermission
    "*:1024-", "listen,accept,connect";
};
```

啟動 Java 執行期環境時，可以啟動安全性管理員並使用這個檔案（假設檔名是 *mysecurity.policy*）：

```
% java -Djava.security.manager \
-Djava.security.policy=mysecurity.policy MyApplication
```

DateAtHost 客戶端程式

以往，許多網路上的電腦會執行簡單的時間服務，在網路上以特定的連接埠提供本機的時間，這是 NTP 的前身，也就是更通用的網路時間協定（Network Time Protocol）[5]。接下來的例子 `DateAtHost` 包含了 `java.util.Date` 的子類別，能夠從遠端主機取得時間，而不是以本機時間初始化（參看第八章對 `Date` 類別的介紹，這個類別在某些使用情境十分有用，但大都被更新、更有彈性的 `LocalDate` 與 `LocalTime` 取代）。

5 實際上，我們使用的來自 NIST 的公共網站強烈建議使用者升級，參看介紹說明（*https://oreil.ly/hYBSO*）裡更詳細的解釋。

DateAtHost 連接至時間服務（連接埠 37），讀取代表遠端主機時間的四個位元組資料，這四個位元組有特定的規範，我們可以解碼成時間值，程式如下：

```
//file: DateAtHost.java
import java.net.Socket;
import java.io.*;

public class DateAtHost extends java.util.Date {
    static int timePort = 37;
    // 從 20 世紀開始的時間 Jan 1, 1970 00:00 GMT 到目前的秒數
    static final long offset = 2208988800L;

    public DateAtHost( String host ) throws IOException {
        this( host, timePort );
    }

    public DateAtHost( String host, int port ) throws IOException {
        Socket server = new Socket( host, port );
        DataInputStream din =
          new DataInputStream( server.getInputStream() );
        int time = din.readInt();
        server.close();

        setTime( (((1L << 32) + time) - offset) * 1000 );
    }
}
```

就這樣，程式不長，但有些需要注意的地方，DateAtHost 有兩個建構子，一般應該會使用第一個建構子，只需要指定遠端主機作為引數；第二個建構子需要指定主機名稱與遠端時間服務的連接埠號（如果時間服務執行在非標準連接埠，可以透過第二個建構子指定其他的連接埠號）；第二個建構子負責連線與設定時間，第一個建構子只是呼叫第二個建構子（透過 this() 構句），以標準連接埠為引數，提供簡化建構子用預設值呼叫其他建構子是 Java 十分常見且有用的模式，這也是我們示範這個技巧的原因。

第二個建構子開啟連接到遠端主機指定連接埠的 socket，建立 DataInputStream 包裹輸入串流，接著用 readInt() 讀取四位元組的整數，位元組的順序正確並不是巧合，Java 的 DataInputStream 與 DataOutputStream 類別會以**網路位元組順序**（*network byte order*，從最大位元到最小位元）的方式處理整數型別的位元組。時間協定（與其他處理二進制資料的標準網路協定）同樣使用了網路位元組順序，不需要再作其他的轉換。使用非標準協定時也許會需要額外的資料轉換，特別是與非 Java 的客戶端或伺服器對話的時候，這種情況必須一次讀取一個位元組，再將結果以正確的方式排列取得四位元組的數值，讀取

資料之後，就不再需要 socket，先關閉，結束與伺服器的連線，最後，建構子呼叫 Date 的 setTime() 用計算出來的數值設定時間，也完成了物件其他部分的初始化。

四位元組的時間值是以整數方式解讀，代表從 20 世紀開始經過的秒數，DateAtHost 將這個數值轉換為 Java 的絕對時間概念，從 1970 年 1 月 1 日起算的毫秒數（C 與 Unix 任意挑出來的標準起始時間），轉換過程先建立 long 值，就是等價於整數 time 的無號值，減掉相對於 epoch（1970 年 1 月 1 日）的差異值，讓數值以 epoch 為基準而不是以 20 世紀為基準，接著乘 1,000 轉換為毫秒值，最後用計算的結果初始化物件。

DateAtHost 能夠處理從遠端主機取得的時間，幾乎就像是 Date 用來處理本機時間一樣，唯一增加的負擔是處理 DateAtHost 建構子可能拋出的 IOException：

```
try {
    Date d = new DateAtHost( "time.nist.gov" );
    System.out.ptinrlnt( "The time over there is : " + d );
}
catch ( IOException e ) { ... }
```

以上程式取得 *time.nist.gov* 的時間並印出數值。

分散式遊戲

我們可以用新學到的網路技術擴充丟蘋果遊戲，支援多個使用者。我們會讓這第一次嘗試儘量簡單，但讀者可能會驚訝於能夠快速的讓概念驗證（proof of concept）上路。雖然兩個使用者可以使用一些機制彼此相連，獲得共享的體驗，但目前範例仍然使用本章介紹的客戶端 / 伺服器模式，一個使用者啟動伺服器，讓第二個使用者能夠作為客戶端連上伺服器「加入」遊戲，一旦兩個玩家連接，就可以比賽誰先清空各自的蘋果樹！

設定 UI

先在遊戲裡加個選單。還記得第 328 頁的〈選單〉一節提過選單存在選單列裡，以類似標準按鈕的方式處理 ActionEvent 物件嗎？我們需要啟動伺服器與加入其他玩家已啟動遊戲的兩個選項，這些選單項目的核心程式碼十分簡單，可以使用 AppleToss 類別裡的另一個輔助方法：

```
private void setupNetworkMenu() {
    JMenu netMenu = new JMenu("Multiplayer");
    multiplayerHelper = new Multiplayer();

    JMenuItem startItem = new JMenuItem("Start Server");
    startItem.addActionListener(new ActionListener() {
```

```
            public void actionPerformed(ActionEvent e) {
                multiplayerHelper.startServer();
            }
        });
        netMenu.add(startItem);

        JMenuItem joinItem = new JMenuItem("Join Game...");
        joinItem.addActionListener(new ActionListener() {
            public void actionPerformed(ActionEvent e) {
                String otherServer = JOptionPane.showInputDialog(AppleToss.this,
                        "Enter server name or address:");
                multiplayerHelper.joinGame(otherServer);
            }
        });
        netMenu.add(joinItem);

        JMenuItem quitItem = new JMenuItem("Disconnect");
        quitItem.addActionListener(new ActionListener() {
            public void actionPerformed(ActionEvent e) {
                multiplayerHelper.disconnect();
            }
        });
        netMenu.add(quitItem);

        // 建立應用程式選單列
        JMenuBar mainBar = new JMenuBar();
        mainBar.add(netMenu);
        setJMenuBar(mainBar);
    }
```

每個選單的 ActionListener 使用的匿名內部類別現在看來應該十分熟悉（或參考第 425 頁〈方法參考〉一節所介紹的 Java 8 新功能產生更簡潔的程式碼），另外我們也使用了第 321 頁〈輸入對話框〉一節介紹的 JOptionPane 向第二個玩家詢問第一個玩家的主機名稱或 IP 位址，網路相關邏輯則是由另一個類別處理。下一節我們會更詳細介紹 Multiplayer 類，但在範例中可以看到需要實作的方法 [6]。

6　本章的程式碼（在 *ch11/game* 目錄下）包含了 setupNetworkMenu() 方法，但匿名內部傾聽器只是顯示對話框表示選取了選單項目，讀者可以建立 Multiplayer 類別，呼叫實際的多玩家方法！也可以試試範例程式目錄最上層的 *game* 目錄裡的完整的遊戲（包含網路部分）。

遊戲伺服器

如同先前第 371 頁〈伺服器〉一節的做法，我們需要先挑選個連接埠，設定傾聽連入連接的 socket，我們選了 8677 埠（在電話鍵盤上對寫到 TOSS）。我們可以在 Multiplayer 類別建立內部 Server 類別，產生等待網路通訊的執行，希望以下程式碼的其他部分看起來都很熟悉，reader 與 writer 變數會用來送出與讀取實際的遊戲資料，在第 380 頁〈遊戲協定〉一節會有更詳細的介紹。

```
class Server implements Runnable {
    ServerSocket listener;

    public void run() {
        Socket socket = null;
        try {
            listener = new ServerSocket(gamePort);
            while (keepListening) {
                socket = listener.accept();  // 等待連線

                InputStream in = socket.getInputStream();
                BufferedReader reader =
                    new BufferedReader( new InputStreamReader(in) );
                OutputStream out = socket.getOutputStream();
                PrintWriter writer = new PrintWriter(out, true);

                // ... 遊戲協定相關邏輯
```

程式設定了 ServerSocket，接著在迴圈裡等待新客戶端的連接，雖然規劃是一次只有一個對手，但這樣的設計能夠讓後續其他的客戶端不需要重新再設定一次網路，要真正建立開始傾聽的伺服器，只需要一個使用 Server 類別的新執行緒：

```
// 多玩家
Server server;

// ...

public void startServer() {
    keepListening = true;
    // ... 其他遊戲狀態資訊
    server = new Server();
    serverThread = new Thread(server);
    serverThread.start();
}
```

我們在 Multiplayer 類別保有 Server 實體的參考，以便於在使用者選擇「disconnect」選單時能夠關閉連接，程式如下：

```
// 多玩家
public void disconnect() {
    disconnecting = true;
    keepListening = false;
    // 是否正在遊戲中，且持續檢查這些旗標？
    // 如果不是，只需要關閉伺服器 socket，中斷阻塞中的
    // accept() 方法就行了
    if (server != null && keepPlaying == false) {
        server.stopListening();
    }

    // ... 清除其他遊戲狀態
}
```

keepPlaying 旗標只會在遊戲迴圈裡用到一次，但在上述情況也十分方便。如果有合法的 server 參考且遊戲並非進行中（keepPlaying 為 false），我們就知道可以關閉傾聽的 socket。Server 內部類別的 stopListening() 方法十分簡單：

```
public void stopListening() {
    if (listener != null && !listener.isClosed()) {
        try {
            listener.close();
        } catch (IOException ioe) {
            System.err.println("Error disconnecting listener: " +
                ioe.getMessage());
        }
    }
}
```

遊戲客戶端

客戶端的設定與關閉十分類似，只是少了 ServerSocket 的傾聽。以下將建立與 Server 對應的 Client 內部類別，並加上聰明的 run() 方法實作客戶端邏輯：

```
class Client implements Runnable {
    String gameHost;
    boolean startNewGame;

    public Client(String host) {
        gameHost = host;
        keepPlaying = false;
        startNewGame = false;
    }
```

```
public void run() {
    try (Socket socket = new Socket(gameHost, gamePort)) {

        InputStream in = socket.getInputStream();
        BufferedReader reader =
            new BufferedReader( new InputStreamReader( in ) );
        OutputStream out = socket.getOutputStream();
        PrintWriter writer = new PrintWriter( out, true );

        // ... 遊戲協定邏輯
```

程式透過 Client 建構子傳入要連接的伺服器名稱，以及 Server 設定傾聽 socket 時用的同一個 gamePort 變數，程式中使用了第 177 頁〈try 與資源〉一節介紹的技巧建立 socket，確保 socket 在使用完畢後自動清除，在 try 區塊裡，我們為客戶端對話建立了 reader 與 writer 通道，如圖 11-5。

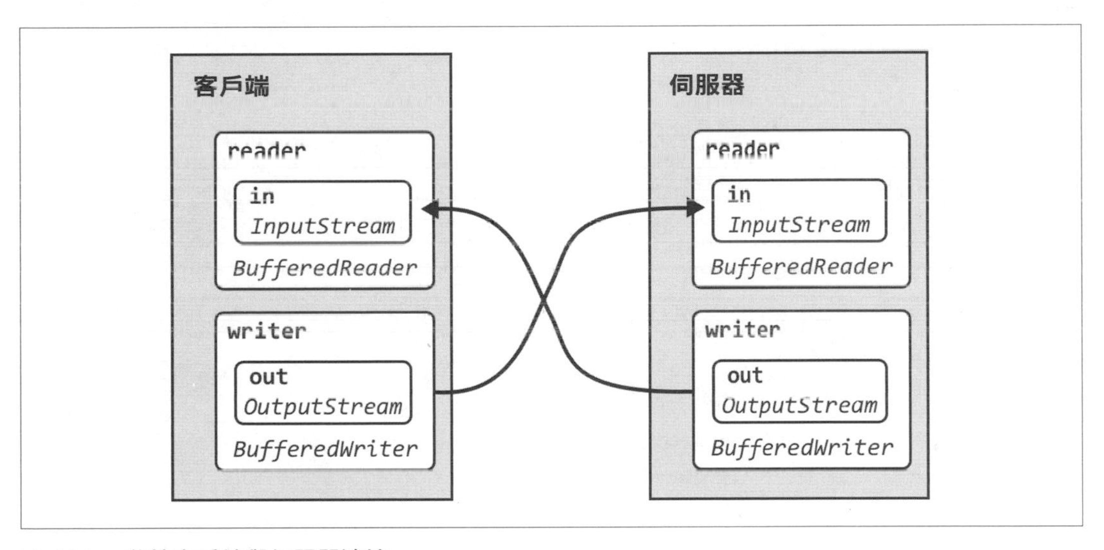

圖 11-5　遊戲客戶端與伺服器連接

要讓一切動作，還需要在 Multiplayer 輔助類裡加上另一個方便的方法：

```
// 多玩家

public void joinGame(String otherServer) {
    clientThread = new Thread(new Client(otherServer));
    clientThread.start();
}
```

不需要單獨的 disconnect() 方法，伺服器使用的狀態變數也可以適當的關閉客戶端，對客戶端而言，server 參考會是 null，所以不會試著關閉不存在的傾聽器。

遊戲協定

讀者可能會注意到 Server 與 Client 類別的 run() 方法都有一塊程式碼沒有介紹，在建立並連接資料串流後，剩下的工作是合作送出和接收與遊戲狀態相關的資訊，這個結構化的通訊就是遊戲的**協定**。所有的網路服務都有協定，也就是 HTTP 中的「P」代表的意義，即使是先前簡單的 DateAtHost 範例也用了（非常簡單的）協定，讓客戶端與伺服器知道在任何時間，誰該主動發言，誰又該傾聽，如果雙方都在等待對方發言（例如伺服器與客戶端都被阻塞在 reader.readLine()），連接就會卡住。

管理通訊時機是所有協定的核心，但對話的內容與對話方式也十分重要，實際上，開發人員在這些部分花最多時間，一部分的困難在於需要同時有雙方才能夠測試程式，沒辦法在缺少客戶端時單獨測試伺服器。反過來也相同，同時建立雙方感很麻煩，但值得這麼做，透過其他的除錯技巧，逐步小範圍改變會比找出一整批程式碼的錯誤要來得容易。

我們的範例程式是由伺服器主導對話，這沒有硬性規定，也可以由客戶端主導，或是建立更豐富的基礎，讓客戶端與伺服器雙方都同時負責一部分工作。但既然決定了「伺服器主導」，我們可以先試著讓協定跨出第一步，讓伺服器送出「NEW_GAME」命令，接著等待客戶端回應「OK」，伺服器端的程式碼看起來如下：

```
// 與客戶端建立新遊戲
writer.println("NEW_GAME");

// 如果客戶端同意，送出樹的位置
String response = reader.readLine();
if (response != null && response.equals("OK")) {
    System.out.println("Starting a new game!")
    // ... 送出樹的資料
} else {
    System.err.println("Unexpected start response: " + response);
    System.err.println("Skipping game and waiting again.");
    keepPlaying = false;
}
```

如果收到預期的「OK」回應，就可以接著設定新遊戲，將樹的位置送給對手，稍後再詳細說明。第一步在客戶端對應的程式也很類似：

```
// 預期先收到 NEW_GAME 命令
String response = reader.readLine();

// 如果沒有收到命令，就關閉連線離開
if (response == null || !response.equals("NEW_GAME")) {
    System.err.println("Unexpected initial command: " + response);
    System.err.println("Disconnecting");
    writer.println("DISCONNECT");
    return;
}
// Yay! 可以開始遊戲了，回應命令
writer.println("OK");
```

若編譯並執行遊戲，你可以從一個系統啟動伺服器，接著從另一個系統加入遊戲（也可以在不同的終端機螢幕開啟兩個遊戲，這種情況下，「另一個主機」會是網路關鍵字 localhost），幾乎與另一個遊戲實體加入遊戲的同時，你會看到執行第一個遊戲的終端機印出「Starting a new game!」的確認訊息，恭喜！你可以開始設計遊戲協定了，讓我們接著做下去。

啟動新遊戲後，需要平均遊戲場地（就是字面上的意思），伺服器會要求遊戲建立新的場地，接著將所有樹的坐標傳送到客戶端，然後客戶端會依序接收所有樹的坐標，將樹放在全新的遊戲場地上。伺服器送完所有樹的坐標後，可以送出「START」命令，讓遊戲開始。我們繼續用字串作為溝通的訊息，以下是傳送樹的細節到客戶端的一種做法：

```
gameField.setupNewGame();
for (Tree tree : gameField.trees) {
    writer.println("TREE " + tree.getPositionX() + " " + tree.getPositionY());
}

// ...

// 開始動作！
writer.println("START");
response = reader.readLine();
keepPlaying = response.equals("OK");
```

在客戶端，我們可以在迴圈裡呼叫 readLine() 取得所有的 TREE 資訊，直接收到 START 命令，程式如下（加上一些錯誤處理）：

```
// 接著取得樹及準備場地
gameField.trees.clear();
response = reader.readLine();
while (response.startsWith("TREE")) {
    String[] parts = response.split(" ");
```

```
        int x = Integer.parseInt(parts[1]);
        int y = Integer.parseInt(parts[2]);
        Tree tree = new Tree();
        tree.setPosition(x, y);
        gameField.trees.add(tree);
        response = reader.readLine();
    }
    if (!response.equals("START")) {
        // 接收完所有樹的資訊後應該要收到 START 命令
        // 但沒有，跳出
        System.err.println("Unexpected start to the game: " + response);
        System.err.println("Disconnecting");
        writer.println("DISCONNECT");
        return;
    } else {
        // Yay! 可以開始遊戲了，回應命令
        writer.println("OK");
        keepPlaying = true;
        gameField.repaint();
    }
```

這時候遊戲雙方應該都有相同的樹，可以開始遊戲，清掉這些蘋果樹。伺服器會進入輪詢迴圈，每兩秒送出一次目前的分數，客戶端會回應自己當時的分數，當然還有其他方式能夠共享雙方的分數，雖然輪詢迴簡單，對於更成熟或是需要遠端玩家即時回應的遊戲則可能使用更直接的溝通方式，目前我們先集中建立良好的網路來回對話，使用輪詢能維持程式碼的單純。

伺服器應該持續送出當前得分直到本機玩家清除完所有的樹，或是從客戶端收到遊戲結束的回應，程式需要剖析客戶端的回應，更新另一個玩家的分數，並注意對方是否結束遊戲或直接斷線。迴圈看起來會像這樣：

```
while (keepPlaying) {
    try {
        if (gameField.trees.size() > 0) {
            writer.print("SCORE ");
        } else {
            writer.print("END ");
            keepPlaying = false;
        }
        writer.println(gameField.getScore(1));
        response = reader.readLine();
        if (response == null) {
            keepPlaying = false;
            disconnecting = true;
        } else {
```

```
                String parts[] = response.split(" ");
                switch (parts[0]) {
                    case "END":
                        keepPlaying = false;
                    case "SCORE":
                        gameField.setScore(2, parts[1]);
                        break;
                    case "DISCONNECT":
                        disconnecting = true;
                        keepPlaying = false;
                        break;
                    default:
                        System.err.println("Warning. Unexpected command: " +
                        parts[0] + ". Ignoring.");
                }
            }
            Thread.sleep(500);
        } catch(InterruptedException e) {
            System.err.println("Interrupted while polling. Ignoring.");
        }
    }
```

客戶端同樣會有對應的動作，所幸對客戶端而言，我們只需要回應來自伺服器的命令，不需要另一個輪詢機制。執行緒阻塞，等待讀取一行命令，剖析命令，接著建立回應。

```
    while (keepPlaying) {
        response = reader.readLine();
        String[] parts = response.split(" ");
        switch (parts[0]) {
            case "END":
                keepPlaying = false;
            case "SCORE":
                gameField.setScore(2, parts[1]);
                break;
            case "DISCONNECT":
                disconnecting = true;
                keepPlaying = false;
                break;
            default:
                System.err.println("Unexpected game command: " +
                response + ". Ignoring.");
        }
        if (disconnecting) {
            // 主動斷線或對方要求斷線，回應命令並離開
            writer.println("DISCONNECT");
            return;
        } else {
```

```
                // 如果沒有斷線，回應目前的得分
                if (gameField.trees.size() > 0) {
                    writer.print("SCORE ");
                } else {
                    keepPlaying = false;
                    writer.print("END ");
                }
                writer.println(gameField.getScore(1));
            }
        }
```

當玩家清完所有的樹，程式會送出（或回應）包含最終得分的「END」命令，程式會詢問雙方玩家是否要再玩一次，如果願意，伺服器與客戶端就可以繼續使用相同的 reader 與 writer 實體；如果不願意，就讓客戶端離線，伺服器繼續等待下一個玩家加入。

```
        // 如果不是斷線，問玩家是否要跟相同對手再玩一次
        if (!disconnecting) {
            String message = gameField.getWinner() +
                " Would you like to ask them to play again?";
            int myPlayAgain = JOptionPane.showConfirmDialog(gameField, message,
                "Play Again?", JOptionPane.YES_NO_OPTION);

            if (myPlayAgain == JOptionPane.YES_OPTION) {
                // 如果還沒離線，問對方是否要再玩一次
                writer.println("PLAY_AGAIN");
                String playAgain = reader.readLine();
                if (playAgain != null) {
                    switch (playAgain) {
                        case "YES":
                            startNewGame = true;
                            break;
                        case "DISCONNECT":
                            keepPlaying = false;
                            startNewGame = false;
                            disconnecting = true;
                            break;
                        default:
                            System.err.println("Warning. Unexpected response: "
                                + playAgain + ". Not playing again.");
                    }
                }
            }
        }
```

最後是客戶端的程式碼：

```
        if (!disconnecting) {
            // 檢查對方是否想再玩一次
            response = reader.readLine();
            if (response != null && response.equals("PLAY_AGAIN")) {
                // 我們還要不要再玩？
                String message = gameField.getWinner() +
                        " Would you like to play again?";
                int myPlayAgain = JOptionPane.showConfirmDialog(gameField, message,
                        "Play Again?", JOptionPane.YES_NO_OPTION);
                if (myPlayAgain == JOptionPane.YES_OPTION) {
                    writer.println("YES");
                    startNewGame = true;
                } else {
                    // 不再玩了，離線
                    disconnecting = true;
                    writer.println("DISCONNECT");
                }
            }
        }
```

表 11-4 是遊戲的通訊協定說明。

表 11-4　AppleToss 遊戲協定

伺服器命令	引數（非必要）	客戶端回應	引數（非必要）
NEW_GAME		OK	
TREE	x y		
START		OK	
SCORE	score	SCORE END DISCONNECT	score score
END	score	SCORE DISCONNECT	score
PLAY_AGAIN		YES DISCONNECT	
DISCONNECT			

遊戲還可以繼續改善，可以擴充協定允許多個對手，可以把目標改成清完所有的蘋果樹與對手，可以將協定改為雙向，允許客戶端觸發一些更新，可以使用其他 Java 支援的底層協定（如使用 UDP 而非 TCP），實際上可以花上一整本書的篇幅來談遊戲、網路程式設計或是網路遊戲程式設計！

探索更多

一如以往的，我們將後續改進留給各位，但希望讀者能夠感受到 Java 在網路應用程式的強大能力。如果你想要探索進階主題，一定會從網路搜尋開始，全球資訊網（World Wide Web）也許是網路環境最好的例子了。有鑑於 Java 對網路的廣泛支援，Java 理所當然的提供了許多專為處理 web 的優良特性，下一章就要介紹涵蓋客戶端（或稱為前端）以及伺服器（或稱為後端）的一些特性。

第十二章

Web 程式設計

一提到 web，你可能會想到 web 應用程式與 web service，再進一步可能會考慮瀏覽器與支援這些應用程式及在網路上搬移資料的工具，但是要特別提醒一點，讓 web 成長的是標準與協定而不是應用程式與工具。在網際網路早期有許多在網路上搬移檔案的方式，也有像 HTML 一樣強大的檔案格式，但沒有一致的方式能夠識別、取得與顯示資訊，網路上的應用程式間也沒有一致的溝通方式。自從 web 爆炸性的成長，HTML 主導了文件的共通格式，大多數的開發人員都對 HTML 有基本的認識。本章要介紹與 HTML 相關的 HTTP，也就是處理 web 客戶與伺服器間通訊的協定，以及提供 web 上物件標準命名與定位方式的 URL（Uniform Resource Locator），還會介紹開發能夠使用 HTTP GET 與 POST 方法與伺服器溝通的 web 客戶端程式，並介紹 web service，它們是演化成長的下一步。在第 398 頁的〈Java Web 應用〉一節會進入伺服器端，看看 servlet 與 web services，也就是在 web 伺服器上執行的 Java 程式，實作了通訊對話的另一側。

Uniform Resource Locators

URL 指向網際網路上的物件，是識別用的文字字串，能夠讓程式知道物件所在的位置，並決定了與物件溝通或從來源取得的方法。URL 可以參考到任何類型的資訊來源，也許是指向靜態資料，像是檔案或本機系統、web 伺服器或是 FTP 站台；或是指向更動態的物件，如 RSS 新聞訂閱或資料庫裡的一筆資料；甚至還可以參照到對話階段（communication sessions）與 email 位址等更加動態的資源。

由於有許多方式都能夠定位網際網路上的東西，不同的媒體與傳輸方式也需要不同的資訊，URL 就有許多不同的型式，最常見的型式包含四個部分：網路主機或伺服器、項目的名稱、項目在主機上的位置，以及與主機溝通的方式：

protocol://hostname/path/item-name

protocol（協定，也稱為「方式」（scheme））是像 `http` 或 `ftp` 這樣的識別字，*hostname* 通常是網際網路的主機或域名，而 *path* 與 *item* 部分組成在主機上識別物件的唯一路徑。這個型式還可以有其他的變化，能在 URL 中加入其他的資訊，例如通訊協定使用的連接埠號、或參照到文件內部段落的分段識別字。另外還有更特殊化的 URL，像是寄送郵件用的 mailto URL，或定位資料庫元件的 URL，這些 URL 可能不會完全遵照上述的格式，但的確符合一般的格式，在協定後加上唯一識別字（某些 URL 可能更適合稱之為 URI：Uniform Resource Identifiers，URI 可以用來表示資源的名稱或位置，URL 是 URI 的子集合）。

由於大多數的 URL 都有階層或路徑的概念，有時會以相對於另一個 URL（稱為基礎 URL（base URL））的方式提到 URL，這時候可以使用基礎 URL 為起點，提供額外的資訊指向相對於基礎 URL 的物件。例如基礎 URL 可能指向 web 伺服器的目錄，而另一個相對 URL 可能是表示該目錄或子目錄下的特定檔案。

URL 類別

將這一切落實的是 Java URL 類別，`URL` 類別代表 URL 位址，提供存取伺服器上的文件或應用程式等 web 資源的 API，支援大量的協定與內容處理常式以進行必要的通訊，理論上甚至還可以轉換資料。透過 `URL` 類別，應用程式只需要幾行程式碼就能夠連接到網路上的伺服器取得內容，當新型態的伺服器與格式出現時，也可以增加新的 URL 處理常式取得與解析這些新資料，完全不需要修改你的程式碼。

URL 是由 `java.net.URL` 類別的實體表示，`URL` 物件管理 URL 字串所有組成的資訊，提供能夠取得 URL 所參照物件的方法。我們可以從 URL 字串或用各個組成部分建立 `URL` 物件：

```
try {
    URL aDoc =
      new URL( "http://foo.bar.com/documents/homepage.html" );
    URL sameDoc =
      new URL("http","foo.bar.com","documents/homepage.html");
} catch ( MalformedURLException e ) { ... }
```

這兩個 URL 物件指向相同的網路資源，也就是 *foo.bar.com* 主機上的 *homepage.html* 文件，必須等到真的存取資源才會知道資源是否存在或能否取用，一開始建立時，URL 物件只包含資源的位置以及存取方式，還沒有連接到伺服器，我們可以透過 getProtocol()、getHost() 與 getFile() 等方法取得 URL 的各個組成部分，也可以用 sameFile() 方法與另一個 URL 比較（這個名字取得不好，URL 指到的標的並不一定都是檔案），這個方法會判斷兩個 URL 是不是指向相同的資源，這並不是萬無一失，但 sameFile() 並不單單比較 URL 字串是否相等，還會考慮到伺服器會有多個名稱等狀況，但也不是真的取回資源比較資源的內容。

建立 URL 時會剖析它的規格，抽取出協定的部分，只要協定沒有任何意義，或 Java 沒辦法找到對應的處理常式，URL 建構子就會拋出 MaleformedURLException 例外。**協定處理常式**（*protocol handler*）是 Java 的類別，實作了存取 URL 資源所需的通訊協定，例如對於 http URL，Java 準備了 HTTP 協定處理常式，能夠從指定的 web 伺服器取得檔案。

到了 Java 7，URL 協定處理常式能夠處理 http、https（安全的 HTTP）與 ftp，以及本機 file URL 與指向 JAR 壓縮檔的 jar URL，其他的協定就不那麼確定了，本章稍後會討論到內容與協定處理常式相關的議題。

串流資料

從 URL 取回資料最低階也最一般的方式是呼叫 URL 的 openStream() 取得 InputStream，以串流取得資料也適用於從動態資料來源獲取連續的更動，缺點是你必須自行剖析位元組串流的內容。這種處理模式基本上與處理來自 socket 通訊的位元組串流相同，但 URL 協定處理常式已經處理了相關的伺服器通訊，能夠單獨提供交易的內容。並非所有的 URL 都能夠支援 openStream() 方法，原因在於不是所有的 URL 都指向實際的資料，如果 URL 不支援 openStream() 方法，就會得到 UnknownServiceException。

以下程式碼（本章範例程式目錄下 *Read.java* 的簡化版本）會印出 web 伺服器上 HTML 檔案的內容：

```
try {
    URL url = new URL("http://server/index.html");

    BufferedReader bin = new BufferedReader (
        new InputStreamReader( url.openStream() ));

    String line;
    while ( (line = bin.readLine()) != null ) {
        System.out.println( line );
    }
```

```
        bin.close();
    } catch (Exception e) { }
```

我們用 openStream() 取得 InputStream，包裹到 BufferedReader 後讀取文字行。由於 URL 指定了 http 協定，所以我們會引用 HTTP 協定處理常式的服務。請注意，我們還沒有談到內容處理常式，範例中的程式直接從輸入串流讀取，沒有使用內容處理常式（內容資料沒有經過任何轉換）。

以物件的方式取得內容

先前提過，從串流取得原始內容是取得 web 資料最一般的機制，openStream() 將剖析資料的工作交由開發人員處理，但 URL 類別能夠支援更成熟、可抽換的內容處理機制，由於尚未標準化，在部署新處理常式上也還有所限制，接下來要介紹的內容尚未廣泛的使用，雖然 Java 社群近幾年在少部分協定處理常式的標準化上取得了一些進展，但在內容處理常式尚並沒有相當的努力，這表示雖然這部分的介紹十分有趣，但實用性十分有限。

如果 Java 知道要從 URL 取得的內容類型，而且有適當的內容處理常式，就可以透過 URL 的 getContent() 方法，以適當的 Java 物件取得內容。在大多數的操作下，getContent() 會連接到主機，取得內容，判斷資料的類型，接著呼叫內容處理常式將取得的位元組轉換為 Java 物件，Java 會試著透過 MIME type[1]、副檔名或直接檢視位元組內容等方式判斷內容的類型。

例如對 URL *http://foo.bar.com/index.html* 呼叫 getContent()，會使用 HTTP 協定處理常式取得資料，也許會再透過 HTML 內容處理常式將資料轉換為適當的文件物件；同樣地，GIF 檔案也許會被 GIF 內容處理常式轉換為 AWT ImageProducer 物件，如果透過 FTP URL 存取 GIF 檔案，Java 會使用相同的內容處理常式，但透過不同的協定處理常式取得資料。

由於內容處理常式必須傳回任何型別的物件，getContent() 的傳回型別是 Object，這可能會讓讀者不確定得到的物件類型。稍後會介紹如何透過協定處理常式取得物件的 MIME type，根據這個資訊以及其他對預期物件的認識，可以將 Object 轉型為適當、更特定的型別，例如，要是預期得到的是影像，也許會將 getContent() 的結果轉型為 ImageProducer：

1 「媒體類型」(media type) 也許是比較友善的用詞，MIME 是有點歷史的縮寫：Multipurpose Internet Mail Extensions（多用途網際網路郵件擴充）。

```
try {
    ImageProducer ip = (ImageProducer)myURL.getContent();
} catch ( ClassCastException e ) { ... }
```

取得資料的過程可能發生各種型式的錯誤，例如，通訊錯誤時 getContent() 會拋出 IOException；應用層則可能拋出其他類型的錯誤：需要知道應用層特定的內容與處理常式對錯誤的處理方式，其中一個可能的問題是缺少處理對應 MIME type 資料的內容處理常式。這種情況下，getContent() 會呼叫特別的「未知類型」處理常式，將資料以原始的 InputStream 傳回（回到起點）。

在某些情況下，開發人員還需要了解協定處理常式，例如 URL 參照到 HTTP 伺服器上不存在的檔案，當送出請求時，伺服器會傳回熟悉的「404 Not Found」訊息。處理這類協定專屬的行為需要操作協定處理常式，也就是接下來的主題。

管理連線

對 URL 呼叫 openStream() 或 getContent() 時，會透過協定處理常式連接到遠端主機或位置，連線會表示為 URLConnection 物件，它的子型別分別代表各種更特定的通訊協定，能提供來源其他額外的後設資料。例如處理基本 web 請求的 HttpURLConnection 就會加上 HTTP 特有的能力，如解讀「404 Not Found」或其他的錯誤訊息，本章稍後會更深入介紹 HttpURLConnection。

程式可以直接透過 URL 的 openConnection() 方法取得 URLConnection，URLConnection 的用途之一是在讀取資料前檢視物件的內容類型，例如：

```
URLConnection connection = myURL.openConnection();
String mimeType = connection.getContentType();
InputStream in = connection.getInputStream();
```

名不符實的，URLConnection 會以原始未連接的狀態建立，範例中在呼叫 getContentType() 方法前並沒有真的建立網路連線，URLConnection 必須等到要求資料或呼叫了 connect() 方法後，才會與資料來源對話。建立連線前可以設定網路參數以及協定專屬的特性，例如，我們可以設定建立連線與讀取的逾時設定：

```
URLConnection connection = myURL.openConnection();
connection.setConnectTimeout( 10000 ); // 毫秒
connection.setReadTimeout( 10000 ); // 毫秒
InputStream in = connection.getInputStream();
```

在第 394 頁的〈使用 POST 方法〉一節會將 URLConnection 轉型為子型別，取得協定特有的資訊。

實務上的處理常式

先前介紹的內容與協定處理常式機制十分有彈性，只需要加入適當的處理常式類別就能夠處理新的 URL 類型，以 Java 開發的網頁瀏覽器就是個很有趣的例子，它能夠透過網路下載，增加處理新的或特定 URL 的能力。不幸的是，這個理想沒有實現，沒有 API 能夠動態下載新的內容 / 協定處理常式，實際上，沒有標準 API 能夠判斷特定平台上是否存在某個內容 / 協定處理常式。

Java 目前具有 HTTP、HTTPS、FTP、FILE 以及 JAR 等協定，實際上在所有的 Java 版本上都可以找到這些基本的協定處理常式，這並無法讓人完全的放心，內容處理常式的情況就更模糊了，例如標準 Java 類別並不含 HTML、GIF、PNG、JPEG 或其他常用資料類型的內容處理常式。此外，雖然內容與協定處理常式是 Java API 的一部分，而且是操作 URL 機制中的一份子，但並沒有定義特定的內容與協定處理常式，即使是 Java 內建的協定處理常式也還是以 Sun 實作類別的一部分打包，而不是提供給大眾使用的核心 API。

簡而言之，Java 的內容與協定處理常式機制是個沒有完全實現的前瞻設計，能夠自行動態擴充處理新的協定類型或內容，就像會飛的車子一樣，永遠還得再過幾年才能夠實現，雖然協定處理常式機制的基本功能（特別是少數已經標準化的部分）在解碼自己的應用程式內容是很有用，但開發人員也許應該轉向其他更新、更明確的框架。

有用的處理常式框架

可動態下載處理常式的概念也可以應用在其他的處理常式元件，例如 Java XML 社群喜歡透過參照 XML 作為為語法建立語意（意義）的機制，Java 則是為這些語意添上行為的通用方式。XML 閱覽器就可以用可下載處理常式的方式建立，顯示各種的 XML 標籤。

幸好在處理影像、音訊與視訊等 URL 上存在非常成熟的 API，Java Advanced Imaging API（JAI）包含了定義完善、具擴充性的處理常式，能支援大多數的影像類型，而 Java Media Framework（JMF）則可以播放網路上常見的音樂與影片。

談到 Web 應用

瀏覽器會取得文件作顯示與使用者介面之用，主要是透過 HTML、JavaScript 以及互相連結的文件。本節會示範撰寫客戶端 Java 程式，透過 URL 類別使用 HTTP 操作 web 應用，直接透過 `GET` 與 `POST` 操作取得與送出資料。

有許多原因會讓應用程式使用 HTTP 通訊，例如，相容於其他瀏覽器式的應用可能十分重要，或者你可能需要通過防火牆存取伺服器，這種情況無法直接以 socket 連接（也不能使用 RMI），HTTP 是網際網路的通用語言，雖然本身有許多限制（更可能是因為它的簡單），但它已經快速地成為全球最廣為支援的協定。至於在客戶端使用 Java，所有開發客戶端 GUI 或非 GUI 應用的理由都仍然成立（而不是使用純 web/HTML 式應用），客戶端 GUI 可以提供進階的呈現與驗證方式，透過以下介紹的技巧，仍然可以在網路上使用建立在 web 技術上的服務。

接下來要介紹的主要內容是將資料送到伺服器，特別是 HTML form-encoded 類型的資料，在瀏覽器上，名稱 / 數值對的 HTML 表單欄位會以特別的格式編碼，透過一、兩個方法送至伺服器供伺服器使用。第一個方式是使用 HTTP GET 命令，將使用者的輸入資訊編碼到 URL 當中，取得對應的文件，伺服器能夠辨識 URL 的第一個部分代表的程式並呼叫程式，將編碼在 URL 中的資訊作為參數傳入程式；第二種方法使用 HTTP POST 命令要求伺服器接受編碼的資料，將資料以串流的型式傳至 web 應用，在 Java 中可以建立指向伺服器端程式的 URL，使用 GET 或 POST 方法取得或送出資料，在第 398 頁的〈Java Web 應用〉一節會介紹建立 web 應用程式，實作上述對話的另一端。

使用 GET 方法

用 GET 方法在 URL 中編碼資料十分容易，只需要建立指向伺服器程式的 URL，再依照簡單的規則加上編碼後的名稱 / 數值對構成的資料。例如，以下的程式開啟了 *myhost* 伺服器上的老派 CGI 程式 *login.cgi* 並送出兩個名稱 / 數值對，接著印出 CGI 傳回的所有資料：

```
URL url = new URL(
    // 這個字串應該是 URL 編碼的格式
    "http://myhost/cgi-bin/login.cgi?Name=Pat&Password=foobar");

BufferedReader bin = new BufferedReader (
  new InputStreamReader( url.openStream() ));

String line;
while ( (line = bin.readLine()) != null ) {
    System.out.println( line );
}
```

為了建立帶參數的 URL，先從基本的 *login.cgi* URL 開始，加上問號（?）表示參數資料開始，接著是第一個名稱 / 數值對，接著可以依需要加上任意參數對，每個參數對間用 & 字元分隔，後續的程式只需要打開串流，讀回伺服器的回應就行了。要記得建立 URL 並沒有真正的連接，上述程式中是在呼叫 `openStream()` 時自動連接到 URL，雖然這裡我們假設伺服器送回的是文字，實際上可以是任何東西。

另外有個很重要的一點，我們省略了一部分，範例程式中的名稱 / 數值對剛好都是一般的文字，要是需要送出「不可印出」（nonprintable）或特殊字元（如 ? 與 &）呢？這些字元必須先作編碼，`java.net.URLEncoder` 類別提供了編碼資料的工具，底下〈使用 POST 方法〉一節中的範例會示範這個類別的使用。

另一件重要的事情是，雖然範例中送了密碼欄位，但你千萬不要用這種簡單的方式傳送敏感性資料，範例中的資料會以明碼傳送在網路上（沒有任何加密）。以範例而言，密碼欄位會很清楚的呈現在 URL 當中（例如伺服器日誌、瀏覽器的瀏覽記錄以及書籤等），本章稍後介紹使用 servlet 開發 web 應用時會再討論安全的 web 通訊。

使用 POST 方法

對於大量或敏感性資料，一般會傾向於使用 `POST` 的做法，以下這個簡單的程式行為類似 HTML 表單，會從兩個文字檔位（`name` 與 `password`）取得資料，以 HTTP `POST` 方法將資料傳送到指定的 URL，這個 Swing 客戶端程式能夠使用伺服器端的 web 式應用，就像是瀏覽器一樣。

程式碼如下：

```
// file: ch12/Post.java
package ch12;

import java.net.*;
import java.io.*;
import java.awt.*;
import java.awt.event.*;
import javax.swing.*;

/**
 * 小型圖形應用程式，示範使用 HTTP POST 機制，從命令列
 * 指定可接受 POST 的 URL，再按下 POST 鈕將範例的
 * name 與 password 資料送到 URL。
 *
 * 參看本章 servlet 小節的 ShowParameters 範例，可以作為
 * ( 伺服器 ) 的接收端。
```

```
 */
public class Post extends JPanel implements ActionListener {
  JTextField nameField;
  JPasswordField passwordField;
  String postURL;

  GridBagConstraints constraints = new GridBagConstraints(  );

  void addGB( Component component, int x, int y ) {
    constraints.gridx = x;  constraints.gridy = y;
    add ( component, constraints );
  }

  public Post( String postURL ) {

    this.postURL = postURL;

    setBorder(BorderFactory.createEmptyBorder(5, 10, 5, 5));
    JButton postButton = new JButton("Post");
    postButton.addActionListener( this );
    setLayout( new GridBagLayout(  ) );
    constraints.fill = GridBagConstraints.HORIZONTAL;
    addGB( new JLabel("Name ", JLabel.TRAILING), 0, 0 );
    addGB( nameField = new JTextField(20), 1, 0 );
    addGB( new JLabel("Password ", JLabel.TRAILING), 0, 1 );
    addGB( passwordField = new JPasswordField(20), 1, 1 );
    constraints.fill = GridBagConstraints.NONE;
    constraints.gridwidth = 2;
    constraints.anchor = GridBagConstraints.EAST;
    addGB( postButton, 1, 2 );
  }

  public void actionPerformed(ActionEvent e) {
    postData(  );
  }

  protected void postData(  ) {
    StringBuilder sb = new StringBuilder();
    String pw = new String(passwordField.getPassword());
    try {
      sb.append( URLEncoder.encode("Name", "UTF-8") + "=" );
      sb.append( URLEncoder.encode(nameField.getText(), "UTF-8") );
      sb.append( "&" + URLEncoder.encode("Password", "UTF-8") + "=" );
      sb.append( URLEncoder.encode(pw, "UTF-8") );
    } catch (UnsupportedEncodingException uee) {
      System.out.println(uee);
    }
```

```
    String formData = sb.toString(  );

    try {
      URL url = new URL( postURL );
      HttpURLConnection urlcon =
          (HttpURLConnection) url.openConnection(  );
      urlcon.setRequestMethod("POST");
      urlcon.setRequestProperty("Content-type",
          "application/x-www-form-urlencoded");
      urlcon.setDoOutput(true);
      urlcon.setDoInput(true);
      PrintWriter pout = new PrintWriter( new OutputStreamWriter(
          urlcon.getOutputStream(  ), "8859_1"), true );
      pout.print( formData );
      pout.flush(  );

      // post 是否成功？
      if ( urlcon.getResponseCode() == HttpURLConnection.HTTP_OK )
        System.out.println("Posted ok!");
      else {
        System.out.println("Bad post...");
        return;
      }
      // 萬歲！繼續讀取結果 ...
      // InputStream in = urlcon.getInputStream(  );
      // ...

    } catch (MalformedURLException e) {
      System.out.println(e);     // postURL 錯誤
    } catch (IOException e2) {
      System.out.println(e2);    // I/O 錯誤
    }
  }

  public static void main( String [] args ) {
    if (args.length != 1) {
      System.err.println("Must specify URL on command line. Exiting.");
      System.exit(1);
    }
    JFrame frame = new JFrame("SimplePost");
    frame.setDefaultCloseOperation(JFrame.EXIT_ON_CLOSE);
    frame.add( new Post(args[0]), "Center" );
    frame.pack();
    frame.setVisible(true);
  }
}
```

執行這個程式時必須要從命令列指定伺服器程式的 URL，例如：

```
% java Post http://www.myserver.example/cgi-bin/login.cgi
```

程式一開始會用 Swing 元素建立表單，就像第十章介紹的方式一樣，所有的魔法都發生在 protected postData() 方法。首先，我們建立 StringBuilder（非同步版本的 StringBuffer）並載入名稱 / 數值對，用 & 隔開（使用 POST 方法時不需要一開始的問號，因為我們並沒有要把資料附加到 URL 上），每對資料都先用靜態 URLEncoder.encode() 方法編碼，即使我們知道資料不含任何特殊字元，仍然將名稱欄位與資料都交由編碼器編碼。

接著設定與伺服器程式的連線，先前的範例都是直接開啟伺服器上的 URL，不需要特別的設定，這次我們必須要處理與遠端 web 伺服器對話的額外工作，所幸 HttpURLConnection 物件可以協助大部分的工作，只需要告訴它想要 POST URL、以及傳送的資料類型就行了。程式透過 URL 的 openConnection() 方法取得 URLConnection 物件，由於程式接下來要使用 HTTP 協定，可以將 URLConnection 物件轉型為 HTTPURLConnection 以符合需要。由於 HTTP 是一定會支援的協定，所以我們可以安全的做這個假設（談到安全性，本書的 HTTP 使用都是以示範為目的，目前有許多資料都被歸類為敏感資料，業界標準預設都會採用 HTTPS，第 398 頁的〈SSL 與安全 Web 通訊〉一節會更深入介紹）。

接著使用 setRequestMethod() 讓連線知道要使用 POST 操作，並使用 setRequestProperty() 將 HTTP 請求的 Content-Type 欄位設定為適當的數值——對範例而言就是編碼表單資料的適當 MIME 類型（一定要告訴伺服器要送出的資料類型），最後使用 setDoOutput() 與 setDoInput() 方法告訴連線想要送出與接收串流資料。URLConnection 透過這樣的設定知道程式要執行 POST 操作，並預期會有回應，接著透過 getOutputStream() 從連線取得輸出串流，並建立 PrintWriter 以便於送出資料。

送出資料之後，程式呼叫 getResponseCode() 檢查伺服器傳回的 HTTP 回應碼判斷 POST 成功，其他的回應碼（定義在 HttpURLConnection 的常數）表示各種不同的失敗狀態，範例的最後標識出我們是否能夠讀取回應的文字，對這個範例來說，我們假設只需要知道 POST 成功就夠了。

雖然 form-encoded 資料（也就是指定給 Content-Type 欄位的 MIME 類型）最為常見，但也可以用其他的通訊類型。我們可以使用輸入與輸出串流與伺服器程式交換任意資料類型，POST 操作可以送出任何類型的資料，伺服器程式只需要知道如何處理資料就行了。最後再提醒一點：如果讀者的程式需要解碼表單資料，可以使用 java.net.URLDecoder 取消 URLEncoder 的操作，只是要注意在呼叫 decode() 時得指定 UTF8。

HttpURLConnection

HttpURLConnection 也可以取得其他的請求資訊，我們可以用 getContentType() 與 getContentEncoding() 判斷回應的 MIME 類型與編碼，也可以用 getHeaderField() 檢驗 HTTP 回應的標頭（HTTP 回應標頭是回應攜帶的名稱 / 數值對後設資料），輔助的 getHeaderFieldInt() 與 getHeaderFieldDate() 能夠取得標頭的整數與日期值，分別傳回 int 與 long 型別，內容的長度與最後修改時間則可分別透過 getContentLength() 與 getLastModified() 取得。

SSL 與安全 Web 通訊

先前的例子將 Password 欄位送到伺服器，但標準 HTTP 沒有提供加密隱藏資料的方式，所幸，為 GET 與 POST 操作加上這樣的安全性十分容易（實際上對客戶端開發人員而言十分簡單），在系統提供的前提下，只需要改用安全型式的 HTTP 協定——HTTPS 就行了：

```
https://www.myserver.example/cgi-bin/login.cgi
```

HTTPS 是將標準 HTTP 協定執行在 Secure Sockets Layer（SSL）上的版本，使用公開金鑰加密技術加密瀏覽器與伺服器間的通訊，目前大多數的瀏覽器與伺服器都內建 HTTPS（或原本的 SSL sockets）支援，因此，如果你的 web 伺服器支援 HTTPS 並作好設定，你只要在 URL 指定 https 協定，就可以用瀏覽器送出 / 接收安全的資料；在 SSL 等安全性上還有其他的主題，如認證（authenticate）對話方真實的身份等，但就基本的資料加密上，你只要這麼做就夠了，程式不需要直接介入。Java JRE 標準版包含了 SSL 與 HTTPS 的支援，且打從 Java 5.0 開始，所有的 Java 實作都必須支援 HTTPS 與 HTTP 的 URL 連線。

Java Web 應用

在 Java 早期，web 式應用都有相同的基本流程：瀏覽器請求特定的 URL，伺服器產生 HTML 作為回應，透過使用者的操作將瀏覽器帶到其他頁面。交換過程中大多數的工作都由伺服器端處理，由於資料與服務大都存放在伺服器上，這是很合理的選擇，這種應用模式的問題在於使用者從瀏覽器載入新「頁面」時，先天上就缺少了回應性、連續性與狀態，使用者必須在一連續獨立的頁面間切換，使得 web 式應用很難提供相當於桌面應用程式的體驗。在頁面間維持應用程式資料也是技術上的一大挑戰，畢竟瀏覽器不是為了應用所設定，而是以文件為中心而設計的。

近年來的 web 應用程式開發有了許多的變化，HTML 與 JavaScript 標準成熟到能夠（實際上是很普遍）在客戶端開發大多數的使用介面與邏輯，資料與服務則透過在背景呼叫伺服器達成。在這樣的架構下，伺服器實際上只傳回單一個「頁面」 HTML，在其中參照到大量的 JavaScript、CSS 與其他用來渲染應用程式介面的資源，JavaScript 主宰了動態操作頁面元素與新增元素，透過先進的 HTML DOM 特性產生 UI。

JavaScript 會以非同步（asynchronous，背景）呼叫的方式從伺服器取得資料與使用服務，早年主要以 XML 的形式傳回結果，這類互動被稱為**非同步** ***JavaScript*** **與** ***XML***（AJAX，*Asynchronous JavaScript and XML*），目前你還是能看到這個詞，只是 *JavaScript Object Notation*（JSON）格式比 XML 更普及，也被大量非同步 JavaScript 函式庫取代，由於所有的函式庫都有「非同步 JavaScript」的部分，因此你通常會聽到開發人員（或人力資主管）談論他們使用的特定函式庫或框架，如 React 或 Angular。

新模式從各方面簡化並強化了 web 開發，客戶端不再只是能夠處理呈現（view）與請求來回傳送的單頁式、請求 - 回應過程，如今的客戶端更能夠勝任桌面應用程式的角色，能夠順暢地回應使用者的輸入，管理遠端資料與服務而不會中斷使用者的操作。

到目前為止我們都是以一般性的方式提到 *web 應用*（*web application*）這個詞，泛指放置在 web 伺服器上任何型式的瀏覽器式應用，包含單頁式與多頁面的集合，接下來我們要更精確地使用這個詞。在 Java Servlet API 的情境下，web 應用程式指的是一組支援 Java 類別的 servlets 與 Java web services，內容包含了 HTML、Java Server Pages（JSP）、影像及其他媒體以及設定資訊；在部署上（安裝到 web 伺服器），web 應用是打包成 WAR 檔，稍後會更詳細介紹 WAR 檔，但可以說它實際上是包含了所有應用程式檔案與部署資訊的 JAR 壓縮檔，標準化 WAR 檔不僅意味著 Java 程式碼具有可攜性，也意味著標準化了部署應用程式到伺服器的程序。

大多數 WAR 壓縮檔的核心是 *web.xml* 檔案，是個 XML 設定檔，它描述了要部署的各個 servlet 的名稱與 URL 路徑、初始化參數以及許多其他的資訊，包含安全性與認證的要求。近年來由於引進 Java annotation 取代了 XML 設定的位置，已不再絕對需要使用 *web.xml*，在大多數情況下，現在你只需要在類別上加上適當資訊的 annotation，再打包成 WAR 檔，就能夠部署 servlets 與 Java web services。你也可以同時使用 *web.xml* 與 annotation，本章稍後會更詳細說明。

web 應用（或 web app）也有完整定義的執行期環境，每個 web app 在 web 伺服器上必須有自己的「根」目錄，表示所有指向它的 servlets 與檔案的 URL 都必須要有相同、唯一的字首（如 *http://www.oreilly.com/someapplication/*）。web 應用的 servlet 與其他 web 應用的 servlet 互相獨立，不同的 web app 不能直接存取對方的檔案（但當然能夠透過 web

伺服器做到），每個 web app 也有自己的 *servlet context*。我們稍後會詳細介紹 servlet context，簡單來說，它就是應用程式內共享資訊以及從環境取得資源的共同區，web 應用的高度獨立性是為了支援現代商用系統所需的動態部署與更新，以及處理安全性與可靠度等問題。web 應用應該是大粒度（coarse-grained）、相對完整的應用程式，不與其他 web app 有高度耦合，雖然沒有理由阻止開發人員讓 web app 間高度的合作，但針對在應用程式間共享邏輯上，你應該要考慮本章稍後會介紹的 web services。

Servlet 生命週期

現在要進入 Servlet API，開始建立 servlet 了，稍後在討論 API 的各個部份與 WAR 檔結構時，會再更詳細的介紹彼此之間的關係。Servlet API 非常簡單，基礎的 `Servlet` 類別有三個生命週期相關的方法（`init()`、`service()` 與 `destroy()`）、以及其他取得參數設定與 servlet 資源的方法，但開發人員不會直接用到它們，一般而言，開發人員會實作 `HttpServlet` 子類別的 `doGet()` 與 `doPost()` 方法，並透過 servlet context 存取共享資源，說明如下。

一般而言，每個部署的 servlet 類別在每個容器裡只會建立一個實體，更精確的說，在 *web.xml* 檔案裡的每個 servlet 項目都只會產生一個實體，稍後在第 411 頁的〈Servlet 容器〉一節會更詳細介紹 servlet 部署。以往這個規則在使用特殊的 `SingleThreadModel` 類型的 servlet 時會有所例外，但在 Servlet API 2.4，單緒 servlet 已經被停用了。

預設情況下，servlet 要以多緒的方式處理請求，也就是 servlet 的服務方法會同時被許多執行緒引用，這意味著你不該將請求與客戶端相關的資料儲存為 servlet 的實體變數（當然，你可以儲存與 servlet 操作相關的通用資料，只要資料不會依不同的請求而有所不同就行了）。客戶端相關的狀態資訊可以儲存在伺服器的客戶 *session* 物件或客戶端的 cookie 裡，這些資料都可以存續到客戶的後續請求，稍後也會再作說明。

servlet 的 `service()` 方法需要兩個參數：servlet「請求」物件以及 servlet「回應」物件。這兩個物件提供了讀取客戶端請求與產生輸出的工具，在以下範例會介紹它們（或對應的 `HttpServlet` 版本）。

Servlet

我們最有興趣的套件是 `javax.servlet.http`，它包含處理 web 伺服器 HTTP 請求相關 servlet 的 API 規範。理論上你可以開發其他協定的 servlet，但沒有人真的這麼做，接下來的討論會以所有 servlet 都是 HTTP 協定的方式進行。

請注意，javax 套件的字首與先前 Swing 套件很類似，Servlet API 當然是 Java 很重要的部分，但並不屬於基礎開發套件，你需要從第三方供應商另行下載函式庫 *servlet-api.jar*。Apache 提供了 Servlet API 的參考實作，第 440 頁的〈取得 Web 範例程式碼〉一節會介紹下載函式庫、以及從命令列或 IntelliJ IDEA IDE 使用的相關細節。

javax.servlet.http 套件提供的主要工具是 HttpServlet 基礎類別，這是個抽象 servlet，提供了處理 HTTP 請求相關的基本實作細節，特別是覆寫了通用 servlet 的 service() 方法並將其細分為幾個與 HTTP 相關的方法，包含 doGet()、doPost()、doPut() 以及 doDelete()。預設的 service() 檢查請求，判斷請求的類型，再分派給對應的方法，程式可以依需要覆寫特定的協定行為，實作需要的特定協定行為就行了。

doGet() 與 doPost() 對應到標準 HTTP GET 與 POST 操作，GET 是取得特定 URL 的檔案或文件的標準請求，POST 是客戶端用來傳送任意數量資料到伺服器時使用的方法，HTML 表單在使用大多數 web service 時都是使用 POST 傳送資料。

為了完整，HttpServlet 提供了 doPut() 與 doDelete() 方法，這些方法對應到 HTTP 協定的一部分，常用於使用 REST（REpresentational State Transfer，*https://oreil.ly/97Vmc*）的 web 應用，提供了上傳與移除檔案或資料庫紀錄等其他實體的方法。doPut() 類似於 POST，但在語義上稍有不同（PUT 邏輯上應該是取代 URL 所代表的項目，而 POST 則會為 URL 提供新的資料），doDelete() 的行為則相反。

HttpServlet 還實作了其他三個與 HTTP 相關的方法：doHead()、doTrace() 以及 doOptions()，一般不需要覆寫這些方法。doHead() 實作了 HTTP HEAD 請求，能夠取得 GET 請求不含主體（body）的標頭；HttpServlet 預設以最直接的方式實作，執行 GET 方法但只傳回標頭。如果想要進一步的最佳化，也許會想要用更有效率的實作覆寫 doHead()。doTrace() 與 doOptions() 實作了 HTTP 的其他功能，能夠用來偵錯以及簡單的客戶端 / 伺服器功能的協商，一般應該不需要覆寫這兩個方法。

除了 HttpServlet，javax.servlet.http 還包含了 ServletRequest 與 ServletResponse 的子類別，也就是 HttpServletRequest 與 HttpServletResponse，這些子類別分別提供讀 / 寫客戶端資料所需的輸入與輸出串流，也提供取得與設定 HTTP 標頭資訊，以及稍後會介紹的讀取客戶 session 資訊的方法。接下來我們不會枯燥地說明文件，而是透過一系列的範例提供各個類別的使用情境，一如以往地，我們會從最簡單的例子開始。

HelloClient Servlet

以下是 servlet 版本的「Hello, World」程式 HelloClient：

```
@WebServlet(urlPatterns={"/hello"})
public class HelloClient extends HttpServlet
{
    public void doGet(HttpServletRequest request, HttpServletResponse response)
        throws ServletException, IOException
    {
        response.setContentType("text/html"); // 一定要先設定
        PrintWriter out = response.getWriter();
        out.println(
            "<html><head><title>Hello Client!</title></head><body>"
            + "<h1>Hello Client!</h1>"
            + "</body></html>" );
    }
}
```

如果想馬上執行這個程式，請先跳到第 411 頁的〈Servlet 容器〉一節，我們會逐步介紹部署 servlet 的方法。由於我們在類別裡加入了 WebServlet annotation，這個 servlet 不需要 *web.xml* 也能夠部署，只需要將類別檔放在 WAR 壓縮檔（比較神奇的 ZIP 檔）的特定目錄，再把壓縮檔放在 Tomcat 伺服器會監控的目錄就行了。目前我們將會只把焦點放在 servlet 的範例程式碼本身，這個例子十分簡單，本章這部分的範例程式碼放在另一個 GitHub 儲存庫（*https://oreil.ly/BipfR*），關於下載細節與設定 IntelliJ IDEA 使用 servlet 函式庫的說明，同樣請參看第 440 頁的〈取得 Web 範例程式碼〉小節。

來看看範例程式碼。HelloClient 擴展了基礎 HttpServlet 類別，覆寫了 doGet() 方法以處理簡單的請求，範例中，我們以回傳單行 HTML 文件、向客戶端說「Hello Client!」的方式回應 GET 請求。首先，我們使用 HttpServletResponse 物件的 setContentType() 告訴容器要產生的回應類型，範例為 HTML 回應指定了「text/html」的 MIME 類型，接著使用 getWriter() 取得輸出串流並將訊息寫出，程式不需要自行關閉串流，本章稍後會討論更多關於輸出串流的管理。

ServletException

範例 servlet 的 doGet() 方法宣告了可能會拋出 ServletException，Servlet API 的所有服務方法都可能會拋出 ServletException 表示請求失敗，ServletException 可以透過字串訊息以及非必要的 Throwable 參數建立，Throwable 參數能提供代表原始錯誤的例外：

```
throw new ServletException("utter failure", someException );
```

預設是由 web 伺服器控制拋出 ServletException 時呈現給使用者的資訊，通常會是「開發模式」，呈現了例外與堆疊追蹤（stack trace）資訊。大多數的 servlet 容器（如 Tomcat）允許自行定義錯誤頁面，但設定方式超出本章的範圍。

另外，servlet 也可能拋出 UnavailableException，這是 ServletException 的子類別，表示 servlet 無法處理請求，拋出這個例外表示是永久性問題或問題可能延續一段時間。

內容類型

在取得輸出串流寫出資訊之前，必須先呼叫 response 參數的 setContentType()，指定輸出的內容類型（content type），範例中我們將內容類型設定為 text/html，也就是 HTML 文件的 MIME 類型，一般而言，servlet 可以產生任何類型的資料：音訊、視訊或其他類型的文字與二進制文件。如果是要開發類似一般 web 伺服器，提供檔案服務的通用 FileSerlet，那也許會依據檔案的副檔名，或是直接檢查檔案內容判斷正確的 MIME 類型（很適合使用 java.nio.file.Files 的 probeContentType() 方法！）。如果是寫出二進制檔案，你可以使用 getOutputStream() 取得 OutputStream 而不是使用 Writer。

內容類型會用在伺服器 HTTP 回應的 Content-Type: 標頭，讓客戶端在讀取結果之前先知道內容的類型，能夠讓瀏覽器在使用者點選 ZIP 壓縮檔或執行檔時，先跳出「儲存檔案」對話框；如果是以包含文字編碼的完整型式指定內容類型字串（如 text/html; charset=UTF-8），則 servlet 引擎也會使用這項資訊設定輸出串流 PrintWriter 的文字編碼，因此，你應該要先呼叫 setContentType()，然後再使用 getWriter() 方法取得串流，也可以用回應的另一個方法 setCharacterEncoding() 設定文字編碼。

Servlet 回應

除了提供將內容寫到客戶端的輸出串流之外，HttpServletResponse 物件也提供了控制 HTTP 回應其他部分的方法，包含標頭、錯誤碼、重新導向以及 servlet 容器緩衝。

HTTP 標頭是隨著回應一起傳送的設計資料，格式是名稱 / 數值，你可以用 setHeader() 與 addHeader() 方法在回應用加入標頭（標準或自行定義），標頭可以有多個值，針對整數與日期值還有一些方便的設定方法：

```
response.setIntHeader("MagicNumber", 42);
response.setDateHeader("CurrentTime", System.currentTimeMillis() );
```

寫出資料給客戶端時，servlet 容器會自動設定回應碼為 200，表示 OK，透過 sendError() 方法可以產生其他的 HTTP 回應碼，HttpServletResponse 為所有的標準回應碼提供了預先定義好的常數，以下是幾個比較常用的值：

```
HttpServletResponse.SC_OK
HttpServletResponse.SC_BAD_REQUEST
HttpServletResponse.SC_FORBIDDEN
HttpServletResponse.SC_NOT_FOUND
HttpServletResponse.SC_INTERNAL_SERVER_ERROR
HttpServletResponse.SC_NOT_IMPLEMENTED
HttpServletResponse.SC_SERVICE_UNAVAILABLE
```

一旦使用 sendError() 產生錯誤，回應就結束了，無法再寫出任何內容給客戶端，但你可以指定呈現給客戶端的錯誤訊息（參見第 400 頁的〈Servlet 生命週期〉一節）。

HTTP 重新導向是種特別的回應，告訴瀏覽器轉到另一個 URL，一般這個過程十分快速，使用者也不需要有任何操作，程式可以用 sendRedirect() 方法送出重新導向：

```
response.sendRedirect("http://www.oreilly.com/");
```

介紹回應時，應該也要稍微提一下緩衝，大多數的回應都會緩衝在 servlet 容器內部，直到服務方法結束或填滿緩衝區，這能讓容器自動設定 HTTP content-length 標頭，讓客戶端知道資料的長度。你也可以使用 setBufferSize() 控制緩衝區的大小，如果資料還沒有送出給客戶端，還可以清空緩衝區重新來過。清除緩衝區時，要先用 isCommitted() 檢查是否已經有資料送出給客戶端，如果還沒有送出資料，就可以接著用 resetBuffer() 清空資料；在送出大量資料的時候，可以用 setContentLength() 方法自行設定 content length。

Servlet 參數

先前的第一個例子示範了接受基本的請求，當然，要真的做些有用的事，就需要從客戶端得到一些資訊，還好 servlet 引擎可以解析從客戶端傳來的 GET 與 POST form-encoded 資料，並透過 servlet 請求的簡單 getParameter() 方法提供給程式使用。

GET、POST 與「額外路徑」

將資訊從瀏覽器傳送到 servlet 或 CGI 程式有兩種常見的方式，最常見的一種是「POST」資訊，表示客戶端將資訊編碼並以串流的方式傳送給程式，程式端再作解碼，POST 能夠用來上傳大量的表單或檔案等資料；另一個傳送資訊的方式是將資訊編碼進客戶端請求的 URL 中，主要是使用 GET 式的做法將參數編碼進 URL 當中，使用這種方式時，瀏覽器會編碼參數後附加到 URL 字串的尾端，伺服器會編碼資訊後送給應用程式。

先前提過 GET 式編碼會將參數以名稱 / 數值對的方式附加到 URL，同時在第一個參數前必須加上個問號（?），其他的數對則需要以 & 號分隔，整個字串應該要是 *URL-encoded*：所有的特殊字元（如字串中的空白、? 與 &）都必須要特別編碼。

另一種透過 URL 傳送資料的方式稱為**額外路徑**（*extra path*），表示當伺服器找尋作為 URL 標的的 servlet 或 CGI 程式時，會取出 URL 字串剩下的部分，將這些部分視為 URL 額外的部分傳給程式。以下列 URL 為例：

```
http://www.myserver.example/servlets/MyServlet
http://www.myserver.example/servlets/MyServlet/foo/bar
```

假設伺服器將第一個 URL 對應到名為 `MyServlet` 的 servlet，當收到第二個 URL 時，伺服器同樣會呼叫 `MyServlet`，但是將 `/foo/bar` 視為「額外路徑」，能夠透過 servlet 請求的 `getExtraPath()` 方法取得。這個技巧能夠建立更容易讓人理解、也更具有意義的 URL 路徑名稱，特別適合以文件為核心的內容。

`GET` 與 `POST` 兩種方式都可以用在客戶端的 HTML 表單，只需要在 `form` 的 `method` 屬性分別指定 `get` 與 `post`，瀏覽器就會處理對應的編碼方式，在伺服器端則是由 servlet 引擎負責解碼。

客戶端用來 POST 表單資料給 servlet 的內容類型是：application/x-www-form-urlencoded，Servlet API 會自動剖析這類資料，讓資料內容能夠透過 `getParameter()` 方法取得。如果你沒有呼叫 `getParameter()` 方法，仍然可以透過 servlet 直接由輸入串流讀取未剖析狀態的資料。

GET 或 POST：該用哪個？

對使用者而言，`GET` 與 `POST` 兩者的主要差異在於 `GET` 可以從瀏覽器的網址列看到編碼後的訊息，這可能很有用，使用者可以複製貼上 URL（例如搜尋結果）寄送給朋友，或是存下來供後續參考。`POST` 資訊就看不到了，而且會在送給伺服器後消失不見。兩者行為的差異與協定分別賦予 `GET` 與 `POST` 的語義一致，一般而言，`GET` 操作的結果不應該產生任何副作用（例如下單購物車中的所有物品），理論上這些副作用是 `POST` 的工作，這也是按下重新整理時，瀏覽器會警告將會重新送出表單內容的原因。

額外路徑風格適用於取得檔案或是處理特定範圍等作業，能以易於人類理解的方式呈現 URL，由於額外路徑看起來就像是一般的本機路徑，十分適合用於使用者必須看到或記住的 URL。

ShowParameters Servlet

先前的第一個例子並沒有做太多事，接下來的例子會印出所有收到的參數。我們先從處理 GET 請求開始，接著再為支援 POST 作些簡單的修改。程式碼如下：

```
import java.io.*;
import javax.servlet.http.*;
import java.util.*;

@WebServlet(urlPatterns={"/showParameter"})
public class ShowParameters extends HttpServlet
{
    public void doGet(HttpServletRequest request, HttpServletResponse response)
      throws IOException
    {
        showRequestParameters( request, response );
    }

    void showRequestParameters(HttpServletRequest request,
        HttpServletResponse response)
        throws IOException
    {
        response.setContentType("text/html");
        PrintWriter out = response.getWriter();

        out.println(
          "<html><head><title>Show Parameters</title></head><body>"
          + "<h1>Parameters</h1><ul>");

        Map<String, String[]> params = request.getParameterMap();
        for ( String name : params.keySet() )
        {
            String [] values = params.get( name );
            out.println("<li>"+ name +" = "+ Arrays.asList(values) );
        }

        out.close(  );
    }
}
```

和第一個範例一樣，我們覆寫了 doGet() 方法，程式將請求轉派給另外建立的、名為 showRequestParameters() 的輔助方法，透過 getParameterMap() 逐個檢視參數並印出參數，getParameterMap() 方法會傳回參數名稱與數值構成的 Map 物件。要特別注意的是，當客戶端重複送出相同參數時，參數就會有多重值，因此 Map 的數值會是 String[] 型別，為了美化呈現的結果，程式將每個參數以 <li> 標籤呈現在 HTML 當中。

目前 servlet 能夠回應所有使用 GET 請求的 URL，接下來讓我們加入自己的輸出格式與處理 POST 方法，完成整個範例。要接受 post 就需要覆寫 doPost() 方法，doPost() 方法的實作可以直接呼叫先前的 showRequestParameters() 方法，但還可以進一步的簡化，由於 servlet 引擎會解碼請求的參數，API 允許程式將 GET 與 POST 請求視為相同，因此我們可以直接將 doPost() 操作轉派給 doGet()。

在範例中加入以下的方法：

```
public void doPost( HttpServletRequest request, HttpServletResponse response)
  throws ServletException, IOException
{
    doGet( request, response );
}
```

最後，再加上 HTML 表單到輸出的結果，表單能讓使用者填入一些參數後送到 servlet。在 showRequestParameters() 方法呼叫 out.close() 前加上以下這行程式碼：

```
out.println("</ul><p><form method=\"POST\" action=\""
        + request.getRequestURI() + "\">"
  + "Field 1 <input name=\"Field 1\" size=20><br>"
  + "Field 2 <input name=\"Field 2\" size=20><br>"
  + "<br><input type=\"submit\" value=\"Submit\"></form>"
);
```

form 的 action 屬性是 servlet 的 URL，所以 servlet 能夠取回資料，程式用 getRequestURI() 方法取得 servlet 自身的位置，至於 method 屬性則指定了 POST 操作，但你也可以試著改成 GET，看看兩種行為的差異。

到目前為止還沒有太多驚人的內容，我們會在下個例子加上一些由使用者 session 所帶來的能力，能夠跨請求儲存客戶端的資料。

使用 Session 管理

Servlet API 最好的一點就是提供了管理使用者 session 的簡單機制，session 指的是 servlet 能夠管理使用者瀏覽過程中跨頁面與跨交易的資訊，這也稱為維持狀態（maintaining state）。維持一系列頁面的延續性對某些種類的應用十分重要，如處理登入程序或透過購物車追蹤購買狀況。就某方面而言，session 資料取代了 servlet 的實體資料，能讓儲存的資料跨越多次呼叫，少了這樣的機制，servlet 就沒辦法知道兩次請求都來自相同的使用者。

session 追蹤是由 servlet 容器提供，程式一般不需要知道實際的細節與完成的方式，常見做法有兩種：使用客戶端 cookie 或 URL 重寫。*客戶端 cookie* 是標準 HTTP 機制，能讓客戶端瀏覽器協助儲存資料。cookie 基本上只是伺服器指定的名稱 / 數值屬性，儲存在客戶端，並在後續存取特定伺服器上的某組 URL 時傳回。cookie 可以追蹤單次 session 或使用者的多次到訪。

URL 重寫（*URL rewriting*）將追蹤 session 資訊附加到 URL，可能使用 `GET` 式編碼或額外路徑資訊。*重寫*（*rewriting*）這個說法是因為伺服器在將 URL 送到客戶端前先重寫了 URL，以及在將 URL 送給 servlet 前先吸收了一部分資訊。為了支援 URL 重寫，伺服器必須增加額外的步驟，對 `HttpServletReponse` 物件所產生內容中所有的 URL（如傳回頁面上的 URL）重新編碼。如果想要讓應用程式適用於不支援 cookie 或關閉 cookie 功能的瀏覽器，就必須允許伺服器重寫 URL。也有許多網站直接選擇沒有 cookie 時就無法正常使用的做法。

servlet 開發人員透過 `HttpSession` 物件取得狀態資訊，這個物件的行為類似雜湊表，能夠儲存任何想要在 session 裡帶走的物件。物件會留在伺服器端，透過 cookie 或 URL 重寫將特別的識別子送到客戶端，後續存取時再透過識別子找到對應的 session，就能夠再次建立 session 與 servlet 的關聯。

ShowSession Servlet

以下範例示範透過 session 儲存一些字串資訊的方法：

```
import java.io.*;
import javax.servlet.ServletException;
import javax.servlet.http.*;
import java.util.Enumeration;

@WebServlet(urlPatterns={"/showSession"})
public class ShowSession extends HttpServlet {
```

```
public void doPost(
    HttpServletRequest request, HttpServletResponse response)
    throws ServletException, IOException
{
    doGet( request, response );
}

public void doGet(
    HttpServletRequest request, HttpServletResponse response)
    throws ServletException, IOException
{
    HttpSession session = request.getSession();
    boolean clear = request.getParameter("clear") != null;
    if ( clear )
        session.invalidate();
    else {
        String name = request.getParameter("Name");
        String value = request.getParameter("Value");
        if ( name != null && value != null )
            session.setAttribute( name, value );
    }

    response.setContentType("text/html");
    PrintWriter out = response.getWriter();
    out.println(
      "<html><head><title>Show Session</title></head><body>");

    if ( clear )
        out.println("<h1>Session Cleared:</h1>");
    else {
        out.println("<h1>In this session:</h1><ul>");
        Enumeration names = session.getAttributeNames();
        while ( names.hasMoreElements() ) {
            String name = (String)names.nextElement();
            out.println( "<li>"+name+" = " +session.getAttribute(
                name ) );
        }
    }

    out.println(
      "</ul><p><hr><h1>Add String</h1>"
      + "<form method=\"POST\" action=\""
      + request.getRequestURI() +"\">"
      + "Name: <input name=\"Name\" size=20><br>"
      + "Value: <input name=\"Value\" size=20><br>"
      + "<br><input type=\"submit\" value=\"Submit\">"
```

```
            + "<input type=\"submit\" name=\"clear\" value=\"Clear\"></form>"
        );
    }
}
```

呼叫這個 servlet 時，會看到一個表單提示要輸入名稱與數值，數值字串會儲存到 session 物件的指定名稱，每次呼叫 servlet 都會輸出目前 session 中儲存的所有項目。你可以看到每次新增項目，session 就會隨著成長（這個例子會持續成長到你重新啟動瀏覽器或伺服器）。

程式的基本機制與 ShowParameters servlet 很類似，doGet() 方法產生表單，表單透過 POST 方法指回 servlet，我們同時覆寫 doPost() 方法委派回 doGet() 方法，讓 doGet() 方法處理一切。一旦進入 doGet() 之後，程式先試著從 request 物件的 getSession() 方法取得 session 物件，從請求函式取得的 HttpSession 物件很像是個雜湊表，有個需要字串與 Object 引數的 setAttribute() 方法，以及對應的 getAttribute() 方法。範例中還使用了 getAttributeNames() 方法逐個取得目前儲存在 session 中的數值並印出它們。

getSession() 預設行為是在沒有既存 session 時產生新的 session，如果程式想要檢查是否已存在 session 或明確地控制 session 的建立，可以呼叫過載的版本 getSession(false)，這個版本就不會自動建立新 session，而是在沒有 session 時傳回 null。另外，你也可以用 isNew() 方法檢查是否是新建立的 session；如果要馬上清除 session，可以使用 invalidate() 方法。對 session 呼叫 invalidate() 後就不能再存取同一個 session，所以範例程式中顯示了「Session Cleared」訊息。session 也可能因為逾時而失效，可以在應用伺服器以程式或是 *web.xml* 檔（透過 session-config 段落的 session-timeout 值）控制 session 的逾時期限。一般而言，這會讓程式在收到下一個請求時視為無 session 或建立新 session，使用者 session 是屬於個別的 web 應用，無法跨應用分享。

先前提過，要為不支援 cookie 的瀏覽器提供 URL 重寫需要額外的步驟，也就是我們必須確保內容中所有的 URL 都先經由 HttpServletResponse encodeURL() 方法編碼，這個方法需要一個 URL 字串，只會在需要 URL 重寫時傳回修改過的字串。在能夠使用 cookie 的情況下，一般都會傳回相同的字串。在先前的例子裡，如果想讓使用者不需 cookie 也能使用，那麼從 getRequestURI() 取得的伺服器型式 URL 在傳回客戶端前，就必須先編碼後再寫入內容。

Servlet 容器

總算來到執行範例程式的時間了！有許多能夠部署 servlet 的工具（稱為容器），OpenJDK 與官方 Oracle JDK 都沒有內建 servlet 容器，AWS[2] 等線上服務能以適當的價格提供速度不錯的容器，讓全世界都能夠使用部署的 servlet。但是在開發階段，你一定會想要有個可以控制、在學習 Servlet API 的過程中能夠修改與重新啟動的本機環境。由於我們必須自行設定這個本機環境，因此需要安裝「參考實作」容器 Apache Tomcat，我們會安裝第 9 版，但更早的版本也能夠支援目前所介紹的 servlet 基本功能。

先前提過 WAR 檔是個包含了 web 應用一切的壓縮檔：servlet 與 web service 的 Java class 檔案、JSP、HTML 頁面、影像以及其他資源。WAR 檔只是個 JAR 檔（也就是個比較不一樣的 ZIP），有指定的 Java 程式碼目錄以及一個特殊的設定檔：*web.xml* 檔案，能夠讓應用伺服器知道執行的對象與方法。WAR 檔都使用 *.war* 副檔名，但可以用標準 *jar* 工具建立與讀取。

一般的 WAR 檔看起來像這樣（用 *jar* 工具呈現）：

```
$ jar tvf shoppingcart.war

    index.html
    purchase.html
    receipt.html
    images/happybunny.gif
    WEB-INF/web.xml
    WEB-INF/classes/com/mycompany/PurchaseServlet.class
    WEB-INF/classes/com/mycompany/ReturnServlet.class
    WEB-INF/lib/thirdparty.jar
```

部署時，WAR 的名稱預設會是 web 應用的根目錄，上面的例子就是 *shoppingcart*。如果部署在 *http://www.oreilly.com* 主機上，這個 web app 的根目錄就會是 *http://www.oreilly.com/shoppingcart/*，所有參考到的文件、影像與 servlet 都會以這個基礎目錄開始尋找。WAR 檔的最上層會成為提供檔案的文件根（document root，基礎目錄），*index.html* 檔案就會出現在先前提過的根目錄，而 *happybunny.gif* 影像則會以 *http://www.oreilly.com/shoppingcart/images/happybunny.gif* URL 表示。

2 Amazon Web Services（*https://aws.amazon.com*）是主要供應商，提供了供免費試用到企業級的環境，但還有許許多多線上 Java 代管服務，如 Heroku（*https://www.heroku.com*）與 Google App Engine（*https://oreil.ly/uT2u5*），它們雖然不是 servlet 容器，但仍然可以在 web 上使用 Java 技術。

WEB-INF 目錄（全大寫、連字號）是個特殊目錄，內含所有部署資訊與應用程式碼，web 伺服器會保護這個目錄，讓應用程式外部的使用者無法看到其中的內容，即使在基礎 URL 加上 *WEB-INF* 也無法看到內容，只有應用程式本身的類別可以透過 servlet context 的 `getResource()` 方法載入這個目錄下的其他檔案，是存放應用程式資源的安全地點。*WEB-INF* 目錄裡還有 *web.xml* 檔案，下一節會更詳細介紹。

WEB-INF/classes 與 *WEB-INF/lib* 目錄內分別放置了 Java class 檔案與 JAR 函式庫，*WEB-INF/classes* 目錄會自動加入 web 應用程式的 classpath，應用程式可以使用所有放置其中的 class 檔（依據一般 Java 套件慣例）；接著將 *WEB-INF/lib* 目錄裡的 JAR 檔案加到 web 應用的 classpath（不幸的是，JAR 檔的加入順序並不一定）。你可以將自己的 class 檔放在任何一個地方，開發期間通常比較容易處理「寬鬆」的 *classes* 目錄，把支援類別與第三方工具放到 *lib* 目錄，也可以直接將 JAR 檔案裝到 servlet 容器，讓伺服器上的所有 web 應用都能夠使用，這通常用在多個 web 應用的共用函式庫，但函式庫的放置位置沒有一致的標準，以這種方式部署的類別也無法在更動時自動重新載入（稍後會介紹 WAR 檔的這項特性）。Servlet API 要求每個伺服器都要提供一個放置擴充 JAR 檔的目錄，其中的類別會以同一個 classloader 載入，供所有的 web 應用使用。

web.xml 與 annotation 設定

web.xml 檔是個 XML 設定檔，列出了要部署的 servlet 與相關的項目、相對於部署位置的名稱（URL 路徑）、初始參數以及部署細節，包含安全性與授權等。對以往大多數的 Java web 應用而言，這是唯一的部署設定機制，但在 Servlet 3.0 API（Tomcat 7 以後）起有了另一種選擇，如今大多數的設定都可以透過 Java annotation 達成。第一個範例 `HelloClient` 就使用了 `WebServlet` annotation 宣告 servlet 與指定部署的 URL 路徑，透過 annotation，不需任何 *web.xml* 檔也能夠將 servlet 部署到 Tomcat 伺服器上。另一種方式是 Servlet 3.0 API 所提供的程序式部署 servlet——在執行期使用程式碼部署。

本節會介紹 XML 與 annotation 設定。一般而言，annotation 使用上比較簡單，但有幾個理由支持學習 XML 設定。首先，*web.xml* 能夠覆寫寫死（hardcode）的 annotation 設定，透過 XML，你可以在部署的時候改變設定而不需要重新編譯程式碼，通常在 XML 的設定會比 annotation 更為優先，你也能夠透過 *web.xml* 的 `metadata-complete` 屬性讓伺服器完全略過 annotation 設定。其次，可能還有些殘存的設定，特別是與 servlet 容器相關的部分，只能透過 XML 才能夠設定。

假設讀者都對 XML 有所認識，但你也可以直接以複製貼上的方式使用這些範例。先來看看 HelloClient 範例的簡單 *web.xml*，內容如下：

```
<web-app>
    <servlet>
        <servlet-name>helloclient1</servlet-name>
        <servlet-class>HelloClient</servlet-class>
    </servlet>
    <servlet-mapping>
        <servlet-name>helloclient1</servlet-name>
        <url-pattern>/hello</url-pattern>
    </servlet-mapping>
</web-app>
```

文件的最上層元素是 `<web-app>`，`<web-app>` 內能夠出現許多類型的項目，最基本的是 `<servlet>` 宣告與 `<servlet-mapping>` 部署宣告。`<servlet>` 宣告標籤用來宣告 servlet 實體，以及在需要時指定初始化與其他參數，*web.xml* 中每個 `<servlet>` 標籤裡的 servlet class 都會產生一個 servlet 實體。

`<servlet>` 宣告至少要包含兩部分資訊：一個 `<servlet-name>` 作為在 *web.xml* 參照 servlet 用的識別符，以及 `<servlet class>` 標籤指定 servlet 的 Java 類別名稱。此處我們將 servlet 命名為 `heeloclient1`，這種命名方式強調我們可以在必要時為同一個 servlet 產生另一個實體，例如指定其他的初始化參數。servlet 的類別名稱當然是 `HelloClient`，在實際應用程式中，servlet 名稱應該會是完整的套件名稱，例如 `com.oreilly.servlets.HelloClient`。

servlet 宣告也可以加入一個以上的初始化參數，這些參數能夠透過 `ServletConfig` 物件的 `getInitParameter()` 方法取得這些設定值：

```
<servlet>
    <servlet-name>helloclient1</servlet-name>
    <servlet-class>HelloClient</servlet-class>
    <init-param>
        <param-name>foo</param-name>
        <param-value>bar</param-value>
    </init-param>
</servlet>
```

接下來是 <servlet-mapping> 標籤，這個標籤建立了 servlet 實體與 web 伺服器上路徑的關聯：

```
<servlet-mapping>
    <servlet-name>helloclient1</servlet-name>
    <url-pattern>/hello</url-pattern>
</servlet-mapping>
```

此處我們將 servlet 對應到 */hello* 路徑（必要的話也可以加上其他的 url-pattern），如果之後將 WAR 檔命名為 *learningjava.war* 並部署到 *www.oreilly.com*，那麼這個 servlet 的完整路徑就會是 *http://www.oreilly.com/learningjava/hello*。如同能夠透過 <servlet> 標籤定義一個以上的實體，我們也可以對相同的 servlet 實例宣告一個以上的 <servlet-mapping>，例如可以將相同的 helloclient1 實體對應到 */hello* 與 */hola* 路徑。<url-pattern> 標籤在設定對應 servlet 的 URL 上提供了很大的彈性，下一節會進一步介紹細節。

最後應該要提醒一點，雖然先前的 *web.xml* 設定能夠在某些應用伺服器上運作，但是缺少了指定 XML 版本以及 *web.xml* 檔案的版本資訊，在技術上並不完整，為了讓檔案完全符合標準，應該要加上一行：

```
<?xml version="1.0" encoding="ISO-8859-1"?>
```

自 Servlet API 2.5 起，可以使用 XML 綱要（XML schema）的方式指定 *web.xml* 檔案的版本資訊，這些額外的資訊是附加上 <web-app> 元素：

```
<web-app
     xmlns="http://java.sun.com/xml/ns/j2ee"
     xmlns:xsi="http://www.w3.org/2001/XMLSchema-instance"
     xsi:schemaLocation="http://java.sun.com/xml/ns/j2ee
     http://java.sun.com/xml/ns/j2ee/web-app_2_5.xsd"
     version="2.5">
```

少了這些資訊，應用程式也許仍然可以執行，但 servlet 容器會比較不容易發現設定錯誤，無法提供明確的錯誤資訊。有些較聰明的編譯器也透過綱要資訊的協助，提供語法標示、自動完整等功能。

以下這行 annotation 相當於先前看過的 servlet 宣告：

```
@WebServlet(urlPatterns={"/hello", "/hola"})
public class HelloClient extends HttpServlet {
   ...
}
```

WebServlet 的 urlPatterns 屬性能夠指定一個以上的 URL 樣式，相當於 *web.xml* 檔案裡的 url-pattern 宣告。

URL 樣式對應

先前範例中的 <url-pattern> 指定了簡單的字串 /hello，這個模式下，只有完全相符於基礎 URL 加上 /hello 的請求才會呼叫 servlet。<url-pattern> 標籤也能夠使用更強大的樣式，例如將 <url-pattern> 指定為 /hello* 就能夠讓 *http://www.oreilly.com/learningjava/helloworld* 或 *.../hellobaby* 等 URL 都會呼叫 servlet，你甚至可以指定有擴充檔名的萬用字元（如 *.html 或 *.foo，表示 servlet 能夠被以這些字元結尾的路徑呼叫）。

萬用字元可能造成一個以上的對應，例如以 /scooby* 與 /scoobydoo* 結尾的 URL，這種情況下 .../scoobydoobiedoo 該對應到哪個 servlet 呢？要是還有另一個因為字尾模式相符的網址該怎麼辦？以下是這種情況的處理規則。

首先會選擇完全相符的設定，例如範例中即使還有另一個 /hello* 的設定，/hello 仍然會對應到 /hello URL 樣式；找不到完全相符的對應時，容器會接著尋找最長的字首相符，因此，/scoobydoobiedoo 會對應到第二個樣式 /scoobydoo*，因為它的長度比較長，也比較明確。如果還沒有找到相符的 servlet，容器接著會找萬用字元加上字尾的對應，以 .foo 結尾的請求這時候會對應到 *.foo 的設定。最後，要是以上過程都沒有找到對應的 servlet，容器就會尋找預設、一體適用的對應設定 /*，這時候就會呼叫對應到 /* 的 servlet，要是沒有預設 servlet 對應設定，就會傳回「404 not found」訊息，表示請求失敗。

部署 HelloClient

只要能夠部署 HelloClient servlet，就能夠輕易的加入本章的其他範例到 WAR 檔當中，本節會示範手動建立 WAR 檔的做法，市面上當然有許多其他工具能夠自動產生與管理 WAR 檔，但手動的做法很簡單，也有助於了解檔案的內容。

要以手動方式建立 WAR 檔，必須要先建立 *WEB-INF* 與 *WEB-INF/classes* 路徑，如果你選擇使用 *web.xml*，就將檔案放在 *WEB-INF* 目錄裡（切記，如果你在 Tomcat 7 之後的版本中使用了 WebServlet annotaiton，就不一定需要 *web.xml*）。接著將 *HelloClient.class* 放到 *WEB-INF/classes* 目錄，然後用 *jar* 命令建立 *learningjava.war*（WEB-INF 在壓縮檔的最上層）：

```
$ jar cvf learningjava.war WEB-INF
```

你也可以在 *WEB-INF* 目錄後加上其他名稱，在 WAR 檔中加入其他的文件或資源，這個命令會產生 *learningjava.war* 檔，可以用 *jar* 命令驗證壓縮檔的內容：

```
$ jar tvf learningjava.war
document1.html
WEB-INF/web.xml
WEB-INF/classes/HelloClient.class
```

接下來只需要把 WAR 檔放到伺服器上正確的目錄就行了，還沒有安裝伺服器的讀者可以先下載與安裝 Apache Tomcat。你可以用第 9 版（*https://oreil.ly/7Bub3*），並且參考 Apache 的 Tomcat 網站上的相關文件（*https://tomcat.apache.org*）。

放置 WAR 檔的位置是 Tomcat 安裝目錄下的 *webapps* 子目錄，將 WAR 檔放到這個目錄下，啟動伺服器，要是 Tomcat 設定為預設的連接埠，應該就能夠透過以下這兩個 URL 指到 `HelloClient` servlet：*http://localhost:8080/learningjava/hello* 或 *http://*`<yourserver>`*:8080/learningjava/hello*，將 *`<yourserver>`* 代換為主機的名稱或 IP，有任何問題的話，可以查看 Tomcat 目錄下 *logs* 子目錄裡的錯誤訊息。

重新載入 web app

所有的 servlet 容器都應該提供重新載入 WAR 檔的機制，有許多容器還能夠支援重新載入修改過的 servlet 類別。重新載入 WAR 是 servlet 規範的一部分，在開發過程中特別有用，但不同的伺服器對重新載入的支援也有所不同，一般而言，只需要將新的 WAR 檔放到相同的位置取代原有的檔案就行了（例如 Tomcat 的 *webapps* 子目錄），容器就會停止原來的應用程式，部署新的版本。這在 Tomcat 設定了 autoDeploy 屬性時（預設是啟用）有用，在 Oracle 的 WebLogic 伺服器設定為開發模式時也有用。

Tomcat 等部分伺服器會將 WAR 檔解開到 *webapps* 目錄下的子目錄，或是透過設定檔案將解開的 web app 目錄指定為根目錄（或 context），如此一來你就能夠替換個別的檔案，這十分適合用來調整 HTML 或 JSP。Tomcat 會在你修改這些檔案的時候自動重新載入 WAR 檔（除非另外設定不這麼做），你只需要用新的 WAR 檔取代原有的檔案，就會在需要時重新部署。在某些情況下可能要重新啟動伺服器才會作用，不確定的時候，關閉伺服器再重新啟動就對了。

全球資訊網的確很廣大

我們僅簡單介紹了可以用 web 及 Java 做到的事的皮毛；介紹了 Java 內建機制，讓存取線上資訊與跟線上資訊互動如同處理檔案一樣容易，還介紹了透過 servlet 將 Java 程式供給全世界使用的方法，學習 servlet 的過程一定會遇到需要在專案中加入第三方函式庫的情況，就像本章範例需要加入 *servlet-api.jar* 檔一樣，也許你已經開始感受到 Java 這個生態系統變得有多龐大了！

Java 的成長並不只限於函式庫與外掛，Java 語言本身也在持續地成長與演化。下一章會介紹關注即將到來的新功能，以及在原有程式碼中納入最新功能的方法。

第十三章

擴充 Java

Java 程式語言已經 25 歲了，在這段時間成長了許多也改變了許多，有些是安靜、漸進式的變化，另外一些變化則較為突兀，甚至連將變化引進程式語言的程序也有所變化。

本章要看看變化的起源以及最終真正進入 Java 的過程，我們將回顧第 19 頁〈Java 藍圖〉一節提過的發佈程序，先看看討論中可能納入未來版本的主題，同時也會回到現在，介紹在更新既有程式碼納入新功能的方式，以及適當的更新時機。並非所有的新功能都會讓所有的 Java 人員感興趣，幷好處想，幾乎每個開發人員都會從 Java 直接提供或其他眾多第三方函式庫所提供的廣泛功能中，找到自己感興趣的部分。

Java 發佈

本書完稿時 Java 14 的第五版已經發佈為預覽版本，我們使用了開放原始碼版本的開發套件 OpenJDK，讀者可以在 JDK 專案網頁（*https://oreil.ly/5qJ_8*）找到最新與接下來的版本。同樣的，Oracle 維護了官方版本的 JDK，適合需要付費支援的大型、企業用戶，讀者可以在 Oracle 的登陸頁面（landing page）：Java Standard Edition overview（*https://oreil.ly/o2l81*）找到官方版本的進展，如果想知道每個版本包含的特性與變化，可以參考 Oracle 的 JDK Release Note 頁面（*https://oreil.ly/YNDdj*）。

Oracle 在 Java 9 之後轉換為六個月一次的發佈循環，採用規模較小，以特性為基礎的程式語言發佈方式，這樣快速的節奏表示你會週期性看到 Java 的更新。你也許會期待每個新版本並立刻在程式碼中採用語言的新特性，也可能選擇停留在 Java 8 或 Java 11 這類規劃為長期支援的版本，先前提過，並不是所有的 Java 變更都會對讀者有用，但我們想要確保讀者知道評估新功能的方式，以及該如何留意接下來可能發生的變動。

JCP 與 JSR

為了解釋新功能加入 Java 的程序，我們先說明幾個縮寫。Java Community Process（JCP）計畫是為了吸引大眾參與 Java 藍圖所設計，透過這個過程會建立與修正 Java Specification Request（JSR），JSR 是針對特定範圍概念的大略說明文件，讓開發人員團隊實作與開發功能之用，例如 JSR 376（*https://oreil.ly/bV_ct*）描述 Java Platform Module System，能夠更完善的處理建立與部署 Java 應用程式所需要的各個組成部分（有興趣的話，你也可以看看所有的 JSR（*https://oreil.ly/9Ssdp*），包含了被撤回或否決的所有想法），獲得足夠注意的 JSR 會在接下來的 Java 版本取得預覽特性的地位，要是該項概念沒有辦法完全符合規範的內容，可能會以 JDK Enhancement Proposal（JEP，*https://openjdk.java.net/jeps/0*）的型式出現。並非所有的提議都能夠成長到這個階段，但可以看到有個十分穩固的環境，能夠嘗試新的想法，讓受歡迎的概念最終都能納入正式的發佈。

如果想要知道下個版本會包含哪些新功能，就該看看 Oracle 的 JDK 建置網站（*https://jdk.java.net*），在這裡可以看到當前與早期發佈（early access）的 JDK，早期發佈版本會包含可能出錯部分的說明，但是在試用這些早期發佈版本時，千萬要牢記網站的聲明：「早期發佈功能可能永遠不會納入通用版本」。實際上 Java 版本就是將 Java 8 包裝成「傘狀」的 JSR 337（*https://oreil.ly/sSofa*），這些傘狀 JSR 也許沒那麼乾淨，但都是特定版本最權威的說明文件。

Lambda 表示式

例如 JSR 337 預告了 Java 會有巨大的變化，本書的前一版停留在 Java 7，當時第十一章使用的 try-with-resources（與其他許多特性）還是當紅話題，當時的開發人員已經開始尋找討論中但尚未納入的其他特性，最受人期待的就是 lambda 表示式（JSR 335，*https://oreil.ly/typ6B*），lambda 表示式能將一部分程式視為第一級物件（對 lambda 表示式來說，這些程式碼稱為函式），如果不需要在其他地方使用相同的函式，這種做法能讓程式更加簡潔，一旦開發人員熟悉新的語法，也更容易閱讀。lambda 函式跟匿名類別一樣能夠存取可視範圍內的區域變數，它們能夠與 `java.util.stream` 套件等函數式 API 運作得很好，`java.util.stream` 套件同樣也屬於 JSR 335，這些令人印象深刻的變動最終都納入到 Java 8。

lambda 函式[1]能夠以更函數式（functional）的形式處理問題，函數式程式設計是種更宣告式的程式設計方式，將重心放在實作函數（有特殊限制的方法）而不是操作物件。本書並不會深入函數式程式設計的細節，但這是種強大的做法，值得你在程式設計的路上花些時間研究，在本章最後的〈延伸 Java 到核心之外〉一節會列出一些函數式程式設計的好書。

翻新程式碼

lambda 表示式看起來十分有趣，該怎麼用在自己的程式？這個好問題也適用於往後的新功能，先前提過，Java 的發佈週期表示你必須持續面對新的版本。接下來我們先從評估的觀點看 lambda 表示式，以及其他可能納入程式碼的 Java 新功能。

研究功能

對所有的新功能都必須先理解它的組成，這可能簡單如小小的語法變化，或是有如建置 Java 二進制檔的新方法一樣複雜，lambda 表示式則落在兩者之間。我們先看看非常簡單的 lambda 表示式，試著在程式裡用用看。

該怎麼開始用 lambda 表示式？如果用過 Lisp 之類的函數式程式語言，就知道 lambda 是什麼，也知道使用的情境，了解不多的話也可以線上搜尋。要是新功能已經發佈一段時間（就像 2020 年寫作本書時的 lambda 表示式），很可能可以找到一些很不錯的教學文章，如果功能太新、或是剛開始搜尋找不到太有用的結果的時候，可以回歸到 JSR。lambda 表示式同樣屬於 JSR 335（*https://oreil.ly/typ6B*），JSR 的第二節是 *Request*，通常包含了有用提示，以下是 section 2.7 中的第一段，簡單介紹了這個功能：

> 我們建議擴充 Java 程式語言，納入 lambda 表示式（也稱為 closure 或匿名方法）。此外，也會擴充程式語言支援稱為「SAM conversion」的轉換，讓 lambda 表示式能夠用在需要單一抽象方法（single-abstract-method）介面或類別的情境，以便相前相容於原有的函式庫。
>
> — JSR 335 Section 2.7

1 本書審稿人同時也是知名歐萊禮作者 James Elliott 提供了一些歷史脈絡：「lambda 函數的名稱源自於 lambda calculus，由數學家 Alonzo Church 在 1930 年建構，為計算提供了嚴謹的數學定義。lambda calculus 在 1958 年成為程式語言的結構幾乎可說是個意外，當時 MIT 的學生發現能夠輕易的實作出 John McCarthy 教授使用的 Lisp 語言的可執行版本，成為分析電腦程式的實用數學符號。雖然 Lisp 這個第二老的高階程式語言（晚了 Fortran 一年）仍然在使用中，其先進強大的表達能力花了很長的時間才進入主流，而 Java 是其中主要的推手，特別是在垃圾收集與動態型別上。」

這幾句話裡有幾個能夠協助搜尋背景資訊的關鍵字，什麼是「closure」？什麼是「SAM conversion」？最後一句甚至提到了 lambda 表示式可能的用法：需要型式的介面或類別的情境。這段文字當然不足以了解 lambda 表示式本身，但足以作為正確研究主題的提示。

其他的 JSR 也很值得一讀，其中可能會有立即幫得上忙的內容，但更常有的情況是文件中會發現 JSR 參與成員的輔助資料與設計文件，甚至是早期草案，你可以從中看到新功能的演變。你應該也能夠在含有新功能的 Java 版本所提供的文件中，找到更實際的資訊（對範例的 lambda 而言就是 Java 8），甚至是早期試用版都會提供一部份的正式文件。

現在你可以開始對 lambda 表示式作些研究，繼續讀些 JSR 的輔助文件，查查 Oracle 對 Java 8 lambda 表示式的教學文件。試著在 Stack Overflow 等網站搜尋看看，大部分的人會想要從自己信任的來源找到一些例子，Java 現在每六個月就會有個新版本，學著如何跟上版本是很划算的投資。

基礎 lambda 表示式

雖然我們希望讀者們能自行研究，但我們想要透過一些例子來示範 lambda 表示式的簡潔與威力。lambda 表示式的基本語法非常簡單：

```
( 參數 ) -> 表示式或區塊
```

「參數」可以是零或多個參數名稱（也可能包含型別），會被傳到新 -> 運算子右側的表示式，表示式（或以一組大括號包覆的指令區塊）可以傳回數值或執行一些程式碼。例如，以下是普通的「遞增」lambda 表示式，用了一個輸入參數：

```
(n) -> n + 1
```

要特別提醒的是，這個 lambda 表示式並沒有改變參數 n 的值，只有運算而已，應該把這個特別的例子看成是整數的「next」運算，如果你有其他的情況需要用到類似行為的 next() 運算，就可以使用 lambda 表示式，這在想要對字串或日期等其他型別套用相同處理時非常有用。「下一個」日期是什麼？下一天？下一年？透過 lambda 表示式就可以提供當時確切需要的「next」版本。

你也可以指定一個以上的參數，或是完全不指定任何參數。實務上你可以看到各式各樣的變化，還有些常見的縮寫：針對只有一個參數的情況，表示式的左側不需要加上小括號。以下都是合法的表示式：

```
// 一個參數
(n) -> n + 1

n -> n + 1

n -> System.out.println("Working on " + n)

// 沒有參數
() -> System.out.println("Done working")

// 多個參數
(a, b, c) -> (a + b + c) / 3
```

以排序串列為例，假設有個數字串列（這個例子用 Integer 包裹類別），排序十分簡單：

```
jshell> ArrayList<Integer> numbers = new ArrayList<>();
numbers ==> []

jshell> numbers.add(19)
$5 ==> true

jshell> numbers.add(6)
$6 ==> true

jshell> numbers.add(12)
$7 ==> true

jshell> numbers.add(7)
$8 ==> true

jshell> numbers
numbers ==> [19, 6, 12, 7]

jshell> Collections.sort(numbers)

jshell> numbers
numbers ==> [6, 7, 12, 19]
```

但要是我們想以相反順序排序該怎麼做？以往必須寫個實作 Comparator 介面的特殊類別，或是使用匿名內部函式：

```
jshell> Collections.sort(numbers, new Comparator<Integer>() {
   ...>   public int compare(Integer a, Integer b) {
   ...>     return b.compareTo(a);
   ...>   }
   ...> })

jshell> numbers
numbers ==> [19, 12, 7, 6]
```

說實話，匿名內部類別有用，只是程式碼有點多。我們可以透過 lambda 表示式寫出更簡潔的版本：

```
jshell> Collections.sort(numbers) // 將陣列回復遞增的順序

jshell> numbers
numbers ==> [6, 7, 12, 19]

jshell> Collections.sort(numbers, (a, b) -> b.compareTo(a))

jshell> numbers
numbers ==> [19, 12, 7, 6]
```

哇！程式乾淨多了。你必須知道 Collections.sort() 方法需要的引數，也需要知道 Comparator 介面只有唯一的一個抽象方法（也就是，這是個 single-abstract-method（SAM）介面，還記得 JSR 是怎麼說的？）但是在正確的環境下，lambda 表示式可以十分有效率。

我們可以用這個技巧重寫本書裡許多「產生串列」的例子，先看看第 344 頁的〈檔案操作〉一節使用 java.io.File 物件的例子，我們可以透過 Arrays.asList() 方法的協助（取得 Iterable）排序與列出實際 File 物件的名稱，接著再搭配 forEach() 方法使用 lambda 表示式：

```
File tmpDir = new File("/tmp" );
File [] files = tmpDir.listFiles();

Arrays.sort(files, (a,b) -> a.getName().compareTo(b.getName()))
Arrays.asList(files).forEach(n -> System.out.println(n.getName()))
```

不需要 lambda 也可以列出檔名，但很多時候我們可以利用 lambda 寫出更簡潔的程式碼，當然，讀者得先習慣 lambda 的語法，這也正是練習的目的！

方法參考

依特定屬性排序複雜的物件是十分常見的工作，實際上，這項工作已經常見到 Java API 為此提供了能夠建立正確函式的輔助工具。`Comparator.comparing()` 靜態方法能協助寫出類似前一節以 `compareTo()` 排序的 lambda 表示式的東西，過程中利用了**方法參考**（*method reference*），這是使用其他類別既有方法的一種簡化類型的 lambda 表示式。

本書不會深入介紹方法參考的許多細節與使用情境，基本語法與使用十分簡單，只要在類別名與方法名稱間加上 :: 分隔子就行了，`Comparator.comparing()` 方法需要一個能夠用來排序物件的方法參考（也就是仍然應該呼叫適當的方法），在排序 `File` 物件時可以使用傳回可排序資訊（如檔案的名稱或大小）的 getter 方法：

```
Arrays.sort(files, Comparator.comparing(File::getName));
```

這真的很簡潔！我們也可以清楚地看出程式的目的：程式要以**比較**（*comparing*）**名稱**（*name*）的方式**排序一堆檔案**（*files*），當然，這跟上一節使用 lambda 表示式的做法完全相同。切記，使用方法參考並不一定就比較好（總是可以用 lambda 表示式改寫），只是很多時候，在熟悉新語法後，方法參考大都能夠產生較有可讀性的程式碼（就像 lambda 表示式一樣）[2]。

有狀態的 lambda

先前看過許多有類似限制的程式範例，回顧第十章中的許多事件處理函式，`JButton` 或 `JMenuItem` 使用的許多傾聽器都是像 `ActionListener` 介面這樣的 single-abstract-method。在適當的情況下，我們可以用 lambda 表示式簡化處理事件的程式碼，通常會用簡單、臨時的處理常式檢查點擊按鈕等基本能力，如：

```
JButton okButton = new JButton("OK");
okButton.addActionListener(new ActionListener() {
    public void actionPerformed(ActionEvent ae) {
        System.out.println("OK pressed!");
    }
});
```

2 參看 Brian Goetz 在 Stack Overflow 上提供的答案（*https://oreil.ly/UqfJW*）。

現在我們可以用 lambda 表示式大量縮短程式碼，大幅減化這類快速概念驗證程式碼的工作：

```
JButton okButton = new JButton("OK");
okButton.addActionListener(ae -> System.out.println("OK pressed"));
JButton noButton = new JButton("Cancel");
noButton.addActionListener(ae -> System.out.println("Cancel pressed"));
```

太棒了！ lambda 表示式提供的工具能夠完善地處理需要少量動態程式碼的情況，當然，並非所有的事件處理常式都能夠作這樣的轉換，但許多都能夠做到，而更簡潔的表示方式也有助於讓程式碼更容易閱讀。

取代 Runnable

另一個符合這個模式的常見介面，是第九章介紹過、並於第十章再次使用的 `Runnable` 介面。先前看過使用內部類別與匿名內部類別建立新 `Thread` 物件的例子，`SwingUtilities.invokeLater()` 方法也需要 `Runnable` 實體作為引數，這種情況同樣也可以使用 lambda 表示式。還記得第 323 頁〈SwingUtilities 與元件更新〉一節的 `ProgressPretender` 範例，需要在實作了 `Runnable` 介面類別的 `run()` 方法內部建立另一個匿名 `Runnable` 實體更新標籤：

```
public void run() {
    while (progress <= 100) {
        SwingUtilities.invokeLater(new Runnable() {
            public void run() {
                label.setText(progress + "%");
            }
        });
    // ...
```

現在我們只需要使用 lambda 表示式，把重點放在執行緒需要做的真正工作上：

```
public void run() {
    while (progress <= 100) {
        SwingUtilities.invokeLater(() -> label.setText(progress + "%"));
    // ...
```

同樣簡潔多了（希望也比較好讀）。不是非這麼改不可，這麼改也不會改善應用程式的效能，但要是讀者（或團隊裡的其他成員）理解 lambda 表示式，這樣的程式碼就能夠提高可維護性，讓開發人員將更多時間投入在處理其他問題上。

延伸 Java 到核心之外

要特別提醒的是，Java 的許多部分都把 JSR 用到核心程式語言之外，例如 JSR 369 包含了 Java Servlet 4.0 規範，讀者可能還記得第 400 頁〈Servlet〉一節提過需要額外的 *servlet-api.jar* 檔才能夠編譯與執行 servlet 範例，從 JSR 369 的說明可以看到 4.0 版是針對 HTTP/2 的特性所設計，若你深入其中的功能，會發現最令人期待的功能之一就是伺服器推送（server push）——伺服器在實際使用檔案或資源前先從「推送」頁面，藉此提高複雜頁面效能的能力。

在 HTTP/1.1 協定下，HTML 頁面會在瀏覽器造訪網站時才會送出，接著頁面本身會告訴瀏覽器需要取得其他如 JavaScript 檔案、樣式表、影像等資源，這些資源都需要送出個別的請求。快取可以提高這個過程部分的速度，但第一次造訪新網站時，快取裡不會有任何東西，因此會有明顯的載入時間，HTTP/2 能夠讓伺服器先行送出資源，有效利用現存的連接，即使頁面含有未快取或無法快取的資源，也能夠提高速度。

如今，轉換到 HTTP/2 本身就是件大事，不是所有網站都會採用，也不是所有瀏覽器都提供支援或支援所有的選項，本書無法涵蓋這個主題，但要是 web 工作是你日常的一部分，也許值得你花點時間搜尋。無論如何，記得要注意 JCP 網站，看看接下來 Java 語言本身或更廣大的生態系統會出現什麼新東西。

結尾與下一步

本書只簡單帶過 lambda 表示式的基礎以及 Java 8 中相關的部分，包含方法參考與串流 API，可惜與本書其他有趣的主題一樣，更深入的探索得留給讀者了。還好 Java 8 已經發佈許多、許多年[3]，你能夠找到許多線上資源，也可以在 Richard Warburton 所著的 Java 8 Lambdas（*https://oreil.ly/DolSd*，歐萊禮出版）找到 lambda 以及 Java 函數式程式設計的其他細節。在 servlet 領域，第四版規範還很新，但網路上仍然可以找到許多與規範及 HTTP/2 相關的資源。

但各位做到了！可以說本書涵蓋了不少的內容，希望讀者都有良好的基礎，能夠繼續學習更多細節與進階的技術，挑個有興趣的領域繼續深入。如果你仍然想了解一般的 Java 使用，可以試著結合本書各部分的主題，例如可以寫個回應類似第 373 頁〈DateAtHost 客戶端程式〉一節的 `DateAtHost` 客戶端請求的 servlet；你可以試著用正則表示式剖析丟蘋果遊戲的遊戲協定，或是建立更成熟的協定，在網路上傳送二進制區塊而不是簡單的

3 有趣的是，根據 2019 年的業界統計，Java 8 是部署最多的版本。

字串。如果你想要練習開發更複雜的程式，可以將遊戲的一些內部與匿名類別重寫成獨立的類別，或是改用 labmda 表示式。

如果你想透過先前的範例進一步探索 Java 函式庫與套件，可以深入 Java2D API 改善蘋果與樹的外觀。可以研究 JSON 格式，試著重寫 ShowParameters 與 ShowSession servlet，傳回合法的 JSON 區塊而不是 HTML 頁面。也可以試試其他的容器物件，如 TreeMap 或 Stack。

想要進一步擴展的讀者，可以看看 Java 在桌面之外的世界，試試 Android 開發，或是看看廣大的網路化環境以及 Eclipse 基金會提供的 Jakarta Enterprise Edition。也許想試試大資料？Apache 基金會提供了 Hadoop 與 Spark 等多個專案。Java 的確也受到批評，但仍然在專業開發人員的世界裡持續茁壯、成長。

有了這麼多的選項，該是結束本書主要部分的時候了。〈詞彙表〉包含了許多先前介紹過的詞彙與主題的快速參考。〈附錄 A 〉介紹了安裝 IntelliJ IDEA 編譯以及匯入與執行範例程式的方式。希望讀者們能喜歡本書，第五版的《*Learing Java*》實際上是從二十年前開始的《*Exploring Java*》系列的第七版，看著 Java 與時俱增是段漫長又充滿驚喜的旅程，真心感謝這些年來有你們一路相伴。一如以往，期待各位的意見，幫助我們讓本書變得更好，準備好迎接 Java 的下個十年了嗎？我們準備好了！

附錄 A

程式範例與 IntelliJ IDEA

本附錄協助讀者取得與執行本書的範例程式碼，第二章提到了一部分的步驟，但這裡會更詳細的介紹，詳細說明在 JetBrains 公司的免費社群版 IntelliJ IDEA 工具使用本書範例的方式。

同時也要再次提醒，IntelliJ IDEA 並不是唯一一個對 Java 友善的整合式開發環境，甚至還不是唯一的免費選擇！ Microsoft 的 VS Code（*https://oreil.ly/pv2JX*）能夠很快的設定支援 Java，而由 IBM 維護的 Eclipse（*https://oreil.ly/zxBL1*）也還在。對於初學者，只想找個能快速上手進入 Java 程式設計與 Java IDE 的讀者，可以試看看倫敦大學的 King 所建立的 BlueJ（*https://www.bluej.org*）。

取得主要程式範例

除了使用的 IDE 之外（如果有用的話），你還需要從 GitHub 取得本書的範例程式碼，雖然我們在討論特定主題時經常列出完整的程式碼，但很多時候都得省略像 `import` 或 `package` 指令，或是為了簡潔與可讀性省略了外部的 `class` 結構，程式碼範例儘可能的完整，讓讀者能夠載入編輯器或 IDE，檢視或編譯與執行，使本書討論的主題更完整。

讀者可以用瀏覽器連上 GitHub，隨意瀏覽各個範例，不需真的下載任何東西，只需要連上 learnjava5e 儲存庫（*https://oreil.ly/QmkMk*）（如果連結失效，只需要連上 github.com，搜尋「learnjava5e」就行了），也許還可以逛逛 GitHub，它已經成為開放源碼開發人員主要的聚集場所，甚至連企業團隊也參與其中。你可以看看儲存庫的修改歷程，也可以回報臭蟲或討論程式碼相關的議題。

網站名稱中提到了 *git* 工具，這是個原始碼控管系統或原始碼管理器，開發人員用來在團隊中管理程式碼專案，要是你的主機上還沒有 *git* 命令，可以在（*https://oreil.ly/YfF4H*）下載，GitHub 也透過 try.github.io 協助人們學習 *git*，安裝好 *git* 之後，就可以將專案 clone 到個人電腦上的目錄，接下來就可以在副本中作業，或是保留作為程式碼範例的原始副本。如果我們對範例程式有任何修正或更新，讀者也可以輕易地將更新同步到 clone 下來的目錄。

你也可以用 ZIP 壓縮檔的方式下載專案 master 分支的所有範例程式碼（*https://oreil.ly/y4nNh*）（如果連結的文件不在，只需要在儲存庫的主頁面找找「Clone or Download」鈕），下載後，將檔案解壓縮到方便使用的位置，就可以看到如圖 A-1 的目錄結構。

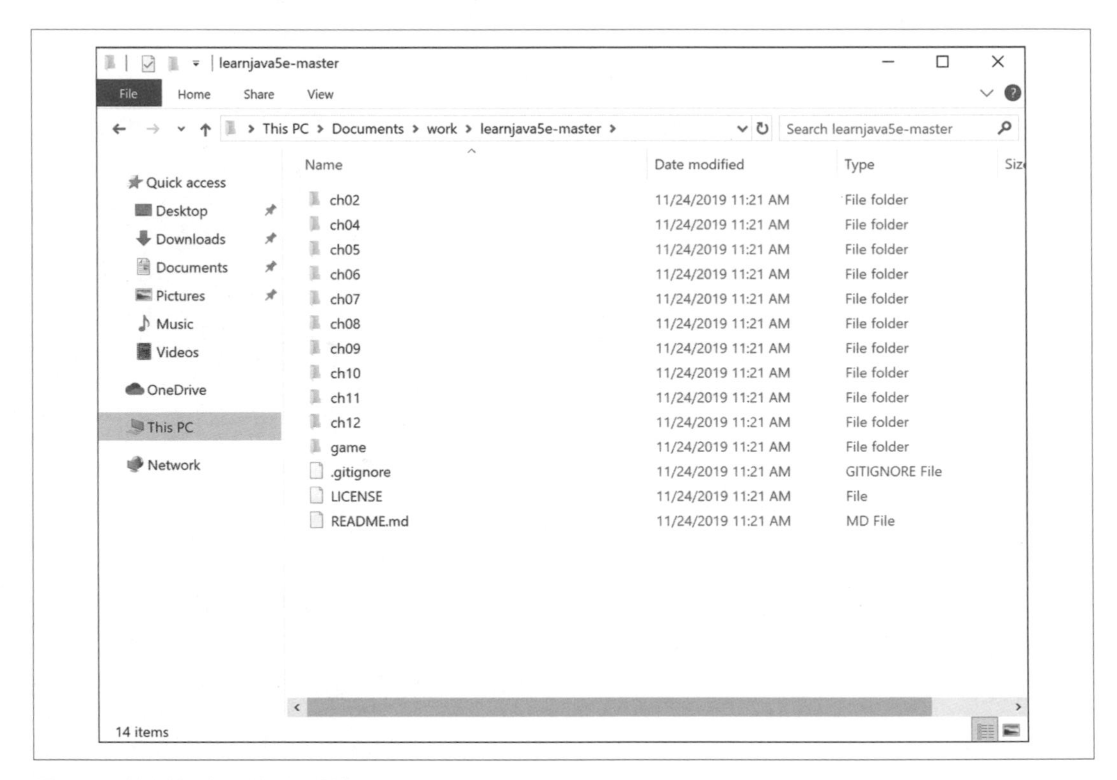

圖 A-1　範例程式碼的目錄結構

下一節會介紹取得與執行 IntelliJ IDEA ，接著會匯入範例程式碼。

安裝 IntelliJ IDEA

先連到 JetBrains 網站，從 *https://oreil.ly/4bexF* 下載免費社群版（free Community Edition），這個網站通常能夠自動判斷你的平台，但要確認下載的是與自己所使用的作業系統相同的版本（如果有多台主機的話，就必須是打算安裝與執行 IntelliJ IDEA 的系統版本）。

有份方便且包含你所需的一切細節的安裝說明（*https://oreil.ly/XGkyc*），但以下還是分別簡單介紹各平台的安裝程序。

安裝到 Linux

在 Linux 上，JetBrains 建議將程式安裝到 */opt* 目錄，讀者當然可以依個人喜好將 IntelliJ IDEA 安裝到其他目錄，類似 OpenJDK（參看第 27 頁的〈在 Linux 上安裝 OpenJDK〉），你可以將 *tar.gz* 檔解壓縮到要安裝的位置：

```
~ $ cd Downloads

~/Downloads $ sudo tar xf ideaIC-2019.2.4.tar.gz -C /opt
```

要執行程式得先到解壓縮後的位置，找到 *bin* 目錄下的 *idea.sh* 命令稿檔，你必須接受授權協議並回答一些初始化的問題，如配色方式以及需要的外掛等，回答完問題之後（只需要回答一次），應該就可以看到如圖 A-2 的歡迎畫面了。

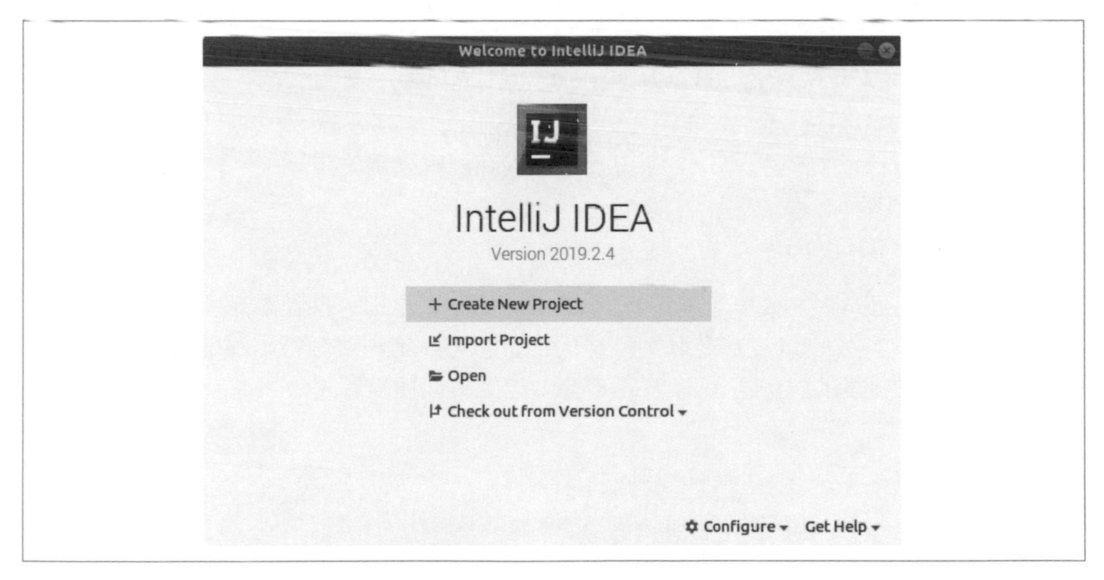

圖 A-2　IntelliJ IDEA 在 Linux 上的歡迎畫面

在第 433 頁的〈匯入範例程式〉一節會介紹匯入範例程式碼的步驟。

安裝到 macOS

在 macOS 上下載的是 *.dmg* 檔案，你可以雙擊掛載，將 IntelliJ IDEA 程式檔拖拉放到**應用程式**檔案夾裡，與其他 macOS 安裝程序相同。檔案複製完畢之後，可以啟動應用程式，回答授權與個人偏好相關問題，接著應該就會看到類似圖 A-3 的畫面，只是可能不會有左半部已開啟專案的清單（關閉所有的 IntelliJ IDEA 視窗，就會再次出現這個畫面，左側會列出所有的專案）。

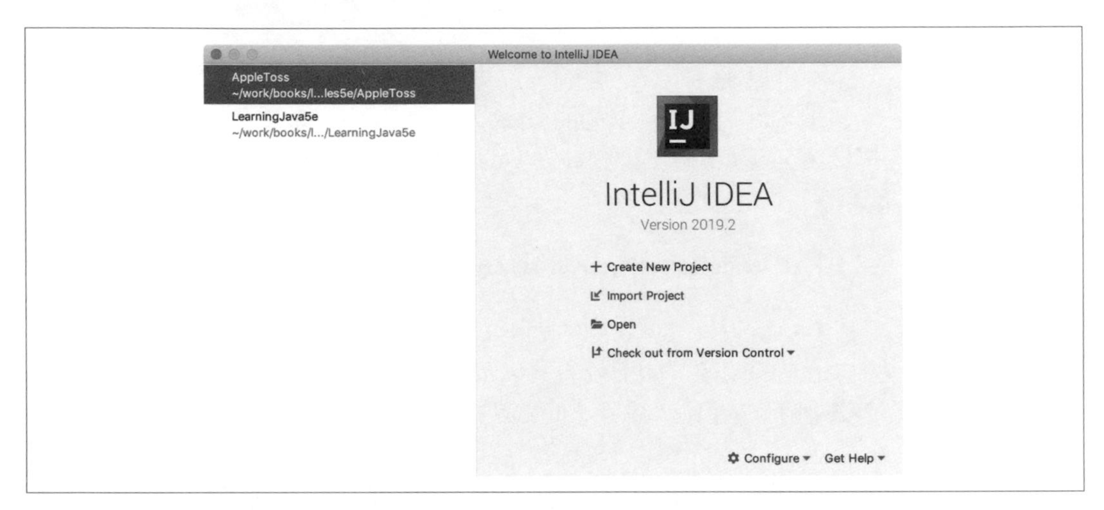

圖 A-3　IntelliJ IDEA 在 macOS 上的歡迎畫面（含先前專案列表）

在第 433 頁的〈匯入範例程式〉一節會介紹匯入範例程式碼的步驟。

安裝到 Windows

JetBrains 的 Windows 下載頁面上可以選擇 *.zip* 壓縮檔或 *.exe* 自動解壓縮檔，只需要解壓縮下載的檔案，就可以直接從解壓縮後的位置執行。第一次執行 IntelliJ IDEA 時會有一連串的設定，並詢問安裝位置以及是否想要建立桌面捷徑等。

安裝程序結束後，就可以執行 IntelliJ IDEA，與其他平台一樣，你必須回答一些啟動問題並同意授權，最後會看到相同的歡迎畫面，如圖 A-4。

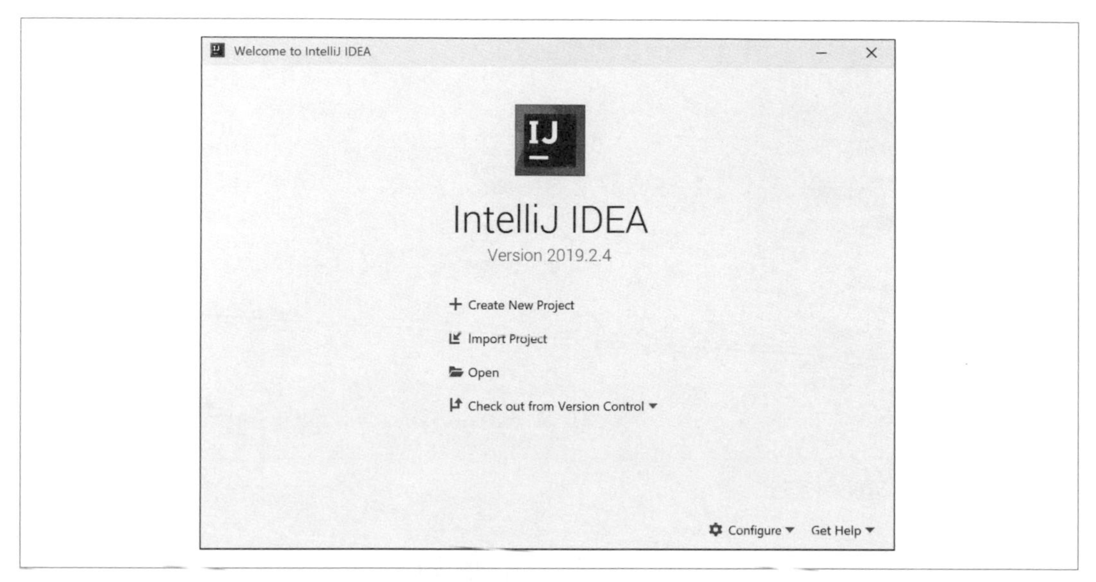

圖 A-4　IntelliJ IDEA 在 Windows 上的歡迎畫面

接下來將介紹匯入範例原始碼，讓各位可以在 IntelliJ IDEA 裡輕鬆使用它們。

匯入範例程式

在開始介紹匯入專案到 IntelliJ IDEA 的程序前，讀者也許會想重新命名從 GitHub 下載的程式碼範例，如果用的是 *.zip* 壓縮檔或最簡單的簽出程序，很可能會是名為 *learnjava5e-master* 的目錄名稱。這個名稱沒什麼問題，但如果你想要更友善（或更簡短）的名稱，現在就可以重新命名，這能夠簡化匯入 IDE 的程序。我們將目錄名稱更名為 *LearningJava*。

現在回到歡迎畫面，選擇「Import Project」（如果你已經打開 IntelliJ IDEA，不在歡迎畫面了，也可以選擇 File → New → Project from Existing Source...），切換到程式碼範例所在的目錄，如圖 A-5。請注意，要選擇最上層目錄，而不是個別章節的目錄。

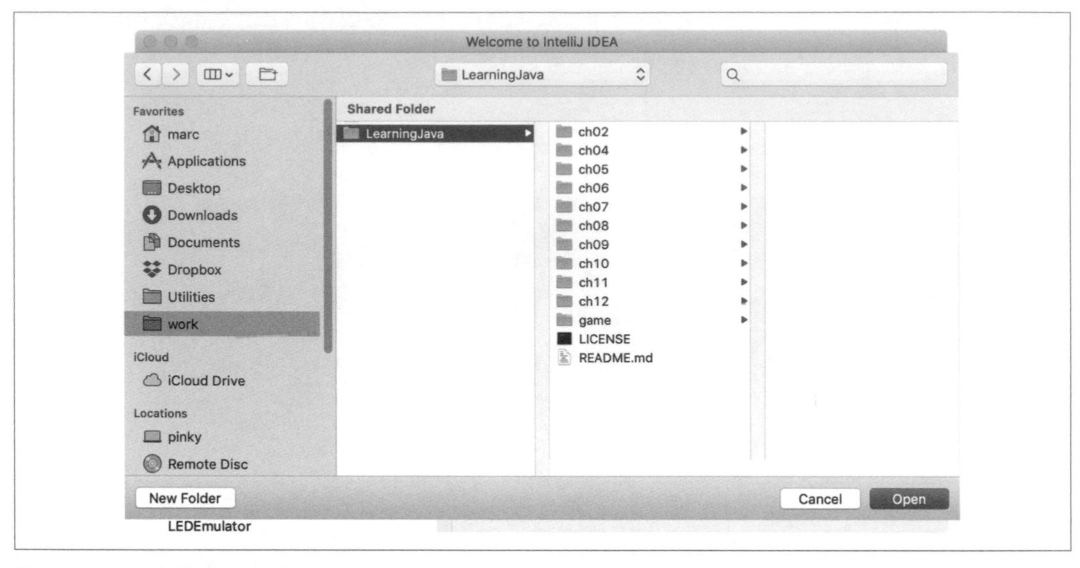

圖 A-5　匯入程式碼範例目錄

開啟範例目錄後，需要檢查任何發現的函式庫，如圖 A-6。由於目前還沒有任何函式庫，直接點選 Next，進入下一步。

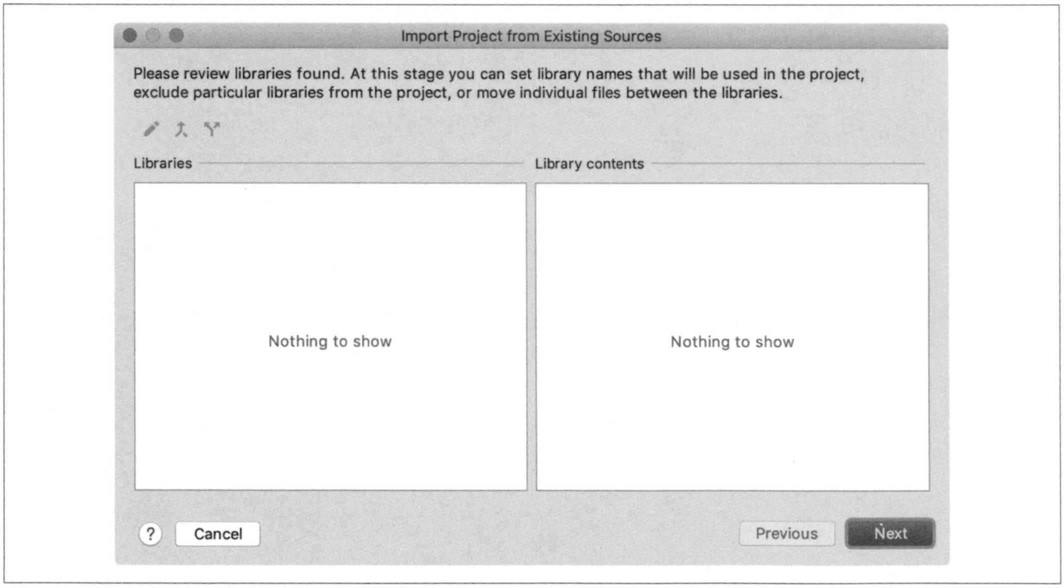

Import Project from Existing Sources

Please review libraries found. At this stage you can set library names that will be used in the project, exclude particular libraries from the project, or move individual files between the libraries.

Libraries

Library contents

Nothing to show

Nothing to show

Cancel

Previous

Next

圖 A-6　函式庫檢查對話框

接下來的畫面，可以依個人喜好更改專案名稱，但要確定專案位置仍然指向程式碼範例的最上層目錄。我們喜歡「LearningJava」這個名字，就維持不變，如圖 A-7。

圖 A-7　專案名稱與位置對話框

應該就可以找到程式碼檔案，在下一個畫面（如圖 A-8）保持 checkbox 選取的狀態，按 Next。

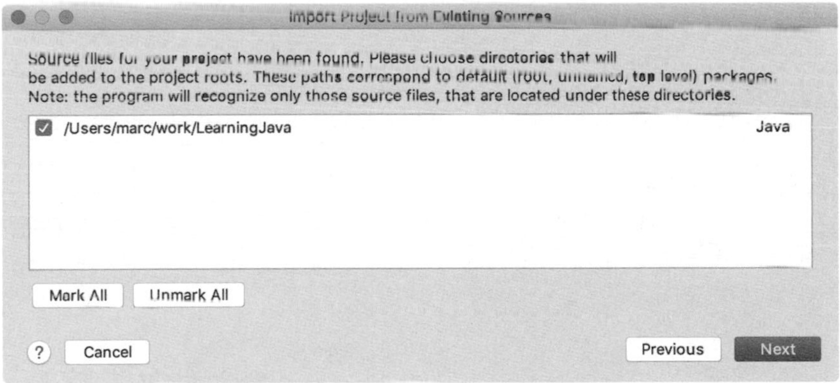

圖 A-8　原始碼目錄對話框

2019-2.4 版會再次詢問任何發現的函式庫（類似先前的圖 A-6）。這些簡單的範例程式仍然沒有任何相關的函式庫，同樣按下 Next（在第 440 頁〈取得 Web 範例程式碼〉一節會介紹在範例加入必要 servlet 函式庫的方法）。

我們的範例程式並沒有用到任何 Java 9 引進的模組功能，只需要維持下個畫面（圖 A-9）的選取狀態，按 Next 就行了。

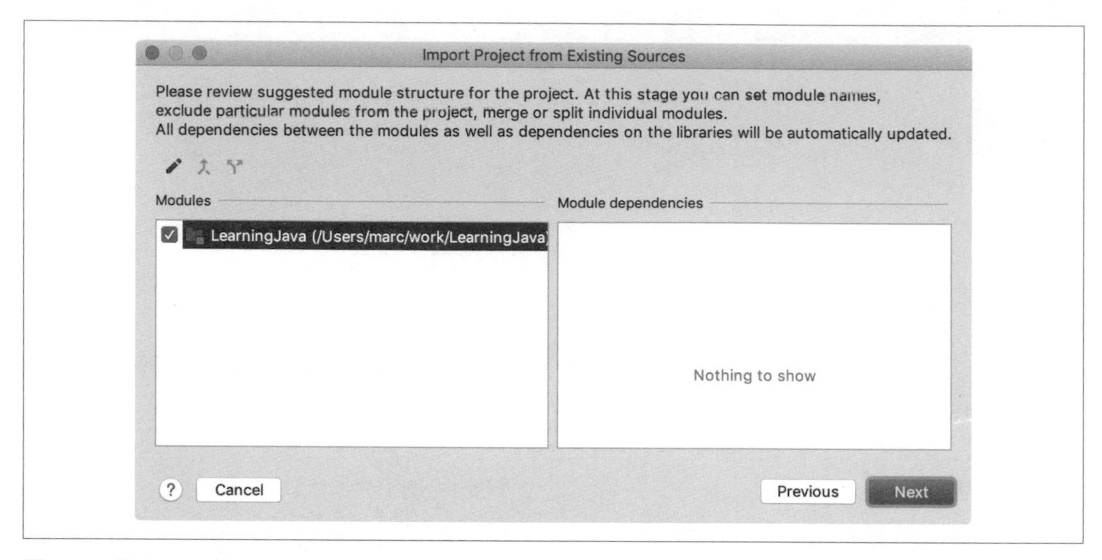

圖 A-9　模組對話框

接下來需要選擇 SDK（軟體開發套件，以這個例子相當於是選擇 Java 的版本）。從圖 A-10 可以看到，我們選擇了長期支援版（11），但讀者也可以選取 11 版或自己主機上安裝的其他版本（如果需要複習下載與安裝 Java SDK 的方式，可以參考第 26 頁的〈安裝 JDK〉）。

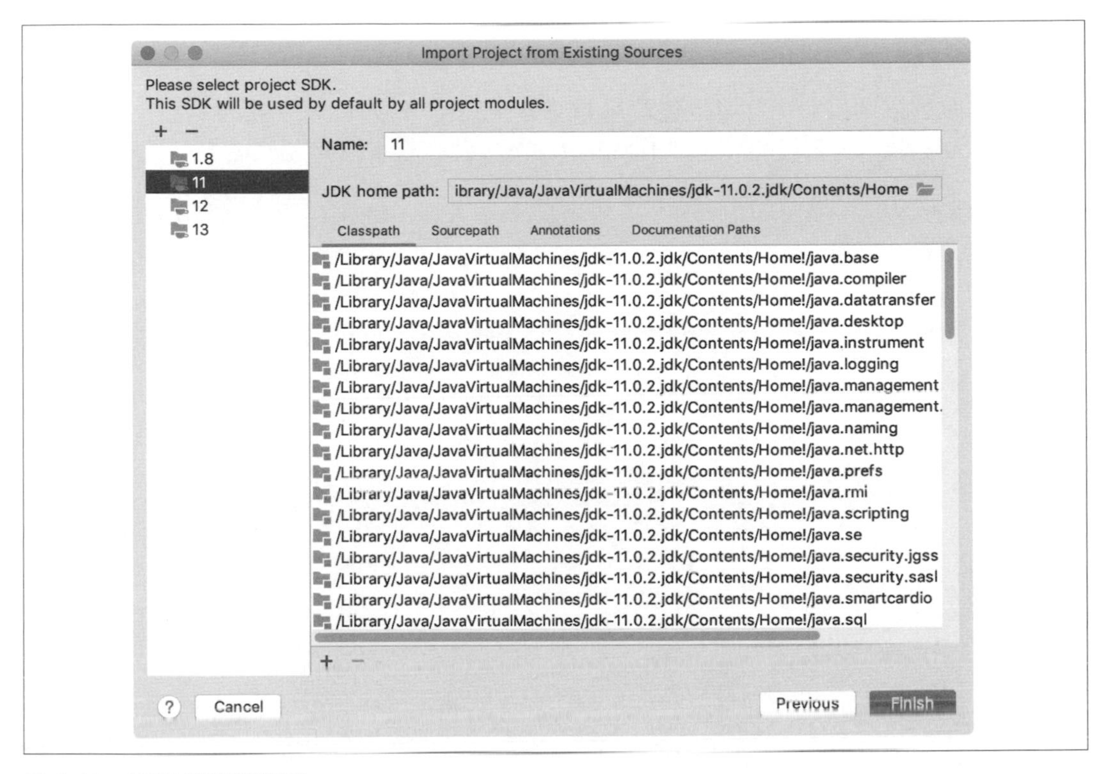

圖 A-10　SDK 選擇對話框

按下 Finish，你應該就準備好一個 IntelliJ 專案了，畫面如圖 A-11。

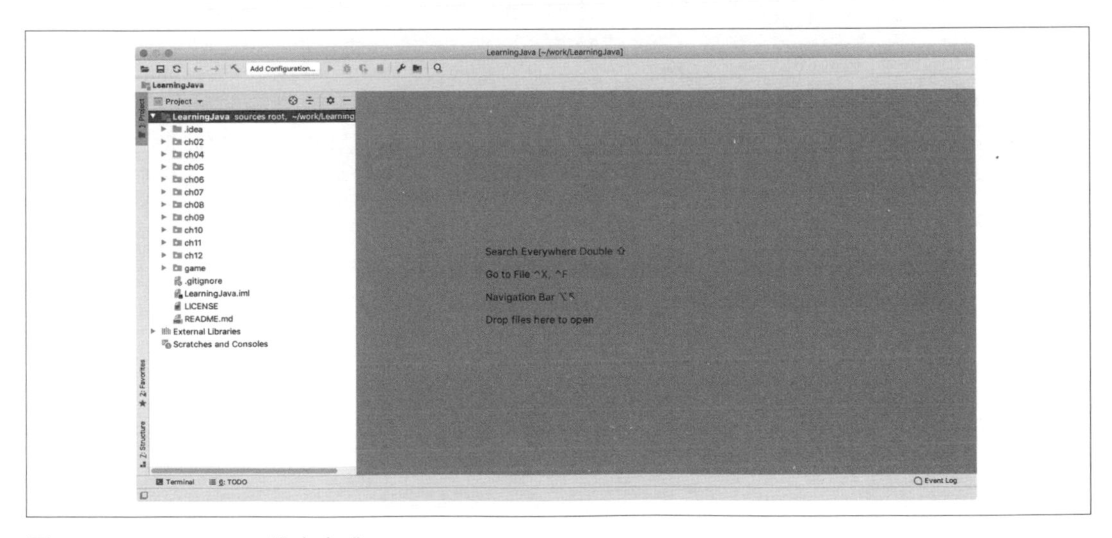

圖 A-11　IntelliJ IDEA 設定完成！

執行範例

在第二章與第三章提過，你可以從終端機或命令列使用 *javac* 命令編譯範例，接著再用 *java* 執行，但既然我們已經設定好 IntelliJ IDEA，就來看看如何在 IDE 執行範程式。

從左側的瀏覽視窗打開 *ch02* 目錄，接著雙擊 *HelloJava*，應該會看到呈現 *HelloJava.java* 的原始碼頁籤，如圖 A-12。

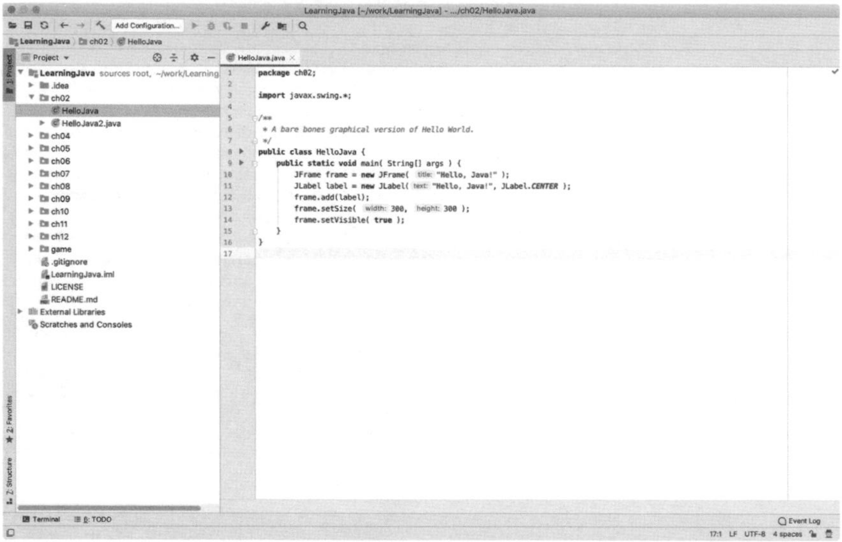

圖 A-12　`HelloJava` 類別原始碼

現在就可以編輯檔案，當然，這部分留給讀者稍後自行練習。回到左側的專案結構，對 *HelloJava* 項目點選滑鼠右鍵，選擇「Run HelloJava.main()」的選單項目，項目應該出現在彈出選單的中間位置，如圖 A-13。

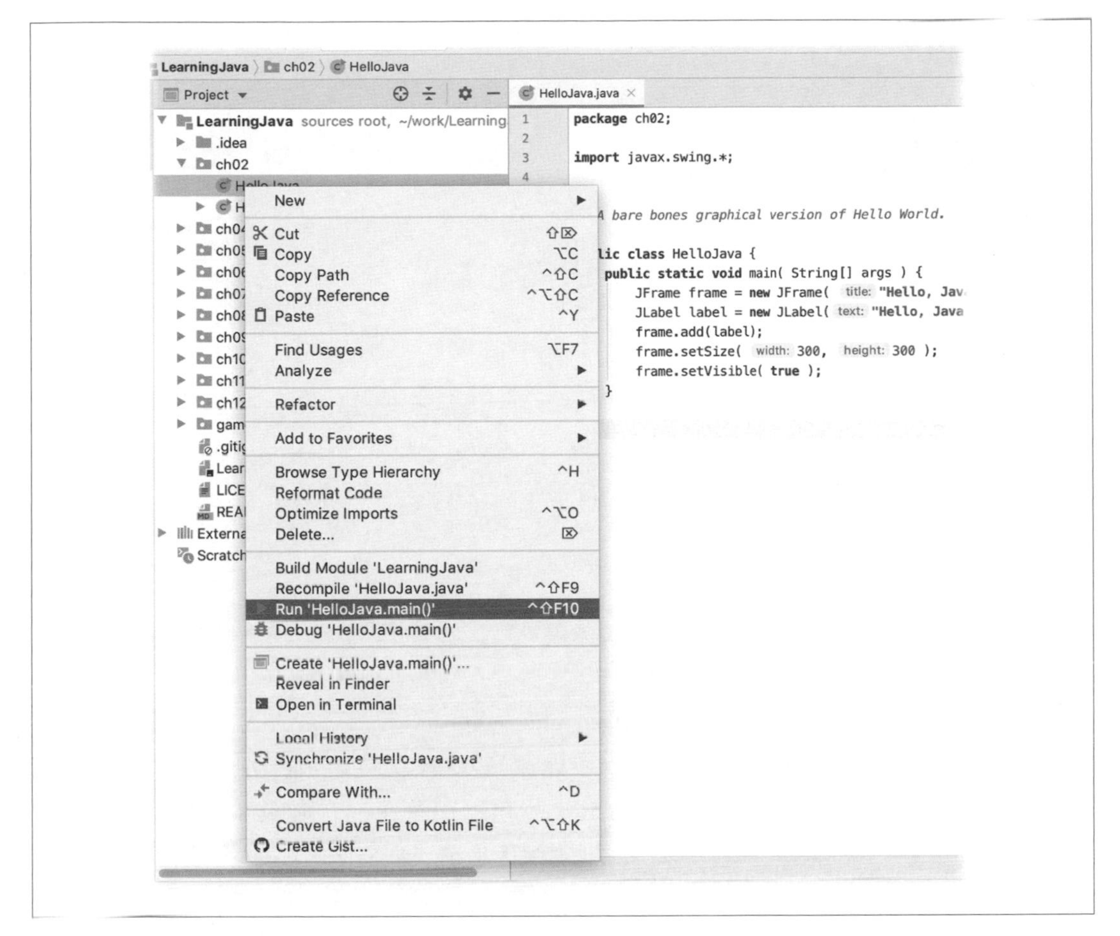

圖 A-13　從彈出視窗執行

一旦執行特定的類別，IntelliJ IDEA 會把這個類別設定為工具列上「Play」鍵的預設行為，這是能快速重複執行相同程式的方法，適合用在測試新類別、修改與再次測試。要是開始處理其他類別，就需要再次使用滑鼠右鍵的彈出選單，執行新類別，新類別就會成為 Play 鍵的預設行為。

執行後，就會出現我們友善（但有點簡單）的視窗，如圖 A-14。

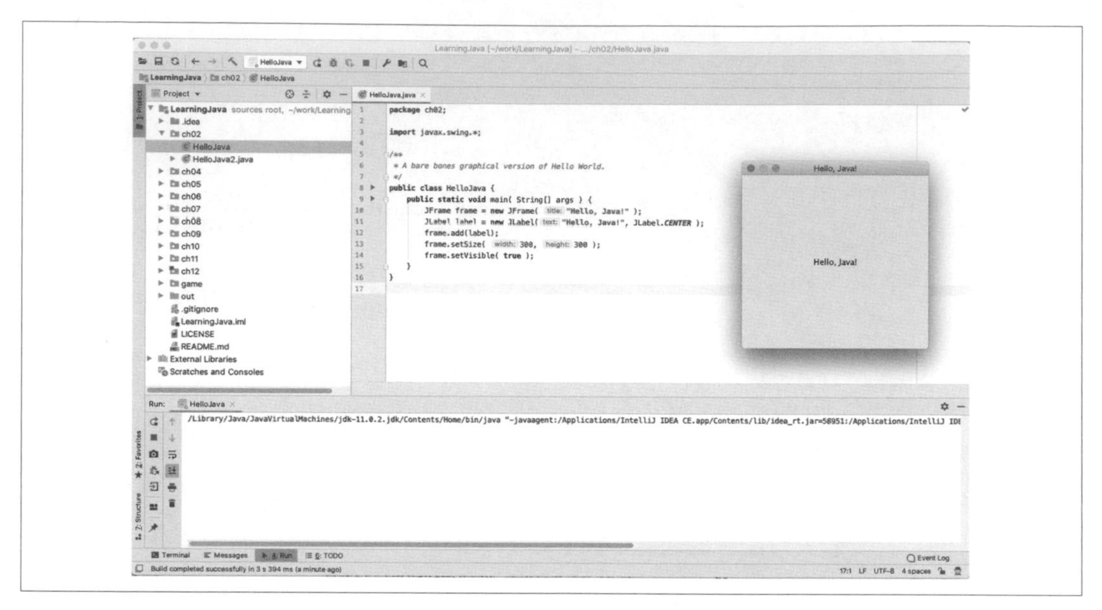

圖 A-14　成功執行 *HelloJava* 程式

恭喜！IntelliJ IDEA 已經設定完成，可以開始探索神奇又令人開心的 Java 程式設計了。如果你對 Java 的 web 程式設計不感興趣，可以不納入 *ch12* 目錄；如果你打算試試該章的範例（我們當然會建議這麼做），就繼續往下讀，加入必要的函式庫。

取得 Web 範例程式碼

再次用瀏覽器連上 GitHub，找到第二個儲存庫（*https://oreil.ly/BipfR*）。（同樣的，如果連結失效，只需要連上 github.com 並搜尋「learnjava5e-web」）。這是個比較小的儲存庫，我們使用與主儲存庫相同的設定，將這個目錄獨立出來是為了讓讀者能夠專心研究第一組範例，不需要擔心額外的函式庫。

你可以像先前一樣從終端機用 *git* 或直接下載 ZIP 壓縮檔，如果是下載壓縮檔，就解開，將最上層目錄改名為 *LearningJavaWeb*。

現在選擇 File → New → Project From Existing Sources...，並開啟 web 範例目錄。注意要選擇的是最上層目錄而不是底下的 *ch12* 目錄。你現在應該會看到第二個 IDEA 專案了，但對 servlet 我們還需要一些額外的工作。

使用 Servlet

第十二章介紹在 web 程式設計世界使用 Java，只需要 JDK 提供的 API，Java 就可以在 web 做很多事，但要是想要寫 servlet，就需要下載容器，讓 IntelliJ IDEA 知道該到什麼地方找 servlet 函式庫。

在第 415 頁〈部署 HelloClient〉一節提過，下載並安裝 Apache Tomcat 有其必要，你可以在 Apache 的 Tomcat 網站（*https://tomcat.apache.org*）下載最新版本並找到一些有用的文件，也可以直接從以下連結下載第九版：*https://oreil.ly/HWy7I*。你可以自行選擇下載 `.zip` 或 `.tar.gz` 格式，解壓縮到合適的地方，如果想要嘗試第 427 頁〈延伸 Java 到核心之外〉一節介紹的伺服器推送功能，就需要第九版，但可以在 Tomcat 的 Which Version 頁面（*https://oreil.ly/w6Cr9*）看一下 Tomcat 各個版本支援的 Servlet API 版本。

在 IntelliJ IDEA 打開「Project Structure」，你可以對專案（以本例就是最上面的 LearningJavaWeb 項目）按滑鼠右鍵，再選擇「Open Modules Settings」，或使用 file → Project Structure ... 選單，應該會出現如圖 A-15 的視窗。選擇左側的 Libraries 項目。

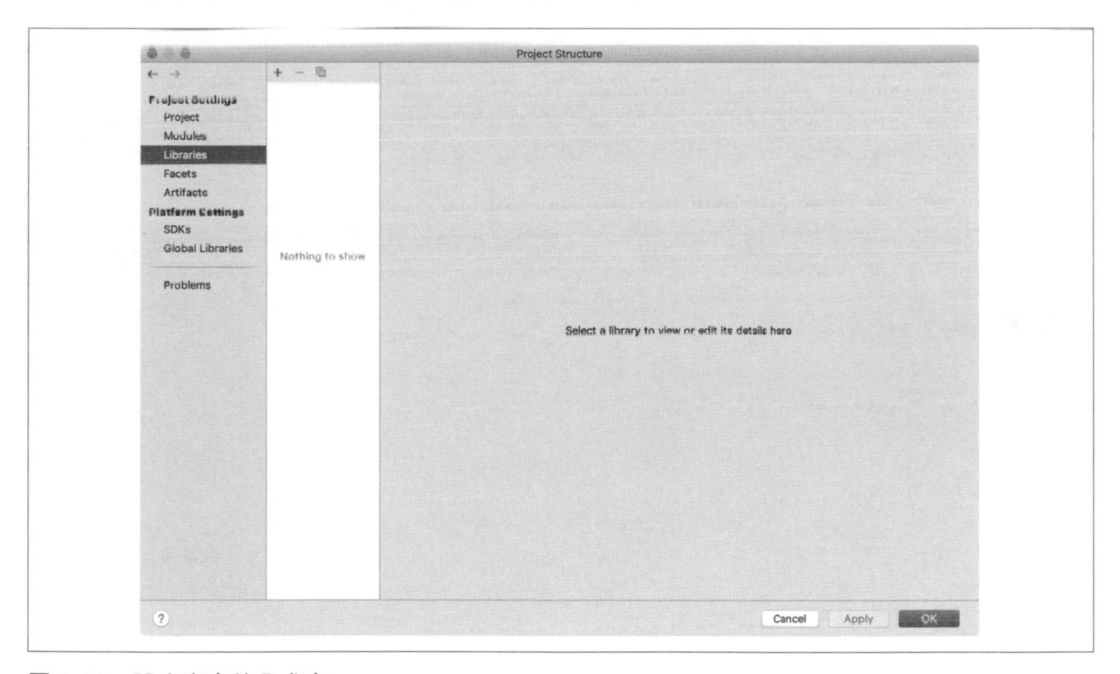

圖 A-15　設定專案的函式庫

按下中間欄左上方的 + 號，接著選擇 Java 為要加入的函式庫類型，接下來就可以開啟下載與解壓縮 Tomcat 的位置，我們需要在 *lib* 目錄裡的 *servlet-api.jar*，如圖 A-16。

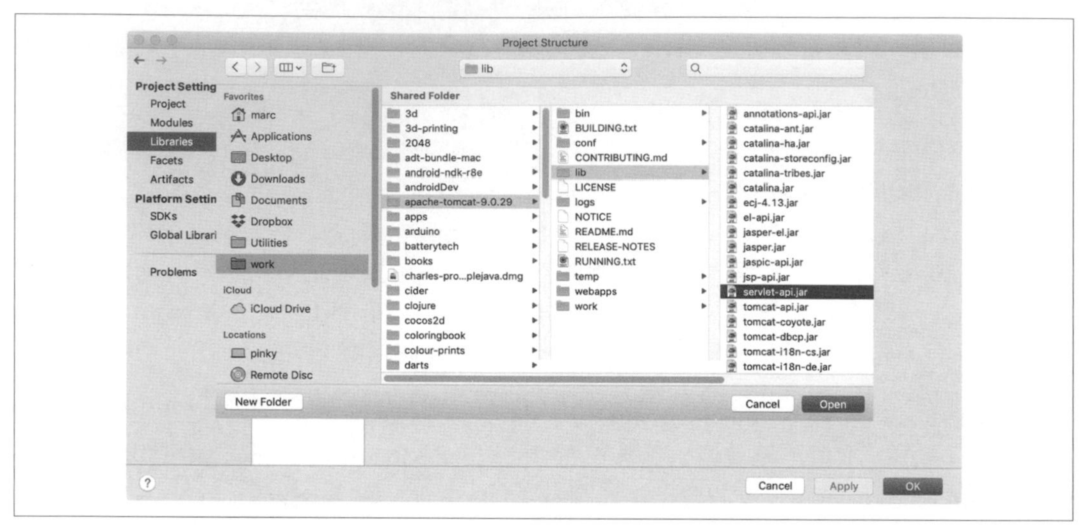

圖 A-16　Tomcat 的 lib 目錄

選擇 *servlet-api.jar* 後按下 Open，就會看到一個對話框提示正在加入 LearningJavaWeb 模組，最後應該會看到如圖 A-17 的畫面，接著按下 OK。

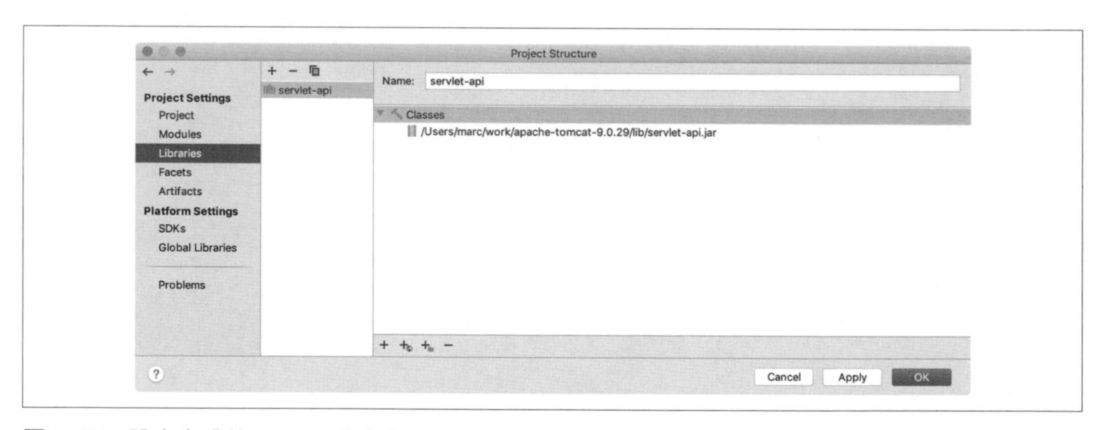

圖 A-17　設定完成的 servlet 函式庫

要檢查 servlet 函式庫是否正確，可以從選單 Build → Build Project 建置整個專案，IntelliJ IDEA 應該會花些時間，接著回報建置成功完成，讀者仍然需要照著第 415 頁〈部署 HelloClient〉一節介紹的步驟部署，但現在你已經可以在 servlet 範例裡使用 IDE 提供的各種功能，如自動補完。

要是你會（或最終會）做大量 web 程式設計，也許可以評估付費的「ultimate」版 IntelliJ IDEA，這個版本為 servlet 以及 web 相關技術提供了許多很棒的功能。你可以在 Web Applications 的 help 部分先看看 Ultimate 版能提供的協助（*https://oreil.ly/RCh9y*）。

詞彙表

abstract

abstract 關鍵字用於宣告抽象方法與類別，抽象方法不定義任何實作，只宣告引數與傳回值，將大括號程式碼區塊表示的部分改為分號。抽象方法的實作由定義了抽象方法類別的子類別提供，如果類別含有抽象方法，該類別就是抽象類別，產生抽象類別實例會造成編譯期錯誤。

annotation

以 @ 標籤語法加入 Java 原始碼的後設資料，編譯器與執行期都可以透過 annotation 擴充類別、提供資料或對應，或是標記額外的服務。

Ant

較古老，以 XML 為基礎的 Java 應用程式建置工具，Ant 建置能夠編譯、打包與部署 Java 原始碼，也可以產生文件或透過可擴充的「target」執行其他動作。

應用程式介面（Application Programming Interface, API）

API 包含了程式設計師開發應用程式元件與工具時使用的方法與變數。Java 程式語言 API 包含了 java.lang、java.util、java.io、java.text、java.net 及其他許多的套件。

應用程式

相對於 applet，能夠獨立執行的 Java 程式。

Annotation 處理工具（Annotation Processing Tool, APT）

Java 編譯器前端工具，能透過擴充的 factory 架構處理 annotation，允許使用者自行定義編譯期的 annotation。

斷言（assertion）

程式語言特性，用來驗證程式邏輯應該確保的條件，如果斷言檢查的條件傳回 *false*，會拋出嚴重（fatal）錯誤。如需額外效能，可以在部署應用程式時關閉斷言。

基元（atomic）

以獨立或交易式（transactional）的方式將操作視為一個單元，以全有或全無的方式執行。Java 虛擬主機（VM）與 Java concurrency API 所提供的特定操作都具有基元性。

Abstract Window Toolkit（AWT）

Java 最初的平台獨立視窗、圖形與 UI 工具包。

Boojum（蛇鯊）

虛構物種 Snark 的另一個自我，源自於 Lewis Carroll 在 1876 年的詩《獵鯊記》（The Hunting of the Snark）。

Boolean

Java 基本資料型別，包含 `true` 與 `false` 兩個值。

邊界（bound）

在 Java 泛型當中，型別參數的型別邊界。上界表示型別必須擴展（或可被指派到）指定的 Java 類別，下界則表示型別必須是指定型別的上層型別（或可被指派為指定型別的值）。

裝箱（boxing）

將 Java 的基本型別包裹為對應的物件包裹型別，參看**開箱**（*unboxing*）。

byte

Java 基本資料型別，是個八位元，二補數有號數。

回呼（callback）

由一個物件定義的行為會在稍後特定事件發生時被另一個物件呼叫，Java 事件機制就是一種回呼。

轉型（cast）

將 Java 物件的表現型別從一種型別轉換為指定的另一種型別，Java 編譯器與執行期環境都會檢查轉型是否成立。

catch

Java `catch` 指令在 `try` 指令後引進例外處理區塊，`catch` 關鍵字後必須在小括號中指定一個以上的例外型別作為引數，並指定各例外的引數名稱，程式區塊則放在大括號當中。

憑證（cetificate）

電子文件，透過數位簽章驗證人員、團體或組織的身份。憑證證實了人員或團體的身份，內含組織的公鑰。憑證會由憑證頒發機構的數位簽核簽署。

憑證頒發機構（certificate authority, CA）

被信任能夠發出憑證的單位，發出憑證時會以各種方式確認真實世界的身份。

char

Java 基本資料型別，`char` 型別的變數能存放 16 位元 Unicode 字元。

類別（class）

1. 大多數物件導向程式語言中定義物件的基本單位。類別封裝了互有存取權限的變數與方法，通常會將類別實體化為物件，讓各個物件擁有自己一組的資料。
2. class 關鍵字用在宣告類別，也就定義了新的物件型別。

類別載入器（classloader）

java.lang.ClassLoader 類別的實體，負責載入 Java 二進制類別到 Java VM。類別載入器協助依類別的來源分隔類別，依據結構或安全性的目的，將分隔後各個部分建立親 - 子階層架構。

類別方法（class method）

參看靜態方法。

classpath

一連串的路徑位置，指定了包含編譯後 Java 類別檔與資源的目錄或壓縮檔，在尋找 Java 應用程式組成時會依序尋找。

類別變數（class variable）

參看靜態變數（*static variable*）。

客戶端（client）

資源的使用者或是連網的客戶端 / 伺服器應用程式中發起對話的一方，參看伺服器。

Collections API

核心 java.util 套件中的類別，用來處理排序結構化集合或項目的對應，其中包含了 Vector 與 Hashtable 類別，以及比較新的 List、Map 與 Queue 等。

編譯單元（compilation unit）

Java class 原始碼的單元，編譯單元一般包含一個類別定義，在目前的開發環境大都是一個副檔名為 *.java* 的檔案。

編譯器（compiler）

將原始碼轉譯為可執行碼的程式。

元件架構（component architecture）

建立應用程式的一種方法，這種方式會建立可重複使用的物件，便於輕易的組裝成應用程式的型式。

複合（composition）

結合既有物件以建立另一個更複雜的物件，組合新物件時，將工作委派給內部物件產生複雜的行為。複合與繼承不同，繼承是透過改變或調整舊物件行為產生新物件。參看繼承（*inheritance*）。

建構子（constructor）

建立類別的新實體時會自動呼叫的特別方法。建構子用來初始化新建立物件的變數，建構子方法與 class 有相同名稱，且不指定傳回值。

內容處理常式（content handler）

剖析特定類型資料時會呼叫的類別，能夠將資料轉換為適當的物件。

資料塊（datagram）

通常以 UDP 等無連線協定傳送的資料封包，無送達保證與錯誤檢查，且不含控制資訊。

資料隱藏（data hiding）

參看**封裝**（*encapsulation*）。

深複製（deep copy）

複製物件及其所有參考到的物件，並遞迴延伸。深複製會複製整個物件「圖」，而不是只複製參考本身。參看**淺複製**（*shallow copy*）。

文件物件模型（Document Object Model）（DOM）

完整剖析後的 XML 在記憶體中的呈現方式，以 `Element`、`Attribute` 及 `Text` 等名稱的物件表示文件，Java XML DOM API 是 W3C（全球資訊網協會，World Wild Web Consortium）的標準。

double

Java 基本資料型別，double 值是以 IEEE-754（binary64）二進位格式表示的 64 位元（雙精度）浮點數。

文件類型定義（Document Type Definition）（DTD）

以特殊語言寫成的文件，其內容描述了對 XML 標籤與標籤屬性的限制與結構，DTD 用來驗證 XML 文件，能夠限標籤的順序與巢狀結構，以及屬性允許使用的數值。

Enterprise JavaBean（EJB）

伺服器端業務元件架構以此命名，但與 JavaBean 元件架構並沒有太大的關係。EJB 代表業務服務與資料庫元件，同時提供了宣告式的安全性與交易。

封裝（encapsulation）

物件導向程式設計技術，透過限制變數與方法的暴露簡化類別或套件的 API，透過 private 與 protected 關鍵字，程式設計師可以限制類別內部（黑盒子）的外顯程度。封裝能減少臭蟲與提高類別的可重用性與模組化程式，這個技術也稱為**資訊隱藏**。

enum

宣告列舉的 Java 關鍵字，enum 能擁有一系列的常數物件識別子，以具有型別安全的方式取代作為識別子或標籤的數值常數。

列舉（enumeration）

參看 *enum*。

抹除（erasure）

Java 泛型使用的實作技術，在編譯時移除泛型型別資訊並精簡為原始 Java 型別。抹除為非泛型 Java 程式提供了向後相容，但對語言本身帶來了一些困境。

事件（event）

1. 使用者動作，如按下滑鼠或鍵盤按鍵。
2. 回應使用者動作或其他系統活動時，傳送給註冊的事件傾聽器的 Java 物件。

例外（exception）

程式中發生某些預期外情況時的訊號（signal），在 Java 中的例外是 Exception 或 Error 的子類別物件（Exception 與 Error 則又是 Throwable 的子類別）。Java 的例外是透過 throw 關鍵字「抛出」，由 catch 關鍵字處理。參看 *catch*、*throw* 與 *throws*。

例外鏈接（exception chaining）

一種設計模式，捕捉例外後抛出另一個更高階或更適當的例外，新建立的例外包含底層的**原因**（*cause*）例外，程式可以依需要取得例外的原因。

extends

宣告 class 時指定類別的上層類別使用的關鍵字，定義的類別能夠存取上層類別的所有 public 與 protected 變數與方法（如果兩個類別定義在相同的 package，則可以存取所有非 private 的變數與方法）。如果類別定義省略了 extends 述句，則父類別就是 java.lang.Object。

final

關鍵字修飾子，可以作用在類別、方法與變數，各種情況的作用類似但不完全相同。final 作用在類別時，表示不能建立該類別的子類別，java.lang.System 就是 final 類別的例子。final 方法則不能在子類別被覆寫，當 final 作用在變數，該變數是個常數，也就是不能被修改（可變（mutable）物件的內容仍然可以變動，final 變數永遠會指到同一個物件）。

finalize

保留的方法名稱。finalize() 方法會在物件不再被使用（也就是物件不再被參考到）、但記憶體還沒有真的被系統收回時，由 Java VM 呼叫，非常不建議使用，可以改用 Closeable 介面與 try-with-resources 等較新的做法。

finally

在 try/catch/finally 結構中建立 finally 區塊的關鍵字，catch 與 finally 區塊都提供 try 區塊的例外處理與例行的資源釋放。finally 區塊並非必要，也可以直接緊接著 try 區塊，不需要有任何 catch 區塊。不論 try 區塊中的執行結果為何，finally 區塊中的程式碼一定會執行一次，也只會執行一次。在一般情況下，控制權到達 try 區塊結尾時，會接著進入 finally 區塊，由 finally 區塊處理必要的清除工作。

float

Java 基本資料型別，float 值是採用 IEEE 754 格式的 32 位元（單精度）浮點數。

垃圾收集（garbage collection）

收回不再使用的物件所佔用記憶體的程序。系統中沒有其他參考指向物件，且任何執行緒的呼叫堆疊中也沒有任何區域變數參考到該物件時，該物件就被認定為不再使用。

泛型（generic）

Java 程式語言中參數化型別的語法與實作，在 Java 5.0 時加入。泛型型別是由使用者透過一個以上其他 Java 型別參數化，讓類別產生特別行為的 Java 類別，泛型在其他程式語言裡有時也稱為**模板**或**樣板**。

泛型類別（generic class）

使用了 Java 泛型語法且透過一個以上的型別變數參數化的類別，類別變數表示會被使用者指定的類別取代的類別型別。泛型類別對容器物件與集合特別有用，能夠對元素的特定型別執行特化後的操作。

泛型方法（generic method）

使用 Java 泛型語法且有一個以上的引數或傳回值參考到型別變數的方法，型別變數表示方法實際上會使用的資料元素。Java 編譯器通常可以依據方法使用時的情境推導出型別變數的型別。

graphics context

以 `java.awt.Graphics` 類別表示的可渲染表面，graphics context 包含與渲染區域相關的情境資訊，同時提供在其中繪圖所需的方法。

圖形使用者介面（graphical user interface, GUI）

傳統的視覺化使用者介面，由包含了按鈕、文件欄位、下拉選單、對話框及其他標準介面元件的視窗組成。

雜湊碼（hashcode）

看起來是隨機的識別數字，依據物件的資料內容計算而來，能作為物件的一種特徵（signature），將物件放入 hash table（或 hash map）時會使用到雜湊碼，參看**雜湊表**（*hash table*）。

雜湊表（hash table）

與字典或關聯陣列類似的物件，雜湊表以雜湊碼為鍵值，透過鍵值存放與取得元素，參看**雜湊碼**（*hashcode*）。

主機名稱（hostname）

在網路上賦予個別電腦，可供人類識別的名稱。

超文本傳輸協定（Hypertext Transfer Protocol, HTTP）

瀏覽器及其他與 web 伺服器對話的客戶端使用的通訊協定，這個協定以最簡單的型式使用 `GET` 命令取得檔案，並以 POST 送出資料。

整合開發環境（Integrated Development Enviornment, IDE）

IntelliJ IDEA 或 Eclipse 這類 GUI 工具，提供了開發 Java 應用程式所需的編輯原始碼、編譯、執行、除錯以及部署等功能。

implements

類別宣告使用的關鍵字，表示類別實作了指定的介面，類別宣告中並不一定會有 implements 述句，使用時必須放在 extends 之後（在有使用 extends 的情況）。如果 implements 述句在非 abstract 類別宣告中出現，該類別或其上層類別必須實作介面中所宣告的所有方法。

import

import 指令讓目前的類別以簡寫名稱使用其他的 Java 類別，或是消除其他 import 指令大量匯入的類別名稱混淆（只要類別檔存在 CLASSPATH 環境變數，且類別檔可正確讀取，就能夠以完整的類別名稱使用該 Java 類別，import 指令並沒有改變類別的可用性，只是少敲幾下按鍵，讓程式碼更簡潔罷了）。Java 程式中可以出現任意數量的 import 指令，但必須緊接著檔案最上方的 package 指令之後，第一個類別或介面定義之前。

繼承（inheritance）

物件導向程式設計的重要特性，包含透過改變與改善現存物件行為而定義新物件。透過繼承，物件可以自動包含上層物件的所有非 private 變數與方法。Java 支援類別的單一繼承與介面的多重繼承。

內部類別（inner class）

巢狀定義在另一個類別或方法內部的類別，內部類別函式包含在另一個類別的詞彙（lexcial）範圍內。

實體（instance）

某個東西的實現，通常是個物件，當類別實體化產生物件時，我們將該物件稱為類別的**實體**。

實體方法（instance method）

類別中非 static 的方法，這類方法會自動包含 this 參考，指向呼叫方法的物件，參看 *static*、**靜態方法**（*static method*）。

instanceof

Java 運算子，若左側的物件是右側指定的類別的實體（或實作了右側的介面）則傳回 true。instanceof 在物件不是指定的類別或沒有實作指定介面時傳回 false，另外，在指定的物件為 null 時也會傳回 false。

實體變數（Instance variable）

類別的非 static 變數，實體變數在類別的每個實體都會有獨立的複本，參看**類別變數**（*class variable*）、*static*。

int

Java 基本資料型別，32 位元二補數有號數。

interface（介面）

1. 宣告介面的關鍵字。
2. 在 Java 程式語言中由一組抽象方法集合所定義的型別，實作這些類別的方法可以宣告它實作了該介面型別，這些類別的實體可以視為該介面型別使用。

國際化（internationalization）

讓其他國家語言的用戶能夠使用應用程式的過程，有時會縮寫為 I18N。

解譯器（interpreter）

解碼與執行 Java 位元碼的模組。嚴格來說，大多數的 Java 位元碼都不會解譯，而是由 Java VM 動態編譯為原生碼。

introspection

JavaBean 提供自身額外資訊的過程，透過反射（reflection）得知的補充資訊。

ISO 8859-1

ISO 的一種八位元文字編碼標準，這個編碼也稱為 Latin-1，包含了英文與西歐大多數語言的拉丁字母。

JavaBean

Java 的元件架構，能夠建立可交互運作的 Java 物件，可輕易地在視覺化應用程式建構環境中操作。

java beans

符合 JavaBean 設計模式與慣例所建立的 Java 類別。

JavaScript

網景公司在 web 初期為了建立動態網頁所開發的程式語言。從程式設計師的觀點來看，這個語言與 Java 完全沒有關係，只是有些類似的語法罷了。

Java API for XML Binding（JAXB）

Java API，能夠從 XML DTD 或綱要描述產生 Java 類別，也可以從 Java 類別產生 XML。

Java API for XML Parsers（JAXP）

Java API，能實作可外掛的 XML 與 XSL 引擎，這組 API 提供了一種與實作無關的方式，能用來建立剖析器與轉換器。

JAX-RPC

XML Remote Procedure Calls 的 Java API，用於 web services。

Java Database Connectivity（JDBC）

Java 與 SQL（結構化查詢語言，Structured Query Language）資料庫溝通的標準。

JDOM

由 Jason Hunter 與 Brett McLaughlin 所建立的 Java XML DOM。JDOM 比 Java 標準 DOM API 更容易使用，它使用了 Java Collections API 與標準的 Java 慣例，可以在 JDOM 專案網站（*http://www.jdom.org*）取得。

Java Web Services Develop Pack（JDSDP）

由 Sun 所提供的安裝包，包含 JAXB、JAX-RPC 以及其他 XML 與 web service 相關的標準擴充 API。

lambda（或 lambda 表示式）

將簡短、匿名的函式直接放在程式中使用位置的一種簡潔的方式。

Latin-1

ISO 8859-1 的別名。

佈局管理員

控制 Swing 或 AWT 容器顯示區域的元件放置方式的物件。

輕量元件（lightweight component）

在 AWT 沒有對應的原生元件的純 Java GUI 元件。

區域變數（local variable）

宣告在方法內的變數，只有方法內部的程式碼能夠看到區域變數。

Logging API

Java API，能夠結構化地從應用程式元件中建立日誌與回報訊息。Logging API 能夠對訊息標上不同的層級，也具有篩選與輸出能力。

long

Java 基本資料型別，表示 64 位元二補數有號數。

訊息摘要（message digest）

依據訊息內容計算而來的一組密碼，用來判別訊息內容是否遭到更動，訊息內容變化時就會改變其訊息摘要，在適當的實作下，幾乎不可以建立兩個產生相同摘要的相似訊息。

方法（method）

函式（function）或程序（procedure）在物件導向程式設計中的詞彙。

方法過載

透過不同的引數列為相同名稱的方法提供兩個以上的定義，呼叫過載方法時，編譯器透過程式的引數列判斷實際呼叫的定義。

方法覆寫

定義一個與父類別名稱相同、引數列也相同的方法，呼叫覆寫方法時，直譯器會透過**動態方法查找**判斷目前物件可用的方法定義。自 Java 5.0 起，覆寫方法在特定限制下可以有不同的傳回值。

MIME（或 MIME 類型）

媒體類型分類系統，通常用於 email 附件或網頁內容。

Model-View-Controller（MVC）框架

源自於 Smalltalk 的 UI 設計，在 MVC 中，顯示用的資料稱為**模型**（*model*），**視景**（*view*）顯示模型的特定呈現，而**控制器**（*controller*）提供使用者與兩者的互動。Java 引用了許多 MVC 概念。

修飾子（modifier）

放置在類別、變數或方法前的關鍵字，能修改項目的可見性、行為或語意，參看 *abstract*、*final*、*native method*（**原生方法**）、*private*、*protected*、*public*、*static*、*synchronized*。

NaN（not-a-number）

`double` 與 `float` 資料型別的特殊值，表示數學運算的未定義結果，例如零除以零。

native method（原生方法）

以主機平台原生語言而不是以 Java 語言實作的方法，原生方法能夠存取網路、視窗系統以及主機檔案系統等資源。

new

建立新物件或陣列的一元運算子，記憶體不足時會拋出 `OutOfMemoryException`。

NIO

Java「新」I/O 套件，在 Java 1.4 引進的核心套件，支援非同步、可中斷與可擴充 I/O 操作。NIO API 支援不與執行緒繫結的「select」式 I/O 處理。

null

`null` 是表示參考型別變數沒有指向任何物件實體的特殊值，類別的靜態與實體變數如果沒有指派其他值，預設值就會是 `null`。

物件（object）

1. 物件導向程式語言中的基本結構單位，封裝了一組資料及操作該資料的行為。
2. 類別的實體，具有類別的結構但有自己的資料元素複本，參看**實體**（*instance*）。

<object> 標籤

在網頁瀏覽器嵌入媒體物件或應用程式的 HTML 標籤。

package

`package` 指令指定了 Java 類別所屬的 Java 套件，同屬相同套件的 Java 程式碼能夠存取套件用的所有類別（`public` 與非 `public`），以及類別的非 `private` 方法與欄位。當 Java 程式碼屬於某的套件名稱內，則編譯後的檔案也必須出現在 `CLASSPATH` 目錄結構中適當的位置，才能夠被 Java 直譯器與其他工具使用，如果省略檔案中的 *package* 指令，檔案的程式碼就會屬於未命名的預設套件，由於能夠由目錄的工作目錄解譯，適合從程式碼執行的小型測試程式，或於開發期間使用。

參數化型別（parameterized type）

一個類別透過 Java 泛型語法相依於一個以上由使用者指定的其他型別，使用者指定的參數型別會取代類別中的型別值，以指定型別的形式使用。

多型（polymorphism）

物件導向程式語言的基本原則，多型表示擴展了另一個型別的型別是「一種」（kind of）親代型別，能夠擴充或改善原型型別的能力，並能夠代入使用原始型別的位置。

Preferences API

依使用者或系統的角度儲存少量資料的 Java API，儲存的資料能夠存續到不同次 Java VM 執行。Preferences API 類似於小型資料庫或 Windows 的登錄資料。

基本型別

boolean、char、byte、short、int、long、float 與 double 等 Java 資料型別，基本型別以「數值」的方式操作、指派與傳入方法（也就是會複製資料實際的位元組），參看**參考型別**（*reference type*）。

printf

源自 C 語言的文字格式化方式，透過嵌入識別子語法與變動長度引數列指定參數。

private

private 關鍵字是可見性修飾子，能用在類別的方法與欄位變數，類別定義之外不能看到私有（private）方法與欄位，子類別也無法存取。

protected

可見性修飾子的關鍵字，能夠用在類別的方法與欄位變數，protected 欄位只能在類別內部、子類別以及與類別相同套件的類別看到。要注意的是不同套件的子類別只能夠存取自己內部或另一個相同子類別物件的 protected 欄位，不能存取父類別實體中的 protected 欄位。

協定處理常式（protocol handler）

實作了存取特定類型 URL 綱要（如 HTTP 或 FTP）資源所需網路連結的 URL 元件，Java 協定處理常式包含兩類：StreamHandler 與 URLConnection。

public

可見性修飾子，能夠用在類別與介面，以及類別與介面的方法與欄位變數。public 類別或方法能夠被所有人看到，非 public 類別與方法只能夠在相同的套件內可見，public 方法或變數能夠在所有類別可見的地方使用。沒有指定 private、protected 或 public 修飾子時，欄位只能夠在類別所在的套件內可見。

公鑰密碼（public-key cryptography）

由公鑰與私鑰組成的密碼系統。私鑰能夠解開以對應公鑰加密的訊息，也可以反向操作。公鑰能夠公開給大眾使用，不會影響安全性，並能夠用來驗證訊息的確來自私鑰的擁有方。

佇列（queue）

串列式資料結構，一般以先進先出的方式緩衝工作項目之用。

原始型別（raw type）

在 Java 泛型中，類別不含任何泛型型別參數資訊時的原始 Java 型別，這是所有 Java 類別編譯後的真正型別，參看**抹除**（*erasure*）。

參考型別（reference type）

任何物件或陣列，參考型別在操作、指派與傳入方法時都是「透過參考」，也就是說，不會複製實際的數值，只會複製參考到數值的參考，參看**基本型別**。

反射（reflection）

程式語言在執行時期與語言本身的結構互動的能力，在 Java 中反射能讓程式在執行期間檢驗類別檔，找出類別的方法與變數，並動態呼叫方法或改變變數。

正則表示式

簡潔又強大的語法，能描述文字中的模式。正則表示式能夠用來識別與剖析大多數的文字型結構，有很多不同的型式。

Regular Expression API

針對正則表示式設計的核心 `java.util.regex` 套件，regex 套件透過複雜的模式搜尋與取代文字。

綱要（schema）

XML 網要取代了 DTD ，是由 W3C 引進，XML 網要本身是個 XML 語言，能夠表示 XML 標籤與標籤屬性的結構與限制，以及資料內容的結構與類別。其他種類的 XML 綱要語言有不同的語法。

軟體開發套件（Software Development Kit, SDK）

由 Oracle 提供給 Java 開發人員的一整套軟體，包含了 Java 直譯器、Java 類別與 Java 開發工具：編譯器、偵錯器、解譯器、applet 檢視器、stub 檔產生工具以及文件產生器。也稱為 JDK。

SecurityManager

Java 的類別，定義了系統檢查當前環境是否允許特定操作時呼叫的方法。

循序化（serialize）

序列化表示依序或給序順序，循序化方法指的是針對執行緒讓方法同步，讓同一個時間只會執行一個方法。

伺服器

提供資源或在連網的客戶 / 伺服器應用程式中接收對話請求的一方，參看**客戶端**（*client*）。

servlet

實作了 `javax.servlet.Servlet` API 的 Java 應用程式元件，能夠在 servlet 容器或 web 伺服器上執行。servlet 在 web 應用中大量用來處理使用者資料與產生 HTML 或其他型式的輸出。

servlet context

在 Servlet API 中，這是 servlet 的 web 應用程式情境，能提供伺服器與應用程式資源，web 應用程式的基礎 URL 也常被稱為 servlet context。

遮蔽（shadow）

宣告與上層類別變數名稱相同的變數，我們稱這個變數「遮蔽」了上層類別的變數，必須使用 `super` 關鍵字或是將物件轉型為上層類別，才能使用被遮蔽的變數。

淺複製（shallow copy）

只複製物件本身所包含的值的物件複本，指向其他物件的參考會以參考型式複製，而不會複製參考到物件的數值，參看**深複製**（*deep copy*）。

short

Java 基本型別，16 位元二補數有號數。

簽章（signature）

1. 提到數位簽章時，結合訊息的訊息摘要、透過簽署者的私鑰加密以及簽署者的憑證以證實簽署者的身份，接收到簽署訊息的人可以從憑證取得簽署者的公鑰，解開加密的訊息憑證，與從簽署訊息計算而來的訊息摘要比較。如果兩者相同，那麼接收者就可以知道訊息沒有被修改，簽署者也是他們宣稱的人。
2. 指涉到 Java 方法時，結合方法名稱與引數型別，也許會加上回傳型別，能在特定情境下唯一識別方法。

具簽署 applet（signed applet）

打包在 JAR 檔並以數位簽章簽署的 applet，能夠認證檔案的來源與驗證內容完整性。

具簽署類別

附帶簽章的 Java 類別（或 Java 壓縮檔），簽章能讓接收者驗證類別來源，並確認類別未受到改動，接收者就能夠給予類別較高的執行權限。

sockets

源自於 BSD Unix 的網路 API，一組 sockets 代表在網路上通訊的雙方的端點。伺服器 socket 傾聽來自客戶端的連線，為每個對話建立個別的伺服器端 socket。

spinner

GUI 元件，顯示數值以及一組小小的向上與向下按鈕，分別增加與減少數值。Swing `JSpinner` 能搭配數字範圍、日期以及任意的列舉型別。

static

修飾子關鍵字，適用類別內的方法與變數宣告，`static` 變數也稱為類別變數，相對於非靜態（static）的實體變數，雖然類別的每個實體各自都有一組完整的實體變數，每個 *static* 類別變數卻只會有唯一的一個，不論類別建立了多少實體（也許是零個）。`static` 變數可以透過類別名稱或實體存取，非 `static` 變數則只能夠透過實體存取。

static import

Java 指令，類似類別或套件的 import，能夠將特定類別的靜態方法或變數引入當前類別的可見範圍。static import 是種提供全域方法與常數效果的便利做法。

靜態方法（static method）

宣告為 *static* 的方法，這類方法不會自動傳入 `this` 參考，只能夠存取類別變數或透過相同類別的其他類別方法呼叫。類別方法是透過類別名稱呼叫，而不是透過類別的實體。

靜態變數（static variable）

宣告為 *static* 的變數，這類變數是連結到類別而不是類別的特定實體，不論類別建立了多少實體，每個靜態變數都只會有一個複本。

串流（stream）

資料流或通訊通道，Java 裡所有的基本 I/O 都是以串流為基礎，NIO 套件使用通道，基本上是封包（packet）導向。另外在 Java 8 也引進了函數式程式設計的框架。

字串（string）

一連串的字元資料以及 Java 用來表示這類字元資料的類別，String 類別包含許多操作字串物件的方法。

子類別（subclass）

擴展另一個類別的類別，子類別繼承了上層類別的 public 與 protected 方法與變數，參看 *extends*。

super

類別中使用的關鍵字，用來參考父類別的變數與方法，super 這個特別的參考的使用方式與用來表示當前物件的 this 參考相同。

上層類別（superclass）

父類別，被另一個類別擴展的類別，上層類別的 public 與 protected 方法與變數能夠被子類別使用，參看 *extends*。

synchronized

能作為修飾子與指定使用的 Java 關鍵字。首先，作為修飾子時能作用在類別或實體變數，表示修改類別或類別實體內部狀態的方法並不具備多緒安全性，在執行 synchronized 類別方法前，Java 會鎖定該類別以確保沒有其他執行緒能夠並行地修改類別，在執行 synchronized 實體方法前，Java 會鎖定用來呼叫方法的實體，確保沒有其他執行緒會同時修改相同物件，同步也確保對數值的修改能夠傳播到其他執行緒，最終能夠遍及所有的處理器核心。

Java 也提供 synchronized 指令，能用來指定「關鍵區域」（critical section）程式碼。synchronized 關鍵字後會接著包裹表示式的小括號以及指令或指令區域，表示式必須能夠計算為特定物件或陣列。Java 在執行指令前會先鎖定物件或陣列。

TCP（Transmission Control Protocol）

連接導向、可靠的協定，網際網路的基礎協定之一。

this

在實體方法或類別的建構子當中，this 代表了「這個物件」，也就是目前正在操作的實體，這在參考被同名的區域變數或方法引數遮蔽的實體變數十分有用，同時也很常用來將目前物件作為引數傳到靜態方法或其他物件的方法。this 還有另一種用法：當作為建構子方法的第一個指令出現時，會參考到該類別的其他建構子。

執行緒（thread）

程式中獨立的執行流，由於 Java 是個多緒程式語言，Java 直譯器內可以同時執行多個執行緒，Java 中的執行緒是以 `Thread` 物件呈現與控制。

執行緒池

同來服務工作請求的一組「可回收」執行緒，配置的執行緒處理完工作後會回到池中。

throw

`throw` 指令透過拋出指定的 `Throwable`（例外）物件，發出發生例外情況的訊號，這個指令會停止程式的執行，將控制權轉到最接近能夠處理指定例外物件的 `catch` 指令。

throws

`throws` 用於方法宣告，表示方法可能拋出的一系列例外，所有可能拋出的例外，只要不是 `Error` 與 `RuntimeException` 的子類別，就必須在方法中捕捉或是宣告在方法的 `throws` 述句。

try

`try` 關鍵字表示受監控的程式碼，後續會有對應的 `catch` 與 `finally` 述句，`try` 指令本身不會有任何特殊動作。參看 *catch* 與 *finally* 對 `try/catch/finally` 結構有更詳細的說明。

try-with-resources

開啟實作了 `Closeable` 介面資源的 `try` 區塊，這類資源會在離開程式區塊時自動關閉。

型別實體化（type instantiation）

在 Java 泛型中，透過指定實際型別或萬用型別到泛型型別參數的時刻，泛型型別是由型別的使用者實體化，會在 Java 語言中以參數型別特化建立出新的型別。

型別呼叫（type invocation）

參看**型別實體化**（*type instantiation*）。**型別呼叫**這個詞彙有時用於類別方法呼叫的語法。

User Datagram Protocol（UDP）

無連接、不可靠協定，UDP 是以少量封包控制與資料塊（datagram）為基礎的網路資料連接。

開箱（unboxing）

打開包裹在包裹型別中的基本數值，以基本型別的方法取出其中的數值。

Unicode

文字字元編碼的通用標準，幾乎適用於所有語言，Unicode 是 Unicode 聯盟推出的標準，Java 的 `char` 與 `String` 型別都使用 Unicode。

UTF-8（UCS transformation format 8-bit form）

Unicode 字元（或是更通用的 UCS 字元）的編碼方式，通常用在資料傳輸與儲存。這是種多位元組格式，不同字元會需要不同數量的位元組表示。

變動長度引數列（variable-length argument list）

Java 的方法可以在固定數量的引數後，宣告能夠接受任意數量的特定型別引數，這些變動數量引數會打包為陣列方式處理。

varargs

參看變動長度引數列（*variable-length argument list*）。

vector

元素的動態陣列。

驗證器（verifier）

一種理論驗證器，在實際執行 Java bytecode 前先介入，確保程式行為良好，沒有違反 Java 安全模型。

Web Applications Resources file（WAR 檔）

包含 web 應用類別與資源以及額外結構的 JAR 檔，WAR 檔包含 *WEB-INF* 目錄，存放了類別檔、函式庫以及 *web.xml* 部署檔。

web 應用（web application）

執行在 web 伺服器或應用伺服器上的程用程式，一般以瀏覽器作為客戶端。

web service

執行在伺服器上的應用層服務，標準的存取方式是以 XML 作為資料，並透過 HTTP 傳輸。

萬用型別（wildcard type）

Java 泛型中，「*」語法用來取代型別初始化的實際型別參數，表示泛型型別代表了一組或許多實體型別實例化後的上層型別。

XInclude

引入 XML 文件的 XML 標準與 Java API。

Extensible Markup Language（XML）

文字與資料的通用標記語言，透過巢狀標籤為文件提供結構與後設資料。

XPath

以階層式、regex 式表示的語言，是尋找 XML 元素與屬性的 XML 標準與 Java API。

Extensible Stylesheet Language/XSL Transformations（XSL/XSLT）

以 XML 為基礎的語言，描述了 XML 文件的樣式與轉換，其中的樣式大都是加上簡單的表記，通常供呈現之用。XSLT 除了加上標記之外，還可以完全改變文件的結構。

索引

※ 提醒您：由於翻譯書排版的關係，部分索引名詞的對應頁碼會和實際頁碼有一頁之差。

符號

A

B

C

D

E

F

G

H

I

K

L

M

N

O

P

Q

R

S

U

V

W

X

Y

Z

關於作者

Marc Loy 在 1994 年看完 HotJava 瀏覽器測試版示範排序演算法動畫後，找到了一隻 Java 臭蟲。當年，他在 Sun Microsystems 發展與提供 Java 訓練課程，此後學生愈來愈多，目前主要擔任顧問，以及技術與媒體主題的寫作。他也發現新產品的臭蟲，並持續研究快速成長的嵌入式與穿戴式電子產品世界。

Patrick Niemeyer 在任職於 Southwestern Bell Technology Resources 期間與 Oak（Java 的前身）結緣。他是 Ikayzo, Inc. 的 CTO，同時也是獨立顧問與作者，是廣受歡迎的 Java 腳本語言 BeanShell 的建造者，同時擔任多個帶領 Java 程式語言特性的 JCP 專案團隊成員，也參與許多開放原始碼專案。最近，Pat 投身於金融產業的分析軟體以及高階行動應用程式。他目前與家人及寵物居住在 St. Louis。

Dan Leuck 是 Ikayzo, Inc. 的 CEO，這是以東京及 Honolulu 為主的互動式設計及軟體開發團隊，客戶包含 Sony、Oracle、Nomura、PIMCO 以及聯邦政府。曾於發源於東京、亞洲區最大的線上行銷公司 ValueCommerce 擔任資深副總，歐洲最大的 B2C 網站、位於倫敦的 LastMinute.com 擔任全球開發負責人，以及 DML 美國區的總裁，Dan 在管理橫跨五個國家、超過 150 人的開發團隊上有豐富的經驗，他同時也是 Macromedia 與 Sun Microsystems 等多家公司的董事。Dan 在 Java 社群十分活躍，是 BeanShell 的貢獻者同時也是 SDL 專案的主導者，並參與多個 Java Community Process 專家團隊。

出版記事

本書封面的動物是孟加拉虎（Bengal tiger）跟牠的小孩們，孟加拉虎是在亞洲南部發現的老虎亞種（*Panthera tigris tigris*），已被狩獵到瀕臨絕種，目前大多存活於自然保護區與國家公園，受到嚴格的保護，據估計野生的孟加拉虎數量不到 3,500 隻。

孟加拉虎是帶有黑、灰或棕色條紋的紅橙色，條紋大都呈現垂直方向，雄性能長到九呎長（約 274.3 公分），重達 500 磅（約 226.8 公斤），是現存最大的貓科動物。主要棲息地包含濃密的灌木叢、長草叢或河岸邊的紅荊叢，最長可活至 26 年，但野生孟拉加虎的壽命通常僅約 15 年。

老虎通常在季風雨後懷孕，經過三個半月的孕期後，於二到三月間出生。雌虎每二至三年生育一群幼虎，出生時重約三磅並具有條紋，一胎通常會有一至四隻幼虎，但大都不會存活超過二、三隻。幼虎在四到六個月時斷奶，但需要持續受到雌虎的保護與覓食兩年。雌虎在三到四歲時成熟，雄虎則需四到五年。

由於盜獵、棲地的減少與破碎化，孟加拉虎已是瀕危物種。O’Reilly 書籍封面上的許多動物都面臨瀕臨絕種的危機，牠們都是這個世界重要的一份子。

封面的彩色圖像是由 Karen Montgomery 依據未知來源黑白石板雕刻所繪製而成。

Java 學習手冊第五版

作　　者：Marc Loy, Patrick Niemeyer, Daniel Leuck
譯　　者：莊弘祥
企劃編輯：蔡彤孟
文字編輯：王雅雯
設計裝幀：陶相騰
發 行 人：廖文良

發 行 所：碁峰資訊股份有限公司
地　　址：台北市南港區三重路 66 號 7 樓之 6
電　　話：(02)2788-2408
傳　　真：(02)8192-4433
網　　站：www.gotop.com.tw
書　　號：A638
版　　次：2021 年 12 月初版
建議售價：NT$780

國家圖書館出版品預行編目資料

Java 學習手冊 / Marc Loy, Patrick Niemeyer, Daniel Leuck 原著；莊弘祥譯. -- 初版. -- 臺北市：碁峰資訊, 2021.12
面；　公分
譯自：Learning Java : an introduction to real-world programming with java, 5th Edition
ISBN 978-986-502-938-8(平裝)
1.Java(電腦程式語言)
312.32J3　　110013586

讀者服務

- 感謝您購買碁峰圖書，如果您對本書的內容或表達上有不清楚的地方或其他建議，請至碁峰網站：「聯絡我們」\「圖書問題」留下您所購買之書籍及問題。（請註明購買書籍之書號及書名，以及問題頁數，以便能儘快為您處理）
http://www.gotop.com.tw

- 售後服務僅限書籍本身內容，若是軟、硬體問題，請您直接與軟體廠商聯絡。

- 若於購買書籍後發現有破損、缺頁、裝訂錯誤之問題，請直接將書寄回更換，並註明您的姓名、連絡電話及地址，將有專人與您連絡補寄商品。